2025年版

二级造价工程师职业资格考试辅导教材

建设工程计量与计价实务
（安装工程）

广东省工程造价协会 ◎ 编

中国建筑工业出版社

图书在版编目（CIP）数据

建设工程计量与计价实务. 安装工程 / 广东省工程
造价协会编. -- 北京 ：中国建筑工业出版社，2024.
12. -- (2025 年版二级造价工程师职业资格考试辅导教材
). -- ISBN 978-7-112-30702-9

Ⅰ. TU723.3

中国国家版本馆 CIP 数据核字第 2024Q94G35 号

责任编辑：周娟华
文字编辑：孙晨淏
责任校对：赵　力

2025 年版二级造价工程师职业资格考试辅导教材
建设工程计量与计价实务（安装工程）
广东省工程造价协会　编
*
中国建筑工业出版社出版、发行（北京海淀三里河路 9 号）
各地新华书店、建筑书店经销
国排高科（北京）人工智能科技有限公司制版
北京同文印刷有限责任公司印刷
*
开本：787 毫米×1092 毫米　1/16　印张：24½　字数：519 千字
2025 年 1 月第一版　　2025 年 1 月第一次印刷
定价：**99.00** 元
ISBN 978-7-112-30702-9
（44423）

本书编审委员会

主　　编：许春燕　高　莉　王　超　何念杰

主　　审：卢立明　许锡雁

参 编 人（按姓氏笔画排序）：

文延勇　刘　敏　苏锡坚　杜　娟　杨从碧　杨文才　吴述文　何小驰
何敏波　邹　锦　沈铁辉　张雪莹　陈　玮　陈旭丹　陈思红　林坚雄
周文辉　柳　泉　饶又文　徐　飞　徐小军　徐四凤　郭美玲　郭喜庚
章尤强　彭志勇

审 核 人（按姓氏笔画排序）：

王　军　王　巍　丘　文　朱俊乐　刘运平　苏惠宁　杨　玲　张艳平
陈金海　陈曼文　查世伟　顾伟传　高　峰　黎华权

主编单位：广东省工程造价协会
　　　　　广东精信工程造价咨询有限公司
　　　　　广东隽衡工程造价咨询有限公司

参编单位（排名不分先后）：

　　　　　广东信仕德建设项目管理有限公司
　　　　　广东威朗工程咨询有限公司
　　　　　广东信怡工程造价咨询有限公司
　　　　　广东华审工程咨询有限公司
　　　　　东莞市建业工程造价咨询事务所有限公司
　　　　　众为工程咨询有限公司
　　　　　新誉时代工程咨询有限公司
　　　　　广东省建筑工程监理有限公司
　　　　　广东远盛工程咨询有限公司
　　　　　京通建设管理有限公司
　　　　　广州尚晋工程咨询有限公司
　　　　　深圳市斯维尔科技股份有限公司

前　言
FOREWORD

　　工程造价管理是一门不断发展并具有广阔前景的学科，它涵盖了工程项目的经济规划、成本控制、效益评估等多个关键环节，对于推动建筑行业的可持续发展具有重要的意义。自造价工程师职业资格制度建立以来，工程造价行业呈现出蓬勃发展的良好态势，工程建设各方均对造价工程师的专业作用给予了高度重视。随着科技的飞速进步和建筑行业的持续革新，大数据、云计算、人工智能等先进技术的广泛应用，使得工程造价管理更加注重数字化、智能化和精细化的管理。

　　为积极响应国家职业资格制度改革的要求，培养符合新时代要求的造价工程师，帮助造价从业人员学习掌握二级造价工程师职业资格考试的内容和要求，广东省工程造价协会根据住房和城乡建设部、交通运输部、水利部、人力资源和社会保障部联合印发的《造价工程师职业资格制度规定》和《造价工程师职业资格考试实施办法》（建人〔2018〕67号），以及2019年《全国二级造价工程师职业资格考试大纲》的要求，编写广东省二级造价工程师职业资格考试辅导参考教材《建设工程计量与计价实务（土木建筑工程）》《建设工程计量与计价实务（安装工程）》《建设工程造价管理基础知识》。

　　本系列教材的编写，旨在辅助我省二级造价工程师考生备考学习和促进我省工程造价从业人员职业水平和能力的提升。教材严格按照二级造价工程师职业资格考试大纲要求和有关工程造价管理的法律法规和政策规定进行编写，内容涵盖工程造价管理的基础知识、工程计量与计价实务等多个方面，力求体现行业新发展要求和二级造价工程师职业资格考试特点，使读者能够及时了解行业最新发展动态，掌握前沿技术知识，并快速全面掌握考试所需的知识点和技能。教材在注重理论知识传授的同时，还通过思维导图、大量案例分析、图表展示和习题实战演练，指导读者将所学知识应用于实际工作中，提升实践操作能力。

　　本系列教材可面向参加二级造价工程师职业资格考试的考生，也可作为高等院校工程管理、土木工程等相关专业师生的教学参考书，同时也是建筑行业从业人员自我提升的专业资料。

　　在教材编写过程中，参阅和引用了许多专家学者的著作、论文等，在此表示衷心感谢！

　　由于编写时间有限，书中难免存在不妥之处，敬请广大读者提出宝贵意见和建议。

目 录
CONTENTS

第1章

安装工程的分类、特点及基本工作内容

 **本章提示**

掌握 安装工程的分类及特点，电气设备、室内外给排水安装工程的特点、组成和基本工作内容。

熟悉 通风空调、消防、智能化等安装工程的特点及组成。

了解 通风空调、消防、智能化等安装工程的基本工作内容。

知识体系

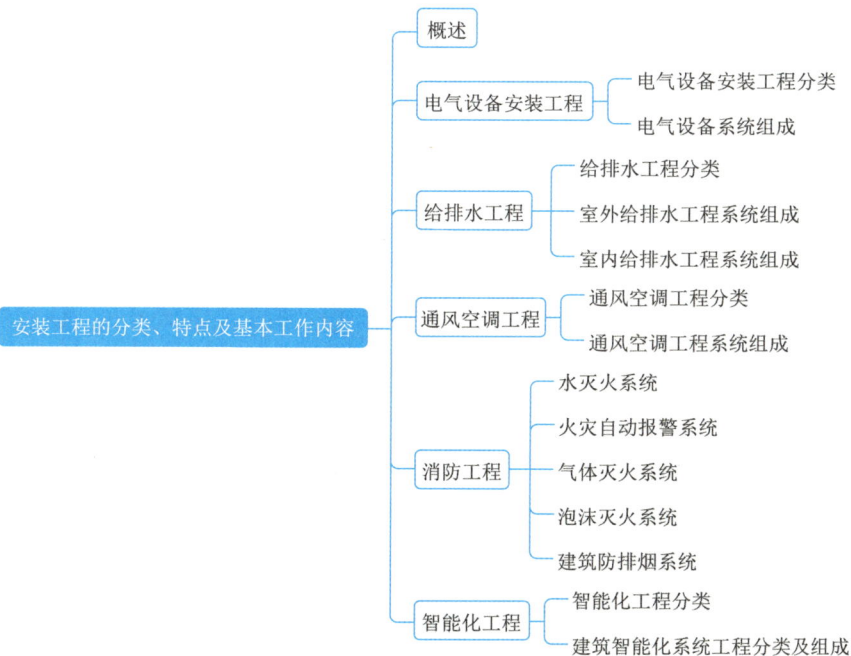

第1节 概述

1.1.1 安装工程概述

安装工程包括民用建筑供电、给排水、通风空调、消防、智能化等建筑机电安装工程和工业站场（工厂）安装工程。依据《广东省通用安装工程综合定额（2018）》，安装工程主要包括：机械设备安装，热力设备安装，静置设备与工艺金属结构制作安装，电气设备安装，建筑智能化，通风空调，工业管道，消防，给排水、采暖、燃气工程，通信设备及线路工程，刷油、防腐蚀、绝热工程等。

1.1.2 安装工程主要专业分类及内容

1. 机械设备安装工程

机械设备安装工程主要包括动设备和静设备的安装。

1）动设备

（1）起重设备。国内外工业与民用建筑较常用的大型起重机械是履带式起重机、轮胎式起重机、塔式起重机、桥式起重机、门式起重机。

（2）输送设备。常用的输送机有带式输送机、链式输送机、螺旋式输送机、斗式提升机、辊道式输送机、埋刮板输送机。

（3）电梯、风机、泵、压缩机、离心机、发电机、水处理设备、动力锅炉等。

2）静设备

静设备主要有常压、中压、高压容器、塔器，金属油罐，球形罐，气柜，一般工业锅炉等。

2. 电气设备安装工程

电气设备安装工程主要包括：

1）变配电工程：变压器、断路器、隔离开关、电抗器、电容器、高压配电柜、母线等安装。

2）控制设备及低压电器安装：低压盘（屏）、柜、箱以及各式开关、低压电气器具、配线、接线端子等动力和照明工程常用的控制设备及低压电器。

3）电机检查接线及调试。

4）电缆敷设：电力电缆、控制电缆、通信电缆等。

5）防雷及接地装置安装：接地极、接地母线、接地跨接线、避雷针、引下线、避雷网等。

6）配管配线安装（明配和暗配）。

3. 给排水、采暖、燃气安装工程

给排水、采暖、燃气安装工程主要包括：

1）给排水工程：室内外给水、循环水，室内外排水，卫生器具等安装。

2）采暖工程：设备、管道、散热器、温控设备等安装。

3）燃气工程：燃气管道、燃气表、燃气热水器等安装。

4.通风空调安装工程

通风空调安装工程主要包括：通风、空调设备及部件制作安装，通风管道部件制作、安装。

5.消防安装工程

消防安装工程主要包括：水灭火系统、气体灭火系统、泡沫灭火系统、火灾自动报警系统等安装。

6.智能化安装工程

智能化安装工程主要包括：计算机及网络设备，安全防范系统，建筑设备自动化系统，卫星信号接收系统，有线电视，音频、视频系统等安装。

7.工业管道安装工程

工业管道安装工程主要包括：厂房、机房管道及附件装配化施工，厂内低压、中压、高压管道、管件、阀门、法兰安装及调试，户外长输管道安装调试，管道支架制作安装，无损探伤及热处理。

8.通信设备及线路安装工程

通信设备及线路安装工程主要包括：通信设备、移动通信设备、通信线路等安装。

9.刷油、防腐蚀、绝热安装工程

刷油、防腐蚀、绝热安装工程主要包括：除锈、刷油、防腐蚀涂料、绝热、阴极保护及牺牲阳极等安装。

1.1.3　建筑机电安装工程在建设项目施工中的特点

建筑机电安装工程是建筑工程项目中至关重要的一部分，建筑机电安装工程主要活动包括设计、安装、调试、竣工验收四个阶段。

建筑机电安装工程是综合性工程，一般需要由具备专业技能及资格的人员进行。其主要部分是在建筑的主体结构工程结束以后才进行施工。因而建筑机电安装工程具有专业性强、工期短、与主体工程配合密切的特点。

第 2 节　电气设备安装工程

1.2.1　电气设备安装工程分类

1.根据建筑电气工程的功能，电气设备安装工程可分为强电（电力）工程和弱电（信息）工程。强电的处理对象是能源（电力），其特点是电压高、电流大、功率大、频率低；弱电的处理对象主要是信息，即信息的传送与控制，其特点是电压低、电流小、功率小、频率高。

2. 根据《建筑工程施工质量验收统一标准》GB 50300—2013，电气设备安装工程可分为：室外电气工程、变配电房、供电干线、电气动力、电气照明安装、备用和不间断电源安装、防雷及接地安装。

1.2.2　电气设备系统组成

电力系统是由发电厂、送变电线路、供配电所和用电等环节组成的电能生产与消费系统。在各个环节和不同层次还具有相应的信息与控制系统，对电能的生产过程进行测量、调节、控制、保护、通信和调度，以保证用户获得安全、优质的电能。

1. 变配电系统组成

变配电系统是输变电系统和配电系统的总称。简单说，输变电就是将外面引入的电压变成适合我们使用的电压，配电就是将电分配到用电单位内部的各个用电点。变配电就是两种功能都能实现。

输变电系统的作用主要是通过变压器对一次侧电压进行升高或是降低，再从二次侧输出。

民用的电压为 220V，工业上常用的 380V、1kV、6kV、10kV 等。输变电系统的核心元件是各种电压变化的变压器，总之有电压改变的系统就是输变电系统，有变压器的配电室也可称作变电室（站）。

电力通过输电线路由发电厂输送至变电所。从发电厂到电力用户的发电送变电过程如图 1-1 所示。

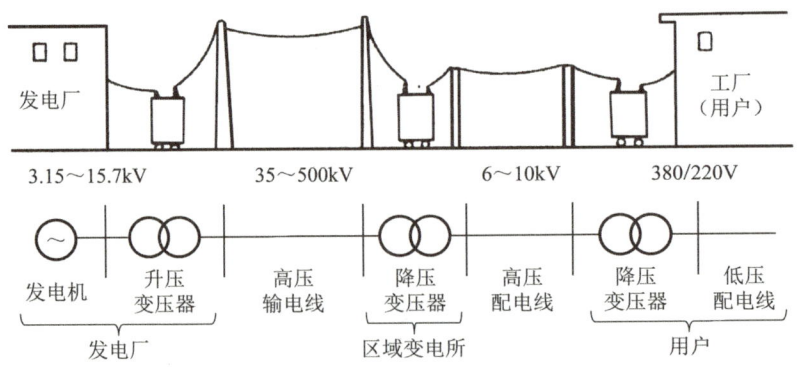

图 1-1　发电送变电过程

一个用电系统中如果不存在电压的改变，就是配电系统。配电系统的核心元件是各种电流级别的开关，从一个大支路分成若干个小支路，一个大开关下面接驳若干个小开关，分给多个负载使用或再进行更多支路的分配。

交流电压等级中，通常将 1kV 以下称为低压，1kV 以上、35kV 及以下称为中压，35kV 以上、220kV 以下称为高压，330kV 及以上、1000kV 以下称为超高压，1000kV 及以上称为特高压。

直流电压等级中，±800kV 以下称为高压，±800kV 及以上称为特高压。

在我国，380V 电压用于民用建筑内部动力设备供电或向工业生产设备供电；220V 电压多用于照明、空调等生活设备供电和向小型生产设备供电。在低压配电系统中应用最广泛的是三相四线制供电方式，这种供电方式既可供 380V 电压，也可供 220V 电压。

2. 照明系统组成

通过电光源将电能转换为光能的过程称为电气照明。电气照明设备主要包括灯具、灯泡（灯管）及各种控制开关等组成。

1）照明系统组成

（1）按照明器具的布置特点可分为：一般照明、分区一般照明、局部照明和混合照明。

①一般照明：为照亮整个场地或工作面而设置的照明，是由若干灯具对称排列在整个顶棚上所组成。

②分区一般照明：灯具集中或分组集中设置在某个区域上方所组成的布灯形式。

③局部照明：为增加特定的有限的部位的照度而设置的照明。

④混合照明：由一般照明和局部照明所组成的照明形式。

（2）按照明的功能可分为：正常照明、应急照明、值班照明、警卫照明、景观照明和障碍照明。

①正常照明：在正常情况下使用的室内外照明。

②应急照明：在正常照明因故熄灭的情况下，供暂时继续工作、保障安全或人员疏散用的照明。

③值班照明：在非工作时间内所使用的照明。

④警卫照明：专用于警戒区的照明。

⑤景观照明：为观赏建筑物的外观和庭院、溶洞小景而设置的照明。

⑥障碍照明：为保障航空飞行安全等，在高大建筑物和构筑物上安装的障碍标志灯。

（3）按结构特点可分为：开启型、密闭型、闭合型、防爆型、隔爆型和安全型。

（4）按配光曲线的形状可分为：正弦分布型、广照型、均匀配照型、配照型、深照型和特深照型。

（5）按安装方式可分为：悬吊式（软线吊灯、链吊灯、管吊灯等）、壁装式、吸顶式、嵌入式等。

2）照明光源与灯具

灯具是光源、灯罩（控照器）和附件的总称，它的功能是将光源所发出的光通量进行再分配，并具有装饰和美化环境的作用。电光源按发光原理可分为两大类：一类是热辐射光源，如白炽灯和卤钨灯；另一类是气体放电光源，如荧光灯、高压汞灯、钠灯、金属卤化物灯、氙灯等。白炽灯和荧光灯被广泛用于建筑物内部照明，卤钨灯、高压汞灯、钠灯、金属卤化物灯、氙灯等则用于广场道路、建筑物立面、体育馆等照明。

3.动力系统组成

动力、照明工程是建筑电气工程中最基本的内容。动力工程是将电能作用于电动机来拖动各种设备和以电能为能源用于生产的电气装置。

1）低压配电系统

低压配电系统可以分为动力和照明配电系统，由配电装置（配电箱、开关等）及配电线路（干线、支线）组成。配电方式有放射式、树干式及混合式等数种，如图 1-2 所示。

放射式的优点是各个负荷独立受电，因而故障范围一般仅限于本回路，线路发生故障需要检修时，也只切断本回路而不影响其他回路；同时回路中电动机启动引起电压的波动，对其他回路的影响也较小。其缺点是所需开关设备和线路较多，因而建设费用较高。因此，放射式配电一般多用于对供电可靠性要求高的负荷或大容量设备。

树干式的特点正好与放射式相反。树干式采用的开关设备和线路较少，但干线路发生故障时，影响范围大，因此供电可靠性较低。

混合式是放射式和树干式相结合的配电方式，在多数情况下都采用这种配电方式。

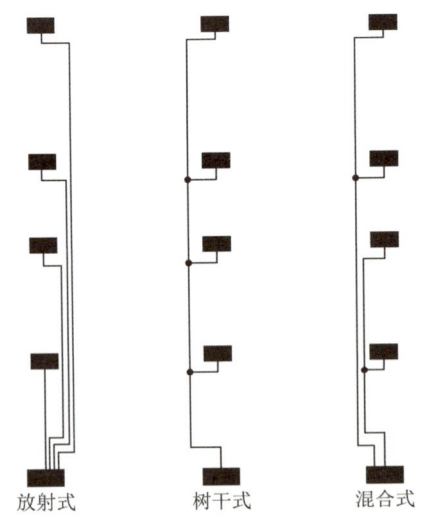

放射式　　　　树干式　　　　混合式

图 1-2　配电方式分类示意

2）室内配电线路的敷设

室内配线按其敷设方式可分为明敷设和暗敷设两种。明敷设，就是将导线直线或者在管子等保护体内，敷设于墙壁、顶棚的表面及桁架、支架等处；暗敷设，就是将导线穿在管子等保护体内，敷设于墙壁、顶棚、地坪及楼板等内部，或者在混凝土板孔内敷线等。室内配电线路常用的敷设方式有线管布线和线槽布线两种敷设方式。

（1）线管布线

把绝缘导线穿入保护管内敷设，称为线管布线。线管布线包括配管（即管子敷设）和穿线两大部分工作内容。

配管通常有明配管和暗配管两种。明配管就是把管子敷设于墙壁、柱子、顶棚的表面及桁架等建筑结构的表面；暗配管就是把管子敷设于墙壁、地坪、楼板等内部。常用管材有金属管和塑料管。金属管有镀锌钢管、镀锌电线管和金属软管等；塑料管有硬质塑料管也称刚性阻燃管（PVC 管、PVC-U 管）、半硬质塑料管（PE 软管）和难燃波纹管（如阻燃波纹管、线束套管、高密度波纹管、耐高温护套管）等。

常用的硬质塑料管多为刚性阻燃管即刚性 PVC 管（也称刚性难燃线管）和半硬质塑料管（也称难燃线管），半硬质塑料管多用于一般居住和办公建筑等干燥场所的电气照明工程中作暗敷布线。

（2）线槽布线

线槽布线主要有金属线槽布线和塑料线槽布线两种。金属线槽布线和塑料线槽布线一般适用于正常环境的室内场所明敷，但对金属有严重腐蚀的场所不应采用金属线槽，在高温和易受机械损伤的场所不宜采用塑料线槽。具有槽盖的封闭式金属线槽，可在建筑顶棚内敷设。

4. 防雷系统组成

防雷接地装置主要由接闪器、引下线和接地装置三部分组成。其中接闪器是指为防止雷直击而直接接受雷电流的金属导体，接闪器的形式有避雷针、避雷网、避雷线等；引下线是连接避雷针（网）与接地装置的导体，一般由引下线、断接卡子、引下线保护管组成；接地装置由金属制成，埋入地下，引导雷电流安全入地，一般由接地母线和接地体或接地极组成。

1）防雷

建筑物应采取防雷措施，保证建筑物、设备、人身的安全。

（1）建筑物的防雷等级

根据《建筑物防雷设计规范》GB 50057—2010 对建筑物的防雷分类规定，民用建筑中无第一类防雷建筑物，其分类应划分为第二类及第三类防雷建筑物。在雷电活动频繁或强雷区可适当提高建筑物的防雷保护措施。

（2）建筑物的防雷措施

①防直击雷的措施

防直击雷的防雷装置由接闪器、引下线和接地装置三部分组成。在建筑物屋顶易受雷击部位装设接闪器（避雷针、带、网），由接闪器引来雷电流，通过引下线和接地装置迅速引入大地，从而保护建筑物免受雷击。

防雷等级高的建筑物可使用 5m×5m 或 6m×4m 的网格，防雷等级低的一般建筑物可使用 20m×20m 或 24m×16m 的网格。

避雷针宜采用圆钢或焊接钢管制成。避雷网和避雷带宜采用圆钢或扁钢，且优先采用圆钢。防雷装置的引下线不少于两根，并沿建筑物四周均匀或对称布置，引下线宜采用圆钢或扁钢，并宜优先采用圆钢。

②防雷电感应的措施

防止由于雷电感应在建筑物上聚集电荷的方法是在建筑物上设置收集并泄放电荷的装置（如避雷带、避雷网）。防止建筑物内金属物受雷电感应的方法是将金属设备、管道等金属物，通过接地装置与大地作可靠的连接，以便将雷电感应电荷迅速引入大地，避免雷害。

③防雷电波侵入的措施

防雷电波侵入是指雷电对架空线路或金属管道的作用，雷电波可能沿着这些管线侵入室内，危及人身安全或损坏设备。防止措施主要有：

A. 进入建筑物的各种线路及金属管道采用全线埋地引入，并在入户端将电缆的金属外皮、钢管及金属管道与接地装置连接。

B. 架空线转换为铠装电缆或穿钢管的全塑电缆直接埋地引入，埋地长度不应小于15m，在入户端，电缆的金属外皮或钢管与接地装置连接。电缆与架空线的转换处装设避雷器，并与电缆的金属外皮或钢管及绝缘子铁脚连在一起接地。

C. 在架空线进出处装设避雷器并与绝缘子铁脚连在一起接到电气设备的接地装置上。进出建筑物的架空金属管道，在进出处应就近接到防雷和电气设备的接地装置上。

2）接地

接地是指各种设备与大地的电气连接。接地的目的是使设备正常和安全运行，以及为建筑物和人身的安全准备条件。

用电设备的接地，一般可分为保护性接地和功能性接地。保护性接地又可分为接地和接零两种形式；功能性接地包括电力系统中性点接地、防雷接地、电气设备的信号接地（即为保证信号具有稳定的基准电位而设置的接地）和功率接地（即除电子设备系统以外的其他交、直流电路的工作接地）、电子计算机的直流接地（包括逻辑及其他模拟量信号系统的接地）和交流工作接地。

根据国际电工委员会（IEC）标准及国家标准，低压配电系统的接地形式有以下三种：

（1）TN 系统

电力系统有一点直接接地，受电设备的外露可导电部分通过保护线与接地点连接。按照中性线和保护线组合情况，可分为三种形式：

①TN-S 系统。整个系统的中性线（N）与保护线（PE）是分开的，如图 1-3 所示。

②TN-C 系统。整个系统的中性线（N）与保护线（PE）是合一的，如图 1-4 所示。

③TN-C-S 系统。系统中前一部分线路的中性线与保护线是合一的，如图 1-5 所示。

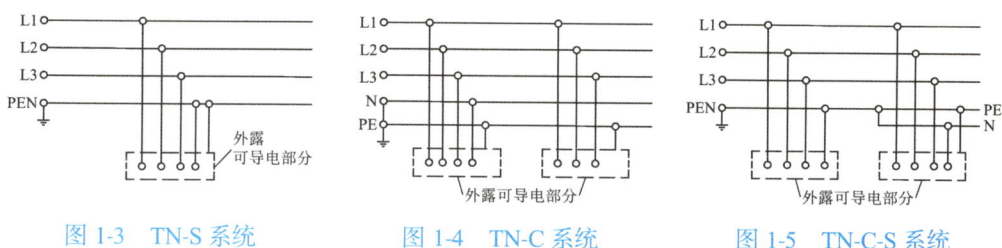

图 1-3　TN-S 系统　　　　图 1-4　TN-C 系统　　　　图 1-5　TN-C-S 系统

（2）TT 系统

电力系统有一点直接接地，受电设备的外露可导电部分通过保护线接至与电力系统接地地点无直接关联的接地极，如图 1-6 所示。

（3）IT 系统

电力系统的带电部分与大地间无直接连接（或有一点经足够大的阻抗接地），受电设备的外露可导电部分通过保护线接至接地极，如图 1-7 所示。

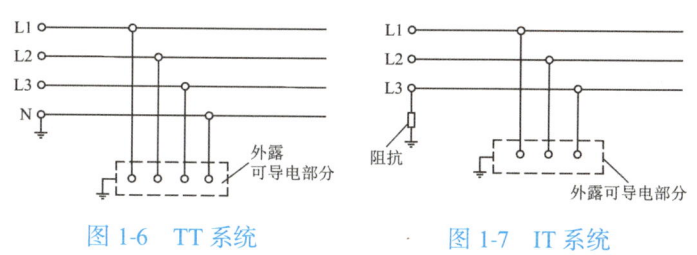

图 1-6　TT 系统　　　　　　图 1-7　IT 系统

第 3 节　给排水工程

将城镇给水管网或自备水源给水管网的水引入室内，选用适用、经济、合理的最佳供水方式，经配水管送至室内各种卫生器具、用水嘴、生产装置和消防设备，并满足用水点对水量、水压和水质要求的，称为建筑内部给水系统，如图 1-8 所示。

通过管道及辅助设备，把屋面雨水及生活和生产的污水、废水及时排出室外的管道网络系统，称为建筑内部排水系统，如图 1-9 所示。

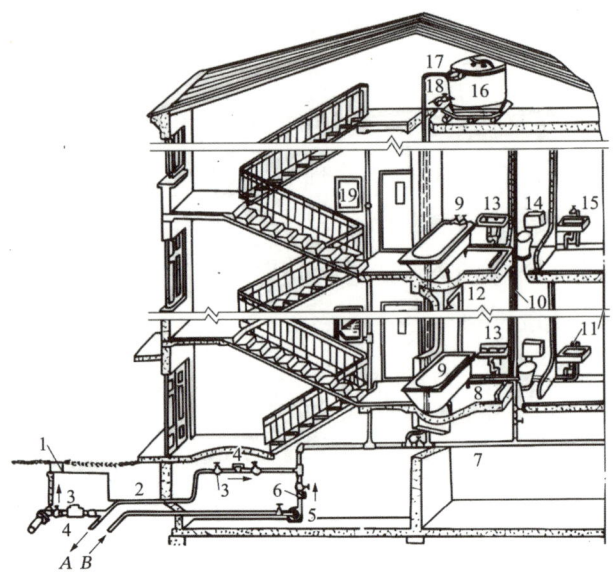

图 1-8　建筑内部给水系统

1—阀门井；2—引入管；3—闸阀；4—水表；5—水泵；6—止回阀；7—干管；8—支管；9—浴盆；10—立管；
11—水龙头；12—淋浴器；13—洗脸盆；14—大便器；15—洗涤盆；16—水箱；17—进水管；18—出水管；
19—消火栓；A—入贮水池；B—来自贮水池

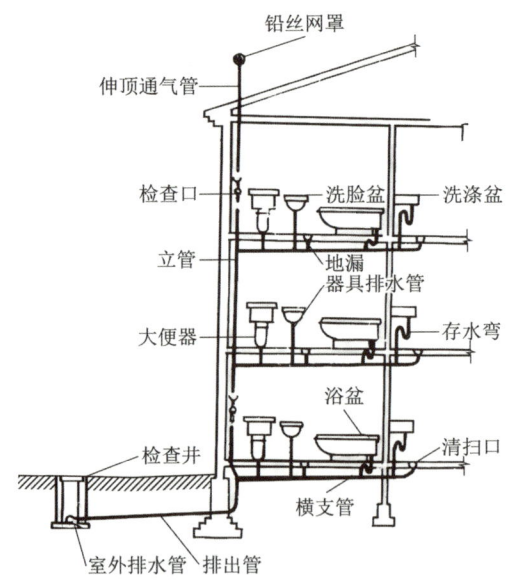

图 1-9　建筑内部排水系统示意图

1.3.1　给排水工程分类

给排水工程按安装位置可分为室内给排水和室外给排水；按功能可分为给水系统和排水系统。

1.室外给水系统的分类

建筑给水系统根据用途的不同，可分为生活给水系统、生产给水系统和消防给水系统。这三个给水系统不一定单独设置，常常根据用水对象对水质、水量、水压等具体要求，采用两者或三者并用的联合系统。

1）生活给水系统

生活给水系统：供人们饮用、洗涤、沐浴、烹饪等生活用水，其水质必须符合国家规定的饮用水质标准。

2）生产给水系统

生产给水系统：供给生产设备冷却、原料产品的洗涤以及各类产品制造过程中所需要的用水，其水质、水压和水量由生产工艺所决定。

3）消防给水系统

消防给水系统：供给各类消防设备灭火用水，其特点是必须按照建筑防火规范的要求保证水量和水压的供给。

2. 室内给水系统的分类

1）直接给水方式：由室外给水管网直接供水，是最简单、经济的给水方式，适用于外网能满足用水要求的建筑。这种给水方式的水平干管常敷设于底层或地沟内以及地下室的楼板下面。

2）设水箱的给水方式：适用于室外管网的水压周期性不足时采用。在用水低峰时，室外管网水压高，水箱进水；当用水高峰时，室外管网水压低，水箱向建筑内部给水系统供水。

3）设水泵的给水方式：是在室外给水管网水压经常性不足时采用。这种给水方式在给水系统中常增设贮水池。

4）设水泵和水箱的给水方式：宜在室外给水管网压力低于或经常不能满足建筑给水管网所需的水压时采用。其特点是水压和水量稳定，水泵恒速供水，设备简单。

5）气压给水方式：即在给水系统中，设置气压给水装置。气压水罐的作用相当于高位水箱，但其位置可根据需要设置在高处或低处。

6）分区给水方式：即在建筑物的垂直方向按层分段，各段为一区，分别组成各自的给水系统。这种方式可以解决低层管道中静水压力过大的问题，从而使各区最低卫生设备或用水设备处的静水压力小于其工作压力，以免配水装置的零件损坏漏水，同时可以提高给水的安全可靠性。

3. 室外排水系统的分类

室外排水系统是收集、输送、处理、再生及处置污水和雨水的设施以一定方式组合成的总体。

1）根据污水来源和性质不同一般可分为：生活污水、工业废水、降水排水。

（1）生活污水排水系统：排出民用建筑及工厂日常生活中产生的污废水的管网系统。

（2）工业废水排水系统：排出工业生产过程中产生的污废水的管网系统。

（3）降水排水系统：收集排出雨水和雪水的管网系统。

2）根据现有排水制度有两种基本类型：分流制和合流制。

（1）分流制是设置污水和雨水两个独立的排水管道系统，分别收集和输送污水和雨水；工厂排放的比较洁净的废水（如冷却水）可收集送入雨水管道系统。

（2）合流制只有一个排水管道系统，污水和雨水合流；为处理合流制中的污水，需设置污水截流管，平时，污水通过截流管送入污水处理厂；雨天，超过截流管输送能力的雨水和污水混合通过溢流井溢入水体。

4. 室内排水系统的分类

室内排水系统是将建筑物内部人们在日常生活和工业生产中使用过的水收集起来，及时排出室外。按照系统排出的污水性质不同，建筑排水系统可分为生活污水排水系统、工业废水排水系统和屋面雨水排水系统三类。

1）生活污水排水系统：排出民用建筑及工厂日常生活中产生的污废水的管网系统。目前，常把生活排水系统又进一步分为排出冲洗便器的生活污水排水系统和排出盥洗、洗涤废水的生活废水排水系统。

2）工业废水排水系统：排出工业生产过程中产生的污废水的管网系统。为便于污废水的综合利用，按污染程度可分为生产污水排水系统和生产废水排水系统。

3）屋面雨水排水系统：收集排出建筑物屋面上的雨水和雪水的管网系统。

1.3.2　室外给排水工程系统组成

1. 室外给水系统的组成

1）室外给水系统的组成

（1）取水构筑物：用以从选定的水源（包括地下水源和地表水源）取水。

（2）水处理构筑物：是将取来的原水进行处理，使其符合用户对水质的要求。

（3）泵站：用以将所需水量提升到要求的高度，可分为抽取原水的一级泵站、输送清水的二级泵站和设于管网中的加压泵站。

（4）输水管渠和管网：输水管是将原水输送到水厂的管渠，当输水距离 10km 以上时为长距离输送管道；配水管网则是将处理后的水配送到各个给水区的用户。

（5）调节构筑物：它包括高地水池、水塔、清水池等，用以贮存和调节水量；高地水池和水塔兼有保证水压的作用。

2）配水管网的布置形式和敷设方式

配水管网有树状网和环状网两种形式。树状管网是从水厂泵站或水塔到用户的管线布置成树枝状，只是一个方向供水，供水可靠性较差，投资省；环状网中的干管前、后贯通，连接成环状，供水可靠性好，适用于供水不允许中断的地区。配水管网一般采用埋地铺设，覆土厚度不小于 0.7m，并且在冰冻线以下。通常沿道路或平行于建筑物铺设。配水管网上设置阀门和阀门井。

2.室外排水系统组成

室外排水系统由排水管道、检查井、跌水井、雨水口等组成，有的工厂根据需要设置污水处理厂；室外污水排出系统与雨水排出系统可以采用合流制或分流制。

1.3.3　室内给排水工程系统组成

1.室内给水系统组成

建筑内部的给水系统由进户管、水表节点、管网系统、用水设备、管网附件以及增压和贮水设备组成。

1）进户管：又称"引入管"，是室外给水管与室内管网之间的联络管，其作用是将水从室外给水管网引入到建筑物内部，一般建筑设有一条或数条进户管。

2）水表节点：是用水量计量的装置，一般设置在进水管上和室外水表井内。为了检修水表，水表前后设置阀门，并有符合产品标准规定的直线管段；对于住宅建筑，每户的进户管上均应安装分户水表。

3）管网系统：由干管、立管和支管组成。

4）用水设备：由水龙头、卫生器具等设备组成。

5）管路附件：为了便于取用、调节和检修，在供水管路上需要设置各种给水附件，如各种阀门、水龙头等。

6）增压和贮水设备：当室外给水管网的水量、水压不能满足建筑用水要求，或要求供水压力稳定、确保供水安全可靠时，需要设置各种附属设备，如水泵、气压给水设备和水池、水箱。

2.室内排水系统组成

建筑内部排水系统一般由以下几个基本部分组成。

1）污（废）水收集器：各种卫生器具、排放生产废水的设备、雨水斗及地漏等。

2）器具排水管：卫生器具和排水横管之间的短管。除坐式大便器外，一般其间都设有 P 型或 S 型存水弯。

3）排水横管：连接器具排水管和立管之间的水平管段。排水横管应有一定的坡度，坡向排水装置。

4）排水立管：连接各楼层排水横支管的垂直排水管的过水部分。排水立管宜靠近杂质最多、最脏和排水量最大的排水点；立管通常在墙角明装，高层建筑的排水立管可暗装在管槽或管井中。

5）排出管：室内排水立管至室外检查井之间连接的水平管段，即室内污水出户管。排出管通常为埋地敷设，管顶距室外地面不小于 0.7m，为达到自清流速，排出管必须按规定的坡度敷设。

6）通气管：排水立管由最高层卫生器具以上伸出屋面的不过水部分，管顶设有通气帽或铅丝球。对于卫生器具在 4 个以上，且距立管大于 12m 的横支管或同一横支管连接 6 个以上大便器时，应设辅助通气管；建筑物内有卫生器具的层数在 10 层及以上时，可设专用通气管。通气管的作用是排出排水管中的有害气体和使排水管道内的压力与大气压取得平衡，防止水封被破坏，如图 1-10 所示。

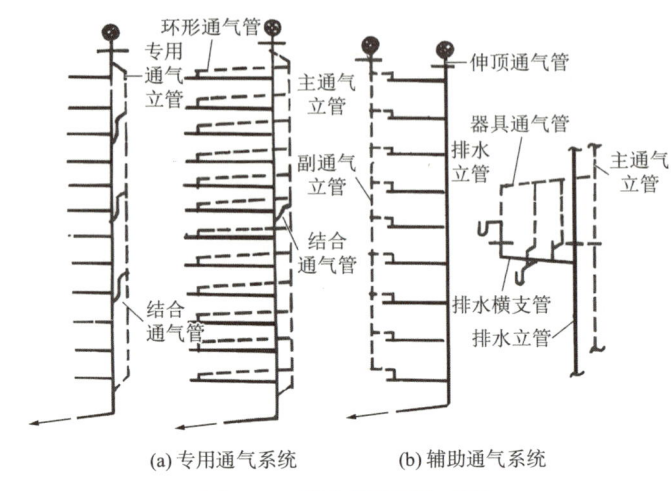

(a) 专用通气系统　　　　(b) 辅助通气系统

图 1-10　排水管道通气系统

第 4 节　通风空调工程

建筑通风是指建筑物室内污浊的空气直接或净化后排至室外，再把新鲜的空气补充进去，从而保持室内的空气环境符合卫生标准。其目的：①保证排出室内污染物；②保证室内人员的舒适；③满足室内人员对新鲜空气的需要。可见，通风是改善空气条件的方法之一，它包括从室内排出污浊空气和向室内补充新鲜空气两个方面，前者称为排风，后者称为送风。实现排风和送风所采用的一系列设备、装置的总称为通风系统。建筑通风常常被应用于生产和生活中，前者称为工业通风，后者称为生活通风。

空调工程是空气调节工程的简称，它是要求对空气进行处理的更高一级的通风。空气调节是将空气进行各种处理（例如，加热、加湿、冷却、减湿和过滤等），把室内空气的温度、湿度、洁净度、空气流动速度及室内噪声控制在一定范围内，以满足生产工艺和人们活动的舒适要求。

1.4.1　通风空调工程分类

1.通风工程分类

1）按循环动力分类，通风工程可分为：自然循环通风和机械循环通风。

（1）自然循环通风：主要是依靠风压和热压来使室内外的空气进行交换，从而改变室内空气环境。

（2）机械循环通风：主要是依靠风机、风管、进出风口来进行室内外的空气交换，从而改变室内空气环境。

2）按通风原理分类，通风工程可分为：排风、送（新）风。

（1）排风又可分为：自然排风和机械排风。

①自然排风：是没有设置管道及设备，靠窗户来完成室内换气。

②机械排风：用通风管道及通风设备进行往室外排风，以改善及调节室内的空气。

（2）送（新）风：依靠通风管道及通风设备往室内送风，以达到改善及调节室内空气的目。

3）按通风系统的作用范围分类，通风工程可分为：全面通风、局部通风、混合通风。

（1）全面通风：是对整个房间进行换气，用送入室内的新鲜空气把整个房间里的有害物浓度稀释至卫生标准允许浓度以下，同时把室内被污染的空气直接或经过净化处理后排放到室外大气中去。

（2）局部通风：将污浊的空气或有害气体直接从生产的地方抽出，防止扩散到整个室内，或者将新鲜空气送到某个局部范围，改善局部范围的空气状况。

（3）混合通风：用全面送风和局部排风或全面排风和局部送风混合起来的通风形式。

2.空调工程分类

空调工程的分类方法很多，通常有下列几种：

1）按室内环境的要求分类

（1）恒温恒湿空调工程：在生产过程中，为保证产品质量，空调房间内的空气温度和相对湿度要求恒定在一定数值范围内。对于这样一些保持室内温度、湿度恒定的空调工程，通常称为恒温恒湿空调工程，如机械工业的精密加工车间、精密装配车间、计量室、刻线室等。

（2）一般空调工程：在某些公共建筑物，如办公楼、体育馆、宾馆以及某些车间等，对空气调节基数要求不需要恒定，随着室外气温的变化允许温、湿度基数在一定范围内变化，例如，温度控制在18~28℃，相对湿度在40%~70%，这类以夏季降温为主的空调称为一般空调（或舒适型空调）工程。

（3）净化空调工程：某些生产工艺房间不仅要求一定的温度、湿度，而且对空气的洁净度有严格要求，这类房间采用的空调就是净化空调工程，如医药工业、电子工业。

（4）除湿性空调工程：在一些地下建筑物，洞库内的散湿量很大，需要对进入房间的空气进行除湿处理，以保持室内达到规定的相对湿度，这类空调主要是以除湿为主的空调工程，如洞库、坑道、隧道、地铁等。

2）按空气处理设备设置的集中程度分类

（1）集中式空调系统：这种系统是将所有的空气处理设备（包括过滤器、冷却器、加湿器）以及风机、水泵等都集中设置在一个空调机房内，通过一套送风和回风管道系统为多个建筑空间服务。

（2）半集中式空调系统：这种系统除了有集中的空调机房外，还有分散设置在各空调间内的二次空气处理设备（又称末端装置）；目前使用较多的是空气诱导器和风机盘管，尤其是风机盘管，使用更为广泛。

（3）全分散式空调系统：这种系统把空气处理设备、冷热源和空气输送设备（风机）都集中在一个箱体内，形成一个结构紧凑的空调机组，如窗式空调机、分体式空调机。

3）按负担室内负荷所用的介质分类

（1）全空气系统：这种系统空调房间的负荷全部由经过处理的空气来负担。室内的余热余湿为正值时（如夏季），把低温低湿的空气送入房间，吸收余热余湿后排出房间；当房间内热湿负荷为负值时（如冬季），即向房间内送入热湿空气。集中式空调即为全空气式空调。

（2）全水系统：这种系统空调房间的热湿负荷全部依靠水作为冷热媒介来负担，如不设新风系统的风机盘管系统就属于全水式系统。

（3）空气—水系统：这种系统空调房间的热湿负荷一部分靠空气负担、另一部分由水负担，有新风系统的风机盘管系统和诱导器系统均属此类。

（4）制冷剂式系统：局部式空调机组就是这种系统，空调房间的热负荷和湿负荷全部靠制冷剂作为媒介来负担。

4）按风道中空气流动的速度分类

（1）低速空调系统：这种系统管道内空气流速低于 15m/s，按设计规范，风机与消声装置之间的风管，其空气流速可采用 8～10m/s，一般民用建筑的舒适性空调采用低速空调系统，风管空气流速不宜大于 8m/s。

（2）高速空调系统：风道内空气流速高于 15m/s 的系统，主要用于建筑空间小且重要的场所，但必须做好气流噪声的防治；对于民用建筑，主风管空气流速大于 12m/s 的也称高速空调系统。

5）按所处理空气的来源分类

（1）直流式系统：又称全新风系统，这类系统所处理的空气全部来自室外新鲜空气，经处理后送入室内，然后全部排出室外，它主要用于空调房不允许利用回风的场所。

（2）混合式系统：这类系统所处理的空气一部分来自室外新风，另一部分来自空调房的循环空气，主要是为了节省冷量或热量。

（3）封闭式系统：这类系统所处理的空气全部来自空调房间本身，经济性好，但卫生效果差，它主要用于密闭空间且无法采用室外空气的场合。

1.4.2　通风空调工程系统组成

1. 通风系统组成

1）机械送风系统组成

机械送风系统组成如图 1-11 所示。

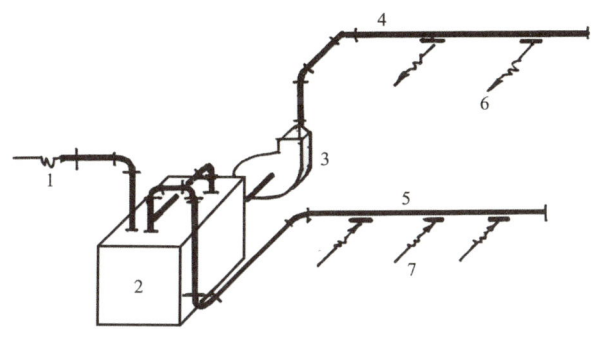

图 1-11　机械送风系统

1—新风口；2—空气处理室；3—通风机；4—送风管；5—回风管；6—送（出）风口；7—吸（回）风口

（1）新风口：新鲜空气入口。

（2）空气处理室：对空气中的悬浮物、有害气体进行过滤、排除等处理。

（3）通风机：将处理后的空气送入管网内。

（4）送风管：将通风机送来的空气送到各个房间。管道上安装有调节阀、送风口、防火阀、检查孔等部件。

（5）回风管：也称排风管，将被污染空气吸入管道内送回空气处理室。管道上安装有回风口、防火阀等部件。

（6）送（出）风口：将处理后的空气均匀送入房间。

（7）吸（回、排）风口：将房间内被污染空气吸入回风管道，送回空气处理室。

（8）管件：弯头、三通、四通、异径管、法兰盘、导流片等。

（9）管道部件：各种阀、排气罩、风帽、检查孔、测定孔和风管支、吊、托架等。

2）机械排风系统组成（图 1-12）

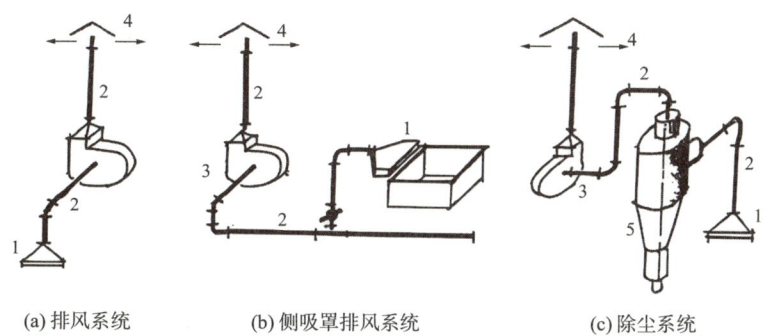

(a) 排风系统　　　　(b) 侧吸罩排风系统　　　　(c) 除尘系统

图 1-12　机械排风系统

1—排风口（侧吸罩）；2—排风管；3—排风机；4—风帽；5—除尘器

（1）吸风口：将被污染空气吸入排风管内，有吸风口、侧吸罩等部件。

（2）排风管：输送被污染空气的管道。

（3）排风机：将被污染空气用机械能量从排气管中排出。

（4）风帽：将被污染空气排入大气中，防空气倒灌及防雨灌入的部件。

（5）除尘器：用排风机的吸力将灰尘及有害质粒的被污染空气吸入除尘器中，将尘粒集中排出，如旋风除尘器、袋式除尘器、滤尘器等。

（6）管件和部件：弯头、三通、导流片等；各种阀、吸气罩、风帽、检查孔、测定孔和风管支、吊、托架等。

2.空调系统组成

空调系统最常见的是单体空调和集中式空调系统。

1）单体空调是由制冷系统、通风系统、电气控制系统和箱体系统四部分组成。

2）集中式空调系统主要由三部分组成，即空气处理设备、空气输送设备、空气分配装置，还有为空气处理服务的热源和热媒管道系统，冷源和冷媒管道系统，以及自动调节控制装置。

（1）空气处理设备：对空气进行热湿处理和净化处理的主要设备，有表面式冷却器、喷水室、加热器、加湿器等。

（2）空气输送设备：主要包括风机（送、回、排风机）、风道系统、调节阀、消声器等。

（3）空气分配装置：是指设在空调房间内的各种类型的送风口、回风口和排风口，其作用是合理地组织室内的气流，以保证空调房间内环境质量的均衡和精度。

（4）冷热源：是为空气处理提供冷量或热量的设备，如冷冻站、冷水机组、锅炉等。

（5）自动调节控制装置：是根据需要装配的控制器件与电路，如控制设备开停顺序的连锁保护和控制电路、感温器、电动二通阀等。

第 5 节　消防工程

消防系统主要有水灭火系统、火灾自动报警系统、气体灭火系统、泡沫灭火系统和建筑防排烟系统。

1.5.1　水灭火系统

1.水灭火系统分类

水灭火系统是应用最广泛的灭火系统，水灭火器材简单、价格便宜、灭火效果好；水灭火系统按水流形态可分为消火栓灭火系统和自动喷水灭火系统。

1）消火栓灭火系统

消火栓灭火系统分为室外消火栓灭火系统和室内消火栓灭火系统。

（1）室外消火栓灭火系统

室外消火栓是设置于室外供消防车用水或直接出水带水枪进行灭火的供水设备。室外消火栓按安装方法分为地上式消火栓和地下式消火栓；按压力分为低压消火栓和高压消火栓。

①地上式消火栓：大部分露出地面，具有易于寻找、出水方便等优点，但具有易冻结、易损坏，在某些场合妨碍交通、影响市容等缺点。因此，适用于常年气温较高地区。

②地下式消火栓：设置在消火栓井内，具有不易损坏、不易冻结、便利交通等优点，但具有操作不便、不易寻找（特别是在下雨天、下雪天和夜间）等缺点。因此，适用于北方寒冷地区。

③低压消火栓：设置在室外低压消防给水系统的管网上，是供应火场消防车用水的供水设备。

④高压消火栓：设置在室外高压或临时高压消防给水系统的管网上。可直接接出水带、水枪进行灭火，不需消防车或其他移动式消防水泵加压。

（2）室内消火栓灭火系统

根据建筑物高度、室外管网压力、流量和室内消防流量、水压等要求，室内消火栓灭火系统可分为以下几类。

①无加压泵和水箱，此系统组成如图1-13所示。常用于高度不太高的低层建筑，且室外给水管网压力和流量完全能满足室内最不利点消火栓的设计水压和流量要求。

②有水箱，此系统组成如图1-14所示。常用于低层建筑，且水压变化比较大的城市或居住区，当室外管网的压力较大时向高位水箱补水、调节生活生产用水量，同时储存10min的消防用水量。

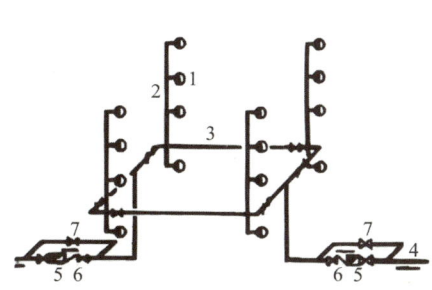

图1-13　无加压泵和水箱

1—室内消火栓；2—室内消防竖管；3—干管；
4—进户管；5—水表；6—止回阀；
7—旁通管及阀门

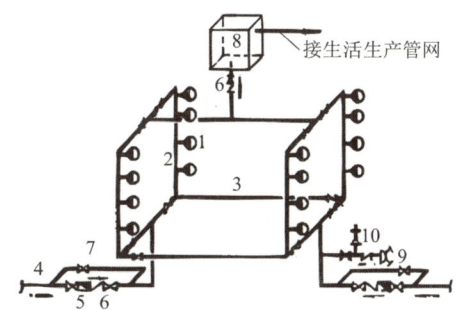

图1-14　设有水箱的室内消火栓系统

1—室内消火栓；2—消防竖管；3—干管；4—进户管；
5—水表；6—止回阀；7—旁通管及阀门；8—水箱；
9—水泵结合器；10—安全网

③有加压泵和水箱，此系统组成如图1-15所示。常用于低层建筑或高度不超过50m的高层建筑，且室外管网压力经常不能满足室内消火栓给水系统的水压和水量要求，水箱应储存10min的消防用水量。消防时启动消防水泵送水，也接收来自室外消防车的加压水，经水泵接合器送至室内消防。对于建筑高度超过50m的工业与民用建筑物中，当室内消火栓的静压力超过80MPa时，按静压采用分区消防给水系统，此系统组成如图1-16所示。

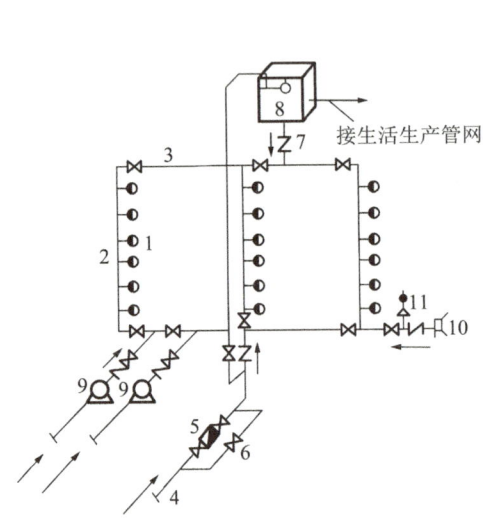

图1-15　设有水箱和加压泵的消火栓系统

1—室内消火栓；2—消防竖管；3—干管；
4—进户管；5—水表；6—旁通管及阀门；
7—止回阀；8—水箱；9—水泵；
10—水泵结合器；11—安全阀

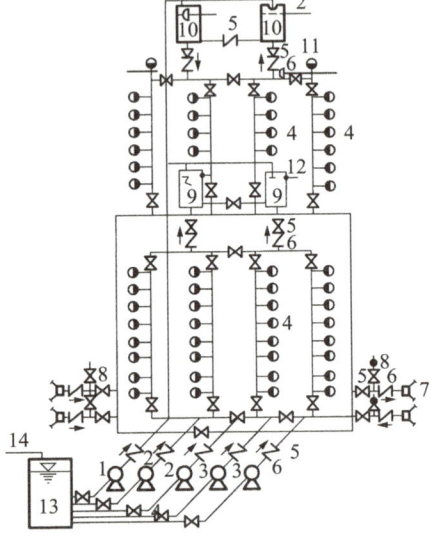

图1-16　分区给水室内消火栓给水系统

1—生活、生产水泵；2—二区消防泵；
3——一区消防泵；4—消火栓；5—阀门；
6—止回阀；7—水泵结合器；8—安全阀；
9—一区水箱；10—二区水箱；
11—屋顶消火栓；12—至生活、生产管网；
13—水池；14—来自城市管网

2）自动喷水灭火系统

自动喷水灭火系统是一种固定式自动灭火系统，分为湿式自动喷水灭火系统、干式自动喷水灭火系统、干湿式喷水灭火系统、预作用喷水灭火系统、雨淋喷水灭火系统、水幕系统等。

（1）湿式自动喷水灭火系统

湿式自动喷水灭火系统是自动喷水灭火系统中应用最广泛的一种，它适用于室内温度不低于4℃且不高于70℃的建筑物、构筑物内。当发生火灾时，喷头周围的温度上升，在达到其动作温度时，喷头的玻璃球爆裂，喷头开启喷水，管网压力下降，报警阀后压力下降使阀板开启，接通管网和水源供水灭火。湿式自动喷水灭火系统组成如图1-17所示。

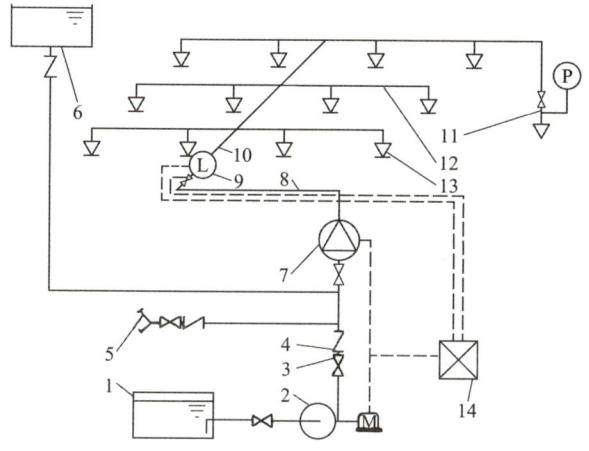

图 1-17　湿式自动喷水灭火系统示意图

1—水池；2—水泵；3—闸阀；4—止回阀；5—水泵接合器；6—消防水箱；7—湿式报警阀组；8—配水干管；
9—水流指示器；10—配水管；11—末端试水装置；12—配水支管；13—闭式洒水喷头；14—报警控制器；
P—压力表；L—水流指示器；M—驱动电机

（2）干式自动喷水灭火系统

干式自动喷水灭火系统是由湿式自动喷水灭火系统发展而来，适用于室内温度低于4℃或高于70℃的建筑物、构筑物内。如不采暖的地下停车场、冷库等。当发生火灾时，喷头周围的温度上升，在达到其动作温度时，喷头的玻璃球爆裂，喷水口开启，但首先喷出来的是有压气体，随着管网中压力下降，水即顶开干式阀门流入管网，接通管网和水源供水灭火，干式自动喷水灭火系统组成示意图如图 1-18 所示。

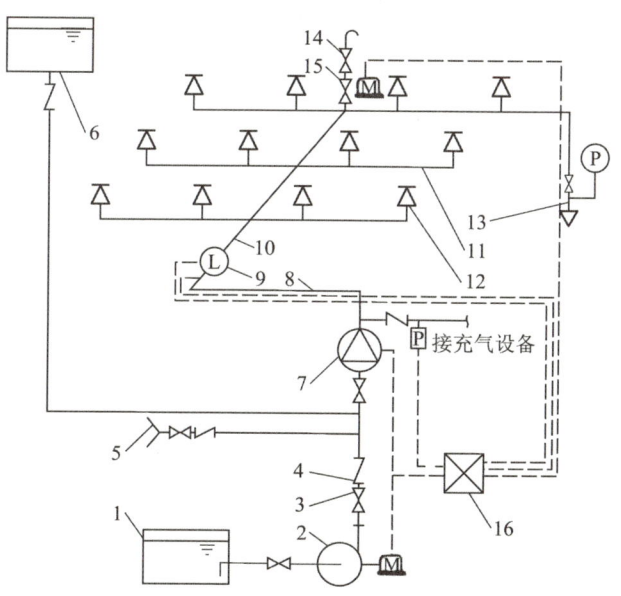

图 1-18　干式自动喷水灭火系统示意图

1—水池；2—水泵；3—闸阀；4—止回阀；5—水泵接合器；6—消防水箱；7—干式报警阀组；8—配水干管；
9—水流指示器；10—配水管；11—配水支管；12—闭式喷头；13—末端试水装置；14—快速排气阀；
15—电动阀；16—报警控制器；P—压力表；L—水流指示器；M—驱动电机

（3）干湿式喷水灭火系统

干湿式喷水灭火系统是把干式和湿式两种系统的优点结合在一起的自动喷水灭火系统，适用于冬季可能冰冻但不采暖的建筑物、构筑物内。

（4）预作用喷水灭火系统

预作用喷水灭火系统是在装有闭式喷淋头的干式自动喷水灭火系统上附加一套火灾自动报警系统。系统在雨淋阀之后的管道内，平时充满低压气体，火灾发生时，安装在保护区的感温、感烟火灾探测器首先发出火警信号，控制器在将报警信号作声光显示的同时开启雨淋阀，使水进入管路，并在很短时间内完成充水过程，使系统转变成湿式系统，以后的动作与湿式系统相同。

（5）雨淋喷水灭火系统

雨淋喷水灭火系统是干式和湿式自动喷水灭火系统的改装型。系统的特点是一旦动作，在所保护的面积内喷头同时喷水。该系统主要适用于严重危险级的建筑物、构筑物内。其包含的火灾因素和燃烧猛烈及蔓延迅速的程度为一般湿式系统所不能应付的场合。该系统有以下几个特点：

①系统所装备灭火喷头都是开式的。

②系统须装备独立的探测传动控制系统，并由它来启动雨淋阀。

③电力传动装置控制雨淋系统。

④手动控制雨淋系统。

（6）水幕系统

水幕系统是一种将水喷洒成水帘状的消防隔火系统。它与自动喷水灭火系统中的雨淋喷水灭火系统，同属于开式消防给水方式，但是，雨淋喷灭火系统是扑灭面上的火灾，而水幕系统只是在线上起到阻止火灾蔓延的作用或是对防火隔断物进行喷水降温，以增强防火隔断物防火、耐火性能。

水幕系统由水幕喷头、管道和控制阀等组成。其布置也可按照雨淋喷水灭火系统布置方式，只是喷头的布置应按水幕系统的要求确定。温感式水幕装置，仅用来保护防火门或防火卷帘。

2. 水灭火系统组成

1）消火栓灭火系统组成

消火栓灭火系统一般由消防水泵、消防水池、管道、稳压泵、屋顶消防水箱、远程启泵按钮、成套室内消火栓箱、屋顶试验消火栓和消防水泵接合器组成。

室内消火栓灭火系统由水源、管网、消防水泵接合器和室内消火栓箱组成，如图1-19所示。

（1）水源：建筑物可采用天然水体作为消防给水的水源，且在天然水体最低水位时，消防车能吸上水。天然水体包括地表水和地下水，但大部分城市的建筑其消防水源来自于城市自来水管网。

（2）管网：室内消防管道的管材多采用镀锌钢管。在多层建筑中，消火栓给水系统管道的工作压力没有超过钢管及管件最大工作压力的，消火栓给水系统可不分区；而在高层建筑中，消火栓栓口的静水压力大于 1.0MPa 时，消火栓给水系统需进行分区供水。

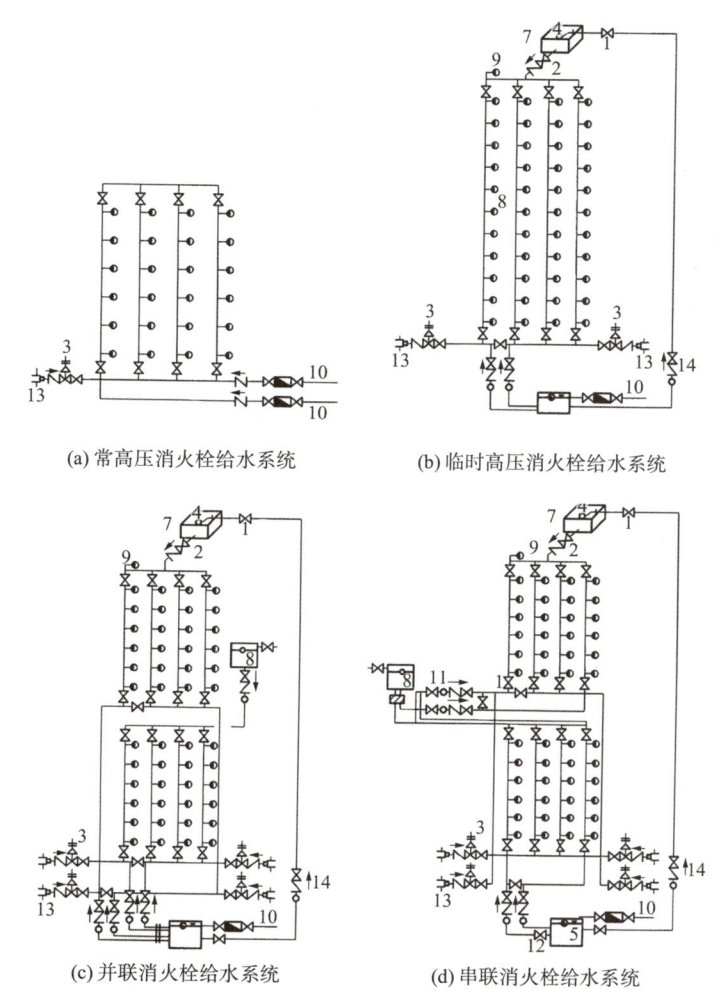

(a) 常高压消火栓给水系统　　(b) 临时高压消火栓给水系统

(c) 并联消火栓给水系统　　(d) 串联消火栓给水系统

图 1-19　室内消火栓系统示意图

1—阀门；2—止回阀；3—安全阀；4—浮球阀；5—水池；6—消火栓；7—高位水箱；8—低位水箱；
9—屋顶试水消火栓；10—来自城市管网；11—高区消防水泵；12—低区消防水泵；
13—消防水泵接合器；14—生活水泵

（3）消防水泵接合器：由闸阀、安全阀、接合器组成，其作用有两个：一是在室内消防水泵发生故障时，消防车从室外消火栓或消防水池取水，通过水泵接合器将水送到室内管道，提供灭火用水；二是高层民用建筑发生大面积火灾时，室内消防用水量不能满足灭火需要，消防车从室外消火栓或消防水池取水，通过水泵接合器将水送到室内管道，补充灭火用水量。

（4）室内消火栓箱：内设置水枪、水龙带、消火栓、消防软管卷盘、消防水泵按钮等设备，如图 1-20 所示。

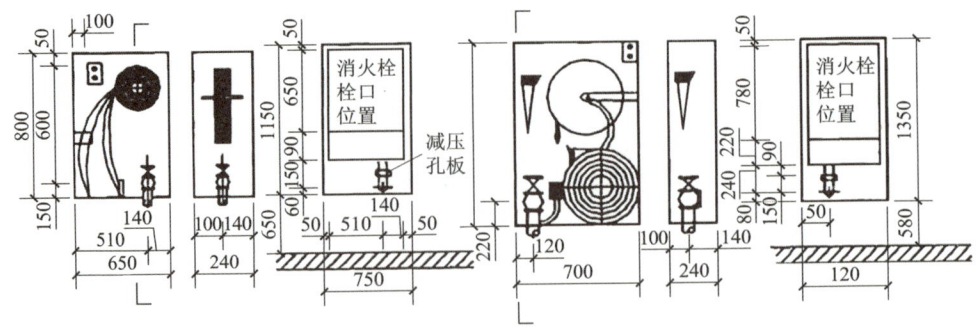

图 1-20　室内消火栓箱

①水枪：室内消火栓水枪常用铝制造，均为直流式水枪，水枪的一端口径为 13mm、16mm、19mm，另一端口径为 50mm、65mm，水枪的作用在于产生灭火所需要的充实水柱。

②水龙带：是麻织或衬胶的输水软管，室内采用衬胶较多，水龙带常用口径为 50mm、65mm，长度一般为 15m、20m、25m 三种。

③消火栓：是具有内扣式接口的球形阀式龙头，一端与消防管相连，另一端与水龙带相连，直径为 50mm、65mm 两种。射流量小于 4L/s 的采用 50mm，射流量大于 4L/s 的采用 65mm。

④消防软管卷盘：由胶管和直流开关水枪组成，胶管常用口径为 $\phi16$、$\phi19$、$\phi25$，长度一般为 16m、20m、25m 三种，水枪常用口径为 $\phi6$、$\phi7$、$\phi8$。

⑤消防水泵按钮：启动水泵的按钮必须安装在每个消火栓箱内或在其附近设置。

2）自动喷淋灭火系统组成

（1）湿式自动喷水灭火系统由喷头、湿式报警装置、水流指示器、管道系统、供水设施、报警装置等组成。

（2）干式自动喷水灭火系统由闭式喷头、干式报警装置、水流指示器、管道系统、充气设备、加速器、供水设施、报警装置等组成。

（3）预作用自动喷水灭火系统由闭式喷头、管道系统、水流指示器、预作用报警装置、火灾探测器、报警控制装置、充气设备、控制组件和供水设施部件组成。

（4）雨淋自动喷水灭火系统由开式喷头、管道系统、雨淋阀、火灾探测器、报警控制装置、控制组件和供水设备组成。自动喷水灭火系统按照其洒水喷头的形式，分为闭式系统和开式系统。

1.5.2　火灾自动报警系统

1. 火灾自动报警系统分类

1）按火灾自动报警系统的应用范围分类，火灾自动报警系统分为区域报警系统、集中报警系统、控制中心报警系统三类。

（1）区域报警系统是由区域火灾报警控制器和火灾探测器等组成，或由火灾报警控制器和火灾探测器等组成，是功能简单的火灾自动报警系统。区域火灾报警控制器设置在有人值班的房间或场所；系统中可设置消防联动控制设备；在每个楼层的楼梯口或消防电梯前室等明显部位，设置识别着火楼层的灯光显示装置。

（2）集中报警系统是由集中火灾报警控制器、区域火灾报警控制器和火灾探测器等组成，或由火灾报警控制器、区域显示器和火灾探测器等组成，是功能较复杂的火灾自动报警系统。适用于较大范围内多个区域的保护，一般安装在消防控制室。

（3）控制中心报警系统是由消防控制室的消防控制设备、集中火灾报警控制器、区域火灾报警控制器和火灾探测器等组成，或由消防控制室的消防控制设备、火灾报警控制器、区域显示器和火灾探测器等组成，是功能复杂的火灾自动报警系统。控制中心系统的容量较大，消防设施控制功能较全，适用于大型建筑的保护。

2）按布线方式分类，火灾自动报警系统可分为总线制系统和多线制系统。

（1）总线制系统

总线制是指系统间信号采用四总线或二总线进行传输的布线制式。连接导线大大减少，给安装、使用及调试带来了极大方便，适用于大、中型火灾报警系统。

①四总线制。如图 1-21 所示。四条总线为：P 线为探测器的电源编码选址信号线；T 线为自检信号线；S 线为信号线；G 为公共地线。从探测器到区域报警器只用四根全总线，另外一根为 24V 电源线，也以总线的形式由区域报警系统控制器接出来，这样探测器到区域报警器的布线为 5 线。

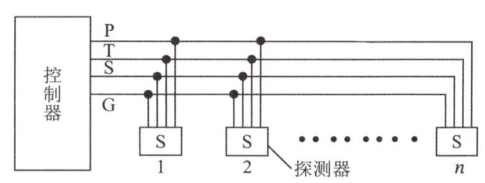

图 1-21　四总线制连接方法

②二总线制。是一种最简单的接线方式，用线量少。二总线中的 G 线为公共地线，P 线则完成供电选址自检获取信息等功能。目前，二总线制应用最广泛。该系统有树枝形和环形。

A. 树枝形。如图 1-22 所示。该接线方式如果发生断线，可以报出断线故障点，但断点之后的探测器不能工作。

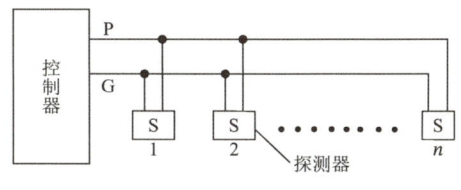

图 1-22　树枝形接线

B. 环形。如图 1-23 所示。该接线方式为输出的两根总线再返回控制器另两个输出端子，构成环形。该种接线方式如中间发生断线不影响系统正常工作。

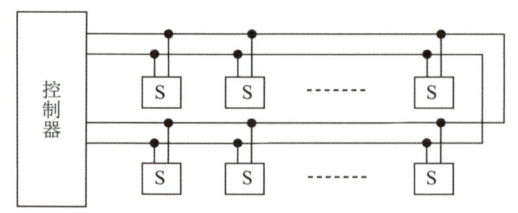

图 1-23　环形接线

（2）多线制系统

多线制是指系统间信号按各自回路进行传输的布线制式。连线较多，仅适用于小型火灾报警系统。多线制目前已基本不用，但已运行的工程很多仍为多线制系统。

2. 火灾自动报警系统组成

火灾自动报警系统通常是指由触发装置、火灾报警装置、火灾警报装置及电源四部分组成的通报火灾发生的全套设备。基本组成如图 1-24 所示。

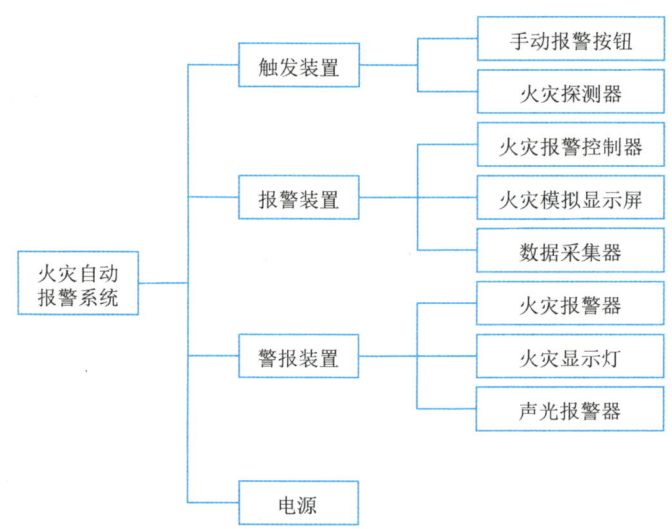

图 1-24　火灾自动报警系统基本组成框图

触发装置是指自动或手动产生火灾报警信号的器件。自动触发器件包括各种火灾探测器、水流指示器、压力开关等。手动报警按钮是用人工手动发出火警信号通报火警的部件，是一种简单易行、报警可靠的触发装置。火灾探测器有感烟式、感温式、感光式、可燃气体探测式及复合式等。

火灾报警装置主要是指火灾报警控制器。火灾报警控制器接收触发装置发来的报警信号，发出声光报警信号，指示火灾发生的具体部位，按照预先编制的逻辑关系，发出控制信号，联动各种灭火控制设备，迅速有效地扑灭火灾。一些大型或超大型的建筑物，为了减少火灾自动报警系统的布线，已广泛采用总线制火警系统、数据采集器或中继器。

火灾警报装置是在确认火灾后，由报警装置自动或手动向外界通报火灾发生的一种设备。可以是警铃、警笛、高音喇叭等音响设备；警灯、闪光等光指示设备或两者的组合，供疏散人群、向消防队报警等用。

电源是向触发装置、报警装置、警报装置提供电能的设备。火灾自动报警系统中的电源应由消防电源供电，还要有直流备用电源。

1.5.3 气体灭火系统

气体灭火系统是灭火剂以气体或液体状态存贮于压力容器内，灭火时以气体（包括蒸汽、气雾）状态喷射作为灭火介质的灭火系统。气体灭火系统应用在不能用水灭火的场所，例如数据机房、档案中心、电信机房、电气设备房、电池室、柴油发电机房、储能集装箱、工业除尘设备、喷漆房等场所。

气体灭火系统按灭火剂储存压力分为高压系统和中低压系统。高压系统是指灭火剂储存压力为 15MPa、20MPa 的气体灭火系统，常见的高压气体灭火系统有 IG541、IG100、IG55、IG01 灭火系统等，国内常用 15MPa；中低压系统是指灭火剂储存压力为 2.1MPa、2.5MPa、4.2MPa、5.6MPa、5.5MPa 的气体灭火系统，如高压二氧化碳、低压二氧化碳、七氟丙烷等灭火系统。

1.5.4 泡沫灭火系统

泡沫灭火系统是通过泡沫比例混合器（装置）将泡沫液与水按比例混合成泡沫混合液，再经泡沫产生装置生成泡沫，施加到着火对象上实施灭火，主要由泡沫液、泡沫消防水泵、泡沫混合液泵、泡沫液泵、泡沫比例混合器（装置）、泡沫液储罐、泡沫产生装置、火灾探测与启动控制装置、控制阀门及管道等组成。

泡沫灭火系统按发泡倍数分为低倍数、中倍数、高倍数泡沫灭火系统（发泡倍数是指泡沫体积与形成该泡沫的泡沫混合液体积的比值）。低倍数泡沫，是指发泡倍数低于 20 的灭火泡沫，低倍数泡沫灭火系统是甲、乙、丙类液体储罐及石油化工装置区等场所的首选泡沫灭火系统；中倍数泡沫，是指发泡倍数为 20～200 的灭火泡沫。中倍数泡沫灭火系统在实际工作中应用较少，多用作辅助灭火系统；高倍数泡沫是指发泡倍数高于 200 的灭火泡沫，能迅速以全淹没或覆盖方式充满防护空间灭火。

1.5.5 建筑防排烟系统

建筑防排烟系统是高层民用建筑保障人民生命财产安全不可缺少的消防安全设施，能及时排出有害烟气，确保建筑物内人员顺利疏散、安全避难，为火灾扑救创造有利条件，在一些高层建筑和地下建筑内设置防烟、排烟设施是十分重要的。

建筑防排烟系统主要包括楼梯间及前室、消防电梯前室、合用前室、封闭楼梯间、避难层（间）等场所设置的防烟设施，地下室、内走道、中庭、无窗或设有固定窗房间等部位设置的排烟设施，防烟分区之间的挡烟垂壁等。

1.建筑防排烟系统分类

建筑防烟系统可分为机械加压送风的防烟系统和可开启外窗的自然防烟系统两种；排烟系统可分为机械排烟系统和可开启外窗的自然排烟系统两种。

1）自然防排烟是利用建筑物的外窗、阳台、凹廊或专用排烟口、竖井等将烟气排出或稀释烟气的浓度，是一种经济、简单、易操作、维护管理方便的排烟方式。

2）机械加压送风的防排烟系统：对疏散通道的楼梯间进行机械送风，使其压力高于防烟楼梯间或消防电梯前室，而这些部位的压力又比走道和火灾房间要高些，这种防止烟气侵入的方式称为机械加压送风方式。送风可直接利用室外空气，不必进行任何处理。烟气则通过远离楼梯间的走道外窗或排烟竖井排至室外。它是依靠加压送风机提供给建筑物内被保护部位新鲜空气，使该部位的室内压力高于火灾压力，形成压力差，从而防止烟气侵入被保护部位。机械加压送风防烟设施设置部位：当防烟楼梯间及其前室、消防电梯前室或合用前室各部位有可开启外窗时，若采用自然排烟方式，可造成楼梯间与前室或合用前室在采用自然排烟方式与采用机械加压送风防烟方式排列组合上的多样化，而这两种排烟方式不能共用。

2.建筑防排烟系统组成

1）建筑防烟机械加压送风系统组成

建筑防烟机械加压送风系统由加压送风机、加压送风道、加压送风口及自动控制件等组成，如图1-25所示。

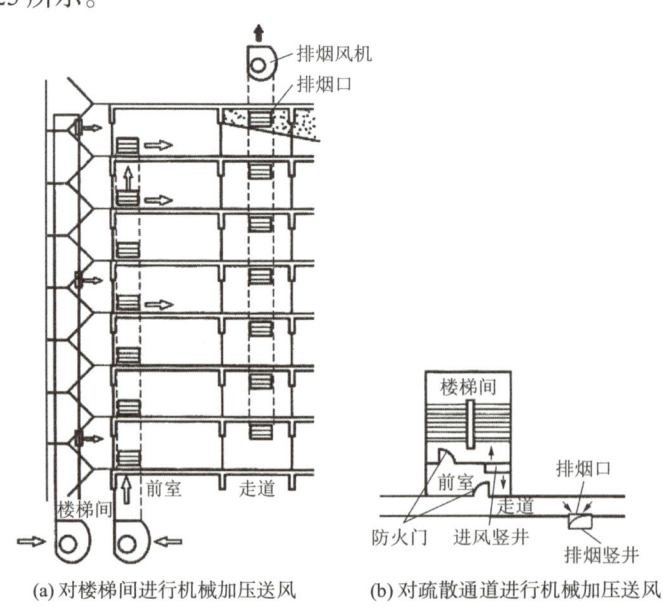

(a) 对楼梯间进行机械加压送风　(b) 对疏散通道进行机械加压送风

图1-25　机械加压送风系统

（1）加压送风机：可采用中、低离心式风机或轴流式风机，其位置根据电位置、室外新风入口条件、风量分配情况等因素来确定。

（2）加压送风口：楼梯间的加压送风口一般采用自垂式百叶风口或常开的百叶风口。

（3）加压送风道：加压送风道采用密实不漏风的非燃烧材料。

（4）余压阀：为保证防烟楼梯间及前室、消防电梯前室和合用前室的正压值，防止正压值过大而导致门难以推开。

2）建筑防排烟系统组成

建筑防排烟系统组成主要有防火阀、排烟阀及防排烟风机等。

（1）防火阀

防火阀是防火阀、防火调节阀、防烟防火阀及防火风口的总称。防火阀与防火调节阀的区别在于叶片的开度能否调节。常用的防火阀有重力式防火阀、弹簧式防火阀、弹簧式防火调节阀、防烟防火调节阀、防火风口、气动式防火阀、电动防火阀、电子自控防烟防火阀等。

（2）排烟阀

安装在排烟系统中，平时呈关闭状态，发生火灾时，通过控制中心信号来控制执行机构的工作。常用的管道部件有排烟阀、排烟防火阀、远控排烟阀、远控排烟防火阀、板式排烟口、多叶排烟口、远控多叶排烟口和远控多叶防火排烟口、电动排烟防火阀。

（3）防排烟风机

防排烟风机可采用通用风机，也可采用防排烟专用风机。

第 6 节　智能化工程

智能化工程是一种将电子技术、信息技术、通信技术等多种技术相结合，实现智能化控制、智能化管理、智能化服务的综合性工程技术。它涉及多个学科领域，包括电子工程、计算机科学与技术、自动化控制等。

1.6.1　智能化工程分类

智能化工程具有多门学科融合集成的综合特点，发展历史较短，但发展速度很快，是创建多种形式的智能化系统。既是适应现代经济、军事和科技发展的需要，也是智能科学和复杂性科学研究的实际应用。智能系统事例的重要特点之一就是人机结合，以人为主的综合集成体系。

在工业生产中，智能化工程可以提高生产效率，降低能耗，实现自动化生产线。在医疗领域，智能化工程技术可用于远程诊断、智能医疗设备等，提高医疗服务水平。在城市管理方面，智能化工程可以实现智能交通、智能安防等，提高城市居民的生活质量。

目前智能化工程在人们生活、工业生产中广泛应用的主要有计算机及网络设备、卫星信号接收系统工程、有线电视、音频、视频、安全防范、建筑设备自动化等系统工程。

1.6.2 建筑智能化系统工程分类及组成

建筑智能化系统工程包括通信网络系统、信息网络系统、建筑设备监控系统、火灾报警及消防联动系统、安全防范系统、综合布线系统、智能化集成系统、环境和住宅（小区）智能化系统等。

1. 通信网络系统

通信网络系统有电话通信、卫星通信、无线信号覆盖、卫星电视、有线电视、电视会议、背景音响及广播等系统，使建筑物内语音、数据、图像、视频可靠地传输。

2. 信息网络系统

信息网络系统包括计算机网络设备（交换机、路由器、防火墙、网管、文件服务器等）、应用软件、管理软件及网络安全等。

3. 建筑设备监控系统

建筑设备监控系统是智能建筑中的一个重要系统，是将与建筑物有关的暖通空调、给排水、电力、照明、运输等设备集中监视、控制和管理的综合性系统。建筑设备监控系统是以计算机局域网为通信基础、以计算机技术为核心的计算机控制系统，它具有分散控制和集中管理的功能。

4. 火灾报警及消防联动系统

火灾报警及消防联动系统由火灾探测器、输入模块、报警控制器、联动控制器和控制模块等组成。主要功能为火灾参数的检测，火灾信息的处理与自动报警，消防设备联动与协调控制，消防系统的计算机管理等。

5. 安全防范系统

建筑物的安全防范系统是为保障人身和财产的安全，运用计算机、电视监控及入侵报警等技术形成的综合安全防范体系。安全防范系统包括门禁系统、入侵报警系统、电视监控系统、巡更系统、停车场自动管理系统等。

1）门禁系统（出入口管理系统），例如，对讲门机、电控锁。

2）入侵报警系统（周界防盗报警系统），例如，入侵报警探测器、中央报警控制、声响报警（电笛、警铃、频闪灯等）和无声报警（向监控中心或向公安局 110 发出报警信号）等报警方式。

3）电视监控系统，例如，模拟式电视监控系统、数字视频监控系统（DVR）。

4）巡更系统，例如，离线式巡更系统、在线式巡更系统。

5）停车场自动管理系统。

6. 综合布线系统

综合布线系统主要由工作区（终端）子系统、垂直干线子系统、水平布线子系统、管理子系统、设备间子系统、建筑群子系统 6 个子系统构成。

1）工作区（终端）子系统。由信息插座的软线和终端设备连接而成，包括装配、连接、扩展软线，并将它们搭建在输入、输出插座与设备终端之间，其中信息插座分为墙、地、桌、软基型多种形式。

2）垂直干线子系统。是综合布线系统的中心系统，主要负责连接楼层配线架系统与主配线架系统。

3）水平布线子系统。系统主要负责将管理子系统配线架的电缆从干线子系统延伸至信息插座位置，一般来说这些系统都处在同一楼层。

4）管理子系统。连接各楼层水平布线子系统和垂直干缆线，负责连接控制其他子系统，由交联、互联和 I/O 设备组成，可以定位通信线路，便于实现对通信线路的管理。

5）设备间子系统。组成部分包括电缆、连接器和相关支撑硬件，负责公共系统间的各种设备连接。

6）建筑群子系统。系统是把其中一个建筑的电缆线通过技术延伸至本建筑群中其他建筑的通信设备中，以此为楼群之间的信号连接提供可能。

7. 智能化集成系统

智能化系统集成一般指在建筑设备监控系统、火灾自动报警和消防联动系统、安全防范系统等的基础上，实现建筑管理系统（SMS）的集成，以满足建筑监控功能、管理功能和信息共享的需求。通过对建筑和建筑设备的自动检测与优化控制、信息资源的优化管理，为使用者提供最佳的信息服务，使智能建筑适应信息社会的需要，并具有安全、舒适、高效和经济的特点。

8. 环境和住宅（小区）智能化系统

完善的小区智能化管理系统需要集成多个系统和技术，以实现各种功能和服务，需要集成部分系统和子系统，例如，物联网（IoT）系统、智能安全系统、能源管理系统、社区管理系统、社交互动平台、安全和隐私系统、自动化和远程监控系统、紧急响应系统、视频监控子系统、门禁/出入口子系统、停车场子系统、火灾消防报警子系统、信息发布及引导子系统、远程抄表子系统、电子巡更子系统、可视对讲子系统、建筑设备检测子系统、智能卡应用系统等。

◆◆◆ 真题训练及解析 ◆◆◆

1. 安装工程不包括（　　）。【单选题】

  A. 压缩机安装　　　　　　　　　B. 工业管道安装

  C. 铝合金门窗安装　　　　　　　D. 卫生器具安装

【答案】C

【解析】安装工程主要包括：机械设备安装、热力设备安装，静置设备与工艺金属结构制作安装，电气设备安装，建筑智能化，通风空调，工业管道，消防，给排水、采暖、燃气工程，通信设备及线路工程，刷油、防腐蚀、绝热工程；压缩机安装属于安装工程中的机械设备安装工程；卫生器具安装属于安装工程中的给排水、采暖、燃气安装工程。

2. 交流电压等级中，通常称为高压的是（　　）。【单选题】

    A. 1kV～35kV   B. 35kV～220kV

    C. 330kV～1000kV   D. 1000kV 及以上

【答案】B

【解析】交流电压等级中，通常将 1kV 以下称为低压，1kV 以上、35kV 及以下称为中压，35kV 以上、220kV 以下称为高压，330kV 及以上、1000kV 以下称为超高压，1000kV 及以上称为特高压。

3. 集中式空调系统的主要组成部分不包括（　　）。【单选题】

    A. 新风口   B. 空气处理设备

    C. 空气分配装置   D. 空气输送设备

【答案】A

【解析】集中式空调系统主要是由三部分组成，空气处理设备、空气输送设备、空气分配装置，还有为空气处理服务的热源和热媒管道系统，冷源和冷媒管道系统，以及自动控制盒自动检测系统。

4. 属于建筑内部给水系统的有（　　）。【多选题】

    A. 水表节点   B. 检查井

    C. 用水设备   D. 洒水喷头

    E. 管网系统

【答案】A、C、E

【解析】建筑内部的给水系统由进户管、水表节点、管网系统、用水设备、管网附件以及增压和贮水设备组成。

第**2**章

安装工程常用材料的分类、基本性能及用途

 **本章提示**

掌握 电气设备安装工程、给排水工程、通风空调工程、消防工程、智能化工程常用材料的分类。

熟悉 电气设备安装工程、给排水工程、通风空调工程、消防工程、智能化工程常用材料的基本性能。

了解 电气设备安装工程、给排水工程、通风空调工程、消防工程、智能化工程常用材料的用途。

知识体系

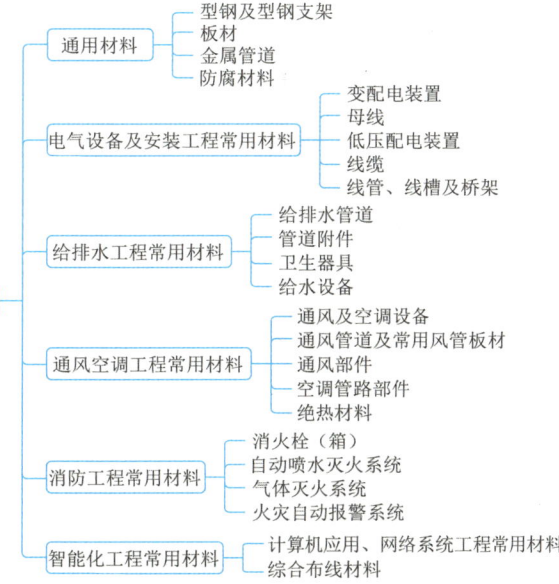

工程材料通常按化学成分分为金属材料、非金属材料、高分子材料和复合材料四大类。本章主要介绍建筑通用安装工程（电气、给排水、通风空调、消防、智能化工程）常用材料的规格型号及用途。

<h1 style="text-align:center">第 1 节　通用材料</h1>

2.1.1　型钢及型钢支架

型钢是一种有一定截面形状和尺寸的条形钢材。按照钢的冶炼质量不同，型钢分为普通型钢和优质型钢。普通型钢按其断面形状又可分为工字钢、槽钢、角钢、圆钢等。型钢的规格以反映其断面形状的主要轮廓尺寸来表示，如圆钢的规格以其直径（mm）表示；六角钢的规格以其对边距离（mm）来表示；工字钢与槽钢的规格以其高（mm）×腿宽（mm）×腰厚（mm）来表示；扁钢的规格以其厚度（mm）×宽度（mm）来表示。

在通用安装工程中型钢主要用于制作各类型钢支架以及设备基础。型钢支架主要用于支撑和固定管道或设备，从功能上可以分为承重支架与抗震支架。承重支架负责承载管道或设备的重力，传统焊接支架与成品支架都属于承重支架；抗震支架则依靠斜撑起到抗震的作用。

传统支吊架仅承受竖向荷载，发生地震时侧向摆动大，极易破坏邻近设施，造成建筑机电工程系统损坏，加大后期维护难度。而抗震支吊架在安装形式上利用了三角形的稳定性原理，把地震时的纵向力和横向力进行综合承载，改变管线系统动力特性由柔变刚。使设备、管道更牢固，减少因地震引起的次生灾害。抗震支架按受力方向分类，分为纵向支吊架（与管线中心线平行）、侧向支吊架（与管线中心线垂直）、纵、侧向支吊架。

2.1.2　板材

1. 薄钢板

薄钢板是用热轧或冷轧方法生产的厚度为 0.2～4mm 的钢板。薄钢板宽度为 500～1400mm。根据不同的用途，薄钢板采用不同材质钢坯轧制而成。通常采用材质有普碳钢、优碳钢、合金结构钢、碳素工具钢、不锈钢、弹簧钢和电工用硅钢等。

1）普通薄钢板（黑铁皮）

普通薄钢板是普通碳素结构钢薄钢板的简称。普通薄钢板的材质是普通碳素结构钢，经热、冷轧加工而成，是一种表面没有镀层的普通钢板。一般要在其表面涂上油漆以防止氧化生锈，低碳薄钢板含碳量低，所以强度高、易加工以及热传导性好等特点，主要用于制造对表面质量要求不高，不需深度加工的制品，如通风管道、机械外罩、开关箱、文件柜等，也常用作焊管和冷弯型钢的坯料。

2）镀锌薄钢板（白铁皮）

镀锌薄钢板是在酸洗薄钢板表面上镀上一层厚度为 0.02mm 以上的锌保护层而成，因镀锌钢板表面呈银白色，又称"白铁皮"。由于它的表面有镀锌层保护，起到了防锈作用，所以一般不需再刷漆。在通用安装工程中多使用镀锌钢板卷材，对风机管道（风管）的制作更为方便。不仅用于制作风管，还用于制造风机箱、自垂百叶、消声器、静压箱等，外形美观，保留了白铁皮的镀锌花纹，且不易生锈。

镀锌薄钢板应入库保管，下垫垫木，分不同规格平放码垛。少量的可存放在层格料架上。镀锌薄钢板遇水则生成白色粉末的水渍，遇食盐、硝石、氯化铵等化学物品极易损坏锌层，应避免与上述物质接触。镀锌薄钢板一般不做去锈涂油处理。如发现锈蚀应用干布擦去锈灰，并应分别存放，提前使用。

3）不锈钢薄钢板

不锈钢薄钢板是指厚度为 0.2～4mm 的不锈钢板或不锈钢耐酸钢板。不锈钢板的耐腐蚀性主要取决于它的合金成分（铬、镍、钛、硅、铝、锰、等）和内部的组织结构，起主要作用的是铬元素。铬具有很高的化学稳定性，能在钢表面形成钝化膜，使金属与外界隔离开来，保护钢板不被氧化，增加钢板的抗腐蚀能力。钝化膜破坏后，抗腐蚀性就下降。

常用 304 不锈钢薄板（国标牌号 06Cr19Ni10）作为用途广泛的板材，具有良好耐蚀性、耐热性、低温强度和机械特性，冲压、弯曲等热加工性好且无热处理硬化现象，广泛用于室内管线、橱柜、洗涤盆、防爆排烟管等。

2. 铝合金板

铝板材是铝材种类中的一种，它是指用塑性加工方法将铝坯锭经过轧制、挤压、拉伸和锻造等方法最终制造成板型铝制品，为了保证板材最终性能，再对成品进行退火、固溶、淬火、自然时效和人工时效处理。

根据合金元素含量，不同铝板材可以分为：1×××系为工业纯铝（Al），2×××系为铝铜合金铝板（Al-Cu），3×××系为铝锰合金铝板（Al-Mn），4×××系为铝硅合金铝板（Al-Si），5×××系为铝镁合金铝板（Al-Mg），6×××系为铝镁硅合金铝板（Al-Mg-Si），7×××系为铝锌合金铝板［Al-Zn-Mg-（Cu）］，8×××系为铝与其他元素。一般每个系列还要跟有三位，每个位上要有数字或者字母，含义是：第二位数表示受控杂质个数；第三、四位数表示纯铝铝含量百分数小数点后的最低含量。

1×××系列铝板材代表有 1050、1060、1100。在所有系列中 1×××系列属于含铝量最多的一个系列。纯度可以达到 99.00% 以上。由于不含有其他技术元素，所以生产过程比较单一，价格相对比较便宜，是目前常规工业中最常用的一个系列。

3. 塑料复合钢板

塑料复合钢板是在普通钢板的表面贴上一层塑料薄膜，或是喷上一层 0.2～0.4mm 厚的塑料层制成的，后一种也称塑料涂层钢板。塑料复合钢板分为单面和双面复合两种，既具有塑料耐腐蚀的特点，又具有普通钢板可进行弯折、咬口、钻孔等加工性能，另外还避免了用户的分散表面处理和油漆，从而有利于环保和节约能源，并可节约 5%～10% 的成本，塑料复合钢板的开发研究和生产发展一直具有较高的速度。常用于制作空气洁净系列和温度为 −10～70℃ 的通风系统的风管和配件。

2.1.3　金属管道

1. 无缝钢管

无缝钢管可以用普通碳素钢、普通低合金钢、优质碳素结构钢、优质合金钢和不锈钢制成。无缝钢管是用一定尺寸的钢坯经过穿孔机、热轧或冷拔等工序制成的中空而横截面封闭的无焊接缝的钢管。所以无缝钢管比焊缝钢管有更高的强度，一般能承受 3.2～7.0MPa 的压力。

一般无缝钢管主要适用于高压供热系统和高层建筑的冷、热水管和蒸汽管道以及各种机械零件的坯料，通常压力在 0.6MPa 以上的管路都应采用无缝钢管。由于用途的不同，所以管子所承受的压力也不同，要求管壁的厚度差别也很大，无缝钢管的规格用外径 × 壁厚来表示。

2. 焊接钢管

焊接钢管分为焊接钢管（黑铁管）和将焊接钢管镀锌后的镀锌钢管（白铁管）。按焊缝的形状可分为直缝钢管、螺旋缝钢管和双层卷焊钢管，按其用途不同可分为水、煤气输送钢管，按壁厚可分为薄壁管和加厚管等。

1）直缝钢管：按材料状态分为软状态钢管（R）和低硬状态钢管（DY）。直缝钢管主要用于输送水、水蒸气和煤气等低压流体和制作结构零件等。电线套管是用易焊接的软钢制造的，它是保护电线用的薄壁焊接钢管。

2）螺旋缝钢管：按照生产方法可以分为单面螺旋缝焊接钢管和双面螺旋缝焊接钢管两种。单面螺旋缝焊接钢管用于输送水等一般用途，双面螺旋缝焊接钢管用于输送石油和天然气特殊用途。

3）双层卷焊钢管：双层卷焊钢管是用优质冷轧钢带经双面镀铜，纵剪分条，卷制缠绕后在还原气氛中钎焊而成，它具有高的爆破强度和内表面清洁度，有良好的耐疲劳抗震性能。双层卷焊钢管适用于汽车和冷冻设备，电热电器工业中的刹车管、燃料管、润滑油管、加热或冷却器等。

3. 合金钢管

合金钢管用于各种锅炉耐热管道和过热器管道等。合金钢强度高，同等条件下采用合金钢管可达到节省钢材的目的。耐热合金钢管具有强度高、耐热性好的优点。其规格范围为公称直径 15～500mm，适用温度范围为 –40～570℃。几种常用的高温耐热合金钢管的钢号有 12CrMo、15CrMo、Cr2Mo、Cr5Mn 等。但合金钢管的焊接都有特殊的工艺要求，焊接后要对焊口部位采取热处理。

4.有色金属管

1）铜管及铜合金管

铜管分为紫铜管和黄铜管两种。紫铜管的牌号为 T2、T3、T4 和 TUP 等；黄铜管的牌号有 H62、H68 等；铜管的导热性能良好，适宜工作温度在 250℃以下，多用于制造换热器、压缩机输油管、低温管道、自控仪表以及保温伴热管和氧气管道等。

2）铝管及铝合金管

铝管多用于耐腐蚀性介质管道、食品卫生管道及有特殊要求的管道。铝管输送的介质操作温度在 200℃以下，当温度高于 160℃时，不宜在压力下使用。铝管分为纯铝管 L2、L6 和防锈铝合金管 LF2、LF6。铝管的特点是重量轻，不生锈，但机械强度较差，不能承受较高的压力。铝管常用于输送浓硫酸、醋酸、脂肪酸、过氧化氢等液体及硫化氢、二氧化碳气体。它不耐碱及含氯离子的化合物，如盐水和盐酸等介质。

2.1.4　防腐材料

防腐材料是抑制被防腐对象发生化学腐蚀和电化学腐蚀的一种材料。在安装工程中常用的防腐材料主要有各种有机和无机涂料、玻璃钢、橡胶制品、无机板材等。

1.常用的涂料

涂料可分为两大类：油基漆（成膜物质为干性油类）和树脂基漆（成膜物质为合成树脂）。它是通过一定的涂覆方法涂在物体表面，经过固化而形成的薄涂层，从而保护设备、管道和金属结构等表面免受化工大气及酸、碱等介质的腐蚀作用。

1）酚醛树脂漆。酚醛树脂漆是把酚醛树脂溶于有机溶剂中，并加入适量的增韧剂和填料配制而成。酚醛树脂漆具有良好的电绝缘性和耐油性，能耐 60%硫酸、盐酸、一定浓度的醋酸、磷酸、大多数盐类和有机溶剂等介质的腐蚀，但不耐强氧化剂和碱。其漆膜较脆，温差变化大时易开裂，与金属附着力较差，在生产中应用受到一定限制。其使用温度一般为 120℃。

2）环氧树脂涂料。环氧树脂涂料是由环氧树脂、有机溶剂、增韧剂和填料配制而成，在使用时再加入一定量的固化剂。按其成膜要求不同，可分为冷固型环氧树脂涂料和热固型环氧树脂涂料。环氧树脂涂料具有良好的耐腐蚀性能，特别是耐碱性，并有较好的耐磨性。与金属和非金属（除聚氯乙烯、聚乙烯等外）有极好的附着力，漆膜有良好的弹性与硬度，收缩率也较低，使用温度一般为 90～100℃。

3）沥青漆。沥青漆是用天然沥青或石油沥青和干性油溶于有机溶剂而成。沥青漆由于价格低廉，使用较多。沥青漆膜对阳光稳定性较差，耐热度在60℃。常用于设备和管道的表面，防止工业大气、土壤和水的腐蚀。常用的沥青漆有沥青耐酸漆、沥青清漆、铝粉沥青防锈漆等。

4）无机富锌漆。无机富锌漆是由锌粉及水玻璃为主配制而成的，施工简单，价格便宜。它具有良好的耐水性、耐油性、耐溶剂性及耐干湿交替的盐雾，适用于海水、清水、海洋大气、工业大气和油类等介质。在酸、碱腐蚀介质中使用时，一般须涂上相应的面漆，如环氧酚醛漆、环氧树脂漆、过氯乙烯漆等，面漆层数不得少于两层。耐热度为160℃左右。

5）环氧煤沥青。它主要是由环氧树脂、煤沥青、填料和固化剂组成。它综合了环氧树脂机械强度高、粘结力大、耐化学介质侵蚀和煤沥青耐腐蚀等优点。涂层使用温度为−40～150℃。在酸、碱、盐、水、汽油、煤油、柴油等一般稀释剂中长期浸泡无变化，防腐寿命可达到50年以上。环氧煤沥青广泛用于城市给水管道、煤气管道以及炼油厂、化工厂、污水处理厂等设备、管道的防腐处理。

2. 玻璃钢

玻璃钢一般是指以不饱和聚酯树脂、环氧树脂与酚醛树脂为基体，以玻璃纤维或其制品作增强材料的增强塑料。玻璃钢由于有玻璃纤维的增强作用，具有较高的机械强度和整体性，受到机械撞击等也不容易出现损伤。

根据使用的树脂品种不同，玻璃钢的种类有环氧玻璃钢、聚酯玻璃钢、环氧酚醛玻璃钢、环氧煤焦油玻璃钢、环氧呋喃玻璃钢和酚醛呋喃玻璃钢等。玻璃钢质轻而硬，不导电，机械强度高，回收利用少，耐腐蚀。可以代替钢材制造机器零件和汽车、船舶外壳等。

3. 橡胶

目前主要用于防腐的橡胶主要是天然橡胶。一般硬橡胶的长期使用温度为0～65℃，软橡胶、半硬橡胶的使用温度为−25～75℃。橡胶的使用寿命与使用温度有关，温度过高会加速橡胶的老化，破坏橡胶与金属间的结合力，导致脱落；温度过低会使橡胶失去弹性（橡胶的膨胀系数比金属大三倍）。

第 2 节　电气设备及安装工程常用材料

2.2.1　变配电装置

1.电力变压器

变压器是变电所的主要设备。它的作用是变换电压，减少线路上的功率损耗，实现远距离输电，用变压器将发电机发出的电能电压升高后再送入输电电网。在配电地点，为了用户安全和降低用电设备的制造成本，先用变压器将电压降低，然后分配给用户。额定容量是其主要参数，用以表征传输电能的大小，以 "kVA" 和 "MVA" 表示。变压器的种类很多，电力系统中常用三相电力变压器，按冷却介质有油浸式和干式之分。

1）油浸式电力变压器

油浸式电力变压器外壳是一个油箱，内部装满变压器油（一种矿物油），套装在铁芯上的原、副绕组都要浸没在变压器油中。油浸式电力变压器是利用变压器油作为主要绝缘手段，依靠油作冷却介质，常用的冷却方式有油浸自冷、油浸风冷、强迫油循环风冷、强迫油循环水冷等。

2）干式变压器

干式变压器的铁芯和绕组都不浸在任何绝缘液体中，而是采用空气对流直接冷却，有开启式、充气式（SF6）、浇注式等类型。按相数可分为单相（D）和三相（S）。按性能可分为自耦干式变压器、隔离干式变压器。它一般用于安全防火要求较高的场合。

常用 SCB 系列环氧树脂浇注干式变压器型号为 SCB10-1000kVA/10kV/0.4kV，其中 S——三相变压器，C——环氧树脂胶注成形，B——低压绕组为箔绕（可以是铜箔，也可以是铝箔），10——空载损耗属于 10 型（这个数值越大，空载损耗越低），1000kVA——变压器容量为 1000kVA，10kV——高压侧的电压等级是 10kV，0.4kV——低压侧的电压等级是 0.4kV。

2. 配电装置

1）断路器

高压断路器不仅能通断正常负荷电流，而且能接通和承受一定时间的短路电流，并能在保护装置作用下自动跳闸，切除短路的故障。高压断路器按其采用的灭弧介质可分为油断路器、空气断路器、六氟化硫断路器、真空断路器等。

2）隔离开关

高压隔离开关主要用于隔离高压电源，可以将高压装置中需要修理的设备与其他带电部分可靠地断开，并构成明显可见的断开间隔，充分保证检修人员和设备的安全。高压隔离开关按安装地点可分为户内式和户外式两大类，按有无接地可分为不接地、单接地、双接地三类，按使用特性可分为母线型和穿墙套管型。

3）高压负荷开关

高压负荷开关具有简单的灭弧装置，专门用在高压装置中通断负荷电流，但因灭弧能力不高，故不能切断短路电流，它必须和高压熔断器串联使用，靠熔断器切断短路电流。负荷开关有户内式和户外式两大类。

4）互感器

互感器是电流互感器和电压互感器的合称。互感器的主要功能是：使仪表和继电器标准化，降低仪表及继电器的绝缘水平，简化仪表构造，保证工作人员的安全，避免短路电流直接流过测量仪表及继电器的线圈。

5）高压熔断器

高压熔断器是一种当所在电路的电流超过规定值并经一定时间后，使用熔体熔化而分断电流、断开电路的保护电器。熔断器功能主要是对电路及电路设备进行短路保护，有的也具有过负荷保护的功能。由于它简单、便宜、使用方便，所以适用于保护线路、电力变压器等。它主要由熔体管、接触导电部分支持绝缘子和底座等组成。按其使用场所不同可分为户内式 RN（R——熔断器，N——户内式）和户外式 RW（R——熔断器，W——户外式）两大类。

6）高压成套配电柜

高压开关柜是成套配电装置的一种，在封闭或半封闭的柜中，主要包括高压断路器、高压隔离开关与接地开关、高压负荷开关、测量仪表及保护装置等。按结构形式可分为固定式（G）和移开式（手车式，Y）两类。按母线系统分为单母线柜及双母线柜。按功能分为馈线柜、电压互感器柜、高压电容器柜（GR-1 型）、电能计量柜（PJ 系列）、高压环网柜（HXGN 型）、断路器柜等。

2.2.2　母线

母线是指在变电所中各级电压配电装置的连接，以及变压器等电气设备和相应配电装置的连接，大多采用矩形或圆形截面的裸导线或绞线，统称为母线。母线的作用是汇集、分配和传送电能。母线按外形和结构，大致分为以下三类：硬母线，用铜或铝制成，包括矩形母线、槽形母线、管形母线等；软母线，包括铝绞线、铜绞线、钢芯铝绞线、扩径空心导线等；封闭母线，包括共箱母线、分相母线等。

1.铜排

铜排又称铜母排或铜汇流排，是由铜材质制作的硬母线，截面为矩形或倒角（圆角）矩形的长导体（现在一般都用圆角铜排，以免产生尖端放电），在电路中起输送电流和连接电气设备的作用。铜排在电气设备，特别是成套配电装置中得到了广泛的应用，一般在配电柜中的 U、V、W 相母排和 PE 母排均采用铜排。铜排在使用中一般标有相色字母标志或涂有相色漆，U 相铜排涂有"黄"色，V 相铜排涂有"绿"色，W 相铜排涂有"红"色，PE 母线铜排涂有"黄绿相间"双色。

2.封闭式母线槽

封闭式母线槽（母线槽）按绝缘方式可分为空气式插接母线槽（BMC）、密集绝缘插接母线槽（CMC）和高强度插接母线槽（CFW）三种；按其结构及用途分为密集绝缘、空气绝缘、空气附加绝缘、耐火、树脂绝缘和滑触式母线槽；按其外壳材料分为钢外壳、铝合金外壳和钢铝混合外壳母线槽。

低压封闭式插接母线槽一般由始端母线槽、直通母线槽（分带插孔和不带插孔两种）、L 型垂直（水平）弯通母线、Z 型垂直（水平）偏置母线、T 型垂直（水平）三通母线、X 型垂直（水平）四通母线、变容母线槽、膨胀母线槽、终端封头、终端接线箱、插接箱、母线槽有关附件及紧固装置等组成。

2.2.3　低压配电装置

1. 低压配电柜

低压配电柜习惯上也可称为低压配电屏，是一种成套配电装置，它按一定的接线方案将有关低压一、二次设备组装起来，适用于三相交流系统中，额定电压 500V 及以下，额定电流 1500A 及以下的低压配电室，作动力、照明配电之用。低压配电柜装有刀开关、熔断器、自动开关、交流接触器、电流互感器、电压互感器等，可按需要组成各种系统。按照电流分为交流、直流配电屏两类，按照结构分为固定式、抽屉式和组合式三类。

2. 配电箱

配电箱主要用于设备用电。按安装方式分为落地式、靠墙式、悬挂式和嵌入式等，按用途分为动力配电箱和照明配电箱。动力配电箱主要用于对动力设备配电，也可以兼向照明设备配电。照明配电箱主要用于照明配电，也可以给一些小容量的单相动力设备包括家用电器配电。

3. 低压熔断器

低压熔断器是低压配电系统中用于保护电气设备，免受短路电流、过载电流损害的一种保护电器。当电流超过规定值一定时间后，以它本身产生的热量，使熔体熔化。常用的有瓷插螺旋式、防爆式和管式等。

4. 控制开关

控制开关是一种用于控制电气设备或电路的开关装置，主要有 DW 自动空气断路器、DZ 自动空气断路器、低压刀开关、万能转换开关等。

1）DW 自动空气断路器为低压框架式断路器，所有零部件都装在一个绝缘金属框架内，常为开启式，主要附件能看见。DW 型多用于低压配电系统的主开关，以及重要的、负载较大的主干线的保护，也可用于大容量不频繁操作的电动机。

2）DZ 自动空气断路器为塑壳式断路器，所有零件都封于塑料外壳中，为封闭式结构，结构紧凑，有较好的安全性。DZ 型主要用于末端线路和一些分干线，主要作为电动机、小容量线路。

3）低压刀开关的分类方式很多。按其操作方式可分为手柄式、操作机构式、带熔断器式。按其极数可分为单极、双极和三极。

4）万能转换开关主要用于各种控制线路的转换、电压表、电流表的换相测量控制、配电装置线路的转换和遥控等。万能转换开关还可以用于直接控制小容量电动机的启动、调速和换向。可以分为普通型、防爆型及万能型等。

2.2.4　线缆

1. 裸铜线

裸电线及裸导体制品是指没有绝缘、没有护套的导电线材，主要包括裸单线、裸绞线和型线型材三个系列产品。裸单线包括软铜单线、硬铜单线、软铝单线、硬铝单线，主要用作各种电线电缆的半制品，少量用于通信线材和电机电器的制造。裸绞线包括硬铜绞线（TJ）、硬铝绞线（LJ）、铝合金绞线（LHAJ）、钢芯铝绞线（LGJ），主要用于电气装备及电子电器或元件的连接，以上各种绞线的规格从 $1.0 \sim 300mm^2$ 不等。

2. 电力电缆

电力电缆是用于传输和分配电能的一种电缆，电力电缆的使用电压范围宽，可从几百伏到几百千伏，并具有防潮、防腐蚀、防损伤、节约空间、易敷设、运行简单方便等特点，广泛用于电力系统、工矿企业、高层建筑及各行各业中。按电压等级可分为低压、中压、高压和超高压。按敷设方式和使用性质可分为普通电缆、直埋电缆、海底电缆、架空电缆、矿山井下用电缆和阻燃电缆等种类。按绝缘方式可分为聚氯乙烯绝缘、交联聚乙烯绝缘、油浸纸绝缘、橡皮绝缘和矿物绝缘等。按材质可分为铜芯电缆、硬矿物绝缘电缆等。

电缆型号的内容包含用途类别、绝缘材料、导体材料、铠装保护层等，电缆型号含义见表 2-1。

电缆型号含义　　　　　　　　　　　　　　　表 2-1

类别	导体	绝缘	内护套	特征
电力电缆（省略不表示） K：控制电缆 P：信号电缆 YT：电梯电缆 U：矿用电缆 Y：移动式软缆 H：市内电话缆 UZ：电钻电缆 DC：电气化车辆用电缆	T：铜（可省略） L：铝线	Z：油浸纸 X：天然橡胶 （X）D 丁基橡胶 （X）E 乙丙橡胶 W：聚氯乙烯 Y：聚乙烯 YJ：交联聚乙烯 E：乙丙胶	Q：铅护套 L：铝护套 H：橡胶护套 （H）P：非燃性 HF：氯丁胶 V：聚氯乙烯护套 Y：聚乙烯护套 VF：复合物 HD：耐寒橡胶	D：不滴油 F：分相 CY：充油 P：屏蔽 C：滤尘用或重型 G：高压

电缆如有外护层时，在表示型号的汉语拼音字母后面用两个阿拉伯数字来表示外护层的结构。其外护层的结构按铠装层和外被层的结构顺序用阿拉伯数字表示，前一个数字表示铠装结构，后一个数字表示外被层结构类型。电缆通用外护层和非金属套电缆外

护层中每一个数字所代表的主要材料及含义见表 2-2。

电缆通用外护层型号数字含义　　　表 2-2

第一个数字		第二个数字	
代号	铠装层类型	代号	外被层类型
0	无	0	无
1	钢带	1	纤维线包
2	双钢带	2	聚氯乙烯护套
3	细圆钢丝	3	聚乙烯护套
4	粗圆钢丝	4	—

电缆如今已衍生出新的电缆，在电缆代号前加字母表示，例如：ZR—阻燃；NH—耐火；GZR—隔氧层阻燃；GNH—隔氧层耐火；GDL—隔氧层低卤；WLNH—无卤耐火；DLNH—低卤耐火；WD—低烟无卤；WDZ—低烟无卤阻燃；WDZN—低烟无卤阻燃耐火；FS—防水；H—耐寒；FYS—环保型防白蚁、防鼠；YDF—预分支。

表示方法举例如下：

WDZN-YJV-3×50-10 表示铜芯、低烟无卤阻燃耐火、交联聚乙烯、聚氯乙烯护套、三芯、50mm²、电压为 10kV 的电力电缆。

YJLV$_{22}$-3×120-10 表示铝芯、交联聚乙烯绝缘、聚氯乙烯内护套、双钢带铠装、聚氯乙烯外护套、三芯、120mm²、电压 10kV 的电力电缆。

VV$_{22}$-3×25+1×16 表示铜芯、聚氯乙烯内护套、双钢带铠装、聚氯乙烯外护套、一根三芯 25mm²、一芯 16mm² 的电力电缆。

3. 架空绝缘电缆

架空电缆的特点就是没有护套。导体不仅有铝，也有铜导体（JKYJ、JKV）、铝合金（JKLHYJ）还有钢芯铝绞线架空电缆（JKLGY）。常见的结构一般都是单芯的，但是它也可由几根导体绞合成束。架空电缆的适用电压等级是 35kV 及以下。

4. 控制电缆

此类电缆结构和电力电缆相似，特点是只有铜芯，导体截面较小，芯数较多，适用于交流额定电压 450/750V 及以下，电站、变电站、矿山、石化企业等的单机控制或机组设备控制。为提高控制信号电缆防内外干扰的能力，主要采取设置屏蔽层措施。常见型号有 KVV、KYJV、KYJV$_{22}$、KVV$_{22}$、KVVP。型号含义："K"-控制电缆类，"V"-聚氯乙烯绝缘，"YJ"-交联聚乙烯绝缘，"V"-聚氯乙烯护套，"P"-铜丝屏蔽。

对于屏蔽层，常见的 KVVP 是铜丝屏蔽，如果是铜带屏蔽，即表示为 KVVP$_2$，如果是铝塑复合带屏蔽，即表示 KVVP$_3$。对于不同材料的屏蔽层，有着各自的特点和作用。

5. 电线

电线是由一根或几根柔软的导线组成，一般结构由芯线、绝缘包皮和保护外皮三个部分组成。常见电线型号及主要适用范围见表 2-3。

常用电线型号及主要适用范围   表 2-3

型号	产品名称	芯数	截面/mm²	主要适用范围
BV（BLV）	铜（铝）芯聚氯乙烯绝缘线	1	1.5～240.0	适用于动力系统、日用电器、仪器仪表及通信设备等线路
BVV（BLVV）	铜（铝）芯聚氯乙烯绝缘聚氯乙烯护套圆形电线	1～3	1.5～240.0	单芯时是环形构造，多芯式时圆形构造；适用于动力系统、日用电器、仪器仪表及通信设备等线路
BVVB（BLVVB）	铜（铝）芯聚氯乙烯绝缘聚氯乙烯护套平形电线	2～3	0.75～10.0	扁平构造，绝缘芯不绞合，平行放置外加护套，用途与BVV基本一致
BVR	铜（铝）芯聚氯乙烯绝缘软线	1	0.75～240.0	BV线为单芯单丝，而BVR则是多丝的结构，用途与BV型一样，敷设难度较BV小，更适用于软环境
RV（RVP）	聚氯乙烯（屏蔽）绝缘电线	1	标称截面 0.3～10.0	适用于工业生产配电设备间的连线，特别适合规定比较严苛的软性安装场地，如电器柜、配电柜及各种各样低压电器机器设备，也可用于电力工程，电气控制系统数据信号及电源开关数据信号的传送
RVB	铜芯聚氯乙烯绝缘平行软线，为扁形无护套软线，俗称红黑线	2	标称截面 0.3～1.0	适用于家用电器、小型电动工具、仪器仪表及广播和动力照明用线等，要求不高，可以代替金银线
RVS	铜芯聚氯乙烯绝缘绞型软线	2	标称截面 0.3～7.5	适用于消防火灾自动报警系统、家用电器、小型电动工具、连接音响设备等
RVVP	铜芯聚氯乙烯绝缘屏蔽聚氯乙烯护套软电缆	2～24	0.12～1.5	用于通信、音频、广播、音响系统、防盗报警系统等需防干扰线路连接、高效安全的传输数据电缆

2.2.5 线管、线槽及桥架

1. 线管

电气线管按材质可分为金属管和塑料管。金属管有镀锌钢管、镀锌电线管和可挠金属套管等；塑料管有刚性阻燃管、半硬质塑料管、阻燃塑料波纹管和黄蜡管等。

1）金属管

（1）镀锌电线管是对一些厚度较薄，具有镀锌防锈层，管径及壁厚均匀，表面相对光滑的金属管的统称，主要包括 MT（黑铁电线管）、JDG（套接紧定式镀锌钢导管）、KBG（国标扣压式导线管）。镀锌电线管管壁较薄，如 $\phi 20$ 的管径一般为 $1.2～2.2mm$，多用于电气配管中，其成本低，表面光洁度差，其自身的耐蚀性也比热镀锌管差得多；镀锌电线管的规格通常用外径表示，如 $\phi 20 \times 1.2$ 等。JDG 管是一种电气线路最新型保护用导管。采用优质薄壁钢板焊接，双面镀锌制作成，它的连接套管及金属附件采用螺钉紧定连接技术组成，与塑料管相比，它无需做跨接地，与镀锌钢管相比，它无需焊接和套丝，因此具有施工便捷的特点。

（2）镀锌钢管则是对一些厚度较厚，具有镀锌防锈层，厚薄均匀，表面相对光滑的金属管的统称，主要包括 SC（焊接钢管）、RC（水煤气钢管）等。镀锌钢管用途广泛，不仅用于电气配管，还用于输送水、煤气、石油和其他一般低压性流体等，热镀锌层较厚，具有镀层均匀、结合力强、使用寿命长等优点。国家发布了镀锌钢管的国标厚度标准，因此国标镀锌钢管的规格通常用公称直径表示，如 DN20 等。

（3）可挠金属套管外层由热镀锌钢带绕制而成，内壁为绝缘树脂层，能够抵抗弯曲和拉伸等多方向变形，具有良好的耐蚀性、抗拉性、耐磨损、耐高温及柔软性。

2）塑料管

（1）刚性阻燃管是硬质的，一般一根 4.0m 长，弯曲时需要专用弯曲弹簧，敷设路径弯曲时通常需要设置接线盒。刚性阻燃管结构强度较高，可用于混凝土结构内的预埋。主要包括 PC 管、PVC 管等。

（2）半硬质塑料管是柔软的，弯曲自如而无须专用工具或加热，安装难以横平竖直，管材成捆供应，一般为每捆 100m，管子的连接方式采用专用接头抹塑料胶后粘接。半硬质塑料管结构强度低，不可用于混凝土结构预埋。

（3）阻燃塑料波纹管是一种防火耐高温的波纹管，非常轻便，适用于保护电线电缆的穿线软管。可以采用 PE、PA 和 PP 三种材料挤出成型。

（4）传统的黄蜡管一般以白色为主，主要原料是玻璃纤维，通过拉丝、编织、加绝缘清漆后完成。在布线过程中，如果需要穿墙，或者暗线经过梁柱时，导线需要加护和防拉伤、防老鼠咬坏等，这时就需要用到黄蜡管。

2.线槽及桥架

1）线槽

金属线槽也称槽式桥架，一般是由 0.4～1.5mm 厚的整张钢板弯制而成的槽型部件，概念上与桥架的区别是高、宽比不同，线槽主要有金属线槽和塑料线槽两种。金属线槽布线和塑料线槽布线一般适用于正常环境的室内场所明敷，但对金属有严重腐蚀的场所不应采用金属线槽，在高温和易受机械损伤的场所不宜采用塑料线槽。具有槽盖的封闭式金属线槽，可在建筑顶棚内敷设。

线槽内电线或电缆的总截面（包括外护层）不应超过线槽内截面的 20%，载流导线不宜超过 30 根。电线或电缆在金属线槽内不宜有接头，在塑料线槽内不得有接头，分支接头应在接线盒内进行。

2）桥架

电缆桥架由主体（托盘或梯架）、附件和支、吊架等部件构成，用于支承电缆线路且具有一定刚度的结构系统。电缆桥架主体应包括托盘、梯架和直线段及其弯通。适用于电缆数量较多或较集中的场所。它是先将电缆桥架按设计图示走向安装好，再将电缆固定在桥架内的一种敷设方式。

电缆桥架按材料性质分，有钢制电缆桥架（GQJ）、不锈钢电缆桥架、玻璃钢电缆桥架（BQJ）、铝合金电缆桥架（LQJ）等；按防火特性分，有普通电缆桥架和防火电缆桥架等；按结构类型分，有槽式电缆桥架、梯式电缆桥架、托盘式电缆桥架、组合式电缆桥架、网格式桥架等。

第3节 给排水工程常用材料

2.3.1 给排水管道

1. 薄壁不锈钢管

薄壁不锈钢管是指壁厚与外径之比不大于 6%，壁厚为 0.6~4.0mm 的不锈管。薄壁不锈钢管常用在优质饮用水系统、热水系统及将安全、卫生放在首位的给水系统，具有安全可靠、卫生环保、经济适用等特点，已被国内外工程实践证明是给水系统综合性能最好的、新型、节能和环保型的管材之一，也是一种很有竞争力的给水管材。

建筑给水薄壁不锈钢管管道所选用的管子与管件的选材可根据其用途按照表 2-4 的规定执行。

薄壁不锈钢管用途表 表 2-4

统一数字代号	适用条件
S30408	生活给水、生活热水、饮用净水等管道用
S30403	生活给水、生活热水、饮用净水等管道用
S31608	耐腐蚀性比 06Cr19Ni10 要求高的场合
S31603	海水、高氯介质或耐腐蚀性比 06Cr17Ni12Mo2 要求高的场合
S11972	高氯介质、消防给水等

2. 塑料管

常用的塑料管有硬聚乙烯（UPVC）管、氯化聚乙烯（CPVC）管、聚乙烯（PE）管、交联聚乙烯（PEX）管、无规共聚聚丙烯（PP-R）管、聚丁烯（PB）管、工程塑料（ABS）管和耐酸酚醛塑料管等。塑料管具有质量轻、易成型和施工方便等特点。

1）硬聚乙烯（UPVC）管

硬聚乙烯（UPVC）管分为轻型管和重型管两种。其厚度为 8~200mm，硬聚乙烯管具有耐腐蚀性强、质量轻、绝热、绝缘性能好和易加工安装等特点。可输送多种酸、碱、盐和有机溶剂。使用温度范围为 −10~40℃，最高温度不能超过 60℃。使用的压力范围：轻型管在 0.6MPa 以下，重型管在 1.0MPa 以下。硬聚乙烯管使用寿命较短。

2）氯化聚乙烯（CPVC）管

氯化聚乙烯冷热水管道是现今新型的输水管道。与其他塑料管材相比，它具有刚性高、耐腐蚀、阻燃性能好、导热性能低、热膨胀系数低及安装方便等特点，长期使用输液温度最高可达 120℃。

3）聚乙烯（PE）管

PE 管具有无毒、质量轻、韧性好、可盘绕，耐腐蚀，常温下不溶于任何溶剂等特点，其低温性能、抗冲击韧性和耐久性均比聚氯乙烯管好。目前 PE 管主要用于饮用水管、雨水管、气体管道、工业耐腐蚀管道等领域。PE 管强度较低，适用于压力较低的工作环境，且其耐热性能不好，不能作为热水管使用。

4）无规共聚聚丙烯（PP-R）管

PP-R 管是最轻的热塑性塑料管，相对聚氯乙烯管、聚乙烯管来说，PP-R 管具有较高的强度、较好的耐热性，最高工作温度可达 95℃，在 1.0MPa 下长期（50 年）使用温度可达 70℃。另外 PP-R 管无毒、耐化学腐蚀，在常温下无任何溶剂能溶解，目前它被广泛用于冷热水供应系统中。但其低温脆化温度仅为 −15～0℃，在北方地区其应用受到一定限制。

5）聚丁烯（PB）管

聚丁烯管主要用于输送生活用的冷热水，该管具有很高的耐温性、耐久性和化学稳定性，无味、无毒，温度适用范围是 −30～100℃，具有耐寒、耐热、耐压、不结垢、寿命长（可达 50～100 年）的特点。

3. 复合材料管材

1）铝塑复合管

铝塑复合管是中间为一层焊接铝合金，内、外各一层聚乙烯，经胶合层粘结而成的五层管子，具有聚乙烯塑料管耐腐蚀和金属管耐高压的特点。铝塑管按聚乙烯材料不同分为两种：适用于热水的交联聚乙烯铝塑复合管和适用于冷水的高密度聚乙烯铝塑复合管。铝塑复合管规格为 $\phi14～\phi32$，采用夹紧式铜配件连接，主要用于建筑内配水支管和热水器管。

2）钢塑复合管

钢塑复合管是由镀锌钢管内壁置放一定厚度的 UPVC 塑料制成，因而具有钢管和塑料管材的优越性。管材规格为 $\phi15～\phi150$，以铜配件丝扣连接，使用水温为 50℃以下，多用作建筑冷水给水管。

3）钢丝骨架聚乙烯复合管（SRPT）

钢丝骨架聚乙烯复合管是以优质低碳钢丝为增强相，高密度聚乙烯为基体，通过对钢丝点焊成网与塑料挤出填注同步进行，在生产线上连续拉膜成型的新型双面防腐压力管道。管径为 $\phi15～\phi500$，法兰连接，主要用于市政和化工管网。

4）涂塑钢管

涂塑钢管是在钢管内壁融熔一层厚度为 0.5～1.0mm 的聚乙烯树脂，乙烯-丙烯酸共聚物（EAA）、环氧（EP）粉末、无毒聚丙烯（PP）或无毒聚氯乙烯（PVC）等有机物而构成的钢塑复合型管材，它不但具有钢管的高强度、易连接、耐水流冲击等优点，还克服了钢管遇水易腐蚀、污染、结垢及塑料管强度不高、消防性能差等缺点，设计寿命可达 50年。主要缺点是安装时不得进行弯曲、热加工和电焊切割等作业。主要规格有 $\phi15$～$\phi100$。

2.3.2　管道附件

1. 阀门

阀门是用来改变管道通路断面，以关闭管路或调节管路系统输送介质的流量和其他参数，控制输送介质的运动，或用来自动放入或放出介质的装置。阀门产品种类繁多，按阀体材料可分为金属材料阀门和非金属材料阀门两大类。金属材料阀门有铸铁、铸钢、锻钢、不锈钢、合金钢阀门和铜阀门等；非金属材料阀门有陶瓷阀门、玻璃钢阀门、塑料阀门等；按连接形式可分为螺纹阀门、法兰阀门和沟槽阀门；按阀门的结构形式和功能可分为闸阀、截止阀、止回阀、球阀、蝶阀、安全阀、减压阀等。

阀门的连接方式通常与管道的连接方式一致，但也可根据管径大小选择阀门，一般来说，小直径阀门（如 $DN \leqslant 50$）多用螺纹阀门；大直径阀门（如 $DN > 50$）多用法兰阀门或沟槽阀门。

阀门型号由 7 个单元组成，用来表示阀门的类型、传动方式、连接形式、结构形式、阀座密封面或衬里材料、公称压力和阀体材料。各单元的排列顺序和意义如图 2-1 所示。

阀门型号的含义见表 2-5，如 Z945X-16q，其中 Z 表示阀门类型为闸阀，9 表示传动方式为电动，4 表示连接方式是法兰，5 表示暗杆楔形闸板单闸板，X 表示密封面材质是橡胶，16 表示公称压力是 1.6MPa，q 表示阀体材料是球墨铸铁。在实际应用时应注意以下几点：

1）用手轮或扳手等手工驱动的阀门和自动阀门则省略阀门驱动方式代号。

2）密封圈如在阀体上直接加工的代号为"W"。

3）对于 $PN \leqslant 1.6MPa$ 的灰铸铁阀门或 $PN \geqslant 2.5MPa$ 的碳钢阀门，省略阀体材料代号。

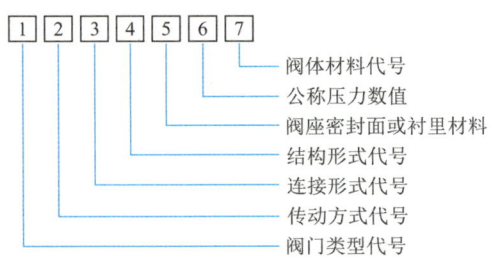

图 2-1　阀门型号排列顺序和意义

阀门型号的含义　　表 2-5

1	2	3	4	5	6	7
阀门类型	驱动方式	连接形式	结构形式	密封面或衬里材料	公称压力/MPa	阀体材料
Z 闸阀 J 截止阀 L 截流阀 Q 球阀 D 蝶阀 H 止回阀 G 隔膜阀 A 安全阀 T 调节阀 X 旋塞阀 Y 减压阀 S 疏水器	0 电磁动 1 电磁-液动 2 电-液动 3 蜗轮 4 正齿轮 5 伞齿轮 6 气动 7 液动 8 气-液动 9 电动	1 内螺纹 2 外螺纹 3 法兰(用于双弹簧安全阀) 4 法兰 5 法兰(用于杠杆式安全阀,单弹簧安全阀) 6 焊接 7 对夹式 8 卡箍 9 卡套	见表 2-6	T 铜合金 X 橡胶 N 尼龙塑料 F 氟塑料 B 锡基轴承合金 H 合金钢 D 渗氮钢 Y 硬质合金 J 衬胶 Q 衬铅 C 搪瓷 P 渗硼钢	—	Z 灰铸铁 K 可锻铸铁 Q 球墨铸铁 T 铸钢 C 碳钢 I 2G25I P-1Cr18Ni19Ti R Cr18Ni12Mo2Ti V-12Cr1MoV

阀门的结构形式代号　　表 2-6

名称	代号									
	0	1	2	3	4	5	6	7	8	9
闸阀	弹性闸板	单	双	单	双	单	双			
		刚性闸板								
	楔式			平行式		楔式暗杆				
	明杆									
截止阀		直通式			角式	直流式	直通式	角式		
								平衡		
		直通式			L 形	T 形		直通式		
					三通式					
		浮动						固定		
蝶阀	杠杆式	垂直板式		斜板式						
隔膜阀	屋脊式			截止式				闸板式		
旋塞				直通式	T 形 三通式	四通式		直通式	T 形 三通式	
				填料				油封		
止回阀 底阀		直通式	立式		单瓣式	多瓣式	双瓣式			
		升降			旋启					
疏水器						钟形 浮子式			脉冲式	热动力式
减压阀		外弹簧薄膜式	内弹簧薄膜式	膜片活塞式	波纹管式	杠杆弹簧式	气垫薄膜式			
安全阀	全启式带散热片			双弹簧微启式	全启式	微启式	全启式	微启式	微启式	
						带控制机构				
						带扳手				
		封闭			不封闭			封闭	不封闭	脉冲式
	弹簧									

为便于从阀门的外形确定其基本特征，常在阀门上标出公称压力、公称通径、介质流向和厂标，并在阀件上涂色漆。

2. 伸缩器

伸缩器又叫补偿器、胀力或防胀器，是用来补偿管子因温度的变化而伸长或缩短的附件，用以减少管子的温度应力。常用的专门补偿器有波形补偿器、套筒补偿器和方形补偿器等，以"个"为计量单位。

1）波形补偿器

波形补偿器是一种以金属薄板压制并拼焊起来的伸缩装置，其特点是结构紧凑，不需要经常维修。这种补偿器的补偿能力小，工作压力低，通常用于大直径、低压力的煤气、空气等介质的管道上。

2）套筒补偿器

套筒式补偿器也称填料式补偿器，它是以插管和套筒的相对运动来补偿管道的热伸缩，插管和套管之间压紧的填料实现密封，套筒式补偿器的优点是结构尺寸小，占据空间小，安装简便，补偿能力大，如图 2-2 所示。

3）方形补偿器

方形补偿器在热力管道中用得很多，尤其是在不可通行地沟中大多采用这种补偿器，因为工作可靠，不必检修，可不设检查井，作用于固定支座上的荷重也较小。但方形补偿器的尺寸较大，故占地面积大，如图 2-3 所示。

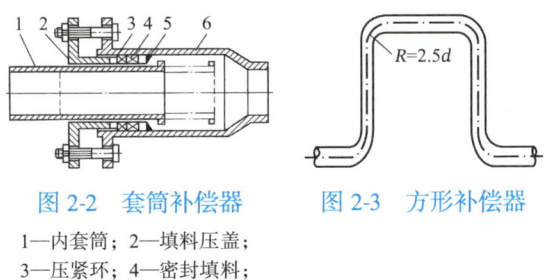

图 2-2   套筒补偿器   图 2-3   方形补偿器

1—内套筒；2—填料压盖；
3—压紧环；4—密封填料；
5—填料支承环；6—外壳

2.3.3   卫生器具

卫生器具主要包括：浴缸、洗脸盆、洗涤盆、大便器、小便器、烘手器、淋浴器以及给排水附（配）件等。卫生器具一般常用的有陶瓷、搪瓷、塑料、玻璃钢、水磨石、人造大理石等制品。安装卫生器具具有共同的要求：平、稳、牢、准、不漏、使用方便、性能良好。

1. 浴缸

浴缸是一种水管装置，供沐浴或淋浴之用，通常装置在家居浴室内。以"组"为计量单位，内含有浴缸、浴缸排水配件、水龙头、角阀、金属软管等配套材料。若无设计要求时，安装高度不大于 520mm。

2. 洗脸盆

洗脸盆按安装方式分为挂墙式洗脸盆、立柱式洗脸盆和台式洗脸盆。通常以"组"为计量单位，内含洗脸盆、洗脸盆排水附件、水龙头、洗脸盆托架、角阀、金属软管等配套材料。若无设计要求时，住宅或共建区域安装高度为 800mm，幼儿园为 500mm。

3. 大便器

大便器一般分为蹲式大便器和坐式大便器。蹲式大便器通常以"套"为计量单位，内含蹲式大便器、水箱配件、角阀、脚踏阀、埋入式感应控制器、防污器、冲洗器、存水弯等配套材料。若无设计要求时，低水箱住宅或共建区域及幼儿园的安装高度均为900mm。

坐式大便器通常以"套"为计量单位，内含坐式大便器、水箱及水箱配件、冲洗阀、坐便器盖板、角阀等配套材料。若无设计要求时低水箱住宅或共建区域安装高度为510mm，幼儿园为 370mm。

4. 小便器

小便器按结构分为冲落式、虹吸式，按安装方式分为斗式、落地式、壁挂式。通常以"套"为计量单位，内含小便器、排水附件、冲水连接管、脚踏式开关阀门、埋入式感应控制器等配套材料。若无设计要求时，住宅或共建区域安装高度为 200mm，幼儿园为 150mm。

5. 烘手器

烘手器又称干手器，是一种卫浴间用烘干双手或者吹干双手的电器，分为感应式自动干手器和手动干手器。它主要运用于宾馆、餐馆、科研机构、医院、公共娱乐场所和家庭的卫生间等。

6. 淋浴器

沐浴器按控制方式分为机械式淋浴器、非接触式淋浴器。按照对水质的影响分为普通淋浴器和功能淋浴器。淋浴器主要由金属管、金属管件、淋浴器阀、蓬蓬头等组成。

7. 给排水附（配）件

给排水附件主要有水龙头、排水栓、地漏、清扫口、雨水斗等。

1）水龙头是水阀的俗称，用来控制水流的大小开关，有节水的功效。按结构来分，又可分为单联式、双联式和三联式等几种水龙头。另外，还有单手柄和双手柄之分。

2）地漏是地面与排水管道系统连接的排水器，排出地面水、水渍、固体物、纤维物、毛发、易沉积物等。主要功能是防臭气、防堵塞、防蟑螂、防病毒、防返水、防干涸、易清理。

地漏与排水管直连并且开口在室内地面上，故应优先采用防臭地漏。

3）清扫口是装在排水横管上，当管道被堵时打开清扫口，可以疏通管道，相当于管道尽头的堵头，某些时候可以用地漏代替。

4）雨水斗属于金属落水系统分支，是设在屋面雨水由天沟进入雨水管道的入口处。雨水斗有整流格栅装置，能迅速排出屋面雨水，格栅具有整流作用，避免形成过大的旋涡，稳定斗前水位，减少掺气迅速排出屋面雨水、雪水，并能有效阻挡较大杂物。雨水斗分为 87 型（79 型、65 型进化版）、虹吸式雨水斗、堰流式雨水斗三大类。现一般常用 87 型和虹吸式雨水斗。

5）冷热水混合器是通过温度探头测量混合水温，并实时反馈给温控部分分别对冷热水的水温流量进行同步控制，从而达到恒温的目的。

2.3.4　给水设备

建筑给水设备包括变频给水设备、稳压给水设备、无负压给水设备、气压罐、紫外线杀菌设备、直饮水设备、水箱等。本小节只介绍变频给水设备、无负压给水设备、气罐和水箱。

1. 变频给水设备

变频给水设备通过微机控制变频调速来实现恒压供水。先设定用水点工作压力，并监测市政管网压力，压力低时自动调节水泵转速提高压力，并控制水泵以恒定转速运行进行恒压供水。当用水量增加时转速提高，当用水量减少时转速降低，时刻保证用户的用水压力恒定。

变频给水设备主要由水泵、变频控制柜、成套附件、稳压罐、真空补偿器、阀门管件等配件组成。多用于自来水厂和供水所的加压系统，居民住宅小区，高层建筑，宾馆饭店生活给水，园林的节水喷灌等领域。

2. 无负压给水设备

无负压给水设备是一种加压供水机组直接与市政供水管网连接、在市政管网剩余压力基础上串联叠压供水而确保市政管网压力不小于设定保护压力（可以相对压力为 0 压力，小于 0 压力时称为负压）的二次加压供水设备。无负压给水设备又被称为管网叠压给水设备，市场上主要有罐式无负压给水设备与箱式无负压给水设备。

整套设备由稳流罐、真空抑制器、变频调速水泵机组、压力传感器、变频控制柜、倒流防止器（可选）消毒装置（可选）、小流量保压罐（可选）等组成。从市政管网引来的进水管直接连接到稳流罐的进水口，稳流罐的出水口通过消毒装置后连接到加压泵组的进水管，加压机组的出水管与用户用水管连接，直接向用户管网供水。

3. 气压罐

气压给水设备是一种集贮存、调节和压送水量功能于一体的设备。气压给水设备有定压式、变压式、气水接触式和隔膜式等多种形式。气压水罐的作用相当于高位水箱，但其位置可根据需要设置在高处或低处。

4. 水箱

水箱用于贮水和稳定水压。水箱按照功能不同分为生活水箱、膨胀水箱、凝结水箱、消防水箱、生产水箱等。水箱的材质通常有钢筋混凝土、碳钢板、热镀锌钢板、玻璃钢、搪瓷钢板、塑料、不锈钢等。水箱安装方式有整体水箱安装和组装水箱安装。

水箱的容积包括有效容积和无效容积。水箱设置的高度应使最低水位的标高满足最不利配水点或消火栓的流出水头要求。若位置高度不能满足要求，可设气压供水设备。

第 4 节　通风空调工程常用材料

2.4.1　通风及空调设备

通风空调设备是指通风除尘类和空调类设备。通风除尘设备主要包括通风机和各类除尘器。空调设备主要包括过滤器、空气加热（冷却）器、空气加（除）湿器、组合式空气处理机组、整体式空气处理机组、局部空调机组、VAV 末端装置、风机盘管机组、辐射板、诱导器、制冷设备等。本小节只介绍常用的通风机、组合式空气处理机组、局部空调机组、风机盘管、冷水机组。

1. 通风机

通风机是用于为空气流动提供必需的动力以克服输送过程中的阻力损失。在通风工程中，根据通风机的作用原理有离心式、轴流式和贯流式等多种类型。在特殊场所使用的还有高温通风机、防爆通风机、防腐通风机等。下面介绍离心式通风机和轴流式通风机。

1）离心式通风机

离心风机由叶轮、机轴、机壳、吸风口、电机等部分组成，主要借助于叶轮旋转时产生的离心力而使气体获得压能和动能，气流送出的方向与机轴方向垂直。离心风机风压高、噪声小，适用于送风管路较长的系统。

离心机的主要性能参数有如下几项：

（1）风量（L）——风机在标准状态下（大气压力 Pa $= 1.01 \times 10^5$Pa 和温度 $t = 0℃$）工作时，单位时间内输送的空气量（m^3/h）。

（2）全压（H）——在标准状态下工作时，通过风机的每 $1m^3$ 空气所获得的能量，包括压能与动能。

（3）功率（N）——电动机加在风机轴上的功率称为风机的轴功率（N），而空气通过风机后实际得到的功率称为有效功率（N_x）。

（4）转数（n）——叶轮每分钟旋转的转数（r/min）。

（5）效率（η）——风机的有效功率与轴功率的比值。

2）轴流式通风机

轴流风机由叶轮、机轴、圆筒型机壳、吸风口、电机、扩压器等部分组成，借助于叶轮的推力作用促使气流流动，气流的方向与机轴相平行。与离心风机比较，在同功率时轴流风机风量大而风压低，适用于管路短、阻力小且需风量大的场所。

轴流风机同样有风量（L）、全压（H）、功率（N）、转数（n）、效率（η）等性能参数。轴流风机的表示方法是用字母和数字表示的。例如，"A6 × 25° 1860 × 36　1.5/2"，其型号表示含义如下：

"A6 × 25°"表示风机驱动、结构参数。"A"表示风机与电动机直联，"6"表示叶片数为 6 片，"25"表示叶片安装角度为 25°；

"1860 × 36"表示风机参数。"1860"表示流量为 1860m³/h，"36"表示全压为 360Pa；

"1.5/2"表示电机参数。"1.5"表示电动机功率为 1.5kW，"2"表示 2 极。

2. 组合式空气处理机组

组合式空气处理机组（也称组合式空调机组或装配式空调机组）是集中式空调系统的关键设备。该机组是以冷、热水或蒸汽为媒质，完成对空气的过滤、加热、冷却、加湿、消声、热回收、新风处理和新、回风混合等功能的箱体组合而成。此外，还包括送风机段（单风机系统）和送风机、回风机段（双风管系统），以及中间段、排风回风调节段、二次回风段等。组合式空气处理机组需要设置专门的空调机房。空气处理过程的各功能段主要沿水平方向布置，因此组合式空气处理机组大多是卧式的。

组合式空气处理机组按用途可分为恒温恒湿空气处理机组、净化空气处理机组、某些行业专用空气处理机组、普通空气处理机组（指一般降温性工艺空调和民用建筑的舒适性空调）等，广泛应用于大型商场、酒店、大型体育馆、会展中心、数据中心、实验室、博物馆等需要大容量空气调节的场所或者对空气温湿度、洁净度有严格控制要求的场所。

3. 局部空调机组

局部空调机组按机组整体性，可分为整体式空调机组、分体式空调机组。整体式空调机组将空调和制冷系统中的全部主要设备都组装在同一个箱体内。分体式空调机组分为室内机（包括风机、直接蒸发器等）、室外机（包括压缩机、冷凝器和其他制冷附件）两部分。分体式空调机组又可分为普通型、VRV 型，普通型即室外一台压缩机匹配一台室内机，VRV 型即多联机，一台室外机可带动多台室内机，用变频器调节循环冷剂量。

按室内装置形式，可分为窗式空调器、挂壁式空调器、嵌墙式空调器、柜式空调器、吊顶式空调器。

按使用功能，可分为冷风机组、恒温恒湿机组、低温机组、全新风机组、净化空调机组。

4. 风机盘管机组

风机盘管机组是空调系统的一种末端装置，由风机、盘管（换热器）、电机、空气过滤器、室温调节装置和箱体等组成。其结构形式有立式、卧式等，分为明装、暗装两种方式。

风机盘管的主要技术性能参数有产冷量（kW）、产热量（kW）、风量（m³/h）、噪声声级（dB）等。风机盘管的冷量可以通过改变风量控制和改变水量控制实现，机组一般设有三挡变速装置，通过改变风机转速调整风量大小，同时依靠安装在盘管回水管上的电动二通阀（或电动三通阀），通过室温控制器控制电动阀门的开启度，从而改变进入盘管的水量或水温来调节空调房间的温湿度。

盘管一般采用铜管串铝散热片组成。由于机组要负担大部分室内负荷，盘管的容量较大（一般 3～4 排），通常是采用湿工况运行，所以必须敷设排凝结水的管路。

5. 冷水机组

蒸汽压缩式制冷机组被广泛应用于舒适性和工艺性空调系统中，根据蒸发器中放热介质的不同，分为冷水机组和冷风机组。冷水机组是把压缩机、冷凝器、蒸发器、节流阀以及电气控制设备组装在一起，为空调系统提供冷冻水的设备。根据工作原理分为压缩式、吸收式和蒸汽喷射式三类。目前压缩式冷水机组应用最广泛，其特点是电提供动力、设备体积小，运行可靠，制冷剂为氟利昂替代品。

根据压缩机的工作原理不同，压缩式冷水机组又可分为活塞式、螺杆式、离心式等多种方式。

1）活塞式冷水机组价格低廉、制造简单、使用灵活方便，但能效比低，适用于冷冻系统和中、小容量的空调制冷及热泵系统，是民用建筑空调制冷中采用时间最长，使用数量最多的一种机组。

2）螺杆式冷水机组结构简单、体积小、重量轻，可在 15%～100% 的范围对制冷量进行无级调节，且它在低负荷时的能效比较高，适用于大、中型空调制冷系统和空气热源热泵系统。

3）离心式冷水机组制冷量大、重量轻、结构紧凑，尺寸小，能效比高，比较适用于需要大制冷量而机房面积又有限的场合，是目前大中型商业建筑空调系统中使用最广泛的一种机组。

2.4.2　通风管道及常用风管板材

通风管道包括风管与风道。风道一般采用砖、混凝土、石膏板等建筑材料砌筑而成，用于空气流通的通道。风管是指用金属板材和硬聚氯乙烯塑料板、玻璃钢等制成的管子，在民用建筑中以风管为主要形式。通风管道与管件在系统中的形状如图 2-4、图 2-5 所示。

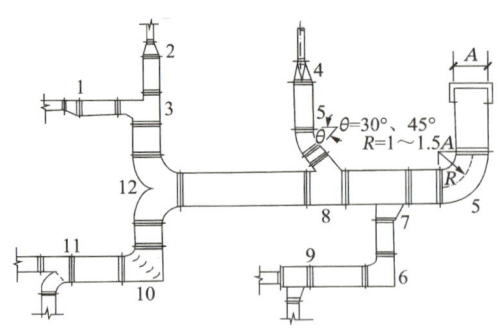

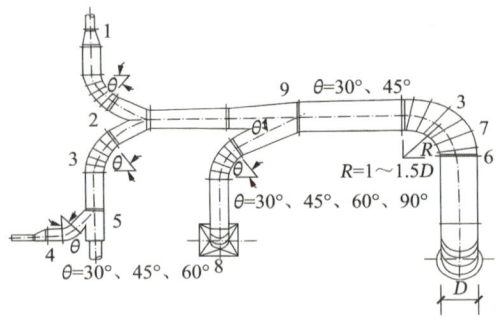

图 2-4　矩形风管、管件

1—偏心异径管；2—正异径管；3—正交断面三通；
4—方变圆异径管；5—内外弧弯头；6—内斜线弯头；
7—插管三通；8—斜插三通；9—封板式三通；
10—内弧线弯头（导流片）；11—加弯三通（调节阀）；
12—正三通

图 2-5　圆形风管、管材

1—正异径管；2—正三通；3—弯头；4—偏心异径管；
5—封板斜插三通；6—端节；7—中节；8—天圆地方；
9—斜插三通

通风管种类很多，按风管截面形状分为圆形风管和矩形风管两大类；按使用材质不同分为薄钢板风管、不锈钢板风管、铝板风管、塑料板风管、玻璃钢风管及复合型风管等。

2.4.3　通风部件

通风部件是通风系统重要的组成部分，包括风口、风阀、消声器、风管柔性接口、风帽和罩类等。按材质可分为镀锌钢通风部件、不锈钢通风部件、铝合金通风部件。

1. 风口

送、排风口是通风系统中的重要部件。其作用是按一定的流速，将一定流量的空气输送到用气空间，或从排气点排出。风口有多种形式：有单层、双层、三层百叶风口，有带调节板活动百叶风口，连动百叶风口，圆形或方形直片散流器等。

2. 风阀

风阀是用于调节系统风量大小，关闭或开启支管的。常用的风阀有三通调节阀、多叶调节阀、蝶阀、防火阀、排烟阀、排烟防火阀、止回阀、空气加热器上通阀、插板阀、光圈式阀门等。

3. 消声器

消声器是一种能阻止、减小声音传播，同时允许气流顺利通过的装置，是控制噪声的有效工具。在通风空调系统中，消声器一般安装在风机出口水平总风管上，用以降低风机产生的空气动力噪声，也有将消声器安装在各送风口前的弯头内，用来阻止或降低噪声由风管向房间传播。

消声器种类很多，根据消声原理可以把消声器分为六种主要类型：阻性消声器、抗性消声器、阻抗复合式消声器、扩散消声器、缓冲式消声器、干涉型消声器。

4. 风管柔性接口

风管柔性接口主要用于设备与风管或部件的连接，用于减小噪声、振动伸缩等。柔性短管应选用防腐、防潮、不透气、不易霉变的柔性材料，用于净化空调系统的还应是内壁光滑、不易产生尘埃的材料，防排烟系统柔性短管的制作材料必须为不燃材料。

5. 风帽及罩类

1）风帽

常用风帽有伞形风帽、锥形风帽和筒形风帽三种形式。伞形风帽分圆形和矩形两种，适用于一般机械通风系统，可采用钢板制作，也可采用硬聚氯乙烯塑料板制作。筒形风帽适用于自然通风系统，一般还需在风帽下装有滴水盘，防止冷凝水滴在房间内；锥形风帽适用于除尘系统及非腐蚀性有毒系统，一般采用钢板制作。

2）罩类

罩类是指在通风系统中的风机皮带防护罩、电动机防雨罩以及装在排风系统中的侧吸罩、排气罩、吸（吹）式槽边罩、抽风罩和回转罩等。

通风机的传动装置外露部分应设置防护罩，安装在室外的电动机必须设置防雨罩，不管施工图是否注明，都应按规定设置。

2.4.4　空调管路部件

1. 分水器和集水器

在空调水系统中，为了便于连接通向各个空调分区的供水管和回水管，设置分水器和集水器，它不仅有利于各空调分区的流量分配，而且便于调节和运行管理，一定程度上起到均压的作用。分水器安装在供水管路上，集水器安装回水管路上。

2. 电动二通阀

电动二通阀通常安装在风机盘管的回水管上，主要用于控制开启或关闭冷水或热水管道，主要由驱动器与阀体两部分组成，其中驱动器由一个同步电机驱动，有弹簧复位及手动开阀杠杆操纵功能。

3. 冷媒分配器

冷媒分配器，又名分歧管，是一种制冷剂分配器件，可以将制冷剂均匀地分配给蒸发器的各个通道。它分为气管和液管，气管口径一般比液管粗。制冷剂经过膨胀阀或者毛细管节流，然后从主机出口出来之后连接分支器的液管，制冷剂经过液管分流可以分给其他的分支器和末端蒸发器。制冷剂在蒸发器中经吸热变成气体后经过气管流回主机的压缩机。分配器的进口和出口均是经过变径的多节铜管组成。

2.4.5　绝热材料

绝热保温材料又称为耐火隔热材料，是指对热流具有显著阻抗性的材料或材料复合体，包括保温材料，也包括保冷材料。绝热材料按照使用温度可分为高温用绝热材料（使用温度可在 700℃以上）、中温用绝热材料（使用温度在 100～700℃）和低温用绝热材料（使用温度在 100℃以下）。目前在建筑安装工程上使用较多的绝热保温材料主要包括：玻璃棉保温材料、矿（岩）棉保温材料、复合硅酸盐保温材料、发泡塑料制品、橡塑类保温材料。

1. 玻璃棉保温材料

玻璃棉是一种无机纤维隔热吸声材料，属于玻璃纤维的一种，它是将熔融的玻璃纤维化后制成的棉状材料。玻璃棉的制备方法包括蒸汽吹制法、火焰吹制法、和离心吹制法等，可以制成玻璃棉保温板、保温毡、管壳、保温带、粒状棉等不同形式的制品。

玻璃棉是目前较常用的一种保温材料，广泛用于航空、石化、采暖保温冷藏等领域。其主要性能是质轻，导热系数小，耐高温，是不燃材料，通常用于 300℃以下；耐腐蚀、抗老化，不溶于水和有机溶剂，耐空气中 CO_2、SO_2 侵蚀。但由于该材料吸水率大，防水性能较差。玻璃棉吸水后，保温效果将大大下降，即使风干后也不能恢复至原来的性能，因此在保温要求严格的场合，已受潮或沾水的玻璃棉不能再使用。

2. 矿（岩）棉保温材料

矿渣棉简称矿棉，以工业生产形成的尾渣为主要原材料，其中钢渣为常见的原材料。矿渣棉具有隔热保温、吸声隔声、质轻、阻燃、耐高温、不腐、不蚀、化学稳定性好等优点，可制成板、毡、管壳、保温带、粒状棉等。

岩棉是以精选的玄武岩和辉绿岩等天然火成岩为主要原料，经高温熔融制成的人造无机纤维，也可制成岩棉保温板、保温毡、管壳、保温带、粒状棉等不同形式的制品。岩棉具有导热系数小、质轻、化学性能稳定、不燃等特点，此外，岩棉防火性好、防潮、憎水，适用于多雨、潮湿的环境中。

矿（岩）棉通常使用温度在 600℃以下，最高使用温度可达 650℃，是目前国内外使用较为普遍的保温隔热材料。

3. 复合硅酸盐保温材料

复合硅酸盐保温材料具有可塑性强、导热系数低、耐高温、浆料干燥收缩率小等特点，通常使用温度在 500℃以下，最高使用温度可达 600℃。主要种类有硅酸镁、硅镁铝、稀土复合保温材料等。主要用于常温下建筑屋面、墙面、室内顶棚、管道的保温隔热，以及石油、化工、电力、冶炼、交通、轻工与国防工业等行业的热力设备的保温隔热和烟囱内壁、炉窑外壳的保温（冷）工程。

4. 发泡塑料制品

发泡塑料制品（包括聚乙烯、聚氨酯、聚苯乙烯），具有质轻、密度小、导热系数小、耐腐蚀的特点。该材料在高温下易软化变形，最高使用温度在 100℃左右，一般要求使用温度为 70℃以下；附着力强、易贴合，吸水率低，具有较强的防水、防潮性能，可以保护材料的完整性，使用寿命更长，可以大大降低保温材料的维修或更换费用。发泡塑料制品材料多用于低温保冷工程，不宜用于冬夏两用空调的水系统管道保温。塑料制品易燃，为满足防火规范的要求，需要添加大量的阻燃剂，即使达到难燃 B_1 级，遇到明火还是可燃烧，并散发出刺激性气体。如图 2-6 所示为铝箔聚乙烯发泡管壳。

5. 橡塑类保温材料

橡塑类保温材料的特性与发泡塑料制品较为接近，其质轻、弹性好、韧性好、导热系数小、耐腐蚀、抗压、工艺简单、施工性好，具有较强的防水汽渗透性能。该材料适用于介质温度为 −40～105℃的各种管道及设备保温，被广泛应用于大型暖通空调系统及热水管道的保温中。如图 2-7 所示为橡塑保温管壳。

图 2-6　铝箔聚乙烯发泡管壳

图 2-7　橡塑保温管壳

第 5 节　消防工程常用材料

2.5.1　消火栓（箱）

1. 室内消火栓

室内消火栓是一种具有内扣式接口的球形阀式龙头，有单出口和双出口两种类型。消火栓一端与消防竖管相连，另一端与水带相连。当发生火灾时，消防水量通过室内消火栓给水管网供给水带，经水枪喷射出有压水流进行灭火。如图 2-8 所示，根据类型分类如下：

（1）按出水口形式划分：单出口室内消火栓、双出口室内消火栓。

（2）按栓阀数划分：单栓阀室内消火栓、双栓阀室内消火栓。

（3）按结构形式划分：直角出口型室内消火栓、45°出口型室内消火栓、旋转型室内消火栓、减压型室内消火栓。

2. 试验用消火栓

试验用消火栓是用于试验消防水系统的水量和水压是否达到验收规定射程规格的试验设置，一般安装在建筑物最高处或最远端。一般试验消火栓只包含栓头以及压力表，不需要配套其他设置。

3. 室外消火栓

室外消火栓是安装在室外供水管道上连接水带、用以灭火的设备，是室外用于消防的基本设施，可配备水枪、水带和消火栓箱，也可不配备。室外消火栓一般由栓体、内置出水阀、泄水装置、法兰接管和弯管底座等组成。室外消火栓按设置分为地上式和地下式，地上式消火栓又可分为普通型和防撞型。

室外消火栓宜采用地上式，当采用地下式消火栓时，应有明显标志。寒冷地区采用地下式，非寒冷地区宜采用地上式，地上式消火栓有条件的可采用防撞型。室外地上式消火栓如图 2-9 所示。

图 2-8　室内消火栓箱　　图 2-9　室外地上式消火栓

4. 室外直埋伸缩式消火栓

室外直埋伸缩式消火栓是一种平时消火栓收缩在地面以下、使用时拉出地面工作的消火栓。和地上式消火栓相比，避免了碰撞，防冻效果好；和地下式消火栓相比，不需要建地下井室，可在地面以上连接，工作方便。室外直埋伸缩式消火栓的接口方向可根据接水需要 360°旋转，使用更加方便。

5. 栓箱型号表示方法

栓箱型号由"基本型号"和"形式代号"两部分组成。

1）基本型号：栓箱内配置消防软管卷盘时用代号"Z"表示，不配置者不标注代号。

2）形式代号：水带为挂置式，不用代号表示。

（1）其余方式分别用下述代号表示：

"P"（盘）——盘卷式；

"J"（卷）——卷置式；

"T"（托）——托架式。

（2）箱门型式代号：

箱门为单开门型式不用代号表示，其余型式分别用下述代号表示：

"S"（双）——双开门式；

"H"（后）——前后开门式。

2.5.2　自动喷水灭火设备

1.水喷淋（雾）喷头

湿水喷淋（雾）喷头是当发生火灾时，喷头周围的温度上升，在达到其动作温度时，喷头的玻璃球爆裂，喷头开启喷水进行灭火。可分为下垂型洒水喷头、直立型洒水喷头、普通型洒水喷头、边墙型洒水喷头。

1）下垂型洒水喷头是使用最广泛的一种喷头，下垂安装于供水支管上，洒水的形状为抛物体型，将总水量的 80%～100% 喷向地面。主要用于不需要装饰的场所，如车间、仓库、停车库、厨房等地，如图 2-10 所示。

2）直立型洒水喷头直立安装在供水支管上，洒水形状为抛物体型，将总水量的 80%～100% 向下喷洒，同时还有一部分喷向吊顶，适宜安装在移动物较多、易发生撞击的场所，如仓库，还可以暗装在房间吊顶夹层中的屋顶处，以保护易燃物较多的吊顶顶棚，如图 2-11 所示。

3）普通型洒水喷头既可直接安装，又可下垂安装于喷水管网上，将总水量的 40%～60% 向下喷洒，较大部分喷向吊顶。适用于餐厅、商店、仓库、地下车库等场所。

4）边墙型洒水喷头靠墙安装，适用于空间布管较难的场所安装，主要用于办公室、门厅、休息室、走廊客房等建筑物的轻危险部位，如图 2-12 所示。

  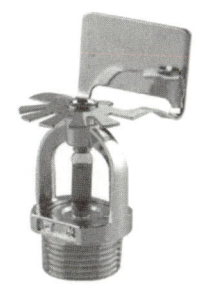

图 2-10　下垂型洒水喷头　图 2-11　直立型洒水喷头　图 2-12　边墙型洒水喷头

2.湿式报警装置

湿式报警装置是自动喷淋灭火系统的重要组成部分，当发生火灾时，喷头周围的温度上升，在达到其动作温度时，喷头的玻璃球爆裂，喷头开启喷水，管网压力下降，报警阀后压力下降使阀板开启，接通管网和水源供水灭火。

湿式报警装置包括湿式阀、蝶阀、装配管、供水压力表、装置压力表、试验阀、泄放试验阀、泄放试验管、试验管流量计、过滤器、延时器、水力警铃、报警截止阀、压力开关等，如图 2-13 所示。

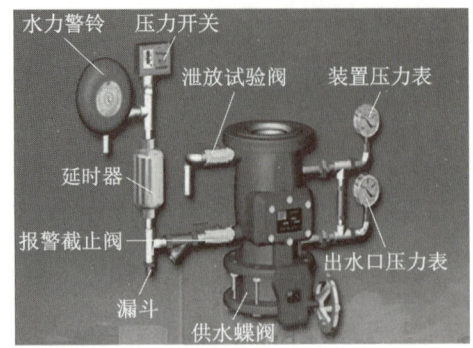

图 2-13　湿式报警阀

3. 水流指示器

水流指示器是通过监测管道内的水流速度和水压变化，以判断消防系统是否正常工作，从而保证消防安全。水流指示器连接方式通常包括螺纹连接、马鞍形连接、法兰连接、沟槽连接，如图 2-14 所示。

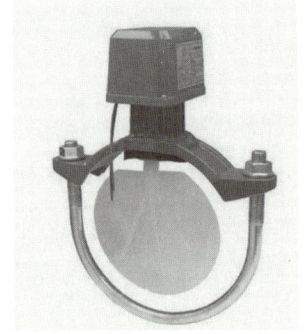

(a) 马鞍形连接水流指示器　　　　(b) 法兰连接水流指示器

图 2-14　水流指示器

4. 末端试水装置

末端试水装置是在正常状态下，模拟喷头开启后，测试系统功能能否满足灭火要求，包括压力表、控制阀等附件。

5. 消防水泵接合器

消防水泵接合器是供消防车向消防给水管网输送消防用水的预留接口，它既可用于补充消防水量，也可用于提高消防给水管网的水压。按安装方式可分为：地上式、地下式、墙壁式和多用式。

6. 大空间智能型主动喷水灭火装置

大空间智能型主动喷水灭火装置是综合应用现代电子技术、自动化技术和计算机技术的智能控制器进行火源自动监测、控制喷淋灭火的新一代智能主动灭火装置。它由大空间灭火装置、信号阀组、水流指示器等组件及管道、供水设施等组成，能在发生火灾时自动探测着火部位，并主动喷水的灭火系统。

7.电控式消防水炮

电控式消防水炮是当今世界消防领域广泛使用的一种消防设备，它是一种利用计算机进行自动喷水、监控灭火、电子控制的一体化消防设备。它能高效、快速、准确地判断火源位置，在短时间内完成识别到灭火的一套繁重的任务，从而降低劳动强度。由供水系统、执行系统、控制系统等组件组成。

全自动消防水炮主要是在每台水炮上面装有红外探测头，当发生火灾的时，温度达到一定的探测范围，全自动消防水炮即自动开阀进行定位灭火，一般定位时间在 30s 之内即可，短暂时间就可以将火灭掉。

2.5.3　气体灭火设备

1.气体灭火剂

常用的气体灭火剂有二氧化碳灭火剂、IG541 混合气体灭火剂、七氟丙烷灭火剂、S型热气溶胶灭火剂等，分别适用于不同的火灾类别。

1）二氧化碳灭火剂

二氧化碳灭火主要在于窒息，其次是冷却。在常温常压条件下，二氧化碳的物相为气相，当储存于密闭高压气瓶中，低于临界温度 31.4℃，是以气、液两相共存的。二氧化碳本身具有不燃烧、不助燃、不导电、不含水分、灭火后能很快散逸，对保护物不会造成污损等优点，因此是一种采用较早、应用较广的气体灭火剂。但二氧化碳含量达到 15% 以上时能使人窒息死亡。二氧化碳灭火器适用于扑救 A 类、B 类、C 类火灾。

2）IG541 混合气体灭火剂

IG541 混合气体灭火剂是由大气中氮气（52%）、氩气（40%）和二氧化碳（8%）混合而成。由于这些气体都是在大气层中自然存在，且来源丰富，对大气层臭氧没有损耗，也不会产生温室效应。混合气体无毒、无色、无味、无腐蚀性及不导电，既不支持燃烧，又不与大部分物质产生反应。从环保的角度来看，是一种较为理想的灭火剂。

IG541 混合气体灭火剂适用于大空间的电子计算机房、调控中心、邮电通信大厦等珍贵电子设备室以及博物馆、图书馆、珍宝塔、文物馆、档案馆珍贵资料等场所。

3）七氟丙烷灭火剂

七氟丙烷（化学分子式为 CF_3CHFCF_3）无色、无味、不导电、无二次污染，臭氧耗损潜能值（ODP）为零。在 ISO 认可的洁净气体灭火剂中，其洁净性较好，释放后无残余物，具有清洁、低毒电绝缘性能好、灭火效率高的特点。特别是它不含溴和氯，对臭氧层无破坏，在大气中的残留时间比较短，其环保性能明显优于卤代烷，是一种洁净气体灭火剂。

七氟丙烷灭火剂是代替卤代烷洁净气体灭火剂的较优者。能以较低的灭火浓度，可靠地扑灭 B、C 类火灾及电气火灾，灭火后，只需通风刚刚发生火灾的场所，不会对任何场地建筑物、电子设备造成二次损坏。

4）S 型热气溶胶灭火剂

S 型热气溶胶是固体气溶胶发生剂反应的产物，含有约 98% 以上的气体。几乎无微粒（其微粒量比一个月内封闭计算机房自然降落的灰尘量还少），沉降物极低。气体是氮气、水汽、少量的二氧化碳。从生产到使用过程中无毒、无公害、无污染、无腐蚀、无残留。不破坏臭氧层，无温室效应，符合绿色环保要求。其灭火剂是以固态常温常压储存，不存在泄漏问题，维护方便；属于无管网灭火系统，安装相对灵活，无须布置管道，工程造价相对较低。

S 型热气溶胶灭火剂适合扑灭小空间或相对空间的 A 类固体表面火灾、B 类可燃液体火灾、C 类电气火灾，对 RH 物质的灭火效果尤为明显，如石油、柴油、天然气和木材等。

2. 气体喷头

气体喷头是气体灭火系统的重要组成部分，具有多种类型，适用于不同的应用场景。选择合适的气体灭火系统和灭火气体取决于具体的需求，包括高压喷头和低压喷头。

3. 无管网气体灭火装置

无管网气体灭火装置直接将贮气瓶和喷发设置整合在一个柜子里面，结构简单，安装搬运方便，无须改变保护区结构，是一种非常简便的灭火装置。它包括悬挂式灭火装置、箱式灭火装置、推车式细水雾灭火器、干粉灭火器、固定式泡沫灭火器、拖车式泡沫灭火器。

2.5.4　火灾自动报警设备

火灾自动报警，在火灾初期，将燃烧产生的烟雾、热量和光辐射等物理量，通过感温、感烟和感光等火灾探测器变成电信号，传输到火灾报警控制器，并同时显示出火灾发生的部位，记录火灾发生的时间。

1. 火灾探测器

火灾探测器是火灾自动报警系统中具有探测火灾信号功能的关键部位，按警戒范围分为点型火灾探测器和线型火灾探测器。点型火灾探测器又可分为感烟、感温、红外光束、火焰、可燃气体等；线型火灾探测器又可分为缆式定温、空气管差温等。

2. 按钮

按钮通常指手动火灾报警按钮。是人工确认火灾后，手动操作，向消防控制室发出火灾报警信号或直接启动消防水泵的一种装置。按钮应设置在明显和便于操作的部位，安装在墙上距楼（地）面高度 1.5m 处，其外接导线应留有不小于 10cm 的余量。

3. 模块（接口）

消防模块是火灾报警系统的桥梁，起着至关重要的作用。消防模块主要有输入模块、输出模块、输入输出模块、中继模块、隔离模块、切换模块等。

1）输入模块用于接收消防联动设备输入的常开或常闭开关量信号，并将联动信息传回火灾报警控制器（联动型）。主要用于配接现场各种主动型设备如水流指示器、压力开关、位置开关、信号阀及能够送回开关信号的外部联动设备等。

2）输出模块用于火灾自动报警控制器向现场设备发出指令的信号。

3）输入输出模块主要用于双动作消防联动设备的控制，同时可接收联动设备动作后的回答信号。例如，可完成对二步降防火卷帘门、水泵、排烟风机等双动作设备的控制。

4）中继模块主要用于总线处在有比较强的电磁干扰的区域及总线长度超过 1000m 需要延长总线通信距离的场合。

5）隔离模块在总线制火灾自动报警系统作用是，当总线发生故障时，将发生故障的总线部分与整个系统隔离开来，以保证系统的其他部分能够正常工作，同时便于确定发生故障的总线部位。当故障部分的总线修复后，隔离器可自行恢复工作，将被隔离出去的部分重新纳入系统。

6）切换模块是用于连接输入输出模块和大电流被控设备，起保护作用，其作用相当于继电器。

4. 报警装置

报警装置通常指报警按钮、警铃、警笛、声光报警器、报警闪灯等，一般安装在墙壁上，距地面 1.8～2.5m。

1）报警按钮

手动报警按钮是由现场人工确认火灾后，手动输入报警信号的装置。手动报警按钮内装配有手报输入模块，其作用是与火灾报警控制器之间完成地址及状态信息（手报按钮开关的状态）编码与译码的二总线通信。另外，根据功能需要，有的手动报警按钮带有电话插孔（可与消防二线电话线配套使用）。

2）报警器

声光报警器一般安装在现场，火警时可发出声光报警信号。其工作电压由外控电源提供，由联动控制器的配套执行器件中的控制继电器来控制。

警笛、警铃与声光报警器一样安装在现场，火警时可发出声报警信号（变调音）。同样由联动控制器输出控制信号，驱动现场的配套执行器件完成对警笛、警铃的控制。

5. 火灾报警控制器

火灾报警控制器担负着为火灾探测器提供稳定的工作电源，监视探测器及系统自身的工作状态，接收、转换、处理火灾探测器输出的报警信号，进行声光报警，指示报警的具体时间及部位，同时执行相应辅助控制等任务。

6. 显示系统

显示系统是火灾自动报警系统的配套设备。包括系统的接口、计算机、监视器、打印机等，显示其各楼层或各防火分区的平面及探测器的分布在线情况，能准确、直观地反映所有探测器的火警或故障状况，可任意切换各监视区的报警平面，各种探测器及联动设备均显示在画面上。

7. 消防专用通信系统

系统主要由两部分组成，一是应急广播系统；二是消防电话系统。主要包括广播扩音机、电话主机、电话交换机、双切换电源、广播或电话录放音等装置。

第 6 节　智能化工程常用材料

2.6.1　计算机应用、网络系统工程常用材料

1. 输入输出设备

1）数字化仪

数字化仪是将图像（胶片或像片）和图形（包括各种地图）的连续模拟量转换为离散的数字量的装置，是在专业应用领域中一种用途非常广泛的图形输入设备。通俗地说数字化仪就是一块超大面积的手写板，用户可以通过用专门的电磁感应压感笔或光笔在上面写或者画图形，并传输给计算机系统。

2）扫描仪

扫描仪是一种捕获影像的装置，作为一种光机电一体化的电脑外设产品，扫描仪是继鼠标和键盘之后的第三大计算机输入设备，它可将影像转换为计算机可以显示、编辑、存储和输出的数字格式，是功能很强的一种输入设备。

3）打印机

打印机是计算机的输出设备之一，用于将计算机处理结果打印在相关介质上。衡量打印机好坏的指标有三项：打印分辨率、打印速度和噪声。打印机的种类很多，按所采用的技术分为针式打印机、喷墨打印机、激光打印机、热转印打印机等。

4）监视器

监视器分为 CRT 监视器和液晶监视器。英国科学家克鲁克斯发明了阴极射线管（Cathode Ray Tube，简称 CRT 显像管），随后，CRT 显像管被广泛应用于电视机、显示器、监视器领域。液晶监视器即液晶显示器，或称 LCD（Liquid Crystal Display），为平面超薄的显示设备。液晶显示器功耗很低，适用于使用电池的电子设备。

液晶监视器以高亮度、高对比度、优雅的外观设计以及环保特性等独有优势正在逐步取代原有 CRT 监视器。与 CRT 监视器比较，液晶监视器具有省电、低辐射、节省空间等特性。

2. 控制设备

1）通信控制器

通信控制器（Communication Control Unit，简称 CCU），是指在数据通信系统中，处于数据电路和主机之间，用于控制数据传输的通信接口设备。

2）KVM 切换器设备

KVM 多主机切换系统是键盘（Keyboard）、显示器（Video）、鼠标（Mouse）的缩写。KVM 多主机切换系统技术的核心思想是：通过适当的键盘、鼠标、显示器的配置，实现系统和网络的集中管理和提供可管理性，提高系统管理员的工作效率，节约机房的面积，降低网络工程和服务器系统的总体拥有成本，避免使用多显示器产生的辐射，营建健康环保的机房。

3. 存储设备

1）数字硬盘录像机

数字硬盘录像机是计算机技术、网络技术、数字视频技术和传统视频、安防技术相结合的高科技产品，具有极高的技术含量，是 DVD、磁带式录像机的换代产品，可应用于电力远程监控、银行保安监控、楼宇智能化、家庭防盗监控等领域，具有广阔的市场前景。

数字硬盘录像机的基本功能是将模拟的音视频信号转变为 MPEG 数字信号存储在硬盘（HDD）上，并提供与录制、播放和管理节目相对应的功能。"数字硬盘录像机"中的数字是指以数字信号存储于硬盘。"模拟录像机"中的模拟是以模拟信号存储于磁带。

2）磁盘阵列机

磁盘阵列机是由很多价格较便宜的磁盘，组合成一个容量巨大的磁盘组，利用个别磁盘提供数据所产生加成效果提升整个磁盘系统效能。利用这项技术，将数据切割成许多区段，分别存放在各个硬盘上。

磁盘阵列机还能利用同位检查（Parity Check）的观念，在数组中任意一个硬盘故障时，仍可读出数据，在数据重构时，将数据经计算后重新置入新硬盘中。

3）光盘库

光盘库是一种带有自动换盘机构（机械手）的光盘网络共享设备。光盘库一般由放置光盘的光盘架、自动换盘机构（机械手）和驱动器三部分组成。近年来，由于单张光盘的存储容量大大增加，光盘库相较于常见的存储设备如磁盘阵列、磁带库等价格性能优势越来越显露出来。光盘库作为一种存储设备已开始渐渐被运用于各个领域，如银行的票据影像存储、保险机构的资料存储，以及其他所有的大容量近线资料存储的场合。

4. 插箱、机柜

插箱也称 U 箱，标准尺寸的机箱，规定的尺寸是服务器的宽（482mm = 19 英寸）×

高（44.45mm 的倍数）。宽为 19 英寸，高度以 44.45mm 为基本单位。1U 箱就是宽度为 19 英寸，高度为 44.45mm 的机箱。

机柜是弱电中不可或缺的组成部分，是电气控制设备的载体。一般由冷轧钢板或合金制作而成。可以提供对存放设备的防水、防尘、防电磁干扰等防护作用。机柜一般分为服务器机柜、网络机柜、控制台机柜等。

5. 交换机

交换机是网络节点上话务承载装置、交换级、控制和信令设备以及其他功能单元的集合体。交换机能把用户线路、电信电路和（或）其他要互连的功能单元根据单个用户的请求连接起来。

6. 服务器

服务器是指局域网中运行管理软件以控制对网络或网络资源（磁盘驱动器、打印机等）进行访问的计算机，并能够为在网络上的计算机提供资源使其犹如工作站那样地进行操作。

2.6.2　综合布线材料

1. 双绞线缆

双绞线是最普通的传输介质。两根线绞接在一起是为了防止其电磁感应对邻近线产生干扰信号。

双绞线分为：屏蔽双绞线（STP）和非屏蔽双绞线（UTP）。非屏蔽双绞线有线缆外皮作为屏蔽层，适用于网络流量不大的场合中。屏蔽式双绞线具有一个金属甲套，对电磁干扰具有较强的抵抗能力，适用于网络流量较大的高速网络协议应用。

双绞线一般用于星型网的布线连接，两端安装有 RJ-45 头（水晶头），连接网卡与集线器，最大网线长度为 100m，如果要加大网络的范围，在两段双绞线之间可安装中继器，最多可安装 4 个中继器，如安装 4 个中继器连 5 个网段，最大传输范围可达 500m。

2. 大对数电缆

大对数电缆：大对数即多对数的意思，系指很多一对一对的电缆组成一小捆，再由很多小捆组成一大捆（更大对数的电缆则再由一大捆一大捆组成一根更大的电缆）。主要应用于话音通信系统。

3. 光纤

光纤是光导纤维的简写，是一种由玻璃或塑料制成的纤维，可作为光传导工具。光纤的电磁绝缘性能好、信号衰减小、频带宽、传输速度快、传输距离大。主要用于要求传输距离较长、布线条件特殊的主干网连接。

4. 跳线

跳线实际就是连接电路板（PCB）两需求点的金属连接线。常见类型有计算机板卡跳线、光纤跳线、网络跳线等。

5. 配线架

配线架用于终端用户线或中继线，并能对它们进行调配连接的设备。配线架是管理子系统中最重要的组件，是实现垂直干线和水平布线两个子系统交叉连接的枢纽。配线架通常安装在机柜或墙上。通过安装附件，配线架可以全线满足 UTP、STP、同轴电缆、光纤、音视频的需要。在网络工程中常用的配线架有双绞线配线架和光纤配线架。根据使用地点、用途的不同，分为总配线架和中间配线架两大类。

6. 跳线架

跳线架是由阻燃的模块塑料件组成的，其上装有若干齿形条，用于端接线对。主要用于大对数电缆的话音通信系统。

7. 线管理器

线管理器是管理线缆的理线架，是用来整理电子线的工具。理线架的使用相对比较简单，一般安装在机柜里，处在配线架与交换机之间，网线从中走过。经过理线架的流程梳理，把线缆进行区分整理，使整个网线的脉络更清晰，更方便日后的管理。

8. 信息插座

综合布线可采用不同类型的信息插座和插头的接插软线。这些信息插座和带有插头的接插软线相互兼容。如在工作区，用带有 8 针插头的接插软线一端插入工作区水平子系统的信息插座，另一端插入工作区设备接口。信息插座类型有：

1）3 类信息插座模块。支持 16Mbps 信息传输，适合语音应用；8 位/8 针无锁模块，可装在配线架或接线盒内。

2）5 类信息插座模块。支持 155Mbps 信息传输，适合语音、数据、视频应用；8 位/8 针无锁信息模块，可安装在配线架或接线盒内。

3）超 5 类信息插座模块。支持 622Mbps 信息传输，适合语音、数据、视频应用；可安装在配线架或接线盒内。一旦装入即被锁定。

4）千兆位（6 类）信息插座模块。支持 1000Mbps 信息传输，适合语音、数据、视频应用；可装在接线盒或机柜式配线架内。

5）光纤插座（Fiber Jack，缩写 FJ）模块。支持 1000Mbps 信息传输，适合语音、数据、视频应用；凡能安装"RJ45"信息插座的地方，均可安装"FJ"型插座。

6）多媒体信息插座。支持 100Mbps 信息传输，适合语音、数据、视频应用；可安装 RJ4 型插座或 SC、ST 和 MIC 型耦合器。

7）8 针模块化信息插座（IO）是为所有的综合布线推荐的标准信息插座。它的 8 针结构为单一信息插座配置提供了支持数据、语音、图像或三者的组合所需的灵活性。

9. 光缆终端盒

光缆终端盒系列产品是光纤传输通信网络中终端配线的辅助设备，适用于室内光缆的直接和分支接续，并对光纤接头起保护作用。光缆终端盒主要用于光缆终端的固定，光缆与尾纤的熔接及余纤的收容和保护。

10. 尾纤

尾纤又叫作尾线，只有一端有连接头，而另一端是一根光缆纤芯的断头，通过熔接与其他光缆纤芯相连，常出现在光纤终端盒内，用于连接光缆与光纤收发器（之间还用到耦合器、跳线等）。

11. 同轴电缆

按直径的不同，可分为粗缆和细缆两种：

1）粗缆 RG-11：传输距离长，性能好但成本高、网络安装、维护困难，一般用于大型局域网的干线，连接时两端需终接器。

2）细缆 RG-58：与 BNC 网卡相连，两端装 50Ω 的终端电阻。用 T 型头，T 型头之间最小 0.5m。细缆网络每段干线长度最大为 185m，每段干线最多接入 30 个用户。如采用 4 个中继器连接 5 个网段，网络最大距离可达 925m。细缆安装较容易，造价较低，但日常维护不方便，一旦一个用户出故障，便会影响其他用户的正常工作。

真题训练及解析

1. 变压器型号为 SCB10-1000kVA/10kV/0.4kV 中，"S" 代表的含义是（　　　）。【单选题】

　　A. 环氧树脂浇注式　　　　　　　　B. 三相变压器

　　C. 单相变压器　　　　　　　　　　D. 油浸式变压器

【答案】B

【解析】常用 SCB 系列环氧树脂浇注干式变压器型号为 SCB10-1000kVA/10kV/0.4kV，其中 S 代表三相变压器，C 代表环氧树脂胶注成形，B 代表低压绕组为箔绕，10 代表空载损耗属于 10 型，1000kVA 代表的变压器容量为 1000kVA，10kV 代表高压侧的电压等级是 10kV，0.4kV 代表高压侧的电压等级。

2. 价格低廉、制造简单、使用灵活方便，但能效比低的冷水机组是（　　　）。【单选题】

　　A. 螺杆式　　　　B. 活塞式　　　　C. 离心式　　　　D. 风冷式

【答案】B

【解析】活塞式冷水机组价格低廉、制造简单、使用灵活方便，但能效比低，是民用建筑空调制冷中采用时间最长，使用数量最多的一种机组。

3. 某设备是网络节点上话务承载装置、交换级、控制和信令设备以及其他功能单元的集

合体，能把用户线路、电信电路和其他要互连的功能单元根据单个用户的请求连接起来。该设备是（　　　）。【单选题】

A. 网卡 　　　　　　B. 交换机 　　　　　　C. 服务器 　　　　　　D. 集线路

【答案】B

【解析】交换机是网络节点上话务承载装置、交换级、控制和信令设备以及其他功能单元的集合体。交换机能把用户线路、电信电路和(或)其他要互连的功能单元根据单个用户的请求连接起来。

4. 常用的防腐材料种类有（　　　）。【多选题】

A. 酚醛树脂漆 　　　　　　　　　　B. 无机富锌漆

C. 聚酯玻璃钢 　　　　　　　　　　D. 无机板材

E. 有机玻璃

【答案】A、B、C、D

【解析】在安装工程中常用的防腐材料主要有各种有机和无机涂料、玻璃钢、橡胶制品、无机板材等。酚醛树脂漆属于有机涂料；无机富锌漆属于无机涂料；聚酯玻璃钢属于玻璃钢。

第 **3** 章

安装工程主要施工的基本程序、工艺流程及施工方法

本章提示

掌握 电气设备安装工程、给排水工程、通风空调工程、消防工程、智能化工程的施工方法。

熟悉 电气设备安装工程、给排水工程、通风空调工程、消防工程、智能化工程的安装基本程序。

了解 电气设备安装工程、给排水工程、通风空调工程、消防工程、智能化工程的工艺流程。

知识体系

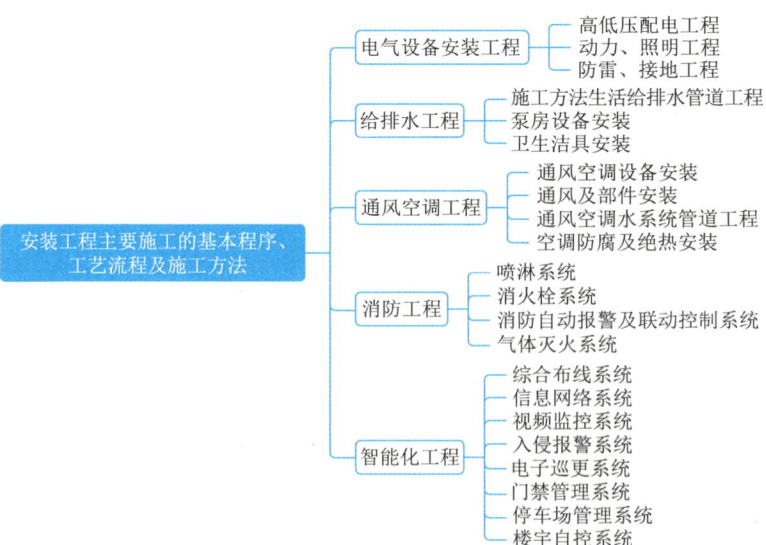

第 1 节　电气设备安装工程

3.1.1　高低压配电工程

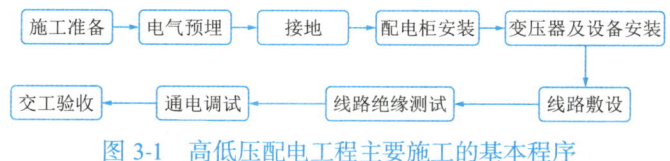

图 3-1　高低压配电工程主要施工的基本程序

1. 电缆线路敷设

在高低压配电工程中，电缆敷设以室外电缆为主，主要包含直接埋地、电缆沟（管廊）内、预制电缆槽盒内、保护管内敷设等敷设方式。（高低压配电房室内电缆敷设详见动力、照明工程中的电缆敷设章节）

1）工艺流程：施工准备→检查、清理电缆敷设通道→敷设电缆→管口防水/防火处理→电缆终端/中间头制作安装→挂标示牌→电缆试验→验收送电。

2）施工方法：

（1）电缆直接埋地敷设时，电缆沟开挖深度和宽度、沟底处理、回填等应符合设计及施工验收规范的要求。电缆穿越有机械损伤可能的地方，如跨越马路，均应穿钢管进行保护。必须考虑电缆与其他管道安装距离，电缆自沟引入建筑物时，应穿入金属保护管中，并堵塞管口以防进水。直埋电缆应按规定埋设标志桩或地面标志牌。

（2）电缆沟、隧道或电缆保护管应先进行清理，确保顺利敷设电缆。敷设前，应检查电缆有无机械损伤，电缆盘是否完好，对 3kV 及以上的高压电缆应进行耐压试验，1kV 以下的电缆按相关规范要求进行绝缘电阻测试，绝缘电阻不应小于 10MΩ。

（3）电缆应有序排列，间距一致，电缆转弯角度一致，电缆的最小弯曲半径为：聚氯乙烯绝缘电力电缆 $10D$（D 为电缆外径）；交联聚乙烯绝缘电力电缆 $15D$。

（4）同型号规格电缆在订货时按实际使用需要的长度组合对生产厂家每盘电缆的总长度做出要求，以便在电缆敷设时尽可能减少中间接头数量。确有需要设置电缆中间接头，应设置在电缆沟或廊道内或工作井、手孔井等处，并做明显标志。

（5）电缆沟或廊道中敷设的电缆应在相应规范要求处（例如，始端、终端、中间接头、中间每间隔适当距离、手孔井或工作井和走向变化处等）挂标示牌，注明电缆用途、回路编号、型号规格、敷设日期等。

（6）电缆终端/中间头施工完毕，应按相关规范进行耐压试验或绝缘电阻测试。金属铠装层应可靠接地。

2. 开关柜、高低压柜安装

1）工艺流程：开箱检查→二次搬运→土建基础检查及基础型钢制作安装→柜体就

位固定→母线或电缆连接→二次线路连接→试验调整→送电运行验收。

2）施工方法：

（1）安装时应按照设计图纸的布置，按顺序将柜体安放在基础型钢上。

（2）单个柜体校正柜面和侧面的垂直度；成列布放柜体，先找正两端的柜体，然后依序调整、找正中间柜体。找正时宜采用厚度合适的垫铁片进行调整，同一部位垫铁数量不应超过三片。

（3）柜体固定：在找正后的柜体底部和基础型钢架上用手电钻钻孔，无特殊要求时，低压柜钻 ϕ12.2mm 孔，高压柜钻 ϕ16.2mm 孔，分别用 M12、M16 镀锌螺丝弹簧垫圈固定。柜体的垂直度及水平度的偏差应符合施工验收规范的要求。柜体与侧板均应采用镀锌螺丝连接固定。

（4）柜体应进行可靠的接地连接。每台柜体应在底部采用截面面积不小于 6mm^2 多股铜芯软线（两端压接铜接线端子）与基础型钢连接，基础型钢按设计图示要求可靠连接到变配电房内的接地带或预留接地端子。

（5）柜顶母线宜委托生产厂家按照设计图示及相关规范要求加工、预制，现场组装。确有需要在施工现场进行柜顶母线制作安装的：铜母线调直应采用木质工具；切断母线时，严禁用电、气焊切割；铜母线的连接应采用机械连接；母线搭接处应搪锡，并涂刷"导电胶"；母线相间间距应满足相关规范要求，相间间距均匀一致，最大允许误差不得大于 5mm；母线按相关规范要求涂刷分相漆或套热缩绝缘保护套管。

（6）按设计图纸逐件检查柜内电器的各项技术参数是否与设计图纸相符，并完善柜内二次接线（如有）。按相关规范和供电部门的要求进行各项试验和调整，做好送电前的准备工作。

3. 变压器施工

1）工艺流程：开箱检查→变压器二次搬运→变压器基座制作安装→变压器本体安装→附件安装→变压器交接试验→送电前检查→送电运行验收。

2）施工方法：

（1）变压器就位可采用吊装或拖运的方式，吊运变压器的钢丝绳必须拴在变压器的专用吊钩环上。变压器就位时，将底座滚轮装上，各附件按制造厂说明书的要求进行安装，变压器就位方向和离墙尺寸应与图纸相符。变压器的重复接地线应采用不小于 60×6 的铜母线，接口处应搪锡。变压器的中性点接地回路中，靠近变压器处，宜做一个可拆卸的连接点。变压器安装完毕后，必须进行交接试验，交接试验要由供电局高试部门进行，试验标准应符合规范和供电部门的要求。

（2）变压器试运行前应做全面的检查，干式变压器护栏要安装完毕、各种标示牌已挂好，变压器室门已装锁。确认符合试运行条件时方可投入运行。

（3）变压器的试送电运行：变压器第一次投入时，可全压冲击合闸，冲击合闸时由高压侧投入。变压器第一次受电后，持续时间不应少于 10min，无异常情况。变压器应进行 3～5 次全压冲击合闸，无异常情况，保护无误动作，对相序无误，方可带电运行。

变压器空载运行 24h，无异常情况，方可投入负荷运行。变压器从开始带电起，24h 无异常情况，可视为合格，并办理移交手续。

4.母线槽施工

1）工艺流程：现场测绘装配示意图，进行加工定制→开箱检查→支（吊）架安装→单节母线槽绝缘测试→母线槽及附（配）件安装→母线插接箱安装→通电前绝缘测试→送电验收。

2）施工方法：

（1）正常情况下，在变压器、低压配电柜安装完毕并经检验合格，母线槽敷设的全路径土建装饰工程完成后，方可进行母线槽的安装。可结合施工工期要求，确定是否需要进行同步施工，并采取妥善的防护措施。

（2）母线槽订货前，需现场测绘装配示意图，对单节母线槽的加工长度作出要求。

（3）安装前应对单节母线槽及配件进行绝缘电阻测试，测量所得数据应符合规范的要求，并做好记录。

（4）母线槽的支（吊）架宜选用生产厂家配套产品；确有需要现场加工制作的，支（吊）架的承载力应与母线槽重量相匹配，且能灵活调节与楼板悬吊、墙面支撑等间距。支（吊）架的间距、水平段母线架设高度满足相关规范要求。

（5）母线紧固螺栓应由厂家配套供应；母线槽支架的安装位置应正确，横平竖直，牢固；母线槽的起始端头及终端头应装封闭罩；各段母线槽外壳的连接必须是可拆卸的，外壳之间须装跨接地线，母线槽两端及中间适当间距处应可靠接地；母线槽与设备的连接采用软连接。

（6）母线槽安装完毕后，应对母线槽进行全面的清扫及整理，接头连接应紧密，相序应正确，外壳接地连接应紧密、无遗漏。安装完毕后应对母线槽进行绝缘电阻测试，其绝缘电阻值应符合设计的要求。如暂时不送电运行的，还要做好成品的保护措施。

3.1.2　动力、照明工程

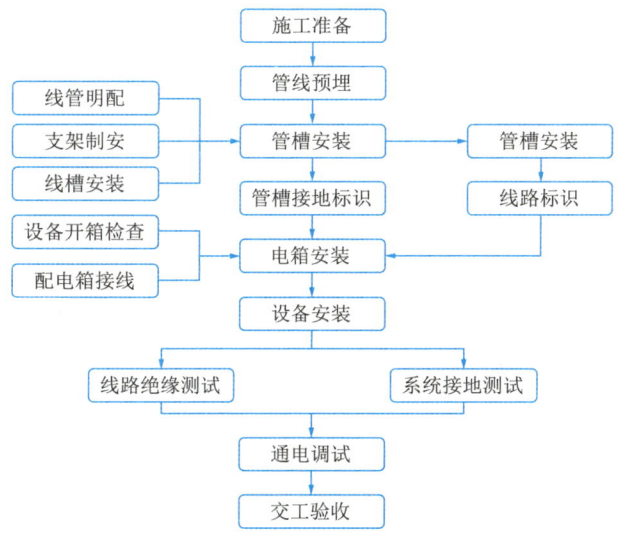

图 3-2　动力、照明工程主要施工的基本流程

1. 电气配管

电气配管常用材质包括镀锌电线管、镀锌钢管、金属软管、刚性 PVC 难燃线管、半硬质难燃线管、难燃波纹电线管等，常用敷设方式分明配及暗配。

1）明（暗）配管工艺流程：放线定位→测定盒箱位→固定盒箱→支吊架加工及管道预制（暗配：混凝土结构内管路预埋）→支吊架固定（暗配：墙面凿槽刨沟）→管路敷设→金属类电线管接地线跨接→刷漆或包封保护（暗配：包封保护）。

2）暗管敷设施工方法：

（1）镀锌电线管、镀锌钢管采用配套液压弯管器弯曲，刚性 PVC 难燃线管采用配套专用弯曲弹簧塞入管内人工弯曲。

（2）明配导管的弯曲半径不宜小于管外径的 6 倍，当两个接线盒间只有一个弯曲时，其弯曲半径不宜小于管外径的 4 倍；在敷设内穿电缆的钢管时，在弯曲时，其弯曲半径还应满足电缆最小弯曲半径的要求。

（3）线管用管卡固定时，管卡与终端、转弯中点、电气器具或接线盒边缘的距离为 150～500mm。线管贴墙敷设进入开关、灯头、插座等接线盒内时，要适当将线管煨制成双弯（鸭脖弯），不能使线管斜插到接线盒内。同时要使线管平整地紧贴于建筑物表面，在距接线盒 300mm 处，用管卡将线管固定。在有弯头的地方，弯头两边也应用管卡固定。在线管连接处或过线盒处，均应用专用接地卡码进行跨接，接地应牢固可靠。

（4）水平敷设的电线管路超过下列长度时，或弯曲过多时，中间应增设接线盒或拉线盒，否则应选择大一级的管径：线管长度每超过 30m，无弯曲时；线管长度每超过 20m，有 1 个弯曲时；线管长度每超过 15m，有 2 个弯曲时；线管长度每超过 8m，有 3 个弯曲时。

3）明管敷设施工方法：

（1）原则上管径≥40mm 的电线管不应采用暗敷方式，以免影响土建结构安全；确有需要采用暗敷方式，应知会土建结构设计采取必要加固处理措施。暗埋在楼板内（特别是卫生间、厨房、阳台等部位）灯位盒（箱）、过线盒（箱）深度不宜过深，以免影响土建结构安全与防水。

（2）现浇混凝土楼板（梁、柱、剪力墙）内配管：根据建筑平面图准确定位接线盒（箱）位置，将用泡沫块等填充并封堵管口的盒（箱）固定在模板上，周边用墨水笔做出标识以便拆模后快捷地找到预埋盒（箱）；与待砌筑的墙体内管路连接的预留管口定位并钻孔，按施工验收规范要求进行暗埋管路的敷管与固定。

（3）暗埋在混凝土结构内盒（箱）应用泡沫块等填充并封堵管口，防止管路堵塞。与待砌筑的墙体内管路连接的预留的向上配管管口应可靠密封，并采取可靠辅助保护措施防止混凝土浇筑、拆模、墙体砌筑时断管导致管路堵塞。

（4）墙体（砌体）配管：在墙体砌筑完成后，将梁底预留向下管口、楼板预留向上管口偏离墙体的部位进行修正，并立即进行凿槽刨沟工作（宜采用专用剔槽机剔槽，或手提切割机锯缝然后手工剔除，防止振松墙体），在土建挂网批荡前完成盒（箱）预埋、管路敷设及管槽修补。

（5）埋设于混凝土内的导管的弯曲半径不宜小于管外径的 6 倍，当直埋于地下时，其弯曲半径不宜小于管外径的 10 倍。暗管敷设完毕后，在自检合格的基础上，应如实填写隐蔽工程验收记录。

2. 线槽、桥架敷设

线槽、桥架均有多种材质，常用线槽、桥架以金属材质为主，非金属材质线槽、桥架无须进行接地跨接。

1）工艺流程：测量定位→支架制作安装→桥架、线槽安装→接地跨接→伸缩缝、沉降缝等特殊部位处理→防火封堵。

2）施工方法：

（1）线槽、桥架安装应平直整齐，水平或垂直安装允许偏差为其长度的 2‰，全长允许偏差为 20mm；线槽、桥架连接处牢固可靠，接口应平直、严密，桥架应齐全、平整、无翘角、外层无损伤。线槽、桥架敷设直线段长度超过 30m 时，以及跨越塔楼和裙楼的桥架均安装伸缩节，且伸缩灵活。

（2）水平安装：为确保电缆的顺利敷设，水平安装线槽、桥架的顶部距顶板最小距离为 200mm，采用共用支架的线槽、桥架各层之间的最小间距为 150mm。在各层的公共区域内的主干线槽、桥架采用共用支架安装。强电井内的线槽、桥架根据深化设计图来确定桥架的支架样式。桥架安装穿越防火分区时用防火枕或防火泥封堵。

（3）垂直安装：垂直安装的线槽、桥架主要集中在强（弱）电井内，如果电井内的墙体为高标号的混凝土墙体，在前期结构预留预埋时，电井内预埋铁件作为桥架固定支架的焊接连接点，竖向支架采用镀锌槽钢与预留钢板焊接，桥架与槽钢支架采用螺栓连接。

（4）金属线槽、电缆桥架及其支架全长应不少于两处与接地干线连接。

3. 管内穿线

1）工艺流程：选择导线→管内穿引线→导线与引线的绑扎→放护圈（金属导管敷设时）→穿导线→导线并头绝缘→线路检查→绝缘测试。

2）施工方法：

（1）引线一般均采用 1.2～2.0mm 的铁丝。先将铁丝的一端弯成不封口的圆圈，再利用穿线器将带线穿入管路内，在管路的两端均应留有 10～15cm 的余量。

（2）接线盒、开关盒、插销盒及灯头盒内导线的预留长度应为 15cm。

（3）配电箱内导线的预留长度应为配电箱箱体周长的 1/2。

（4）出户导线的预留长度应为 1.5m。

（5）不同回路、不同电压和交流与直流的导线，不得穿入同一管内。

4. 线槽配线

1）工艺流程：清扫线槽→线槽放线→槽内排线绑扎→线路检查→绝缘测试。

2）施工方法：

（1）放线前应先检查管与线槽连接处的护口是否齐全；导线和保护地线的选择是否符合设计图的要求。

（2）放线方法：先将导线抻直、捋顺，盘成大圈或放在放线架（车）上，从始端到终端（先干线，后支线）边放边整理，不应出现挤压背扣、扭结、损伤导线等现象。每个分支回路应绑扎成束，绑扎时应采用尼龙绑扎带，不允许使用金属导线进行绑扎。

（3）地面线槽放线：用引线从出线一端至另一端，将导线放开、抻直、捋顺，削去端部绝缘层，并做好标记，再把芯线绑扎在引线上，然后从另一端抽出即可。放线时应逐段进行。

5. 电缆敷设

在动力、照明工程中，电缆敷设以室内电缆为主，主要包含线槽或桥架内、保护管内敷设等敷设方式（如动力、照明工程中涉及室外电缆敷设，详见高低压配电工程的电缆敷设章节）。电缆施工工艺流程如图 3-3 所示。

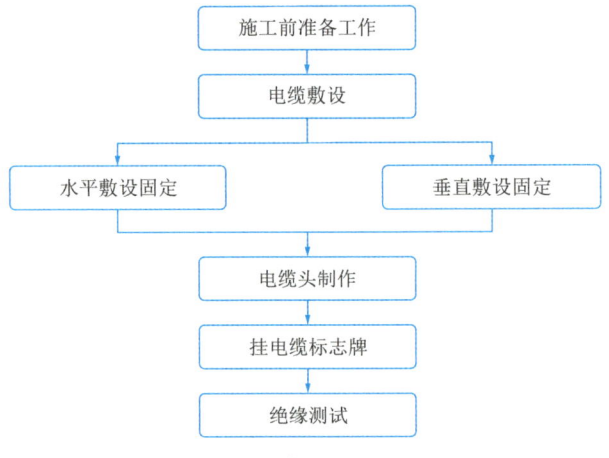

图 3-3　电缆施工工艺流程

1）电缆施工方法：

（1）电缆敷设应根据具体情况采用正确的方法，且应符合《电气装置安装工程电缆线路施工及验收标准》GB 50168—2018 的有关规定。

（2）为了尽量减少劳动力、减轻劳动强度，避免电缆和地面摩擦，放电缆前要根据电缆的敷设路径准备和放置直线滚轮和转角滑轮。

（3）电缆在管道内敷设，管口要光滑，管内应无积水且无杂物堵塞。电缆穿管时应使用滑石粉，避免损坏电缆保护。电缆管长度在 30m 以上时，管内径不应小于电缆外径的 1.5 倍。

（4）垂直敷设时在电缆轴附近和楼层电缆井附近应采取防滑措施。每敷设一根，应立即固定一根，固定间距为 2m。

2）电缆头施工方法：

（1）电缆终端头的制作，应由经过培训的熟练工人进行，严格遵守操作规程。现场应干净干燥，要防止尘埃、杂物落入绝缘皮内，严禁在雾或雨中施工，施工前应检查电缆绝缘状况是否良好，检查附件规格应与电缆一致，零部件齐全无损伤，绝缘材料不得受潮，密封材料不得失效。

（2）剥开电缆保护层时应小心防止线芯绝缘层受损，铠装电缆保护铁皮与铜屏蔽网都应可靠接地，铜线耳压接应牢固，接触面应结实紧凑。

（3）常用塑料类电缆应根据电压等级、使用部位、防护要求等选择采用干包式、热缩式、浇注式电缆终端头。

（4）电缆金属护套及铠装层均应接地，接地线应采用铜绞线，其截面面积不宜小于 $10mm^2$。焊接要掌握好温度，焊接时间不宜过长，防止损坏绝缘层。

（5）终端头的制作安装应固定牢固，包扎封闭严密，电力电缆施工完毕，必须再做一次绝缘电阻测试，并做好记录。

6. 配电箱（柜）安装（图 3-4）

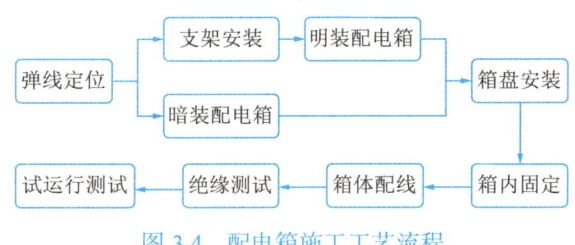

图 3-4　配电箱施工工艺流程

配电箱（柜）施工方法如下：

1）落地配电箱（柜）在基础型钢上安装，基础型钢在安装找平过程中，需用垫片的地方，最多不能超过三片。基础型钢应按配电柜实际尺寸下料制作，长及宽度应与柜体底部框架相适配，型钢应先调直，不得扭曲变形。配电箱（柜）的金属框架必须接地可靠，活动门和框架的接地端子应用镀锡编织铜线相连，且应有标识。配电箱（柜）安装在整体槽钢基础上，安装前要进行整体槽钢焊接制作、防腐及安装调整。

2）配电箱挂墙明装：在混凝土墙上采用金属膨胀螺栓固定配电箱时应根据弹线定位的要求找出准确的固定点位置，用电钻或冲击钻在固定点位置钻孔，其孔径应刚好将金属膨胀螺栓的胀管部分埋入墙内，且孔洞平直不得歪斜。

3）配电箱嵌入式暗装：结合箱体尺寸并考虑箱体固定后接管的操作空间，在剪力墙或砌体砌筑时预留孔洞；尺寸较大的配电箱应采取相应的结构加固措施或增设箱顶过梁。安装箱体时应结合箱盖的加工形式、墙面装饰完成面的情况准确预计箱体出墙距离，稳住箱体后用水泥砂浆填实周边缝隙，标高、平整度符合规范要求，配电箱箱盖紧贴墙面，涂层完整。

4）配电箱（柜）内接线。配电箱（柜）内配线排列整齐，绑扎成束，无绞接现象，在活动部位应用固定卡固定，箱内进、出导线应留有适当余度，以利于检修。同一端子上导线连接不多于 2 根，防松垫圈等零件齐全。配电箱内按设计要求设置零线（N）和地线（PE）汇流排，接线正确、牢固。

5）绝缘测试：电箱全部安装完毕后，用兆欧表对每个回路的相线（L）、零线（N）、地线（PE）任意两者之间进行绝缘电阻测试，绝缘电阻值满足相关规范要求。

7. 灯具安装（图 3-5）

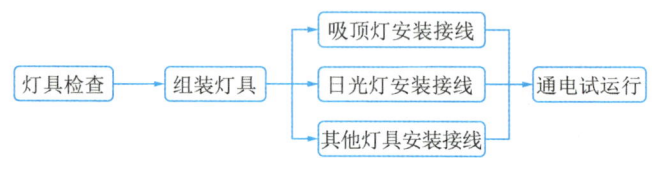

图 3-5　灯具施工工艺流程

灯具施工方法如下：

1）吸顶灯、筒灯安装：吊顶内安装的筒灯应根据装修吊顶平面图中灯具分布的位置，以及不同的吊顶形式来确定灯具外形与吊顶板的接口样式。在装修安装吊顶龙骨的同时安装灯具的支吊架；在吊顶天花板安装的同时安装灯具。

2）防爆灯安装：灯具的配件齐全，不得采用非防爆零件代替灯具的配件，防爆灯应安装牢固，吊管、开关与接线盒螺纹齿口扣数不少于 5 扣，螺纹加工光滑、完整、无锈蚀。

3）其他灯具安装：灯具种类繁多，需结合使用部位、装饰装修完成面情况以及灯具的产品说明书等确定正确的安装方法。

4）通电试运行。灯具安装完毕后，经绝缘测试检查合格后，进行通电连续试运行公共建筑照明试运行时间应为 24h，住宅照明系统通电连续试运行时间应为 8h。所有照明灯具均应同时开启，且应每 2h 按回路记录运行参数，连续试运行时间内应无故障。通电后应仔细检查和巡视，检查灯具的控制是否灵活、准确；开关与灯具控制顺序是否对应，灯具有无异常噪声，如发现问题应立即断电，查出原因并修复。

8. 开关插座施工（图 3-6）

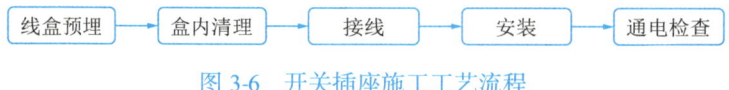

图 3-6　开关插座施工工艺流程

开关插座施工方法如下：

1）线盒预埋：当设计无要求时，插座底边距地面高度不宜小于 0.3m；无障碍场所插座底边距地面高度宜为 0.4m，其中厨房、卫生间插座底边距地面高度宜为 0.7～0.8m；老年人专用的生活场所插座底边距地面高度宜为 0.7～0.8m；特殊用途插座安装高度按设计图纸要求。开关面板底边距地面高度宜为 1.3～1.4m，开关边缘距门框（套）的距离宜为 0.15～0.2m。

2）开关、插座接线：开关、插座接线按照接线示意图进行接线。同一场所的三相插座，接线的相序一致。接地（PE）线或接零（PEN）线在插座间不串联连接，必须使用压线帽并联连接。

3）特殊情况下插座安装应符合下列规定：当接有触电危险电器的电源时，选用能断开电源的带开关插座，开关断开相线；潮湿场所采用密封并带保护地线触头的保护型插座，安装高度不低于 1.5m。

3.1.3　防雷、接地工程

图 3-7　防雷、接地工程施工工艺流程

新建建筑物应根据建筑及结构形式与相关专业配合，宜优先利用建筑物金属结构及钢筋混凝土结构中钢筋等导体作为防雷、接地装置。民用建筑宜优先利用钢筋混凝土中的钢筋作为防雷接地网，当不具备条件或接地电阻值达不到设计要求时，宜采用圆钢、钢管、角钢或扁钢等金属体作人工接地极。除有特殊要求外，保护接地、功能接地（也称"工作接地"）、防雷接地宜采用共用接地网。接地网的接地电阻应符合其中设备最小值的要求。

1. 接地体（网）施工

一般建（构）筑物利用桩基钢筋、承台钢筋、底板钢筋或地梁钢筋通长焊接作为接地体或接地网。接地体（网）施工完毕，进行接地电阻测试，根据设计接地电阻值的要求确定是否增设人工接地体（网）。人工接地体（网）宜采用圆钢、钢管、角钢或扁钢等热镀锌型材制作，垂直接地体的长度宜为 2.5m，垂直接地极间的距离及水平接地极间的距离宜为 5m，当受场所限制时可减小。

利用桩基钢筋作为垂直接地时，应按设计图示在截桩前做好标记，比正常截桩标高高出约 30～40cm 采用人工破碎桩头，保留不少于 2 根位置对称的桩内主筋跨越焊接至基础接地网。承台钢筋、底板钢筋或地梁钢筋在钢筋布放到位后，混凝土浇筑前，按设计图示通长跨越或搭接焊接成方格形接地网。扁钢与扁钢搭接不应小于扁钢宽度的 2 倍，且应至少三面施焊；圆钢与圆钢搭接不应小于圆钢直径的 6 倍，且应双面施焊；圆钢与扁钢搭接不应小于圆钢直径的 6 倍，且应双面施焊；扁钢与钢管，扁钢与角钢焊接，应紧贴角钢外侧两面，或紧贴 3/4 钢管表面，上下两侧施焊。

2.接地干线安装

一般在电力管沟或廊道、管井、重要设备机房以及建筑物之间等设置接地干线，常用材质包括镀锌圆钢、镀锌扁钢、铜母排等。接地干线应横平竖直，且安装高度、离墙间距等距墙面高度应保持一致，不应有高低起伏及弯曲情况。重要设备机房（如高低压配电房、变压器室、发电机房等）室内明装接地干线距地面高度不小于0.3m，离墙间距不小于10mm，且应涂刷黄绿或黄黑相间的色环。

3.引下线敷设

1）引下线暗敷设

一般利用建筑物结构柱内对角直径不小于10mm的主筋或型钢柱通长焊接作为引下线，具体详见设计要求。（注：钢筋连接方式为电渣压力焊、对焊、螺纹连接等方式时采用跨越焊接，钢筋连接方式为绑扎搭接等方式时采用搭接焊接。

按设计要求从承台钢筋焊接开始对作为引下线的柱内主筋用油漆做好标记，配合建筑结构施工逐层通长焊接至建筑物天面，防止同一部位引下线钢筋焊接错位；并按设计要求预留各层接地端子板、等电位联结端子板、接地电阻测试端子板等，和各层均压环进行连通。

2）引下线明敷设

引下线安装前，先将扁钢或圆钢调直，确保明装引下线垂直度、离墙间距、相互间距等统一且满足相关规范要求，不影响建筑物外立面观感。明装引下线在调直或焊接过程中破坏镀锌层后，应按设计要求采取相应防锈防腐处理措施。

引下线按设计要求设置断接卡子，断接卡子一般距地面0.3～0.5m。

4.均压环施工及金属门窗接地

一般利用结构外圈梁内不少于2根主筋或型钢钢梁通长焊接成闭合环路作为均压环，并与每处防雷引下线可靠焊接连通。

根据建筑物的防雷等级和设计要求（一类防雷建筑物30m以上，二类防雷建筑物45m以上，三类防雷建筑物60m以上），预留建筑物外墙金属门窗、阳台栏杆、幕墙、外立面广告牌等防雷接地端子板或抽头。配合建筑物外立面砌体和门窗（栏杆）工程的施工，在墙体内敷设门窗（栏杆）接地干线将竖向同一部位共两层或三层的门窗（栏杆）可靠连接到前述均压环预留的防雷接地端子板或抽头上。

5.接闪器施工

1）一般利用建筑物天面避雷针、避雷带（网）、屋顶上的永久性金属物及金属屋面作为接闪器。不得利用安装在接收无线电视广播的共用天线的杆顶上的接闪器保护建筑物。

2）超高层建筑天面的大型成品避雷针的施工按设计大样图和产品说明书的要求进行施工。一般建筑物天面高度不超过2m的避雷针制作安装结合材质、安装部位等按照标准图集进行施工，并与天面避雷带（网）、引下线进行可靠连通。

3）天面避雷带（网）较多采用镀锌圆钢或不锈钢圆钢，少量采用镀锌扁钢或铜母排，安装前应区分材质选择相应的方法进行调直。

4）天面避雷带（网）支架埋设应根据敷设路径拉通线进行确定，确保安装完毕后支架间距、高度等偏差满足相关规范要求，且兼顾观感效果。跨越建筑物的沉降缝、伸缩缝等部位留有伸缩余量。

5）天面避雷带（网）的网格密度应满足设计要求（一类防雷建筑物不大于 5m × 5m 或 6m × 4m，二类防雷建筑物不大于 10m × 10m 或 12m × 8m，三类防雷建筑物不大于 20m × 20m 或 24m × 16m）。除上人天面中间部位的避雷带（网）可暗敷在天面隔热层内以外，其他避雷带（网）均应采用明敷。

第 2 节　给排水工程

3.2.1　生活给排水管道工程

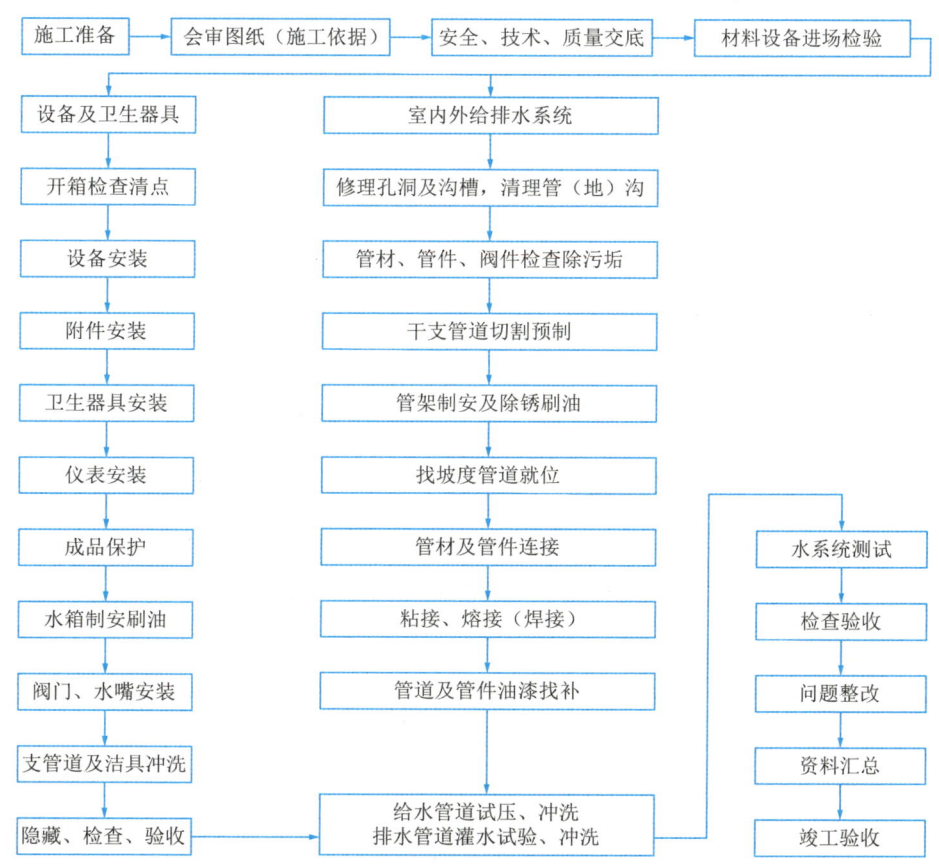

图 3-8　生活给排水管道工程主要施工的基本程序

施工工艺流程如下：

1. 室内给水管道：施工准备→预制加工→主立管安装→水平管安装→立管安装→支管安装→配水点安装→压力试验→消毒冲洗→防腐绝热→系统调试。

2. 室内排水管道：施工准备→管道预制→雨、污、废水干管安装→雨、污、废水立管安装→雨、污、废支管安装→灌水试验。

3. 室外给水管道：定位及放线→沟槽开挖→基础施工→下管安装、管道防腐处理→管道接口连接→安装闸阀、消火栓→砌筑检查井→水压试验→管道冲洗消毒→管沟回填。

4. 室外排水管道：安装准备→材料检查→定位放线→土方开挖→管基施工→下管与稳管→标高竣测→井位施工→闭水试验→管沟回填。

3.2.2　施工方法

1. 室内给水管道工程

1）安装准备：认真熟悉图纸，根据施工方案决定的施工方法和技术交底的具体措施做好准备工作。参看有关专业设备图和装修建筑图，核对各种管道的坐标、标高是否有交叉，管道排列所用空间是否合理。有问题及时与设计和有关人员研究解决，做好变更洽商记录。

2）预制加工：按设计图纸绘出有管道分路、管径、变径、预留管口及阀门位置等内容的施工草图，在实际安装的结构位置做上标记，按标记分段量出实际安装的准确尺寸，记录在施工草图上，然后按草图测得的尺寸进行预制加工（断管、套螺纹、上零件、调直、校对，按管段分组编号）。

3）支吊架安装。

（1）管道安装时必须按不同管径和要求设置管卡或吊架，位置应准确，埋设要平整，管卡与管道接触应紧密。

（2）立管和横管支吊架的间距按照规范规定。

（3）明管敷设的支架采取防膨胀的措施时，应按固定点设计或规范要求施工。管道的各配水点、受力点以及穿墙支管点处，应采取可靠的固定措施。

4）干管安装。

（1）管道安装时，不得有扭曲；穿墙或穿楼板时，不宜强制校正。

（2）室内管道安装，宜在土建工序完毕后进行，安装前应配合土建正确预留孔洞或套管。

（3）管道穿越屋面、楼板部位时，应采取严格的防渗漏措施。

（4）立管安装结束，经检查无误后在板底支模，用 C15 细石混凝土或 M15 膨胀水泥二次嵌缝。第一次为楼板厚度的 2/3，待达到 50% 的强度后再进行第二次嵌缝到结构层面。

（5）楼面面层施工结束，在管道周围应采用 M10 水泥砂浆砌筑高度 ≥ 20mm、宽度 ≥ 25mm 的阻水圈；套管应嵌在楼板整浇层或找平层内，但不得贯穿楼板；套管应高于最终完成面 50mm。

（6）PPR 管与金属管件、阀门等应使用专用管件连接。

5）支管安装。

（1）支管明装：将预制好的支管从立管甩口依次逐段进行安装，有截门应将截门盖卸下再安装，根据管道长度适当加好临时固定卡，核定不同卫生器具的冷热水预留口高度、位置是否正确，找平找正后埋设支管卡件，去掉临时固定卡，上好临时丝堵。支管如装有水表先装上连接管，试压后在交工前拆下连接管，安装水表。

（2）支管暗装：确定支管高度后画线定位，凿出管槽，将预制好的支管敷在槽内，找平找正定位后用勾钉固定。卫生器具的冷热水预留口要设在明处，加好丝堵。

6）管道试压。给水管道在保温和隐蔽前做好单项水压试验。管道系统安装完后进行综合水压试验。水压试验时放净空气，充满水后进行加压，当压力升到规定要求时停止加压，进行检查。如各接口和阀门均无渗漏，持续到规定时间，观察其压力下降在允许范围内，通知有关人员验收，办理交接手续。然后把水排放干净，被破损的镀锌层和外露螺纹处做好防腐处理，再进行隐蔽工作。

7）管道冲洗。管道在试压完成后即可进行冲洗，冲洗应用自来水连续进行，应保证有充足的流量。冲洗洁净后办理验收手续。

8）管道防腐和保温。

（1）管道防腐。给水管道敷设与安装的防腐均按设计要求及国家验收规范施工，所有型钢支架及管道镀锌层破损处和外露螺纹要补刷防锈漆。

（2）管道保温。给水管道明装、暗装的保温有三种形式：管道防冻保温、管道防热损失保温、管道防结露保温。其保温材质及厚度均按设计要求，质量达到国家验收规范标准。

2. 室内排水管道工程

1）干管安装：按照施工图对敷设的管道坐标、标高及预留管口尺寸进行核实。

2）托、吊管道安装。

（1）安装托、吊干管要先搭设架子，将托架或吊卡按设计坡度栽好，量准吊杆尺寸，将预制好的管道托、吊牢固，并将立管预留口位置及首层卫生洁具的排水预留管口，找室内地平线、坐标位置及轴线找好尺寸，接至规定高度，将预留管口装上临时丝堵。

（2）托、吊排水干管在吊顶内，需做闭水试验，按隐蔽工程项目办理隐检手续。

3）污水立管安装。

（1）根据施工图校对预留管洞尺寸有无差错，应按位置画好标记，对准标记剔凿。

如需断筋，必须征得土建单位有关人员同意，按规定要求处理。

（2）立管检查口设置按设计要求。如排水支管设在吊顶内，宜在每层立管上装立管检查口，以便作灌水试验。

（3）安装立管应二人上下配合，一人在上一层楼板上，由管洞内放下一根绳子，下面一人将预制好的立管上半部拴牢，上拉下托将立管下部管口与下层管口对齐。

（4）立管对好口后，下层的人把甩口及立管检查口方向找正，上层的人将管在楼板洞处临时卡牢、吊直、上好卡套。复查立管垂直度，将立管临时固定牢固。

4）污水支管安装。

（1）支管安装应先搭好架子，并将托架按坡度栽好，或栽好吊卡量准吊杆尺寸，将预制好的管道托到架子上，再将支管与立管预留口对正，将支管预留口尺寸找准，并固定好支管，然后上好卡箍。

（2）支管设在吊顶内，末端有清扫口的，应将管接至上层地面上，便于清掏。

（3）支管安装完后，可将卫生洁具或设备的预留管安装到位，找准尺寸并配合土建将楼板孔洞堵严，预留管口装上临时丝堵。

5）通球及灌水试验。

（1）通球试验的主要项目包括：排水主立管、水平干管及引出管。

（2）通球试验应在室内排水系统全部安装完毕，检查无渗漏后进行。

（3）试球一般应采用硬质空心塑料球，也可以选用其他体轻、不易击碎的空心球体，试球的外径尺寸应为不小于排水管道管径的三分之二，通球率必须达到100%。

（4）排水立管：自立管顶端将试球投入，在首层立管检查口处检查，有设备层的在设备层上部检查口处检查。

（5）横干管及引出管，将试球在检查管段的始端投入，通水冲至引出管末端排出，应在室外检查井处加临时网罩，以便将试球截住取出。以上试验以试球通畅为合格，试球不通的，应做好标记，及时清除管道的阻塞物，并应重新进行通球试验，直至合格为止。

3. 室外给水管道工程

1）测量放线：先测出各分管中心线，打上木桩或钢筋桩撒白灰，作为掌握管线中心和标高的固定参照物。

2）沟槽开挖。

（1）沟槽采用人工配合挖掘机开挖。给水管道管沟开挖深度 ≥ 1200mm 加上管径，给水管道的覆土深度为 1.0m。沟槽宽度为：管外径加上 2 × 400mm。当基坑的开挖深度 $H > 1.5$m 时，必须放坡或加可靠支撑，坡比 $i = 0.6$；当 $H > 2$m 时，周边必须设两道护栏，高度 1.2m，立杆间距不大于 2m，上下通道搭设要稳固、防滑。坑（槽）沟边 1m 以内不准堆土，堆料、停放机械。管道沟槽底部的开挖总宽度不得小于 700mm。

（2）施工顺序由下游至上游的施工顺序施工，以利坑槽的临时排水。

（3）当管道下地基处于地下水位以下时，应采取沟槽降排水措施，待地下水位降至沟槽底以下方可施工。

（4）挖出的土多余部分直接运至指定地点，其余暂时转移至离坑边 1m 以外的位置堆放以备回填之用，不应堆在基坑周边，以免加重土坡压力和妨碍操作及运输。

（5）若发生超挖或扰动，应将扰动部分清除，并将超挖和清除位置填回石粉或碎石、砂，并予夯实。

（6）在开挖前，沟槽的断面，开挖的次序和堆土的位置由现场施工员向司机及土方工详细交底。在开挖过程中管理人员应在现场指挥并应经常检查沟槽的净空尺寸和中心位置，确保沟槽中心偏移符合规范要求。为保证槽底土壤不被扰动或破坏，在用机械挖土时，要防止超挖，挖至离设计标高 20～30cm 时用人工开挖、检平，尽量避免超挖现象。若有超挖，应将扰动部分清除，并必须用中砂回填，用平板震动器振实。开挖要保证连续作业，衔接工序流畅，分段开挖，每段长以 3～5 个检查井为宜，以减少塌方或破坏土基，同时要注意边坡土体及支挡板变化，出现问题及时处理。减少意外事故。

（7）开挖时，随时测量监控，保证开挖边坡、基槽尺寸。轴线、槽底的高程达到设计要求。

3）基础垫层施工。

4）给水管道安装。

（1）安装前检验管槽是否达到安装要求，然后查看管道外观有无明显凹陷、裂痕、擦伤、划伤，发现质量隐患及时更换。

（2）在管道弯头、三通、渐缩接头、消火栓等处均用混凝土设置支礅，法兰阀门用砖砌支礅加固。

（3）在管路隆起部位或上坡地段均应设置排气阀，以减小气、水混压对管道的冲击。

5）管槽回填。管道安装敷设完毕，待隐蔽工程验收后，应立即回填，回填时应符合下列规定：

（1）防止槽内积水造成管道漂浮，如有积水，应想办法排尽。

（2）管槽回填时，管腔及管顶 50cm 范围内回填土采用原土回填，夯实后再回填其他杂土。

（3）回填必须从管两侧同时回填，回填一层夯实一层。

（4）管道试压前，一般情况下回填土厚度不宜少于 500mm。

（5）管道试压后的大面积回填，宜在管道内充满水的情况下进行，管道敷设后不宜长时间处于空管状态。

6）压力管道水压试验。

7）给水管道冲洗与消毒应符合下列要求：

（1）给水管道严禁取用污染水源进行水压试验、冲洗，施工管段处于污染水域较近时，必须严格控制污染水进入管道；如不慎污染管道，应由水质检测部门对管道污染水进行化验，并按其要求在管道运行前进行冲洗与消毒。

（2）冲洗时，应避开用水高峰，冲洗流速不小于1.0m/s，连续冲洗。

8）阀门安装。

（1）阀门安装前检查阀体、零件有无裂缝、重皮等缺陷，阀杆是否转动灵活。无卡涩现象，解体检查结合良好，无缺陷。

（2）阀门安装：按图纸位置进行定位，两种管材接阀门处均采用钢短管法兰，安装阀门时，应量准位置，修齐管口，安装已焊接好的短管法兰放好橡胶垫，将阀门安装就位，上好螺栓，拧紧螺线时，要均匀拧紧，确保接缝的密封度。

4. 室外排水管道工程

1）沟槽开挖及验槽。

2）管道基础：采用原状地基时，施工应符合下列规定：

（1）原状土地基局部超挖或扰动时应按有关规定进行处理；岩石地基局部超挖时，应将基底碎渣全部清理，回填低强度等级混凝土或粒径10～15mm的砂石回填夯实。

（2）原状地基为岩石或坚硬土时，管道下方采用C20混凝土垫层，其厚度应符合表3-1的规定。

砂垫层厚度　　　　　　　　　　　　　　　　　　表3-1

管道种类 \ 管外径	垫层厚度/mm		
	$D_0 \leqslant 500$	$500 < D_0 \leqslant 1000$	$D_0 < 1000$
柔性管道	$\geqslant 100$	$\geqslant 150$	$\geqslant 200$
柔性接口的刚性管道	150～200		

3）混凝土基础施工应满足相关规范及设计要求。

4）砂石基础施工应符合下列规定：

（1）铺设前应先对槽底进行检查，槽底高程及槽宽须符合设计要求，且不应有积水和软泥。

（2）柔性管道的基础结构设计无要求时，宜铺设厚度不小于100mm的中粗砂垫层；软土地基宜铺垫一层厚度不小于150mm的砂砾或5～40mm粒径碎石，其表面再铺厚度不小于50mm的中、粗砂垫层。

（3）柔性接口的刚性管道结构，设计无要求时一般土质地段可铺设砂垫层，也可铺设25mm以下粒径碎石，表面再铺20mm厚的砂垫层（中、粗砂），垫层总厚度应符合表3-2的规定。

柔性接口刚性管道砂石垫层总厚度　　　　　　表 3-2

管径/D_0	垫层总厚度/mm
300～800	150
900～1200	200
1350～1500	250

（4）管道有效支承角范围必须用中、粗砂填充插捣密实，与管底紧密接触，不得用其他材料补充。

5）管道安装应符合《给水排水管道工程施工及验收规范》GB 50268—2008 有关规定。

6）砌筑检查井，检查井的混凝土基础应与管道基础同时浇筑；施工应满足规范及设计要求。

7）砌筑支墩应满足规范及设计要求。

8）雨水口的位置及深度应符合设计要求。

9）管道闭水试验必须在沟槽回填土前进行。井室砌筑完成后，进行闭水试验的管段两头应用砖砌管堵，在养护 3～4d 达到一定强度后方可进行闭水试验。闭水试验的水位，应为试验段上游管内顶以上 2m。闭水过程中同时检查管堵、管道、井身，无漏水和渗水，再浸泡 1～2d 后进行闭水试验。

10）沟槽回填应满足相关规范及设计要求。

3.2.3　泵房设备安装

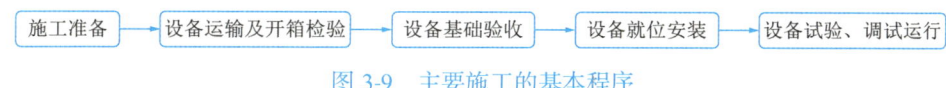

图 3-9　主要施工的基本程序

1.施工工艺流程

施工准备→设备运输→开箱检验→设备基础验收复核→基础放线及垫铁布置→设置基础安装→设备就位安装→配水管道安装→设备耐压及严密性试验→设备试运行。

2.施工方法

以离心泵机组安装为例。离心泵机组的安装应严格按照设备附带安装说明书进行。安装前应检查电动机的型号、功率、转速，离心泵规格、型号、流量及扬程，其叶轮是否有摩擦现象，内部是否有污物，水泵配件是否齐全等，均符合要求后方可安装。

3.2.4　卫生洁具安装

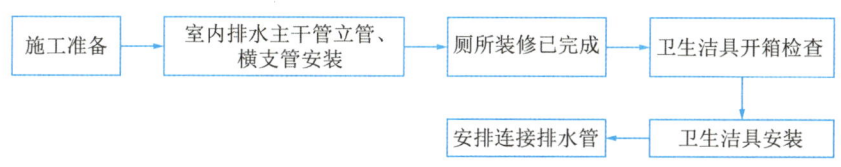

图 3-10　主要施工的基本程序

1. 施工工艺流程

施工准备→卫生洁具及配件检验→卫生洁具安装→卫生洁具配件预装→卫生洁具稳装→卫生洁具与墙、地缝隙处理→卫生洁具外观检查→通水试验。

2. 施工方法

卫生洁具的安装应采用预埋螺栓或膨胀螺栓安装固定。如用木螺栓固定，预埋的木砖须防腐处理，并要求凹进墙面 10mm。卫生洁具支托、架的安装须平整、牢固，与洁具接触要求紧密。

第 3 节　通风空调工程

3.3.1　通风空调设备安装

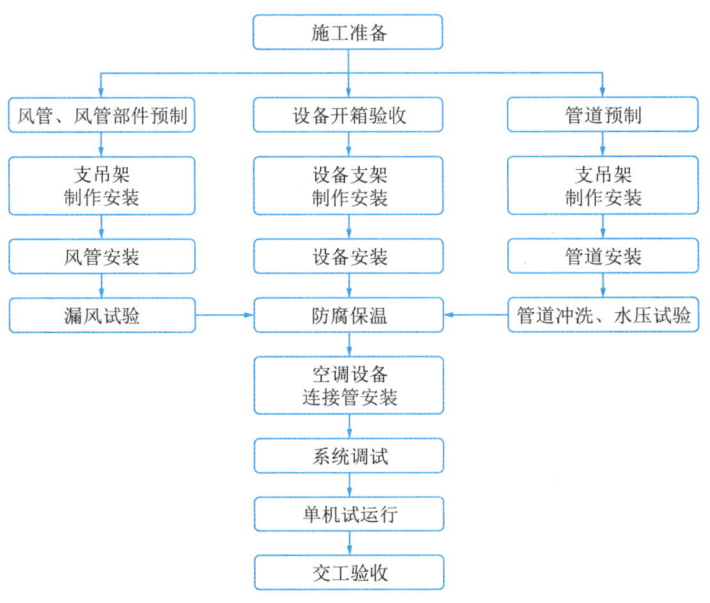

图 3-11　通风空调设备安装施工工艺流程

1. 施工工艺流程

通风管道：施工准备→设备基础制作→设备开箱验收→设备减振装置安装→设备吊装→设备管道连接→电流测试→温度测试→噪声测试→系统调试→开机试运行。

2. 施工方法

1）空气处理机组（冷风柜）安装

（1）为便于运输及提高吊装过程中安全性，组合式空调机组采用现场组装，其余按整机采购运输。

（2）根据空调机组的本体重量及运行重量，选择与之相匹配的减振器，并将减振器的安装位置进行放线。

（3）空调机组安装时，应预留足够的维修空间，凝结水集水盘的坡度符合施工规范要求，不允许出现倒坡现象。

（4）空调机吊运至楼层后采用滚杠、卷扬机及人力进行运输，运输过程中应注意保护设备基础不被损坏。

（5）与空调机组连接的风管、水管应采用柔性连接，柔性接头的材质应符合设计要求，所有管线应进行单独支撑，保证空调机组处于自由状态。

（6）空调机组安装完成后，应对连接管道进行压力试验，对凝结水集水盘进行渗漏试验，并填写相关记录。

2）风机安装

（1）根据风机的本体重量及运行重量，选择与之相匹配的减振器，并将减振器的安装位置进行放线。

（2）风机的支吊架规格应符合通风机、风柜及风机盘管支吊架规格要求的规定。

（3）风机运输过程中应注意保护设备基础，不被损坏。在地下室如果条件允许的话，也可以采用叉车直接将风机放至设备基础之上，以加快施工进度和提高效率。

（4）风机安装时，应预留足够的维修空间。在整个作业过程中应按照安全施工规程要求佩戴好劳动防护用品，用于施工的操作平台应固定牢固。

（5）风机连接的风管应采用柔性连接，柔性接头的材质应为不燃材料制成。消防防排烟及正压送风系统的风机柔性接头材料还应满足消防防火要求。

（6）与风机相连的风管应进行单独支撑，保证风机机组处于自由状态。

3）风机盘管安装

（1）按照设计要求或厂家提供的技术资料，选择风机盘管合适的支架形式。

（2）根据风机盘管的本体重量及运行重量，选择与之相匹配的减振器，并将减振器的安装位置进行放线。

（3）风机盘管安装时，应预留足够的维修空间。

（4）与风机盘管连接的风管应采用柔性连接，柔性接头的材质应为符合设计要求。与风机盘管连接的水管应为紫铜管或不锈钢金属软管。

（5）风机盘管安装完成后应逐个对集水盘进行灌水试验。

（6）与风机相连的风管应进行单独支撑，保证风机机组处于自由状态。

4）冷却塔安装

（1）检查校对冷却塔支架尺寸与基础（或预埋件）位置尺寸，相符后吊装就位。将塔支架安装在基础上校正找平，紧固地脚螺栓，必要时也可直接与基础预埋件焊牢。

（2）将下塔体按编号顺序固定在塔支架上并紧固，再与底座固牢。塔体拼装平整，拼缝处用胶皮或糊制 1mm 玻璃钢进行密封。

（3）安装托架及填料支架，并放上点波片，要求双片交叉推叠每层表面平整，疏密适中，间距均匀，与塔壁不留空隙。

（4）将上塔体编号依次连接，并拧紧螺栓。将风机支架安装在风筒上，电机、风机安装在支架上，调整叶片角度为一致。风机旋转面应与塔体轴线垂直，叶端与筒壁的间隙均匀，使风机保持平衡，减少振动。注意风向朝上。安装时，应保证上塔体拼装直径，紧固件无松动，严禁强行装配和任意敲击玻璃钢构件，以免损坏和变形，影响使用。

（5）安装百叶窗、扶梯，注意梯与观察孔应在同一侧面上。

（6）布水管安装面要求水平，每根布水管应在同一水平面上。

（7）布水管一般按名义流量开孔。

3.3.2　通风及部件安装

1. 施工工艺流程

通风管道：施工准备→确定标高→制作支吊架→设置吊点→安装支吊架→风管及部件制作→风管及部件排列→风管及部件连接→安装就位→漏光漏风试验→系统调试。

2. 施工方法

1）风管制作安装（图 3-12）

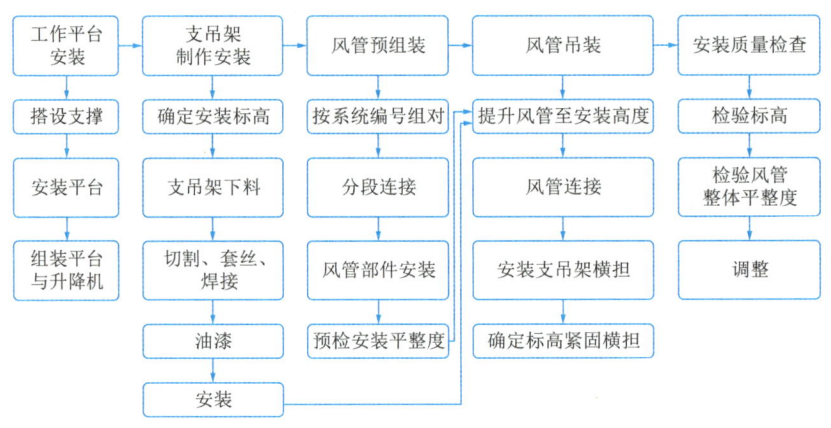

图 3-12　镀锌钢板风管安装流程

现场设一条半自动风管生产线定点加工，运输到现场组装。部分非标、异形风管采用现场人工与加工制作相结合的方式。风管连接方式采用共板式法兰和角钢法兰连接。

（1）下料、压筋。在加工场按制作好的风管用料清单选定型材厚度，将型材从上料架装入调平压筋机中，开机剪去钢板端部。

（2）倒角、咬口。型材下料后用冲角机进行倒角工作。采用咬口连接的风管其咬口宽度根据风管或管件的板材厚度而定。

（3）法兰加工。方法兰由四根角钢组焊而成。

（4）折方。咬口后的板料按画好的折方线放在折方机上，置于下模的中心线。操作时使机械上刀片中心线与下模中心重合，折成所需要的角度。

（5）风管缝合。咬口完成的风管采用手持电动缝口机进行缝合，缝合后的风管外观质量达到折角平直，圆弧均匀，两端面平行。

（6）上法兰。风管与法兰铆接前先进行技术质量复核，合格后将法兰套在风管上，然后使用液压铆钉钳或手动夹眼钳用铆钉将风管铆固，并将四周翻边，四角铲平。

（7）风管安装：进场后配合土建预留孔洞，按施工图纸逐个系统进行。

2）风口

（1）安装风口前要仔细对风口进行检查，观察风口有无损坏、表面有无划痕等缺陷。

（2）凡有调节、旋转部分的风口，要检查活动件是否灵活，叶片是否平直，与边框有无摩擦。

（3）对有过滤网的可开启式风口，如风机盘管的门铰式百叶回风口，要检查过滤网有无损坏，百叶是否能开关自如。

（4）风口与风管的连接严密、牢固；边框与建筑装饰面贴实，外表面平整不变形，调节灵活。

（5）采用散流器进行送风，安装时风口紧贴吊顶板，风口与吊顶之间无缝隙。

3）阀门

（1）防火阀、排烟阀等必须单独设吊架，阀门安装在吊顶内时，要在易于检查阀门开启状态和进行手动复位的位置在吊顶上开设检查口，并定期检查。防火阀、排烟防火阀、全自动防火阀、防火调节阀安装时，注意熔断器在阀门入气口一侧，即迎气流方向。

（2）所有阀门安装，必须便于操作，不得将阀门上操作机构朝内侧。

4）消声器（静压箱）安装

（1）消声器（静压箱）单独设置支、吊架，不能利用风管承受消声器的重量，也有利于单独检查、拆卸、维修和更换。

（2）消声器的安装方向按产品所示，前后设清扫口，并做好标记。

3.3.3　通风空调水系统管道工程

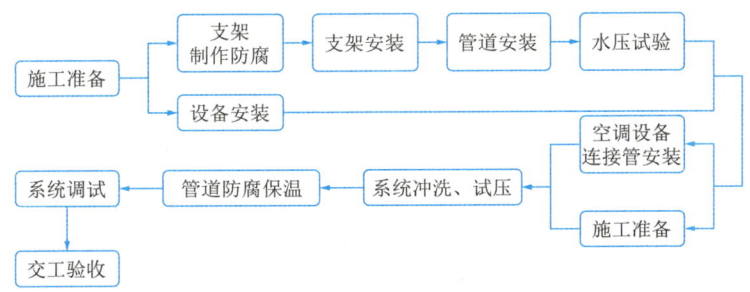

图 3-13　通风空调水系统主要施工基本程序图

1.施工工艺流程

空调水系统管道：施工准备→支架制作安装→管道安装→压力试验→防腐绝热→连接设备→系统调试。

2.施工方法

1）管道与机组、设备连接安装

（1）管道与空调、泵类设备连接时，应采取隔振措施。一般采用橡胶软接头或波纹软管接头，法兰连接或丝口连接。

（2）与空调、泵类设备连接时，必须对设备采取可靠的保护措施，在设备与管道连接前，应在连接法兰间加设石棉纸柏做成的瞎眼状封堵。

（3）与设备隔振软接头连接的管道均应有支吊架固定。确保管道与设备连接的施工质量达到设计与验收规范。

（4）换热器等设备的管道安装，可以在循环清洗后安装。如果要求在循环清洗前进行安装时，必须在循环清洗前，将管道在进设备的进出口处临时连通进行循环清洗，防止管道内异物进入设备，清洗合格后再接通。

（5）与风机盘管的连接安装，当供回水管道三通向上方开启时，管道的坡度应该坡向总支管，管道支管标高不能高于风机盘管的进出排管口标高，否则容易产生气隔堵塞现象。阀门一般采用球阀，与风机盘管的连接应采用不锈钢波纹管连接等软性连接方式。

2）凝结水管道安装与检验

（1）安装时，管道坡度、坡向、支架的间距和位置应符合设计要求。

（2）管道安装结束后，应做好管道通水试验。

（3）加强吊顶内与管道井内的管道检验，管道及支吊架安装良好，冷凝水管无被碰移位现象，管道与空调器滴水盘的连接软管无弯曲折瘪、无脱落现象，管道保温完好。安装质量完全符合设计与施工验收规范。

3）水压试验

（1）根据水源的位置和管路系统情况，制定出试压方案和技术措施。根据试压方案连接试压管路。

（2）检查试压系统中的管道、设备、阀件、固定支架等是否按照施工图纸和设计变更内容全部施工完毕，并符合有关规范要求。

（3）水压试验达到合格验收标准，填写试验记录。

3.3.4 空调防腐与绝热安装

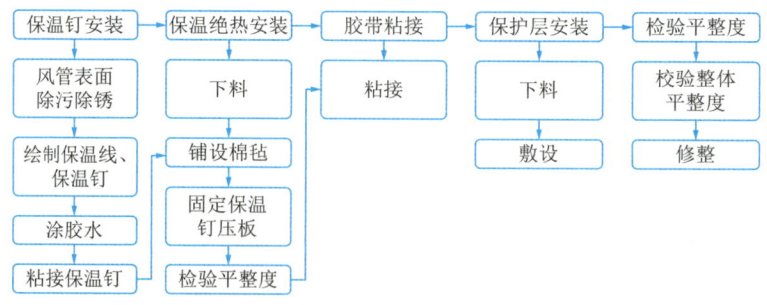

图 3-14　空调防腐与绝热施工工艺流程

1.施工工艺流程

管道防腐：施工准备→质量检查→管道除锈→管道刷油→管道保温→喷漆标记→交工验收。

2.施工方法

1）涂漆的方式主要有：

（1）手工涂刷：手工涂刷应分层涂刷，每层应往复进行，并保持涂层均匀，不得漏涂；快干漆不宜采用手工涂刷。

（2）机械喷涂：采用的工具为喷枪，以压缩空气为动力。喷射的漆流应与喷漆面垂直，喷漆面为平面时，喷嘴与喷漆面应相距 250～350mm；喷漆面为曲面时，喷嘴与喷漆面的距离应为 400mm 左右。喷涂施工时，喷嘴的移动应均匀。

2）涂漆施工程序：涂漆施工程序是否合理，对漆膜的质量影响很大。

（1）第一层底漆或防锈漆，直接在工件表面上，与工件表面紧密结合，起防锈、防腐、防水、层间结合的作用；第二层面漆（调合漆和磁漆等），涂刷应精细，使工件获得要求的色彩。

（2）一般底漆或防锈漆应涂刷一至两道；第二层的颜色最好与第一层的颜色略有区别，以检查第二层是否有漏涂现象。

（3）表面涂调合漆或磁漆时，要尽量涂得薄而均匀。每涂一层漆后，应有一个充分干燥的时间，待前一层表干后才能涂下一层。

（4）每层漆膜的厚度应符合设计要求。

3.风管及部件的绝热

1）材料：采用闭式橡塑保温材料板材。

2）保温钉的粘接：保温钉粘接前将风管表面污物清理干净，保温钉粘上 12～24h 后再铺设保温材料。

3）风管保温棉安装：保温棉采用保温压板穿入保温钉固定，保温棉接头处用保温胶带粘接。

4）风阀及法兰的保温

（1）风阀保温保证平实、严密，但手柄必须留在保温层外，不妨碍操作，如有传动机构安装在阀体外则需要做保护盒再进行保温，保温完毕后在保温层外标注开启、关闭方向及调节程度。

（2）法兰接头保温：首先，进行风管的大面积保温；其次，进行法兰接头的保温。

4.管道的绝热

1）保温保冷层的施工

（1）根据管道尺寸和管内水温，查冷冻水管保温材料厚度表，并选择保温材料厚度。

（2）保温管套安装时要错缝，水平管道上管套的纵向接缝在侧面，垂直管道上必须自下而上地进行施工。

（3）立式设备和垂直管道应设置支撑环。

2）保护层的施工

室外安装和室内安装易碰损处的保温水管需做 0.5mm 铝板保护壳。

（1）按风管保温后的尺寸裁剪铝板，注意按搭接方式让出余量。

（2）铝皮要由下向上进行安装，搭接处采用自攻螺钉固定。

（3）弯头、三通、变径管等保温后要保持原有形状，铝皮安装要圆弧均匀，搭接缝在风管的同侧。

（4）为保证铝板安装外观平整，对大尺寸风管可采用与保温厚度等厚的木方钉成框架，将铝板用自攻螺钉固定在木框架上。

（5）铝皮要压圆。保护层不得有脱壳或凹凸不平现象。

（6）立管应自下而上进行安装，水平管应从管道低点向高处顺序进行安装。保护层端头应封闭。

第 4 节　消防工程

3.4.1　喷淋系统

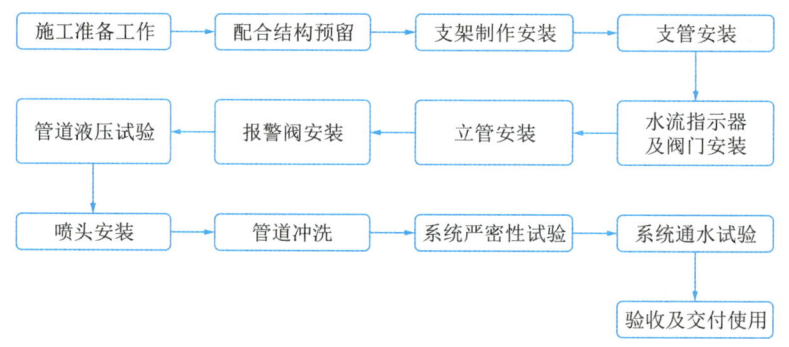

图 3-15　喷淋系统主要施工的基本程序

1.施工工艺流程

支吊架安装：支架选型→确定尺寸→制作→刷油→定位→安装。

螺纹管道安装：断管→清理（除锈）→套丝→丝扣连接→调直→刷油→冲洗。

沟槽管道安装：断管→清理（除锈）→开沟槽→放橡胶圈→安装沟槽管件→紧螺栓→刷油→冲洗。

阀门安装：核对规格型号→核对质量外观→强度试验→严密性试验→丝扣连接（安

装法兰）→紧螺栓。

喷头安装：核对型号→核对质量外观→套丝→丝扣连接。

2. 施工方法

1）支吊架安装

（1）管道支架的距离需符合标准规定。

（2）喷洒管道支架、吊架的安装位置不应妨碍喷头的喷水效果；管道支吊架与喷头之间的距离不宜小于 300mm；与末端喷头之间的距离不宜大于 750mm。

（3）配水支管上每一个直管段,相邻两喷头之间的管段设置的吊架均不宜少于 1 个；当喷头之间的距离小于 1.8m 时，应分段设置吊架，但吊架的间距不宜大于 3.6m。

（4）当管子的公称直径大于或等于 50mm 时，每段配水干管或配水管设置防晃架不应少于 1 个；当管道改变方向时应增设防晃架。

（5）竖直安装的配水干管应在其始端和终端设防晃支架或采用管卡固定，其安装位置距地面或楼面的距离宜为 1.5～1.8m。

（6）管道支吊架及防晃架安装应牢固可靠，采用膨胀螺栓固定在楼板、梁、柱等结构上，不应在承重梁底部安装膨胀螺栓固定支架。

2）管道安装：钢管的连接方法有螺纹连接（又称丝扣连接）、焊接和法兰连接、卡箍连接。通常 $DN \leqslant 100$ 的镀锌钢管采用螺纹连接，$DN > 100$ 的镀锌钢管采用焊接、法兰连接或卡箍连接。

3）管道阀门安装。

（1）阀门安装前按设计要求，检查其种类、规格、型号及质量，阀杆不得弯曲，按规定对阀门进行强度和严密性试验。试验应从每批（同牌号、同规格、同型号）数量中抽查 10%，且不少于一个，对于安装在主干管上起切断作用的闭路阀门，应逐个做强度和严密性试验。

（2）强度试验压力为公称压力的 1.5 倍，严密性试验压力应为阀门出厂规定之压力。检验是否泄漏，并做好阀门试验记录。

（3）阀门安装的位置除施工图注明尺寸外，一般就现场情况，做到不妨碍设备的操作和维修，同时也便于阀门自身的拆装和检修。

（4）水平管道上的阀门安装位置尽量保证手轮朝上或者倾斜 45°或者水平安装，不得朝下安装。

4）报警阀及其他组件安装。

（1）报警阀组的安装应先安装水源控制阀、报警阀，然后根据设备安装说明书再进行辅助管道及附件的安装。水源控制阀、报警阀与配水干管的连接，应使水流方向一致。报警阀组安装位置应符合设计要求。当设计无要求时，报警阀组应安装在便于操作的明显位置，距室内地面高度宜为 1.2m；两侧与墙的距离不应小于 0.5m；正面与墙的距离不应小于 1.2m。安装报警阀组的室内地面应有排水措施。

（2）报警阀组附件包括压力表、压力开关、延时器、过滤器、水力警铃泄水管等。应严格按照产品说明书或安装图册进行安装。压力表应安装在报警阀上便于观测的位置；压力开关应竖直安装在通往水力警铃的管道上，且不应在安装中拆装改动；报警水流通路上的过滤器应安装在延时器前，而且是便于排渣操作的位置；水力警铃应安装在公共通道或值班室附近的外墙上，且应安装检修、测试用的阀门。水力警铃和报警阀的连接应采用镀锌钢管，当公称直径为 15mm 时，其长度不应大于 6m；当公称直径为 20mm 时，其长度不应大于 20m。安装后的水力警铃启动压力不应小于 0.05MPa。

（3）水流指示器的安装应在管道试压和冲洗合格后进行；水流指示器的规格、型号应符合设计要求；水流指示器前后应保持有 5 倍安装管径长度的直管段，其电器元件部位竖直安装在水平管道上侧，注意其指示额箭头方向应与水流方向一致。安装后的水流指示器浆片、膜片应动作灵活，不应与管壁发生碰擦。

（4）信号阀的规格、型号和安装位置均应符合设计要求，应安装在水流指示器前的管道上，与水流指示器之间的距离不应小于 300mm。信号阀安装方向应正确，信阀内应清洁、无堵塞、无渗漏；主要信号阀应加设启闭标志；隐蔽处的控制阀应在明显处设有指示其位置的标志。

（5）末端试水装置由试水阀、压力表及试水管道组成。试水管道与试水阀的直径均应为 25mm。末端试水装置的出水，应采取孔口出流的方式排入排水管道。末端试水装置和试水阀的安装位置应便于检查、试验，并应有相应排水能力的排水设施。

（6）排气阀的安装应在系统管网试压和冲洗合格后进行；排气阀应安装在配水干管顶部、配水管的末端，且应确保无渗漏。

5）喷头安装。喷头安装先按设计喷洒管道的平面布置安装喷洒水管的吊架，吊架间距视喷头的间距而定。吊架与喷头的净距离不小于 300mm，距末端喷头不大于 750mm。喷洒管道的安装顺序是先安装供水主管，接着安装配水支管、喷水支管及喷头。自喷系统各层横管在安装允许情况下作 0.003 的坡度坡向放水管。喷头间距及与隔墙、隔板间距符合规范。

6）试压和冲洗要符合相关规范要求。

3.4.2　消火栓系统

1.施工工艺流程

消火栓安装：核对型号→核对质量外观→套丝→丝扣连接。

水泵接合器安装：核对型号→核对质量外观→套丝→丝扣连接。

2. 施工方法

1）消火栓安装（图 3-16）

图 3-16　消火栓主要施工的基本程序

（1）室内消火栓安装，其位置应符合设计要求，不得擅自改动。

（2）室内消火栓其栓口应朝外，且不应与门框相碰。阀门中心距地面为 1.1m，距箱后内表面为 100mm。

（3）消火栓水龙带与快速接扣连接，应用专门喉箍夹紧，并根据箱内构造将水龙带挂在箱内的挂钩或水龙带盘上。

（4）消火栓箱的门使用内置蝶形铰链与箱体连接。箱体上所有指示都使用中文予以标示。

2）灭火器设置

（1）灭火器应设置稳固，其铭牌必须朝外。

（2）手提式灭火器宜设置在挂钩、托架上或灭火器箱内，其顶部离地面高度小于 1.50m，底部离地面高度不宜小于 0.15m。

3）水泵接合器安装

（1）消防水泵接合器的组装应按接口、本体、连接管、止回阀、安全阀、放空管、控制阀的顺序进行。止回阀的安装方向应使消防用水能从消防水泵接合器进入系统。

（2）安装位置应有明显标志，阀门位置应便于操作，接合器附近不得有障碍物。安全阀应按系统工作压力定压，防止消防车加压过高破坏室内管网及部件。

3.4.3　消防自动报警及联动控制系统

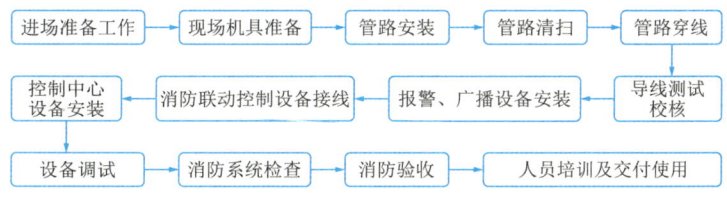

图 3-17　消防自动报警及联动控制系统主要施工的基本程序

1. 施工工艺流程

自动报警：施工准备→消防系统配管及布线→探测器安装→按钮安装→火灾报警控制器安装→消防控制设备安装→系统调试。

消防电话：电话插座、组线箱安装要求→清理箱（盒）→接线→核对导线编号。

2．施工方法

1）探测器安装：探测器的底座应固定可靠，在吊顶上安装时应先把盒子固定在主龙骨上或顶棚上生根作支架，其连接导线必须可靠压接或焊接，当采用焊接时不得使用带腐蚀性的助焊剂，外接导线应有0.15m的余量，入端处应有明显标志。探测器本体在即将系统调试时安装。

2）手动火灾报警按钮安装：手动火灾报警按钮应安装在明显和便于操作的墙上，距地高度1.5m，安装牢固并不应倾斜。手动火灾报警按钮外接导线应留有0.15m的余量，且在端部应有明显标志。

3）端子箱和模块箱安装：端子箱和模块箱一般设置在专用的竖井内，应根据设计要求的高度用金属膨胀螺栓固定在墙壁上明装，且安装时应端正牢固，不得倾斜，并有用途标志和线号。模块箱内的模块按厂家和设计要求安装配线，合理布置。

4）电话插座、组线箱安装：插座、组线箱等设备应安装牢固，位置准确。

5）广播喇叭安装：设置在吊顶内嵌入式喇叭，将引线用端子与盒内导线连接好，用手托着喇叭使其与顶棚贴紧，用螺丝将喇叭固定在吊顶支架板上。当采用弹簧固定喇叭时，将喇叭托入吊顶内再拉伸弹簧，将喇叭罩钩住并使其紧贴在顶棚上，并找正位置。

6）消防控制主机安装应符合下列要求：

（1）机柜按设计要求进行排列，根据柜的固定孔距在基础槽钢上钻孔，安装时从一端开始逐台就位，用螺栓固定，用小线找平找直后再将各螺栓紧固。

（2）消防控制机柜（台）前操作距离，单列布置时不小于1.5m，双列布置时不小于2m，在有人值班经常工作的一面，距墙的距离不应小于3m，柜后维修距离不应小于1m，控制柜排列长度大于4m时，控制柜（台）两端应设置宽度不小于1m的通道。

7）设备接地：

（1）工作接地线应采用铜芯绝缘导线或电缆，不得利用镀锌扁铁或金属软管。

（2）消防控制设备的外壳及基础应可靠接地，接地线引入接地端子箱。

（3）消防控制室一般应根据设计要求设置专用接地箱作为工作接地。

（4）工作接地线与保护接地线必须分开，保护接地导体不得利用金属软管。

8）系统调试：

（1）火灾自动报警系统设备单机调试。

（2）联动系统设备单机调试。

（3）系统联合调试。

3.4.4　气体灭火系统

图 3-18　气体灭火系统主要施工的基本程序

1. 施工工艺流程

管网式施工：进场准备→防护区内防尘处理→支吊架→灭火剂输送管道→刷油→线管施工→布线→瓶组设备安装→报警设备安装→系统上电测试→试运行→系统验收。

无管网式施工：进场准备→防护区内防尘处理→线管施工→布线→瓶组设备安装→报警设备安装→系统上电测试→试运行→系统验收。

2. 施工方法

1）灭火剂储存装置的安装：

（1）储存装置的安装位置应符合设计的要求。

（2）灭火剂储存装置安装后，泄压装置的泄压方向不应朝向操作面。

（3）储存装置上压力计、液位计、称重显示装置的安装位置应便于人员观察和操作。

（4）储存容器的支、框架应固定牢靠，且应采取防腐处理措施。

（5）储存容器宜涂红色油漆，正面应标明设计规定的灭火剂名称和储存容器的编号。

2）集流管的安装：

（1）安装集流管前应检查内腔，确保清洁。

（2）集流管上的泄压装置的泄压方向不应朝向操作面。

（3）连接容器与集流管之间的单向阀的流向指示箭头应指向介质流动方向。

（4）集流管应固定在支、框架上。支、框架应固定牢固，并作防腐处理。

（5）集流管外表面宜涂红色油漆。

（6）组合分配系统的集流管宜采用焊接法兰方法制作。焊接前，每个开口均应采用机械加工的方法制作。采用钢管制作的集流管应在焊接后进行内外镀锌处理。镀锌层的质量应符合现行国家标准《低压流体输送用焊接钢管》GB/T 3091—2015 的有关规定。

（7）组合分配系统的集流管应按本要求进行水压强度试验和气压严密性试验。

（8）非组合分配系统的集流管，其强度试验和气压严密性试验可与管道一起进行。

3）选择阀及信号反馈装置的安装：

（1）选择阀的操作手柄应安装在操作面一侧，当安装高度超过 1.7m 时应采取便于操作的措施。

（2）采用螺纹连接的选择阀，其与管网连接处宜采用活接头。

（3）选择阀的流向指示箭头应指向介质流动方向。

（4）选择阀上应设置标明防护区或保护对象的名称或编号的永久性标志牌，并应便于观察。

（5）信号反馈装置的安装应符合设计要求。

4）电磁阀驱动装置的安装：

（1）电磁驱动装置驱动器的电气连接线应沿固定灭火剂储存容器的支、框架或墙面固定。

（2）气动驱动装置应做防腐处理。

（3）气动驱动装置的管道布置应符合设计要求，管道应设防晃支架或采用卡关固定。

（4）气动驱动装置的管道安装后应进行气压严密性试验，并应合格。

5）灭火剂输送管道的施工：

（1）灭火剂输送管道连接应将连接处外部清理干净并作防腐处理。

（2）管道穿过墙壁、楼板处应安装套管。

（3）灭火剂输送管道安装完毕后，应进行水压强度试验和气压严密性试验，并需要对灭火剂输送管道进行吹扫和清洗。

（4）灭火剂输送管道的外表面宜涂红色油漆。

6）喷嘴的安装应按设计要求逐个核对其型号、规格及喷孔方向。安装在吊顶下的不带装饰罩的喷嘴，其连接管管端螺纹不应露出吊顶；安装在吊顶下的带装饰罩的喷嘴，其装饰罩应紧贴吊顶。

7）管道连接件的安装：

（1）气体灭火系统在管网安装中管道和管道连接件的连接工艺应确保在高压气体作用下，密封材料不会撕裂、脱落及堵塞喷嘴孔洞现象。

（2）灭火剂输送管道采用内外镀锌无缝钢管及其管接件。

（3）无缝钢管公称直径大于 80mm，采用法兰连接；小于等于 80mm 时，采用丝扣连接。管道连接应尽量采用螺纹连接方式，若必须采用法兰连接时，法兰与镀锌钢管焊接处必须重新实施镀锌防腐工艺处理。

8）阀门、管道及支、吊架的安装应符合相关规范的规定外，尚应符合《工业金属管道工程施工规范》GB 50235—2010 和《工业金属管道工程施工质量验收规范》GB 50184—2011 中的有关规定。

9）系统调试：

（1）调试时，应对所有防护区或保护对象按照以下规定进行系统手动、自动模拟启动试验、模拟喷气试验，并应合格。

（2）设有灭火剂备用量且储存容器连接在同一集流管上的系统应按照规定进行模拟切换试验，并合格。

第 5 节　智能化工程

智能化工程主要施工程序如图 3-19 所示。

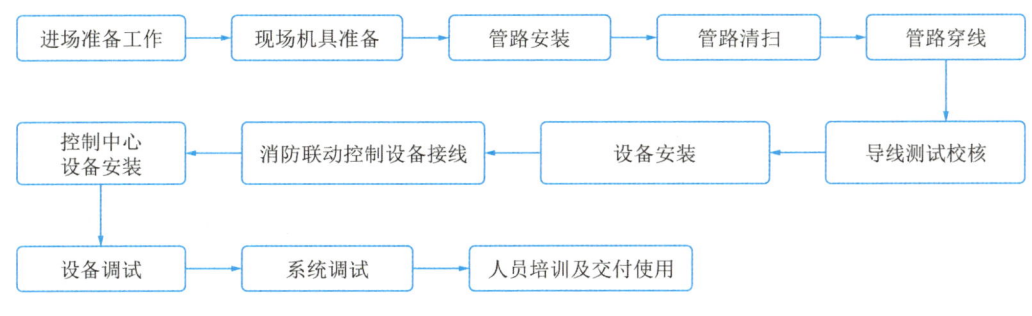

图 3-19　智能化工程主要施工的基本程序

3.5.1　综合布线系统

1.施工工艺流程（图 3-19）

综合布线系统：敷设管路、安装桥架→穿线（水平布线、垂直干线）→安装信息模块及面板、安装配线架→线路通断、线性测试。

2.施工方法

1）各类接线模块安装：模块设备完整，安装就位，标志齐全；安装螺栓必须拧紧，面板保持在一个水平面上。

2）信息插座安装：

（1）安装在活动地板或地面上，固定在接线盒内，插座面板有直立和水平等形式，接线盒盖可开启，并严密防水、防尘。接线盒盖与地面齐平。

（2）安装在墙体上，高出地面 30cm，如地面采用活动地板时，须加上活动地板内净高尺寸；信息插座应有标签。

3.5.2　信息网络系统

1.施工工艺流程

信息网络系统：网络设备安装→系统统调→系统测试及验收。

2.施工方法

配线设备机柜安装：采用下走线方式时，架底位置与电缆上线孔相对应；各直列垂直倾斜误差不应大于 3mm，底座水平误差每平方米不大于 2mm；接线端子各种标志齐全；交接箱或暗线箱暗设在墙体内。预留墙洞安装，箱底高出地面为 500～1000mm。

3.5.3　视频监控系统

1.施工工艺流程

视频监控系统：布管穿线→控制设备安装调试→前端设备的安装、调试→统调→系统验收。

2.施工方法

（1）摄像机安装：摄像机宜安装在监视目标附近且不易受外界损伤的地方，安装位置不应影响现场设备运行和人员正常活动。安装的高度，室内宜距地面 2.5～5m 或吊顶下 0.2m 处；室外应距地面 3.5～10m，并不得低于 3.5m。

（2）监视器安装：监视器安装在固定的机柜上，应采取通风散热措施；监视器安装位置应使屏幕不受外来光的直射，当有不可避免的光时，应加遮窗帘；监视器外部可调节部分，应暴露在便于操作的位置，并可加保护罩。

3.5.4 入侵报警系统

1.施工工艺流程

入侵报警系统：布管穿线→控制设备安装调试→前端设备的安装、调试→统调→系统验收。

2.施工方法

各类探测器的安装：应根据所选产品的特性、警戒范围要求和环境影响等，确定设备的安装点（位置和高度）；探测器底座和支架应固定牢固；导线连接应牢固可靠，外接部分不得外露，并留有适当余量。

3.5.5 电子巡更系统

1.施工工艺流程

电子巡更系统：信息钮的安装→软件安装调试→系统调试→系统验收。

2.施工方法：巡更系统一般由管理主机、巡更棒、巡更点组成。

安装巡更点时，安装高度为 1.2～1.4m，方便巡检人员点击。

3.5.6 门禁管理系统

1.施工工艺流程

门禁管理系统：布管穿线→控制设备安装调试→前端设备的安装、调试→软件的安装、调试→统调→系统验收。

2.施工方法：门禁系统一般由读卡器、出门按钮、门禁控制器等部分组成。

门禁读卡器和出门按钮室内宜距地面 1.3m 处安装，安装应牢固；感应式读卡机在安装时应注意可感应范围，不得靠近高频、强磁场；锁具安装应符合产品技术要求，安装应牢固，启闭应灵活。

3.5.7 停车场管理系统

1.施工工艺流程

停车场管理系统：线缆敷设→控制器安装、接线→道闸、读卡器安装→控制主机安装→系统调试→竣工文档整理。

2. 施工方法

停车场管理系统一般由入口票箱、出口票箱、多功能车辆感应器、自动路闸、地感线圈等部分组成。引导系统由引导牌、探测器、车位显示灯、自助缴费等部分组成。

感应式读卡机在安装时应注意可感应范围，不得靠近高频、强磁场。

出入口票箱应开箱检测调试，并确认设备能正常工作后，安装固定在出入口处，需要安装牢固。

将摄像机逐个通电进行检测和粗调，在摄像机处于正常工作状态后，方可安装；检查摄像机在防护罩内紧固情况；检查摄像机座与支架的安装尺寸。

车辆引导牌安装位置准确，车位分区合理。

车位探测器和显示灯安装位置准确。

自助缴费设备一般安装在电梯厅附近，便于车主进入车库后缴费方便。

3.5.8　楼宇自控系统

1. 施工工艺流程

楼宇自控系统：施工准备→电管预留预埋→设备开箱、检验、材料检验→DDC 控制器箱体及辅控箱安装→楼宇控制前端设备安装→DDC 控制器的保护管敷设→缆线敷设→校接线→终端机房设备安装接线→仪表单回路调校→各 DDC 子系统调试→联调→系统集成调试。

2. 施工方法

DDC 控制器箱体及辅控箱安装：包括箱体安装、模块安装、变压器和继电器安装及接线端子排安装。

真题训练及解析

---

1. 开关柜、高低压柜安装，柜体应进行可靠的接地连接。每台柜体应在底部采用多股铜芯软线与基础型钢连接，多股铜芯软线的截面应（　　　）。【单选题】

　　A. ≥2mm² 　　　B. ≥4mm² 　　　C. ≥6mm² 　　　D. ≥10mm²

【答案】C

【解析】柜体应进行可靠的接地连接。每台柜体应在底部采用截面≥6mm²多股铜芯软线（两端压接铜接线端子）与基础型钢连接，基础型钢按设计图示要求可靠连接到变配电房内的接地带或预留接地端子。

2. 喷洒管道支吊架的安装位置不应妨碍喷头的喷水效果；管道支吊架与喷头之间的距离不宜小于（　　）。【单选题】

A. 100mm　　　　　B. 200mm　　　　　C. 300mm　　　　　D. 400mm

【答案】C

【解析】喷洒管道支吊架的安装位置不应妨碍喷头的喷水效果；管道支吊架与喷头之间的距离不宜小于300mm；与末端喷头之间的距离不宜大于750mm。

3. 水平敷设的电线管路超过下列长度时，或弯曲过多时，中间应增设接线盒或拉线盒，否则应选择大一级的管径。下列电线管路接线盒或拉线盒设置正确的有（　　）。【多选题】

A. 线管长度每超过30m，无弯曲时　　　B. 线管长度每超过20m，有1个弯时

C. 线管长度每超过15m，有2个弯时　　　D. 线管长度每超过8m，有3个弯时

E. 线管长度每超过25m，无弯曲时

【答案】A、B、C、D

【解析】水平敷设的电线管路超过下列长度时，或弯曲过多时，中间应增设接线盒或拉线盒，否则应选择大一级的管径。线管长度每超过30m，无弯曲时；线管长度每超过20m，有1个弯时；线管长度每超过15m，有2个弯时；线管长度每超过8m，有3个弯时。

第**4**章
常用施工机械及检测仪表的类型及应用

本章提示

掌握 通用切割焊接机械、无损检测探伤机械、常用检测仪表等分类及性能。

熟悉 台式钻床、电动工具、弯管机、液压压线钳、电缆剥皮器、液化气喷火枪、套丝机、热熔机、管子钳、管子铰板、剪板机、咬口机、手动折方机、风速风温风压湿度测试仪、声级计、滚槽机、开槽机的特点与用途。

了解 电工测量仪表的种类和使用。

知识体系

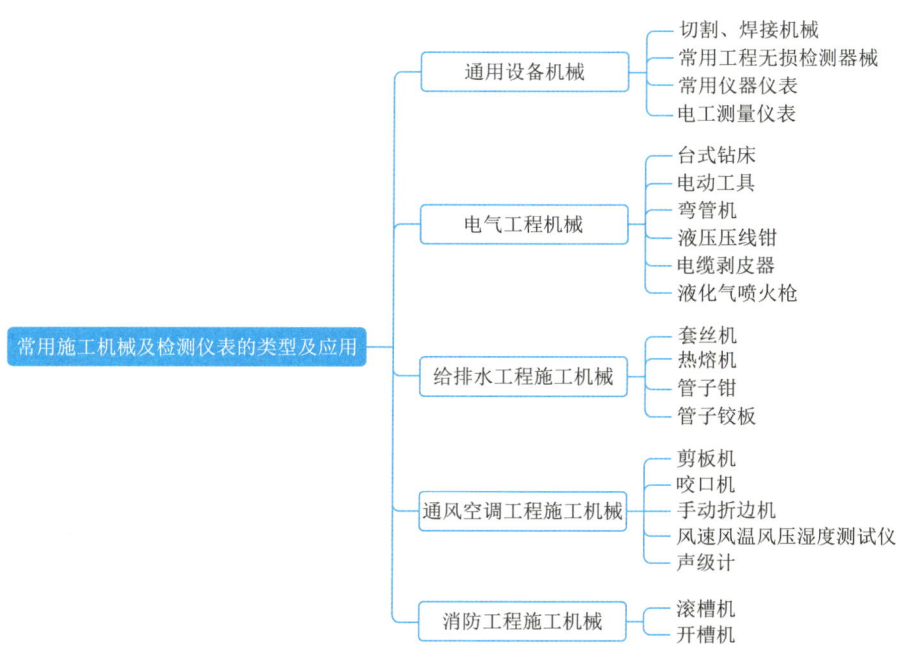

第1节　通用设备机械

4.1.1　切割、焊接机械

1.常用切割机械

机械切割方法是利用机械方法将工件切断。常用的切割机械主要有剪板机、弓锯床、螺纹钢筋切断机和砂轮切割机等。

1）剪板机

剪板机是借助于运动的上刀片和固定的下刀片，采用合理的刀片间隙，对各种厚度的金属板材施加剪切力，使板材按所需要的尺寸断裂分离的设备。剪板机主要用于金属板材的切断加工。

2）螺纹钢筋切断机

有全自动钢筋切断机和半自动钢筋切断机之分。目前应用较多的是液压钢筋切断机，适用于各种建筑工地与钢筋加工。

3）砂轮切割机

砂轮切割机是以平形薄片砂轮来切割金属的工具。广泛应用于建筑、五金、石化及水电安装等行业，用以切割金属管、扁钢、工字钢、槽钢和圆钢等型材。但其生产效率低，加工精度低，安全稳定性较差。

2.焊接机械

焊机根据焊接自动化程度可分为手工焊机和自动焊机。

1）手工焊机。主要有二氧化碳气体保护焊机、氩弧焊机、混合气体保护焊机等类型，其中氩弧焊机对工人的操作技能要求较高。

2）自动焊机。是由电气控制系统，并根据需要配备送丝机、焊接摆动器、弧长跟踪器、各种回转驱动装置、工装夹具、滚轮架、焊接电源等组成的一套自动化焊接设备。包括焊接机械手、环纵缝自动焊机、变位机、焊接中心、龙门焊机等。

3.常用焊机的特性

1）埋弧焊机

（1）埋弧焊机分为自动焊机和半自动焊机两大类。生产效率高、焊接质量好、劳动条件好。

（2）埋弧焊是依靠颗粒状焊剂堆积形成保护条件，主要适用于平位置（俯位）焊接。

（3）适用于长缝的焊接。

（4）不适合焊接薄钢板。

2）钨极氩弧焊机

（1）氩气能充分有效地保护金属熔池不被氧化，焊缝致密，机械性能好。

（2）明弧焊，观察方便，操作容易。

（3）穿透性好，内外无熔渣，无飞溅，成形美观，适用于有清洁要求的焊件。

（4）电弧热集中，热影响区小，焊件变形小。

（5）容易实现机械化和自动化。

3）熔化极气体保护焊机

（1）二氧化碳气体保护焊生产效率高、成本低、焊接应力变形小、焊接质量高、操作简便。但飞溅较大、弧光辐射强，很难用交流电源焊接，设备复杂。有风不能施焊（环境风速达到或超过 2m/s 或在没有采取防风措施的情况下，不能施焊），不能焊接易氧化的有色金属。

（2）熔化极氩弧焊的焊丝既作为电极又作为填充金属，焊接电流密度可以提高，热量利用率高，熔深和焊速大大增加，生产率比手工钨极氩弧焊提高 3～5 倍，最适合焊接铝、镁、铜及其合金、不锈钢和稀有金属中厚板。

4）等离子弧焊机

具有温度高、能量集中、较大冲击力、比一般电弧稳定、各项有关参数调节范围广的特点。

4.1.2 常用工程无损检测器械

1.无损检测器械分类

无损检测器械包括：X 射线探伤机、γ 射线探伤机、磁粉探伤机、超声探伤仪、涡流探伤仪、声发射检测仪等。

2.常用探伤机特性

1）X 射线探伤机

X 射线探伤机是利用 X 射线穿透物质和在物质中有衰减的特性来发现其中缺陷的一种无损探伤设备。X 射线可以检查金属与非金属材料及其制品的内部缺陷。例如，焊缝中的气孔、夹渣、未焊透等体积性缺陷。

2）γ 射线探伤机

γ 射线探伤机用来进行金属材料或工件内部的缺陷的检查，是无损检测方法之一，和 X 射线探伤的作用原理以及使用范围一致。

γ 射线探伤机包括手提式、移动式、固定式三种类型。

3）磁粉探伤机

磁粉探伤机是用来探测铁磁性材料工件裂纹的一种检验设备。由磁粉的分布来判断工件表面及近表面裂纹。磁粉探伤设备简单、操作容易、检验迅速、具有较高的探伤灵敏度，几乎不受试件大小和形状的限制；可用来发现铁磁材料的表面或近表面缺陷，可检出的缺陷最小宽度约为 100μm，可探测的深度一般在 1～2mm；它适用于薄壁件或焊缝表面裂纹检验，也能显露出一定深度和大小的未焊透缺陷；但难以发现气孔、夹渣及隐藏在焊缝深处的缺陷。

4）超声波探伤仪

超声波探伤仪既能探测表面裂纹，也能发现内部缺陷，其特点是轻便、宽频带、大屏幕、低功耗、高亮度、稳定性好、灵敏度高，操作方便。

5）涡流探伤仪

涡流探伤仪是一种基于涡流检测原理来探测钢铁棒材、板材是否存在裂纹、气孔等缺陷的设备，它具有抑制干扰信号、拾取有用信息的功能，主要用于金属材料的无损探伤。涡流探伤只能检查金属材料和试件的表面和近表面缺陷。

4.1.3 常用仪器仪表

1. 温度检测仪表

1）压力式温度计。利用密封系统中测温物质的压力随温度变化来测量温度。

2）双金属温度计。其设计原理及结构具有防水、防腐蚀、隔爆、耐振动、直观、易读数、无汞害、坚固耐用等特点，可取代其他形式的测量仪表。

3）玻璃液位温度计。多用来测量室温，玻璃温度计还可以按其他特殊要求制成带金属保护管的，在易碰撞的地方与不能裸露挂置的地方使用。

4）热电偶温度计。用于测量各种温度物体，测量范围极大，远远大于酒精、水银温度计。适用于测量炼钢炉、炼焦炉等高温场合，也可测量液态氢、液态氮等低温物体。

5）热电阻温度计。热电阻温度计是中低温区最常用的一种温度检测器。主要特点是测量精度高，性能稳定。其中铂热电阻的测量精确度是最高的，不仅广泛应用于工业测温，而且被制成标准的基准仪。

2. 压力检测仪表

1）一般压力表。用于测量无爆炸危险、不结晶、不凝固及对钢和铜合金不起腐蚀作用的液体、蒸汽和气体等介质的压力。按作用原理分为液柱式、活塞式、弹性式及电气式四大类。

2）远传压力表。适用于测量对钢及铜合金不起腐蚀作用的液体、蒸汽和气体等介质的压力。远传压力表还能就地指示压力，以便于现场工作检查。

3. 流量仪表

常用的流量仪表有电磁流量计、玻璃管转子流量计、涡轮流量计、椭圆齿轮流量计、节流装置（差压式）流量计和均速管流量计等。

1）电磁流量计。是一种测量导电性流体流量的仪表，它只能测导电液体。它是一种无阻流元件，不仅阻力损失极小，流场影响小，精确度高，直管段要求低，而且可以测量含有固体颗粒或纤维的液体、腐蚀性及非腐蚀性液体。电磁流量计广泛应用于污水，氟化工、生产用水、自来水行业以及医药、钢铁等诸多方面。

2）玻璃管转子流量计。①价格较便宜，适用于空气、氮气、水及与水相似其他安全流体小流量测量。不适用于有毒性介质及不透明介质。②精度低，结构简单，维修方便。③属于面积式流量计。

3）涡轮流量计。涡轮流量计具有精度高、重复性好、结构简单、运动部件少、耐高压、测量范围宽、体积小、重量轻、压力损失小、维修方便等优点，用于封闭管道中测量低黏度气体的体积流量。涡轮流量计的传感器可分为普通型和高精度耐磨型两种。

（1）相对价格较贵，适用于黏度较小的洁净流在宽测量范围的高精度测量。

（2）精度较高，变送器体积小，维护容易，耐温耐压范围较广；轴承易磨损，连续使用周期短。

（3）属于速度式流量计。

4）椭圆齿轮流量计。①相对价格较贵，适用于高黏度介质流量的测量，不适用测量含有固体颗粒的液体。②精度较高，计量稳定。③属于容积式流量计。

5）节流装置（差压式）流量计。①价格较便宜，适用于非强腐蚀的单向流体流量测量，允许一定的压力损失。②结构简单，使用广泛，对标准节流装置不必个别标定即可使用。③属于差压式流量计。

6）均速管流量计。①价格较便宜，适用于大口径、大流量的各种液体流量测量。②结构简单，安装、拆卸、维修方便，压损小，能耗少，输出差压较低。③属于差压式流量计。

4.1.4　电工测量仪表

1.电工测量仪表分类

电工测量仪表分为电工测量指示仪表（直读仪表）和校量仪表两大类。

指示仪表能够直读被测量对象的大小和单位的仪表，有电压表、电流表、钳形表、电能（度）表、万用表、兆欧表和数字万用表等，按工作原理分为磁电系、电磁系、电动系、感应系和静电系等；按使用方式分为安装式和便携式。校量仪表有电桥和电位差计等。

2.电工测量仪表的使用步骤

正确使用电工仪表可以保证电力系统的安全运行，提高电力系统的运行效率。使用电工仪表的步骤如下：①准备工作：选择适合的电工仪表，检查仪表是否完好无损。②连接电路：将电工仪表与被测电路连接，确保连接正确无误。③校准仪表：在使用前需要进行仪表的校准，以确保仪表的准确性。④测量电路参数：按照所需的参数进行测量，例如，电压、电流、功率等。⑤记录数据：将测量得到的数据记录下来，以备后续分析使用。⑥断开电路：测量结束后，断开电路并将仪表恢复到初始状态。

在使用电工仪表时应注意安全，在连接电路和进行测量时，应注意避免触电和短路。同时，在校准和使用仪表时应按照说明书的要求进行操作，以确保测量结果的准确性和可靠性。

第 2 节　电气工程机械

4.2.1　台式钻床

台式钻床可安放在作业台上，主轴垂直布置的小型钻床。立式钻床主轴箱和工作台安置在立柱上，主轴垂直布置的钻床。摇臂钻床可绕立柱回转、升降，通常主轴箱可在摇臂上作水平移动。铣钻床工作台可纵横向移动，钻轴垂直布置，能进行铣削的钻床。孔深钻床使用特制深孔钻头，工件旋转，钻削深孔的钻床。平端面孔中心孔钻床切削轴类端面和用中心钻加工的中心孔钻床。卧式钻床主轴水平布置，主轴可垂直移动的钻床。

4.2.2　电动工具

电动工具主要分为金属切削电动工具、研磨电动工具、装配电动工具和铁道用电动工具。常见的电动工具有电钻、电动砂轮机、电动扳手和电动螺丝刀、电锤和冲击电钻、混凝土振动器、电刨。

4.2.3　弯管机

弯管机大致可以分为数控弯管机、液压弯管机等。液压弯管机主要用于电力施工，具有功能多、结构合理、操作简单、移动方便、安装快速等优点。数控弯管机，可对管材在冷态下进行一个弯曲半径（单模）或两个弯曲半径（双模）的缠绕式弯曲，广泛使用于汽车、空调等行业的各种管件和线材的弯曲。弯管机主要用于管子的塑性成形。

4.2.4　液压压线钳

液压压线钳是液压工具的一种，主要特点就是使用液压原理，产生强大的压力，从而可以完成很粗的钢线缆、电缆、高压电线铆接压接。

4.2.5　电缆剥皮器

电缆剥皮器形式多种多样，有电缆主绝缘层剥除器、外半导电层剥除器、高压电缆绝缘层剥除器等。在将电缆线作为连接导线的接线过程中，为了保证电缆的连接效果，通常需要对电缆进行剥皮处理，将电缆头的一段表皮剥去再进行连接。根据不同的线径及环境使用不同形式的电缆剥皮器。

4.2.6　液化气喷火枪

液化气喷火枪是以液化气为燃料的加热、焊接工具，正确使用可达 1300℃的高温，具有成本低，安全方便，无污染，性能稳定。在电缆头制作中热收缩材料的收缩温度为110～1500℃，加热应用喷灯或液化气喷火枪，使用时应注意火焰和热缩材料的距离，以利气体的排出，收缩的材料应光滑无皱褶。

第 3 节　给排水工程施工机械

4.3.1　套丝机

套丝机又名电动套丝、电动切管套丝机、绞丝机、管螺纹套丝机、钢筋套丝机。套丝机是把 1980 年前的手动管螺纹绞板电动化，它使管道安装时的管螺纹加工变得轻松、快捷，降低管道安装工人的劳动强度。

4.3.2　热熔机

热熔机通过上焊件把超声能量传送到焊区，由于焊区即两个焊接的交界面处声阻大，因此会产生局部高温。又由于塑料导热性差，一时还不能及时散发，聚集在焊区，致使两个塑料的接触面迅速熔化，加上一定压力后，使其融合成一体。当超声波停止作用后，让压力持续几秒钟，使其凝固成型，这样就形成一个坚固的分子链，达到焊接的目的，焊接强度能接近于原材料强度。

4.3.3　管子钳

1）管子钳是用来上紧或卸下各种螺纹的管子及其配件的工具，管子钳适用于小口径管道，它由钳柄和活动钳口组成。活动钳口用套夹与钳把柄相连，根据管径大小通过调整螺母以达到钳口适当的紧度，钳口上有轮齿，以便咬牢管子转动。管子钳以长度划分的，分别应用于相应的管子和配件上。

2）管子钳使用注意事项：

（1）用管子钳时，不可用套管接长手柄。扳动手柄时，两手动作应协调，不得用力过猛，以防钳口打滑伤人。钳口不得沾油，以免打滑。当手柄握端高出人头时，不得采取正面攀吊的姿势扳动手柄。

（2）应根据管径大小选用适当的管子钳。

（3）不得将管子钳做撬杠或手锤使用。

4.3.4 管子铰板

1）管子铰板又称代丝、套丝板，是管子套丝用的主要工具板，由板身、板把、板牙三个主要部分组成。

2）每个板牙都具有一个规格，在机身的每个板牙孔口处也有1～4的标号。安装时，先将刻线对准固定盘"0"的位置，然后按板牙上的数字与管子铰板的数字相应的顺序插入牙槽内（对号入座）。转动固定盘（使板牙向中心靠拢或离开），调整到所需套丝的公称直径刻度后将标盘固定。

3）管子铰板使用注意事项：

（1）使用时不得用锤击的方法旋紧和放松背面挡脚和进刀手把以及活动标盘。

（2）套丝时应用力均匀，不能用加长和接长手柄的方法进行套丝操作。套丝时手柄应在人体旁侧，防止手柄伤人。

（3）管子板牙要经常拆下清洗，保持清洁。套丝时要加注润滑油，套歪牙时不准强行校正。

（4）使用完毕应清除铁屑油污。

第4节　通风空调工程施工机械

4.4.1 剪板机

剪板机是用一个刀片相对另一刀片作往复直线运动剪切板材的机器，是借于运动的上刀片和固定的下刀片，采用合理的刀片间隙，对各种厚度的金属板材施加剪切力，使板材按所需要的尺寸断裂分离。剪板机是机械加工中应用比较广泛的一种剪切设备，它能剪切各种厚度的钢板材料。常用的剪板机分为平剪、滚剪及振动剪三种类型。平剪机是使用量多的。剪切厚度小于10mm的剪板机多为机械传动，大于10mm的为液压动传动。广泛适用于航空、轻工、冶金、化工、建筑、船舶、汽车、电力、电器、装潢等行业提供所需的专用机械和成套设备。

4.4.2 咬口机

咬口机，又称辘骨机、咬缝机、咬边机、风管咬口机、风管辘骨机。是一种多功能的机种，主要用于板材连接和圆风管闭合连接的咬口加工。可以满足风管制造的各种不同形状的骨型。加工板材厚度为0.5～1.5mm。机器的所有齿轮、轴、轧辊均选用优质钢材，经过严格的热处理工艺，保证机械耐用，质量稳定，具有易于安装、外形美观，机械原理合理、移动灵活、操作使用方便等特点，能满足用户不同的要求。咬口机适用于通风、空调、净化等装置的风管制作，根据要求，可制作成各种方形、矩形的薄板风管，是各种钣金加工、风管制作等不可缺少的机械化设备。咬口机种类分为多功能咬口机、联合角咬口机、插条咬口机、平口咬口机、弯头咬口机等。

4.4.3　手动折边机

手动折边机是在总结多年生产和使用手动折边机的基础上研制的。它集各种手动折边机的优点于一身，其最大的优点在于它配有活动式、可分割的上模，并能根据加工件的不同尺寸，进行适当的调整，将金属板材折弯成有四边一底的盒件或盘件。而且还可以在盒件上部折出翻边。当全部上模都安装上去时，即可折直线板料。广泛应用于输送机械，搬运箱，各类盒件、盘件的加工。它具有轻便、节能、工作效率高、生产多、应用范围广、易搬运等特点。

4.4.4　风速风温风压湿度测试仪

一种具有高精度、高稳定性、多功能的测量仪器，适用于各压力范围内的气体的正压、负压和差压及风温（−20～80℃）、风速（0～57m/s）、空气湿度（0%～100%RH）的测量，是各风机厂、实验室、建筑空调供暖、通风、无尘室测试或标定压力及温湿度的理想仪器，配上毕托管可直接读测量气体流速。其能测量压差、风温、风速、空气湿度、露点，广泛应用于气象观测、环境监测等领域。

4.4.5　声级计

它是最基本的噪声测量仪器，是一种电子仪器，但又不同于电压表等客观电子仪表。在把声信号转换成电信号时，可以模拟人耳对声波反应速度的时间特性；对高低频有不同灵敏度的频率特性以及不同响度时改变频率特性的强度特性。声级计是一种主观性的电子仪器。其工作原理由传声器将声音转换成电信号，再由前置放大器变换阻抗，使传声器与衰减器匹配。放大器将输出信号加到计权网络，对信号进行频率计权（或外接滤波器），然后再经衰减器及放大器将信号放大到一定的幅值，送到有效值检波器（或外接电平记录仪），在指示表头上给出噪声声级的数值。

第 5 节　消防工程施工机械

4.5.1　滚槽机

1.滚槽机应放置在一块宽敞平整的地方，避免机器在滚槽时震动从而影响压槽质量，如机器不水平，则可通过调节支脚螺丝进行调整，直到机器水平为止。

2. 根据管子大小制作好管子支架，要求能上下伸缩，且摆放平整，并能通过支脚螺丝调整水平，管子转动部位要安装轴承。

3. 压制管子时要调试油压。

4. 根据管子大小及压制的沟槽深浅调整限位，使压制的沟槽深度在规定范围之内：如果压制的管子规格变化时，需重新调整限位。

5. 槽轮应根据管子规格选用。

4.5.2　开槽机

1. 电源接通后，启动并检查电机及相关部件是否转动灵活，是否有异样的声音、转速是否适当、检查是否有异物，同时加入适当的润滑剂。

2. 根据需要开孔的管径和管件，选用正确的开孔锯。开孔锯规格由开孔大小决定。

━━━━━━━━━━━━━━◇ **真题训练及解析** ◇━━━━━━━━━━━━━━

1. 借助于运动的上刀片和固定的下刀片施加剪切力，使板材按所需要的尺寸断裂分离，主要用于金属板材切断加工的机械是（　　　）。【单选题】

   A. 剪板机　　　　　　　　　　　B. 弓锯床

   C. 螺纹钢筋切断机　　　　　　　D. 砂轮切割机

【答案】A

【解析】剪板机是借助运动的上刀片和固定的下刀片，采用合理的刀片间隙，对各种厚度的金属板材施加剪切力，使板材按所需要的尺寸断裂分离。剪板机属于锻压机械的一种，主要用于金属板材的切断加工。

2. 设备简单、操作容易、检验迅速、具有较高的探伤灵敏度，几乎不受试件大小和形状的限制；可用来发现铁磁材料的表面或近表面缺陷的无损检测器械是（　　　）。【单选题】

   A. X 射线探伤机　　　　　　　　B. γ 射线探伤机

   C. 磁粉探伤机　　　　　　　　　D. 涡流探伤仪

【答案】C

【解析】磁粉探伤设备简单、操作容易、检验迅速、具有较高的探伤灵敏度，几乎不受试件大小和形状的限制；可用来发现铁磁材料的表面或近表面缺陷。

3. 下列电工测量仪表中，属于校量仪表的是（　　　）。【多选题】

   A. 电流表　　　　　　　　　　　B. 电桥

C. 电位差计　　　　　　　　　　　D. 万用表

E. 兆欧表

【答案】B、C

【解析】电工测量仪表分为指示仪表和校量仪表两大类；电流表、万用表、兆欧表属于指示仪表；电桥、电位差计属于校量仪表。

第 **5** 章

施工组织设计的编制原理、内容及方法

 **本章提示**

掌握 施工组织设计的概念。

了解 施工组织设计的编制原理、内容。

熟悉 施工组织设计的编制方法。

知识体系

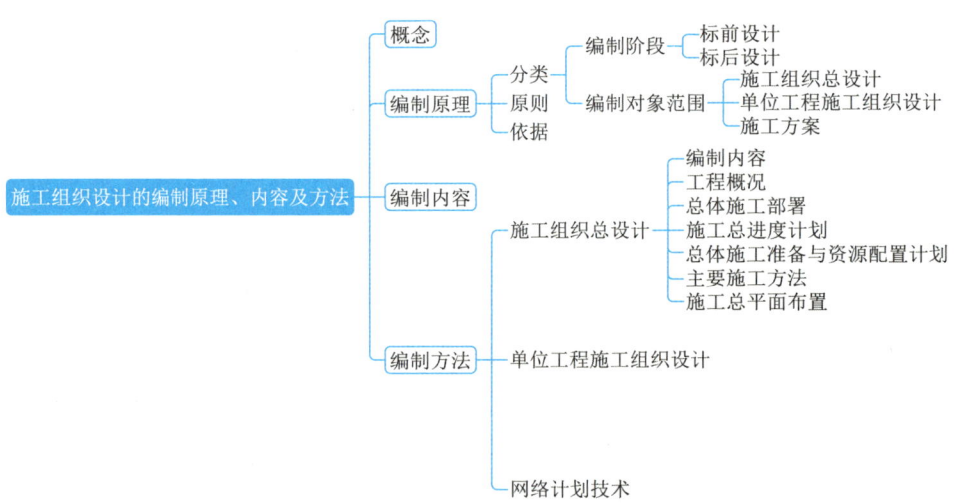

第 1 节　施工组织设计的概念

施工组织设计是指以施工项目为对象编制的，用以指导施工组织与管理、施工准备与实施、施工控制与协调、资源的配置与使用等全面性的技术、经济和管理的综合性文件，是对施工活动的全过程进行科学管理的重要手段，是施工单位控制工程成本和进行有序施工的重要基础。

第 2 节　施工组织设计的编制原理

5.2.1　按编制阶段分类

根据编制阶段的不同，施工组织设计可划分为两类：标前设计和标后设计。

1. 标前设计是投标前编制的施工组织设计，其主要作用是指导工程投标与签订工程承包合同，并作为投标书的一项重要内容（技术标）和合同文件的一部分。在工程投标阶段编好施工组织设计，充分反映施工企业的综合实力，是实现中标、提高市场竞争力的重要途径。

2. 标后设计是签订工程承包合同后编制的施工组织设计，其主要作用是指导施工前的准备工作和工程施工全过程的进行。

5.2.2　按编制对象范围分类

施工组织设计按编制对象和范围不同可划分为三类：施工组织总设计、单位工程施工组织设计和施工方案。具体如下：

1. 施工组织总设计是以整个建设项目为编制对象，规划其施工全过程各项活动的技术、经济的全局性控制性文件。它是整个建设项目施工的战略部署，涉及范围较广，内容比较概括。一般是在初步设计或扩大初步设计批准后，由总承包单位的总工程师负责，会同建设、设计和分包单位的工程师共同编制。施工组织总设计是施工单位编制年度施工计划和单位工程施工组织设计的依据。

2. 单位工程施工组织设计是以单位工程为编制对象，用来指导其施工全过程各项活动的技术、经济的局部性、指导性文件。它是拟建工程施工的战术安排，是施工单位年度施工计划和施工组织总设计的具体化，内容更详细。它是在施工图设计完成后，由工程项目主管工程师负责编制的，可作为编制季度、月度计划和分部分项工程施工组织设计的依据。

3. 施工方案是单位工程施工组织设计中应对主要分部、分项工程制订施工方案，并对脚手架工程、起重吊装工程、临时用水用电工程、季节性施工等专项工程所采用的施工方案进行必要的验算和说明。

5.2.3　施工组织设计的编制原则

1. 符合施工合同或招标文件中有关工程进度、质量、安全、环境保护、造价等方面的要求。

2. 积极开发、使用新技术和新工艺，推广应用新材料和新设备。

3. 坚持科学的施工程序和合理的施工顺序，采用流水施工和网络计划等方法，科学配置资源，合理布置现场，采取季节性施工措施，实现均衡施工，达到合理的经济技术指标。

4. 采取技术和管理措施，推广建筑节能和绿色施工。

5. 与质量、环境和职业健康安全三个管理体系有效结合。

5.2.4　施工组织设计的编制依据

1. 工程建设有关法律法规及政策。

2. 工程建设标准和技术经济指标。

3. 工程设计文件。

4. 工程施工合同文件。

5. 工程现场条件，工程地质与水文地质、气象等条件。

6. 与工程有关的资源供应条件。

7. 施工单位的生产能力、机具设备状况及技术水平等。

第 3 节　施工组织设计的编制内容

施工组织设计的内容是根据不同工程的特点和要求，以及现有的和可能创造的施工条件，从实际出发，决定各生产要素（材料、机械、资金、劳动力和施工方法等）的结合方式。不同类型的施工组织设计的主要内容各不相同，一般包括以下基本内容：编制依据、工程概况、施工部署、施工进度计划、施工准备与资源配置计划、主要施工方法、施工现场平面布置及主要施工管理计划等基本内容。

第 4 节　施工组织设计的编制方法

5.4.1　施工组织总设计

施工组织总设计是指以若干单位工程组成的群体工程或特大型工程项目为主要对象编制的施工组织设计，对整个工程项目的施工过程起统筹规划、重点控制的作用。

施工组织总设计的主要内容：工程概况、总体施工部署、施工总进度计划、总体施工准备与主要资源配置计划、主要施工方法、施工总平面布置。

施工组织总设计应由施工项目负责人主持编制，应由总承包单位技术负责人负责审批。

工程项目施工过程中，发生下列情形之一时，应及时修改、补充施工组织总设计：①工程设计有重大修改。②有关法律法规、标准的实施、修订或废止。③主要施工方法有重大调整。④主要施工资源配置有重大调整。⑤施工环境有重大改变。

修改、补充后的施工组织总设计经审批后方可实施。

1. 工程概况

工程概况应包括工程项目主要情况和主要施工条件。

1）工程项目主要情况。包括：工程项目名称、性质、地理位置和建设规模；工程项目的建设、勘察、设计、监理等相关单位的情况；工程项目设计概况；工程项目承包范围及主要分包工程范围；施工合同中对工程项目施工的重点要求等。

2）主要施工条件。包括：工程项目建设地点气象状况；工程项目施工区域地形和工程水文地质状况；工程项目施工区域地上、地下管线及相邻的地上、地下建（构）筑物情况；与工程项目施工有关的道路、河流等状况；当地建筑材料、设备供应和交通运输等服务能力状况；当地供水、供电、供热和通信能力状况等。

2. 总体施工部署

总体施工部署是在充分了解工程情况、施工条件和建设要求的基础上，对整个工程进行全面安排和解决工程施工中重大问题的方案。总体施工部署也是编制施工总进度计划的前提。

施工组织总设计中应对工程项目总体施工作出下列宏观部署：

1）确定工程项目施工总目标，包括：进度、质量、成本、安全生产及环境保护目标。

2）根据工程项目施工总目标的要求，确定工程项目分阶段（期）交付使用计划。

3）确定工程项目分阶段（期）施工的合理顺序和空间组织。

施工组织总设计中还应简要分析工程项目施工的重点和难点。对于工程项目施工中开发和使用的新技术、新工艺，也应作出规划，并采取可行的技术、管理措施来满足工期、质量等要求。

此外，施工组织总设计中还应根据工程项目规模、复杂程度、专业特点、人员素质和地域范围确定总承包单位的项目管理组织机构形式，并采用框图形式表示。工程项目需要分包的，还应对分包项目施工单位的资质和能力提出明确要求。

3. 施工总进度计划

施工总进度计划是根据总体施工部署的要求，用来确定各单位工程的施工顺序、施工时间及相互衔接关系的计划。施工总进度计划的编制步骤和方法如下：

1）计算工程量。根据工程项目一览表，按单位工程分别计算其主要实物工程量，以便选择施工方案和施工机械，组织主要工种工程的流水施工，计算劳动量、施工机械及建筑材料的需要量。

2）确定各单位工程的施工期限。各单位工程的施工期限应根据合同工期确定，同时还要考虑建筑类型、结构特征、施工方法、施工管理水平、施工机械化程度及施工现场条件等因素。如果在编制施工总进度计划时没有合同工期，则应保证计划工期不超过工期定额。

3）确定各单位工程的开竣工时间和相互搭接关系。

4）编制初步施工总进度计划。施工总进度计划应安排全工地性的流水作业。全工地性的流水作业安排应以工程量大、工期长的单位工程为主导，组织若干条流水线，并以此带动其他工程。

施工总进度计划既可以用横道图表示，也可以用网络图表示。由于采用网络计划技术控制工程进度更加有效，因此，人们更多地开始采用网络图来表示施工总进度计划。特别是计算机的广泛应用，为网络计划技术的推广和普及创造了更加有利的条件。

5）编制正式的施工总进度计划。初步施工总进度计划编制完成后，要对其进行检查。主要是检查总工期是否符合要求，资源使用是否均衡且其供应是否能得到保证。如果出现问题，则应进行调整。调整的主要方法是改变某些工程的起止时间或调整主导工程的工期。如果是网络计划，则可以利用计算机分别进行工期优化、费用优化及资源优化。当初步施工总进度计划经过调整符合要求后，即可形成正式的施工总进度计划。

4.总体施工准备与主要资源配置计划

1）总体施工准备。包括：技术准备、现场准备和资金准备等。

（1）技术准备。包括：施工过程所需技术资料的准备、施工方案编制计划、试验检验及设备调试工作计划等。

（2）现场准备。包括：现场生产、生活等临时设施（例如，临时生产、生活用房，临时道路，材料堆放场等），临时用水、用电和供热、供气等的计划。

（3）资金准备。应根据施工总进度计划编制资金使用计划。

2）主要资源配置计划。包括：人力资源配置计划和材料设备配置计划。

（1）人力资源配置计划。人力资源配置计划应根据各工程项目的工程量及施工总进度计划，参照概预算编制办法及有关资料编制。合理的人力资源配置计划，可减少劳务作业人员不必要的进场、退场及避免窝工，进而节约施工成本。人力资源配置计划应解决的问题：①确定各施工阶段（期）的总用工量；②根据施工总进度计划确定各施工阶段（期）的劳动力配置计划。

（2）材料设备配置计划。应根据总体施工部署和施工总进度计划确定主要材料设备的计划总量及进、退场时间。科学合理的材料设备配置计划，既可保证工程建设的顺利进行，又可降低工程成本。材料设备配置计划应解决的问题：①根据施工总进度计划确定主要工程材料和设备的配置计划；②根据总体施工部署和施工总进度计划确定主要施工周转材料和施工机具的配置计划。

5. 主要施工方法

对于工程量大、施工难度大、工期长，对整个工程项目的完成起关键作用的建（构）筑物以及影响全局的分部分项工程，施工组织总设计中应简要说明其施工方法。此外，对脚手架工程、起重吊装工程、临时用水用电工程、季节性施工等专项工程所采用的施工方法，也应进行简要说明。对施工方法的确定，要兼顾工艺技术的先进性、可操作性及经济方面的合理性。

6. 施工总平面布置

施工总平面应按照工程项目分期（分批）施工计划进行布置，并绘制施工总平面布置图。施工总平面布置图应有比例关系，各种临时设施应标注外围尺寸，并有文字说明。

1）施工总平面布置应遵循的原则：

（1）平面布置科学合理，施工场地占用面积少。

（2）合理组织运输，减少二次搬运。

（3）施工区域的划分和场地的临时占用应符合总体施工部署和施工流程的要求，减少相互干扰。

（4）充分利用既有建（构）筑物和既有设施为工程项目施工服务，降低临时设施的建造费用。

（5）临时设施应方便生产、生活，办公区、生活区和生产区宜分离设置。

（6）符合节能、环保、安全和消防等要求。

（7）遵守工程所在地政府建设主管部门和建设单位关于施工现场安全文明施工的相关规定。

2）施工总平面布置图的内容：

（1）工程项目施工用地范围内的地形状况。

（2）全部拟建的建（构）筑物和其他基础设施的位置。

（3）工程项目施工用地范围内的加工设施、运输设施、存贮设施、供电设施、供水供热设施、排水排污设施、临时施工道路和办公、生活用房等。

（4）施工现场必备的安全、消防、保卫和环境保护等设施。

（5）相邻的地上、地下既有建（构）筑物及相关环境。

5.4.2　单位工程施工组织设计

单位工程施工组织设计是指以单位（子单位）工程为主要对象编制的施工组织设计，对单位（子单位）工程的施工过程起指导和制约作用。

单位工程施工组织设计的主要内容：工程概况、施工部署、施工进度计划、施工准备与资源配置计划、主要施工方案、施工现场平面布置。

单位工程施工组织设计应由施工项目负责人主持编制，应由施工单位技术负责人或其授权的技术人员负责审批。

1. 专项施工方案的审查

专项方案应当由施工单位技术部门组织本单位施工技术、安全、质量等部门的专业技术人员进行审核。经审核合格的，由施工单位技术负责人签字。实行施工总承包的，专项施工方案应当由总承包单位技术负责人及相关专业承包单位技术负责人签字。不需专家论证的专项施工方案，经施工单位审核合格后报监理单位，由项目总监理工程师审核签字。

2. 专项施工方案的论证

超过一定规模的危险性较大的分部分项工程专项施工方案应当由施工单位组织召开专家论证会。实行施工总承包的，由施工总承包单位组织召开专家论证会。

5.4.3　网络计划技术

网络计划技术的基本原理是：首先应用网络图形来表达一项计划（或工程）中各项工作的开展顺序及其相互间的关系；然后通过计算找出计划中的关键工作及关键线路；继而通过不断改进网络计划，寻求最优方案，并付诸实施；最后在执行过程中进行有效的控制和监督。

在建筑施工中，网络计划技术主要是用来编制工程项目施工的进度计划和建筑施工企业的生产计划，并通过对计划的优化、调整和控制，达到缩短工期、提高效率、节约劳力、降低消耗的项目施工管理目标。

1. 网络计划的分类

按照《工程网络计划技术规程》JGJ/T 121—2015，我国常用的工程网络计划类型包括：双代号网络计划、双代号时标网络计划、单代号网络计划、单代号搭接网络计划。

双代号时标网络计划兼有网络计划与横道计划的优点，它能够清楚地将网络计划的时间参数直观地表达出来，随着计算机应用技术的发展成熟，目前已成为应用最为广泛的一种网络计划。

2. 网络计划时差

时差可分为总时差和自由时差两种。总时差，是指在不影响总工期的前提下，本工作可以利用的机动时间；自由时差，是指在不影响所有紧后工作最早开始的前提下，本工作可以利用的机动时间。

3. 确定关键工作和关键线路

在网络计划中，总时差最小的工作为关键工作，特别地，当网络计划的计划工期等于计算工期时，总时差为零的工作就是关键工作。找出关键工作之后，将这些关键工作首尾相连，便构成从起点节点到终点节点的通路，位于该通路上各项工作的持续时间总和最大，这条通路就是关键线路。在关键线路上可能有虚工作存在。

关键线路一般用粗箭线或双线箭线标出。在关键线路法中，关键线路上各项工作的持续时间总和应等于网络计划的计算工期，这一特点也是判别关键线路是否正确的准则。

【例 5-1】某工程双代号网络计划图六时标注法如图 5-1 所示。

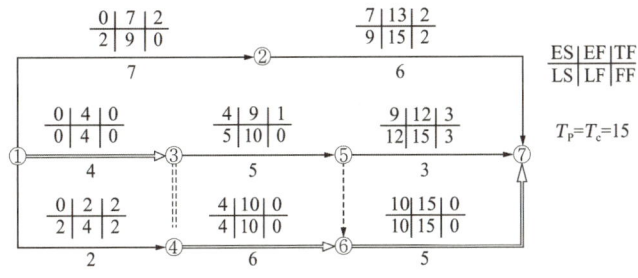

图 5-1　双代号网络计划图

ES—工作的最早开始时间；LS—在总工期已确定的情况下，工作的最迟开始时间；EF—工作的最早完成时间；
LF—在总工期已确定的情况下，工作的最迟完成时间；TF—工作的总时差；FF—工作的自由时差

真题训练及解析

1. 在施工图设计完成后，由工程项目主管工程师负责编制的，可作为编制季度、月度计划和分部分项工程施工组织设计的依据的是（　　　）。【单选题】
   A. 施工组织总设计　　　　　　　　　B. 单位工程施工组织设计
   C. 单项工程施工组织设计　　　　　　D. 施工方案

【答案】B

【解析】单位工程施工组织设计是以单位工程为编制对象；它是在施工图设计完成后，由工程项目主管工程师负责编制的，可作为编制季度、月度计划和分部分项工程施工组织设计的依据。

2. 施工组织总设计对整个工程项目的施工过程起统筹规划、重点控制的作用。负责审批施工组织总设计的人员是（　　　）。【单选题】
   A. 施工项目负责人　　　　　　　　　B. 建设单位法定代表人
   C. 总承包单位法定代表人　　　　　　D. 总承包单位技术负责人

【答案】D

【解析】施工组织总设计应由施工项目负责人主持编制，应由总承包单位技术负责人负责审批。

3. 发生下列情形，应及时修改、补充施工组织总设计的有（　　）。【多选题】

　A. 工程设计有重大修改时

　B. 施工项目负责人调整时

　C. 主要施工方法有重大调整时

　D. 主要施工资源配置有重大调整时

　E. 施工环境有重大改变时

【答案】A、C、D、E

【解析】工程项目施工过程中，发生下列情形之一时，应及时修改、补充施工组织总设计：工程设计有重大修改；有关法律法规、标准的实施、修订或废止；主要施工方法有重大调整；主要施工资源配置有重大调整；施工环境有重大改变。

第6章

安装工程识图基本原理与方法

 **本章提示**

掌握 安装工程施工图识读基本原理和方法。

熟悉 认识理解安装工程各设备、部件、整个系统工作原理。

知识体系

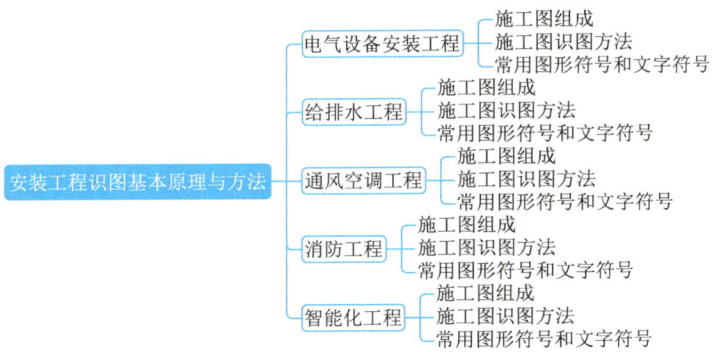

第1节　安装工程施工图的组成

安装工程施工图由目录、设计总说明、图例、主要材料设备表、平面图、系统图、大样图等组成，所包括的专业很多，常见的主要有建筑电气设备安装工程、给排水工程、通风空调工程、消防工程等多个专业。安装工程施工图是工程施工、计量和计价的主要依据。

造价人员在阅读安装工程施工图时，还应结合建筑和结构专业等相关施工图，通过各专业施工图的相互联系，深入对安装工程施工图进行理解，要先理解透彻施工图后再进行计量和计价，熟悉施工图的前提是对安装工程各设备、部件、整个系统工作原理有一定的认识理解，否则容易造成计量与计价出现多计、少计、漏项等错误。

第 2 节　施工图识图的方法和重点

6.2.1　电气设备安装工程

电气设备安装工程施工图是反映电力系统中电气线路和各种电气设备、元器件、电气装置的型号、规格、安装方式、安装部位、安装数量以及相互关系的工程施工设计图，能够表明电气设备安装工程的规模和功能。电气设备安装施工图一般都有高低压供配电线路、变配电、动力、照明、防雷接地等施工图。

1. 电气设备安装工程施工图的组成

1）首页。内容包括施工图目录、设计（施工）说明、图例、主要材料设备表等。材料设备表一般都会列出该电气设备安装工程的主要材料和主要设备的型号、规格、参考数量。通常图例和材料设备表列在同一表格内。

2）电气外线总平面图。是根据建筑专业的总平面图绘制的架空线路或地下电缆的位置，图中注明外线部分图例及做法说明，并标明总建筑面积、总设备容量、总计算容量及总电压损失。对于建筑面积较小，外线工程较简单的工程，一般不提供外线总平面图，仅在电气平面图上标示出电源引入线的位置。

3）电气系统图。强电（电力）系统图表示配电系统的组成，配电线路所用导线的型号、截面、穿管管径和管材、敷设方式和敷设部位等。

4）电气平面图。一般包括变配电平面图、动力平面图、照明平面图、防雷接地平面图等，在施工图上标明电源进户线的位置、规格及穿线管径；配电线路的敷设方式；导线的规格，根数及穿线管径；各种灯具、开关、插座及配电箱（盘）等电器的位置、规格和安装方式；各回路编号及要求。

5）大样图。对一般电气设备的安装和做法，选用国家标准图。而特殊设备和做法有特殊要求的，无法采用标准图的，施工图中有专门构件大样图，并注有详细尺寸、安装要求和做法。

2. 电气设备安装工程施工图的识图方法

1）掌握识图程序

先阅读施工图目录，根据目录找出电气设计（施工）说明，电气系统图和电气平面图，了解电气图所采用的图例及其所代表的意思；再查出相关设备的原理接线图和安装接线图，了解具体安装内容，这叫先全貌，再细节。

2）抓住工程的要点识图

每个工程都有它的特点和要求，必须抓住这些特点和要点来识图。电气设备安装工程有以下几个需要注意的要点：

（1）供电方式和相数。供电方式有高压方式供电和低压方式供电两种；供电相数有单相两线制和三相四线制两种。

（2）进户方式。有立电线杆进户、沿墙边埋角钢（街码）进户和地下电缆进户等方式。

（3）线路分配情况。各回路与 L1、L2、L3 三相的连接关系。

（4）线路敷设方式。线路敷设的方式有直敷布线、绝缘子布线、管道布线、线槽布线、钢索布线等。

（5）电气照明设备器具的布置。平面位置和立面位置（安装高度）。

（6）接地、防雷情况。采用的是接地保护还是接零保护，以及防雷装置的形式。此外，还要确定预埋、预留位置，防雷属于几类等级，防雷说明非常重要，还要了解安装的施工要求以及与其他工程（如土建，给排水，通信线路安装工程）的配合问题。

3）按顺序识图

识图时可按"总进线→总配电箱→系统干线→分配电箱→回路→设备"这个顺序进行。

4）结合相关的图对照识图

把电气照明平面图和电气系统图及设计（施工）说明结合一起识图；把整体图和局部图结合一起识图，在阅读比较复杂的电气设备线路图时，还需要把原理接线图和安装接线图结合一起识图。

6.2.2　给排水工程

给排水施工图是反映室内管网与室外管网的工程施工设计图，内容有室内外给水、排水、雨水及热水管网的具体位置和走向。

1. 给排水工程施工图的组成

1）首页。内容包括施工图目录、设计（施工）说明、图例、主要材料设备表等。设计（施工）说明及主要材料设备表，它可以表达工程绘图无法表达清楚的给水、排水、热水供应、雨水系统等管材、防腐、防冻、防露的做法；或难以表达的比如管道连接、竣工验收要求、施工中特殊情况技术处理措施，或施工方法要求严格必须遵守的技术规程、规定等，在施工图中用文字写出设计（施工）说明；工程选用的主要材料及设备表，列明材料类别、规格、数量，设备品种和主要尺寸。

2）平面布置图。给水、排水平面图主要表达给水、排水管线和设备的平面布置情况。根据建筑规划，在设计施工图中，用水设备的种类、数量、位置，均要作出给水和排水平面布置；各种功能管道、管道附件、卫生器具、用水设备，如洁具、水龙头，均用各种图例表示；各种横干管、立管、支管的管径、坡度等均有标出。

3）系统图。系统图也称为"轴测图"，其设计取水平、轴测、垂直方向，完全与平面布置图比例相同。系统图上标明管道的管径、坡度，标出支管与立管的连接处以及管道各种附件的安装标高，标高的 ±0.000 与建筑图一致。系统图上各种立管的编号与平面布置图相一致，均按给水、排水、热水等各系统单独绘制。

4）大样图。凡平面布置图、系统图中局部构造因受施工图比例限制而表达不完善或无法表达的，必须绘出大样图。卫生器具安装、排水检查井、雨水检查井、阀门井、水表井、局部污水处理构筑物等，均有各种施工标准图。大样图宜首先采用施工标准图，绘制的比例以能清楚绘出构造为原则，根据选用设计和标准详细注明尺寸，不是以比例代替尺寸。

2. 给排水工程施工图的识图方法

1）先粗后细，平面布置图和系统图多对照。

2）阅读施工图之前，应当先阅读说明和设备材料表，然后以系统图为线索深入阅读平面布置图及大样图，三种图相互对照阅读，先阅读系统图，对各系统做到大致了解。阅读给水系统图时，可从建筑的给水引入管开始，沿水流方向经干管、立管、支管到用水设备；阅读排水系统图时，可由排水设备开始，沿排水方向经支管、横管、立管、干管到排出管。

3）平面布置图的识图。给排水管道平面布置图是施工图中最基本和最重要的，它主要表明建筑物内给排水管道、卫生器具和用水设备的平面布置。图上的线条都是示意的，同时管材配件如接头、管箍等也不画出来，因此在识图时还必须熟悉给排水管道的施工工艺。在阅读平面布置图时，应该掌握的主要内容和注意事项如下：

（1）查清卫生器具、用水设备和升压设备的类型、数量、安装位置、定位尺寸。

（2）查清给水引入管和污水排出管的平面位置、走向、定位尺寸、与室外给排水管网的连接形式、管径及坡度等。

（3）查清给排水干管、立管、支管的平面位置与走向、管径尺寸及立管编号。

（4）在给水管道上设置水表时，必须查清水表的型号、安装位置以及水表前后阀门的设置情况。

（5）对于室内排水管道，还要查清清通设备的布置情况，清扫口和检查口的型号和位置。

4）系统图的识图。给排水管道系统图主要表明管道系统的立体空间走向。在给水系统图上，卫生器具不画出来，只画出水龙头、淋浴器、冲洗水箱等符号；用水设备如锅炉、热交换器、水箱等则画出示意性的立体图，并在旁边注以文字说明。在排水系统图上也只画出相应的卫生器具的存水弯或器具排水管。在阅读系统图时，应掌握的主要内容和注意事项如下：

（1）查清给水管道系统的具体走向，干管的布置方式，管径尺寸及其变化情况，阀门的设置，引入管、干管及各支管的标高。

（2）查清排水管道的具体走向，管路分支情况，管径尺寸与横管坡度，管道各部分标高，存水弯的形式，清通设备的设置情况，弯头及三通的选用等。识图排水管道系统图时，一般按卫生器具或排水设备的存水弯、器具排水管、横支管、立管、排出管的顺序进行。

（3）系统图上对各楼层标高都有注明，识图时可据此分清管路是属于哪一层的。

5）大样图的识图。主要是管道节点、水表、水加热器、开水炉、卫生器具、套管、排水设备、管道支架及卫生间大样图等。这些图都是根据实物用正投影法画出来的，图上都有详细尺寸，可供安装时直接使用。

6.2.3　通风空调工程

通风空调施工图分为风管系统与水管系统（包括冷冻水、冷却水系统、冷凝水系统），按照它们的实际情况出现在同一张平、剖面图中，但是在实际运行中，风系统与水系统具有相对的独立性。因此，在阅读施工图时，首先将风系统与水系统分开阅读，然后再结合起来。

1.通风空调工程施工图的组成

1）首页。内容包括施工图目录、设计（施工）说明、图例、主要材料设备表等。

2）平面图。通风空调工程平面图主要表达通风管道、设备、风管部件、水系统等的平面布置情况，主要内容包括：

（1）工艺设备的主要轮廓线、位置尺寸、标注编号及说明其型号和规格的设备明细表，如通风机、电动机、吸气罩、送风口、空调器等。

（2）通风管、异径管、弯头、三通或四通管接头，应注明风管的轴线长度尺寸、各管道及管件的截面尺寸（圆形风管以"ϕ"表示，矩形风管以"宽×高"表示）。风管直径或断面尺寸宜标注在风管或风管法兰盘处延长的细实线上方。

（3）导风板、调节阀门、送风口、回风口均用图例标明并注明规格型号，用带箭头的符号表明进风口空气流动方向。

（4）如有两个以上的进、排风系统或空调系统会有系统编号。

（5）注明设备及管道的定位尺寸（即它们的中心线与建筑定位轴线或墙面距离）。

3）剖面图。通风空调系统剖面图表示管道及设备在高度方向的安装高度。其主要内容与平面图基本相同，所不同的只是在表达风管及设备的位置尺寸时须明确标注出它们的标高。圆管标注管道中心标高，管底保持水平的矩形管及变截面矩形管标注管底标高。

4）系统图。通风空调管网系统图是根据各层通风系统中管道及设备的平面位置和竖向标高，用轴测投影法绘制而成，它表明通风系统各种设备、管道及主要配件的空间位置关系。平面图和剖面图不能准确表达系统全貌或不足以说明设计意图时，均需绘制通风空调管网系统轴测图，系统图标注详尽，主要设备、部件标注出编号，与平面图、剖面图及设备明细表相对照，还注明管径（截面尺寸）、标高、坡度（标注方法与平面图相同）。

5）大样图。大样图又称详图，包括制作加工详图和安装详图。如果是国家通用标准图，则只标明图号，不再将图画出，需用时直接查标准图集即可；如果没有标准图集，必须画出大样图，以便制作和安装。

2. 通风空调工程施工图的识图方法

1）阅读通风与空调施工图时，先阅读设计（施工）说明，对整个工程建立全面的概念，再阅读原理图，了解水系统的工艺流程后，最后阅读平面图和风管系统图。工艺流程一般反映空调制冷站制冷原理和冷冻水、冷却水的工艺流程，对整个水系统或制冷工艺有全面介绍，要注意原理图（即工艺流程图）不一定按比例绘制。领会工艺流程后，再阅读各层、各通风空调房间、制冷站、空调机房等平面图。

2）在识图过程中，按介质的流动方向将原理图、系统图、平面图相互结合交叉阅读，才能达到较好效果。通风空调系统，无论是水管系统还是风管系统，都可以称之为环路，这就说明风、水管系统总是有一定来源，并按一定方向，通过干管、支管，最后与具体设备连接，多数情况下又将回到它们的来源处，形成一个完整的系统。可见，系统形成了一个循环往复的完整的环路。我们可以从冷水机组开始阅读，也可以从空调设备开始阅读，直至经过完整的环路又回到起点。风管系统同样可以形成这样的环路，对于风管系统，可以从空调箱开始阅读，逆风流动方向阅读到新风口，顺风流动方向看到房间，再至回风干管空调箱，再看回风干管到排风管支路。

3）注意设备和管道安装的标高。通风空调系统中的主要设备，如冷水机组、空调箱等，其安装位置根据建筑结构工程来确定，这使得风管系统与水管系统在空间的走向往往是纵横交错，在平面图上很难表示清楚，因此，通风空调系统的施工图中除了大量的平面图外，还包括许多剖面图与系统图，它们对理解施工图有重要帮助。

4）特别要注意与给排水管道、电气管道和消防管道等专业施工图的相互关系。

5）通风管道用线段表示的，有用单线表示，也有用双线表示。若用双线表示，设计会画出管道中心线，管道中心线采用点划线。管道的规格采用符号和数字加以标注。

6）设备和部件。设备和部件在通风安装工程施工图上是用规定的图形符号来表示的，其规格型号采用文字和代号加以标注。

7）材料设备表。材料设备表列出材料设备名称、规格或性能参数、技术要求、数量，阅读时要重点了解。

8）标高。通风管道和设备的安装高度用标高表示，圆形风管指管中心线标高，矩形风管指管底标高。

6.2.4　消防工程

消防工程施工图根据工程项目大小和要求一般分为自动喷淋系统、消火栓系统、火灾自动报警系统、泡沫灭火系统、气体灭火系统、雨淋灭火系统、防排烟系统等。

1. 消防工程施工图的组成

1）首页。内容包括施工图目录、设计（施工）说明、图例、主要材料设备表等。

2）系统图。系统图表明整个系统的工作状态、连接方式、系统的工作原理以及各部件在系统中发挥的作用。系统图又分为水系统图和电系统图。

3）平面图。平面图是对系统图的进一步细化，表明设备的安装方式、位置及连接方式等。

4）大样图。

2. 消防工程施工图的识图方法

1）先阅读总平面图、设计（施工）说明、图例，设计（施工）说明是施工图的提纲，阅读它能把握设计意图，不同的设计可能图例不一样，阅读时要联系平面图和系统图进行推测。

2）然后阅读系统图，系统图相对难理解点，要多花点时间，不明白或矛盾的地方可以查阅同工程的建筑、装修和通风空调施工图仔细分析；阅读它就知道整个系统的工作原理及连接方式，通过阅读系统图要做到清晰各系统的运作，各材料、设备、部件在系统中发挥的作用等，这样才能把施工图理解透彻。

3）最后阅读平面图，事实上平面图是对系统图的进一步细化，平面图表明设备的安装方式、位置及连接方式。

4）阅读平面图与系统图要进行对照，用以将整个系统联系起来。根据水系统图结合平面图来明确每层管线走向，一般先找到进水点，再按系统管线的布置来找每一层平面图的具体位置。

5）一般系统图只是为了表示管线连接方式和规格，平面图电气的回路需要了解电线和电缆的标识，电线和电缆的符号标识有很多，如 ZR（阻燃）、NH（耐火）、WDZ（低烟无卤）等，不同标识的材料价格不同，作用也不同，这样阅读施工图才不会出错，计算工程量时也要分类列项。

6.2.5　智能化工程

智能化工程按系统划分为计算机应用、网络系统工程，综合布线系统工程，建筑设备自动化系统工程，有线电视、卫星接收系统工程，音频、视频系统工程，安全防范系统工程，智能建筑设备防雷接地工程。智能化工程施工图主要包含系统图、平面图。

1. 智能化工程施工图的组成

1）首页。内容包括施工图目录、设计（施工）说明、图例、主要材料设备表等。

2）平面图。一般包括总平面图和各系统的平面图。

3）系统图。每个专业系统会单独一张系统图。系统图表示各弱电系统的原理、线路所用的导线型号、截面、穿管管径和管材、敷设方式和敷设部分等。

2. 智能化工程施工图的识图方法

智能化工程由于系统比较多，因此在识图时需要根据同一个系统结合平面图及系统图进行了解。

第3节　常用图形符号和文字符号

施工图中的各种管线、材料和设备均是用图例符号和文字符号来表示的，识图的基础是首先要明确和熟悉有关专业的图例符号和文字符号所表达的内容和含义。本章所提到的施工图的图形符号和文字符号并不是每个工程的设计都是一样的，识图时要根据每个工程的设计图例和相关规范正确灵活应用。

6.3.1　电气设备安装工程

1. 常用电气设备安装工程图例符号（表6-1）

常用电气图例符号　　　　　　　　　　　　　　　表 6-1

图例	名称	备注	图例	名称	备注
	动力或动力—照明配电箱			熔断器式隔离开关	
	事故照明配电箱（屏）			避雷器	
F	应急楼层指示灯			应急双向疏散指示灯	
E	应急安全出口指示灯			应急单向疏散指示灯	
SM	应急专用电源			吸顶灯	
	灯的一般符号			单极开关（单控）	
	壁灯			双极开关（单控）	
	广照型灯（配照型灯）			三极开关（单控）	
	防水防尘灯			单极开关（双控）	
	弯灯			双极开关（双控）	

续表

图例	名称	备注	图例	名称	备注
	荧光灯			三极开关（双控）	
	三管荧光灯			单相二三极插座	
	五管荧光灯			单相三极空调插座	
	筒灯			单相三极热水器插座	
	风机盘管三速开关			单相二三极地面插座	
	指示式电压表			指示式电流表	
	功率因数表			有功电能表（瓦时计）	
F	电话线路		V	视频线路	
	三根导线			n 根导线	
	三根导线				

2. 常用电气设备安装工程文字符号（表 6-2～表 6-4）

灯具安装方式文字符号　　表 6-2

名称	旧符号	新符号	名称	旧符号	新符号
线吊式自在器 线吊式		SW	顶棚内安装	DR	CR
链吊式	L	CS	墙壁内安装	BR	WR
管吊式	G	DS	支架上安装	J	S
壁装式	B	W	柱上安装	Z	CL
吸顶式	D	C	座装	ZH	HM
嵌入式	R	R			

线路敷设方式文字符号　　表 6-3

序号	中文名称	符号	序号	中文名称	符号
1	暗敷	C	8	钢索敷设	M
2	明敷	E	9	金属线槽	MR
3	铝皮线卡	AL	10	电线管	T（MT）
4	电缆桥架	CT	11	塑料管	P（PC）
5	金属软管	F	12	塑料线卡	PL
6	水煤气管	G	13	塑料线槽	PR
7	瓷绝缘子	K	14	钢管	S（SC）

线路敷设部位文字符号　　　　　　　表 6-4

序号	中文名称	符号	序号	中文名称	符号
1	顶棚	CE	3	地面（板）	FC
2	吊顶	SC	4	墙	W

6.3.2　给排水工程

常用给排水工程图形符号和文字符号（表 6-5～表 6-14）。

管道图例　　　　　　　表 6-5

序号	名称	图例	序号	名称	图例
1	生活给水管	—J—	10	凝结水管	—N—
2	热水给水管	—RJ—	11	废水管	—F—
3	热水回水管	—RH—	12	压力废水管	—YF—
4	中水给水管	—ZJ—	13	通气管	—T—
5	循环给水管	—XJ—	14	污水管	—W—
6	循环回水管	—Xh—	15	压力污水管	—YW—
7	热媒给水管	—RM—	16	雨水管	—Y—
8	热媒回水管	—RMH—	17	压力雨水管	—YY—
9	蒸汽管	—Z—	18	膨胀管	—PZ—

管道附件　　　　　　　表 6-6

序号	名称	图例	备注
1	套管伸缩器		
2	方形伸缩器		
3	刚性防水套管		
4	柔性防水套管		
5	波纹管		
6	可曲挠橡胶接头		
7	立管检查口		
8	清扫口	平面　系统	
9	通气帽	成品　铅丝球	
10	雨水斗	YD-　平面　YD-　系统	
11	排水漏斗	平面　系统	

续表

序号	名称	图例	备注
12	圆形地漏		
13	方形地漏		
14	减压孔板		
15	Y 形除污器		
16	防回流污染止回阀		

管道连接 表 6-7

序号	名称	图例	备注
1	法兰连接		
2	承插连接		
3	活接头		
4	管堵		
5	法兰堵盖		
6	弯折管		表示管道向后及向下弯转 90°
7	三通连接		
8	四通连接		
9	盲板		
10	管道丁字上接		
11	管道丁字下接		
12	管道交叉		在下方和后面的管道应断开

管件 表 6-8

序号	名称	图例	备注
1	偏心异径管		
2	异径管		
3	乙字管		
4	喇叭口		
5	转动接头		

序号	名称	图例	备注
6	短管		
7	存水弯		
8	弯头		
9	正三通		
10	斜三通		
11	正四通		
12	斜四通		
13	浴盆排水件		

阀门　　　　　　　　　　　　　　　　　　　　　　　　表 6-9

序号	名称	图例	备注
1	闸阀		
2	角阀		
3	三通阀		
4	四通阀		
5	截止阀	$DN \geqslant 50$　　$DN < 50$	
6	电动阀		
7	液动阀		
8	气动阀		
9	减压阀		左侧为高压端
10	蝶阀		
11	旋塞阀	平面　　系统	
12	底阀		
13	球阀		
14	隔膜阀		

续表

序号	名称	图例	备注
15	气开隔膜阀		
16	气闭隔膜阀		
17	温度调节阀		
18	压力调节阀		
19	电磁阀		
20	止回阀		
21	消声止回阀		
22	弹簧安全阀		
23	平衡锤安全阀		
24	自动排气阀	平面　　　系统	
25	浮球阀	平面　　　系统	
26	延时自闭冲洗阀		
27	吸水喇叭口	平面　　　系统	
28	疏水器		

给水配件　　　　　　　　　　　　　　　　　　表 6-10

序号	名称	图例	备注
1	放水龙头		左侧为平面，右侧为系统
2	皮带龙头		左侧为平面，右侧为系统
3	洒水（栓）龙头		
4	化验龙头		
5	肘式龙头		
6	脚踏开关		

续表

序号	名称	图例	备注
7	混合水龙头	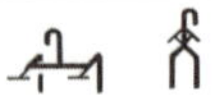	
8	旋转水龙头		
9	浴盆带喷头混合水龙头		

卫生设备及水池

表 6-11

序号	名称	图例	备注
1	立式洗脸盆		
2	台式洗脸盆	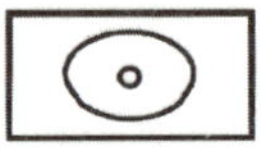	
3	挂式洗脸盆		
4	浴盆		
5	化验盆、洗涤盆		
6	带沥水板洗涤盆		
7	盥洗槽	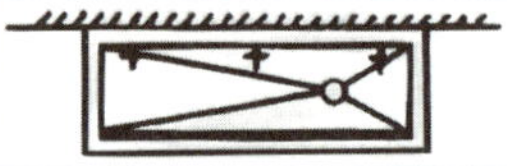	
8	污水池		
9	立式小便器		
10	壁挂式小便器		
11	蹲式大便器	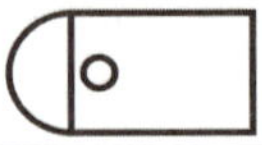	
12	坐式大便器	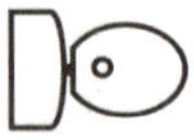	
13	小便槽	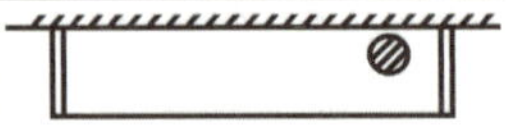	
14	淋浴喷头		

小型给水排水构筑物　　　　　　　　　　表 6-12

序号	名称	图例	备注
1	矩形化粪池	HC	HC 为化粪池代号
2	圆形化粪池	HC	HC 为化粪池代号
3	隔油池	YC	YC 为除油池代号
4	沉淀池	CC	CC 为沉淀池代号
5	降温池	JC	JC 为降温池代号
6	中和池	ZC	ZC 为中和池代号
7	雨水口		单口
			双口
8	阀门井、检查井		
9	水封井		
10	跌水井		
11	水表井		

给水排水设备　　　　　　　　　　表 6-13

序号	名称	图例	备注
1	水泵	平面　　系统	
2	潜水泵		
3	定量泵		
4	管道泵		
5	卧式热交换器		
6	立式热交换器		
7	快速管式热交换器		
8	开水器		
9	喷射器		小三角为进水端
10	除垢器		
11	水锤消除器		
12	浮球液位器		
13	搅拌器		

仪表　　　　　　　　　　　　　　　　　　　　表 6-14

序号	名称	图例	备注
1	温度计		
2	压力表		
3	自动记录压力表		
4	压力控制器		
5	水表		
6	自动记录流量计		
7	转子流量计		
8	真空表		
9	温度传感器		
10	压力传感器		
11	pH 值传感器		
12	酸传感器		
13	碱传感器		
14	余氯传感器		

6.3.3　通风空调工程

常用通风空调工程图形符号和文字符号（表 6-15）。

通风空调工程图形符号　　　　　　　　　　　表 6-15

序号	名称	图例	附注
	系统编号		
1	送风系统	—— S ——	
2	排风系统	—— P ——	
3	空调系统	—— K ——	
4	新风系统	—— X ——	
5	回风系统	—— H ——	二个系统以上时应进行系统编号
6	排烟系统	—— PY ——	
7	制冷系统	—— L ——	
8	除尘系统	—— C ——	
9	采暖系统	—— N ——	
10	洁净系统	—— J ——	
11	正压送风系统	—— ZS ——	

续表

序号	名称	图例	附注
12	人防送风系统	—— RS ——	
13	人防排风系统	—— RP ——	
	各类水、气管		
1	蒸汽管	$\frac{Z}{X}$	
2	凝结水管	$\frac{N}{X}$	
3	膨胀水管	$\frac{P}{X}$	
4	补给水管	$\frac{G}{X}$	
5	信号管	$\frac{X}{X}$	
6	溢排管	$\frac{Y}{X}$	
7	空调供水管	—— L_t ——	
8	空调回水管	—— L_t ——	
9	冷凝水管	$\frac{n}{X}$	
10	冷却供水管	—— LG_t ——	
11	冷却回水管	—— LG_t ——	
12	软化水管	—— RH ——	
13	盐水管	—— YS ——	
	风管		
1	异径风管		
2	天圆地方		
3	柔性风管		
4	风管检查孔		
5	风管测定孔		
6	带导流片弯头		
	各种阀门及附件		
1	安全阀		
2	蝶阀		
3	手动排气阀		

续表

序号	名称	图例	附注
	风阀及附件		
1	插板阀		
2	蝶阀		
3	手动对开式多叶调节阀		
4	电动对开式多叶调节阀		
5	三通调节阀		
6	防火（调节阀）		
7	余压阀		
8	止回阀		
9	送风口		
10	回风口		
11	方形散流器		
12	圆形散流器		
13	伞形风帽		
14	锥形风帽		
15	筒形风帽		

序号	名称	图例	附注
	通风、空调、制冷设备		
1	离心式通风机		
2	轴流式通风机		
3	离心式水泵		
4	制冷压缩机		
5	水冷机组		
6	空气过滤器		
7	空气加热器		
8	空气冷却器		
9	空气加湿器		
10	窗式空调器		
11	风机盘管		
12	消声器		
13	减振器		
14	消声弯头		
	仪表		
1	指示器（计）		

6.3.4　消防工程

常用消防工程图形符号和文字符号（表 6-16～表 6-18）。

消防工程气体灭火系统符号　　　　　　　　　　表 6-16

名称	图形	名称	图形
水灭火系统（全淹没）	⊗	ABC 类干粉灭火系统	◼
手动控制灭火系统	◇	泡沫灭火系统（全淹没）	●
二氧化碳灭火系统	▲	BC 类干粉灭火系统	⊗
推车式 ABC 类干粉灭火器	◼	ABC 类干粉灭火器	◼
推车式 BC 类干粉灭火器	⊠	沙桶	⏝

消防工程自动报警设备符号　　　　　　　　　　表 6-17

名称	图形	名称	图形
消防控制中心	⊠	火灾报警装置	▭
温感探测器	↓	感光探测器	∧
手动报警装置	Y	烟感探测器	⌇
气体探测器	↙	报警电话	☎
火灾警铃	⌂	火灾报警扬声器	◁
火灾报警发声器	◁	火灾光信号装置	8

消防管路及配件符号　　　　　　　　　　　　表 6-18

名称	图形	名称	图形
泡沫混合液管线	—FP—	消防水管线	—FS—
报警阀	⊳	干式立管	◎
消火栓	◖	开式喷头	→
干式立管	◎→	消防泵	⌐
闭式喷头	⊥	干式立管	◎→
泡沫比例混合器	▶◁	水泵结合器	⊢
湿式立管	⊗	泡沫产生器	▶
泡沫混合器立管	●	泡沫液管	▣
闸阀	⊳⊲	减压阀	▷

名称	图形	名称	图形
截止阀		水表	
止回阀		防回流污染止回阀	
消音止回阀		可曲挠橡胶接头	
蝶阀		水表井	
柔性防水套管		侧墙式自动喷洒头	平面　系统
消火栓给水管	—XH—	侧喷式喷洒头	平面　系统
自动喷水灭火给水管	—ZP—	雨淋灭火给水管	—YL—
室外消火栓		水幕灭火给水管	—SM—
室内消火栓（单口白色为开启面）	平面　系统	水炮灭火给水管	—SP—
室内消火栓（双口）	平面　系统	干式报警阀	平面　系统
水泵接合器		水炮	
自动喷洒头（开式）	平面　系统	水力警铃	
自动喷洒头（闭式下喷）	平面　系统	雨淋阀	平面　系统
自动喷洒头（闭式上喷）	平面　系统	末端测试阀	平面　系统
自动喷洒头（闭式上下喷）	平面　系统	末端测试阀	
湿式报警阀	平面　系统	遥控信号阀	
预作用报警阀	平面　系统	水流指示器	

6.3.5　智能化工程

常用智能化工程图形符号和文字符号（表6-19）。

智能化工程图形符号和文字　　　　　　　　　　　表 6-19

名称	图形	名称	图形
网络插座	TO	无线 AP（吸顶/壁装）	AP AP
电话插座	TP	交换机	SW
12/24/48 口配线架		枪式一体摄像机	
球形摄像机		电梯球形摄像机	
人脸识别设备		室外高清摄像机（带云台）	
磁力锁	EL	巡更点	
门锁按键	E	门禁读卡器	

真题训练及解析

1. 电线和电缆的标识，WDZ 表示的是（　　）。【单选题】

　　A. 阻燃　　　　　　　B. 耐火　　　　　　　C. 低烟无卤　　　　　　D. 低压

【答案】C

【解析】电线和电缆的符号标识有很多，如 ZR（阻燃）、NH（耐火）、WDZ（低烟无卤）。

2. 电气设备安装工程施工图的识图常用的顺序是（　　）。【单选题】

　　A. 回路→总进线→总配电箱→系统干线→分配电箱→设备

　　B. 总进线→设备→总配电箱→系统干线→分配电箱→回路

　　C. 总进线→总配电箱→系统干线→分配电箱→回路→设备

D. 设备→回路→分配电箱→系统干线→总配电箱→总进线

【答案】C

【解析】识电气设备安装工程施工图时可按"总进线→总配电箱→系统干线→分配电箱→回
路→设备"这个顺序进行。

3. 电气设备安装工程施工图中，电气平面图一般包括的有（　　　）。【多选题】

A. 变配电平面图　　　　　　　　B. 动力平面图

C. 照明平面图　　　　　　　　　D. 设备大样图

E. 电气系统图

【答案】A、B、C

【解析】电气平面图。一般包括变配电平面图、动力平面图、照明平面图、防雷接地平面
图等。

第7章

安装工程计量计价相关标准的基本内容

📑 **本章提示** ▷

掌握 建设工程计价标准要求、通用安装工程计量标准要求、定额调整与运用的一般方法。

熟悉 定额的分类与适用范围。

了解 工期定额的术语、招（投）标工期的计算、工期的约定、工期的调整、实际施工工期的确定。

🔲 **知识体系** ▷

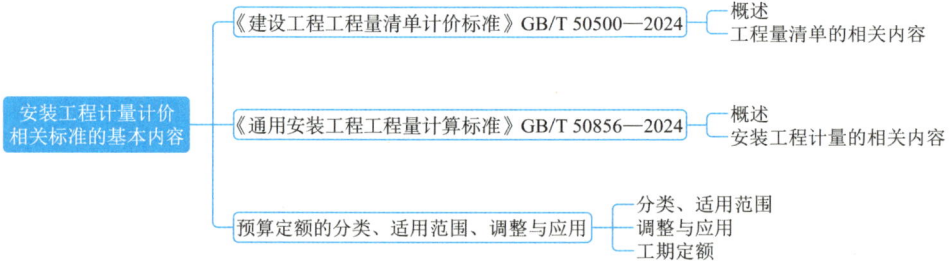

第1节 《建设工程工程量清单计价标准》GB/T 50500—2024

7.1.1 《建设工程工程量清单计价标准》GB/T 50500—2024 概述

《建设工程工程量清单计价标准》GB/T 50500—2024 是根据《中华人民共和国民法典》《中华人民共和国建筑法》《中华人民共和国招标投标法》《中华人民共和国价格法》

等法律法规，在总结了《建设工程工程量清单计价规范》GB 50500—2013 实施以来的经验及执行中存在问题的基础上修编的。

《建设工程工程量清单计价标准》GB/T 50500—2024 适用于建设工程施工发承包及实施阶段的计价活动，建设工程的计价活动应遵循客观公正、平等自愿、诚实守信、法定优先、有约从约的原则。

《建设工程工程量清单计价标准》GB/T 50500—2024 由正文、附录及条文说明三部分组成。

1. 正文共 12 章：第一章总则，第二章术语，第三章基本规定，第四章工程量清单编制，第五章最高投标限价编制，第六章投标报价编制，第七章合同工程计量，第八章合同价格调整，第九章合同价款期中支付，第十章工程结算与支付，第十一章合同价款争议的解决，第十二章工程计价成果与档案管理。

2. 附录包括内容如下：

1）附录 A　物价变化合同价格调整方法。

2）附录 B　工程计价文件封面。

3）附录 C　工程计价文件扉页。

4）附录 D　工程计价说明。

5）附录 E　工程计价费用汇总表。

6）附录 F　合同价款支付申请（核准）表。

7）附录 G　主要材料一览（调差）表。

3. 条文说明对正文中每个条款的具体说明及解释，便于理解和执行。

7.1.2　工程量清单计价标准的适用范围

《建设工程工程量清单计价标准》GB/T 50500—2024 适用于建设工程发承包及其实施阶段的计价活动。建设工程发承包及实施阶段的计价活动包括：工程量清单、最高投标限价、投标报价的编制，清标，工程合同价款的约定，工程结算的办理以及施工过程中的工程计量、合同价款支付、施工索赔与现场签证、合同价款调整和争议解决等活动。

7.1.3　工程量清单编制

工程量清单应由具有编制能力的招标人或受其委托的工程造价咨询人编制。

招标工程量清单应根据招标文件要求及工程交付范围，宜以合同标的或以单项工程、单位工程为工程量清单编制对象进行列项编制，并作为招标文件的组成部分。

1. 工程量清单的组成

工程量清单应按分部分项工程项目清单、措施项目清单、其他项目清单、增值税分别编制及计价。其清单项目应按设计图纸及技术标准规范、相关工程国家及行业工程量计算标准和《建设工程工程量清单计价标准》GB/T 50500—2024 第 4 章的规定编制。

工程量清单的清单项目价款确定可采用单价计价、总价计价方式。采用单价合同的工程，分部分项工程项目清单的列项完整性及项目特征准确性、工程数量准确性应由发包人负责，投标人投标时不得自行更改。采用总价合同的工程，分部分项工程项目清单的列项完整性及项目特征准确性、工程数量准确性应由承包人负责，投标人投标时可根据招标图纸及技术标准规范自行增补清单项目并报价。无论是采用单价合同还是采用总价合同，措施项目清单的列项完整性及报价准确性均应由承包人负责，投标人投标时可自行决定是否补充列项及报价，并承担自主报价的风险。

工程量清单成果文件应包括封面、签署页、编制说明、工程量计算规则说明、工程量清单及计价表格等。编制说明应列明工程概况、招标（或合同）范围、编制依据等；工程量计算规则说明应明确工程量清单适用的国家及行业工程量计算标准，以及根据工程实际需要补充的工程量计算规则等。

2. 工程量清单的编制依据

1）工程量清单应依据以下内容编制：

（1）《建设工程工程量清单计价标准》GB/T 50500—2024 和相关工程的国家工程量计算标准。

（2）国家及省级、行业建设主管部门颁发的工程量计量与计价规定以及根据工程需要补充的工程量计算规则。

（3）招标文件、拟定的合同条款及其相关资料。

（4）工程招标图纸及其相关资料。

（5）与建设工程有关的技术标准规范。

（6）施工现场情况、地勘水文资料、工程特点及交付标准。

（7）其他相关资料。

2）单价合同的工程量清单：

依据招标图纸、技术标准规范、相关工程国家及行业工程量计算标准及补充的工程量计算规则，确定分部分项工程项目清单及其项目特征，并计算其工程数量。清单项目按项计量编制的，应在其计量单位中以项表示。

如招标工程需要，可参考同类工程的设计图纸等资料在招标工程量清单中合理列出招标图纸无反映、但施工中可能会发生的清单项目及其项目特征，并结合招标工程及参考同类工程资料确定暂定工程数量。

3）总价合同的工程量清单：

依据招标图纸、技术标准规范、相关工程国家及行业工程量计算标准及补充的工程量计算规则，确定分部分项工程项目清单及其项目特征，并计算其工程数量。

按照招标图纸及技术标准规范可确定项目特征、但不能准确计算工程数量的项目可按暂定数量编制，并在其项目特征中说明为暂定工程量。

3. 工程量清单的编制内容

根据《建设工程工程量清单计价标准》GB/T 50500—2024 编制工程量清单的内容：

1）编制说明。主要对工程项目的基本概况、工程范围、编制（审核）依据、特殊要求（如有）及其他需要说明的问题等内容进行说明。

2）工程量清单计算规则说明。根据工程项目特点补充完善计算规则的，应列明工程量清单的详细计算规则。

3）分部分项工程量清单。

4）措施项目清单。

5）其他项目清单。

6）增值税项目清单。

7.1.4　工程量清单的编制方法

1. 工程量清单的编制方法

1）按《建设工程工程量清单计价标准》GB/T 50500—2024 和国家标准各专业工程工程量计算标准的规定，列出项目编码、项目名称、项目特征、计量单位。

2）按拟建工程的设计图纸、设计要求、设计说明、施工方案以及相关设计规范、施工规范的有关规定编制每个分部分项工程项目的项目特征。

3）按工程量清单工程量计算标准计算每个分部分项工程项目的工程量。

4）按《建设工程工程量清单计价标准》GB/T 50500—2024 要求，填写规定的工程量清单标准表格。

2. 工程量清单编制表格应符合的规定

1）工程量清单编制使用表格按《建设工程工程量清单计价标准》GB/T 50500—2024 的工程计价表格执行。

2）扉页应按规定的内容填写、签字、盖章，由造价人员编制的工程量清单应由负责审核的造价工程师签字、盖章。受委托编制的工程量清单，应由造价工程师签字、盖章以及工程造价咨询人盖章。

3）总说明应按下列内容填写。

（1）工程概况：建设规模、工程特征、计划工期、施工现场实际情况、自然地理条件、环境保护要求等。

（2）招标（或合同）范围。

（3）工程量清单编制依据。

（4）工程质量、材料、施工等的特殊要求。

（5）其他需说明的问题。

第2节　《通用安装工程工程量计算标准》GB/T 50856—2024

7.2.1　《通用安装工程工程量计算标准》GB/T 50856—2024 概述

安装工程计量是对拟建或已完安装工程（实体性或非实体性）数量的计算与确定。安装工程计量可划分为项目设计阶段、承发包阶段、项目实施阶段和竣工验收阶段的工程计量。项目设计阶段的工程计量是根据项目的建设规模、拟生产产品数量、生产方法、工艺流程和设备清单等对拟建项目安装工程量的计算；招标投标阶段的工程计量是依据安装施工图对拟建工程予以计量；项目实施阶段的工程计量指根据合同约定及实际完成的安装工程数量进行计量；竣工验收阶段的工程计量是依据竣工图对安装工程进行的最终确认。

在进行计算工程量的过程中，须依据《通用安装工程工程量计算标准》GB/T 50856—2024、《建设工程工程量清单计价标准》GB/T 50500—2024、施工图和工程计量内容及相关规定等进行计量。

7.2.2　工程量计算标准要求

建设安装工程项目的计量是通过对工程项目分解进行的，工程项目分解成不同层次后，为了有效管理，需进行规范编码。工程量清单编码体系作为建设安装项目的项目管理、成本分析和数据积累的基础，是很重要的业务标准。

按照我国现行国家标准《通用安装工程工程量计算标准》GB/T 50856—2024 规定，分部分项工程量清单项目编码采用十二位阿拉伯数字表示，一至九位应附录的规定设置，十至十二位应根据拟建工程的工程量清单项目名称和项目特征设置，同一个招标工程中的同一单项工程的项目编码不得有重码。一、二、三、四级编码为全国统一，第五级编码由清单编制人根据工程的清单项目特征分别编制。

如 030101001001 编码含义如图 7-1 所示。

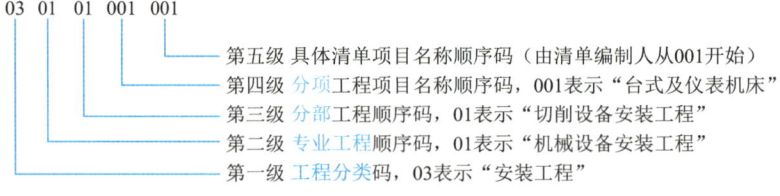

图 7-1　安装工程编码示例

1. 第一级编码表示专业工程类别。采用两位数字（即第一、二位数字）表示。01 表示房屋建筑与装饰工程，02 表示仿古建筑工程，03 表示通用安装工程，04 表示市政工程，05 表示园林绿化工程，06 表示矿山工程。

2. 第二级编码表示各附录分类顺序。采用两位数字（即第三、四位数字）表示。如安装工程的 0301 为"机械设备安装工程"，0308 为"工业管道工程"等。

3. 第三级编码表示各专业工程下的各分部工程。采用两位数字（即第五、六位数字）表示。如 030101 为"切削设备安装工程"；030803 为"高压管道"分部工程。

4. 第四级编码表示各分部工程的各分项工程，即表示清单项目。采用三位数字（即第七、八、九位数字）表示。如 030101001 为"机床"，030803001 为"高压碳钢管"分项工程。

5. 第五级编码表示清单项目名称顺序码。采用三位数字（即第十、十一、十二位数字）表示，由清单编制人员所编列，可有 1～999 个子项。

6. 工程量清单是以单位（项）工程为单位编制。在编制工程量清单时，在同一份工程量单中所列的分部分项工程清单项目的编码不得重码。

7.2.3　安装工程计量

安装工程造价采用清单计价方式的，其工程量的计算应依照现行的《通用安装工程工程量计算标准》GB/T 50856—2024 附录中安装工程工程量清单项目及计算规则进行工程计量，以工程量清单的形式表现。工程量清单是载明建设工程分部分项工程项目、措施项目、其他项目的名称、单位和相应数量以及规费、税金项目等内容的明细清单。

1. 安装工程计量规定

1）工程量清单标明的工程量是投标人投标报价的共同基础，投标人工程量必须与招标人提供的工程量一致。

2）《通用安装工程工程量计算标准》GB/T 50856—2024 适用于安装工程的计量和工程计量清单编制。

3）《通用安装工程工程量计算标准》GB/T 50856—2024 的计算尺寸，以设计图纸表示的或设计图纸能读出的尺寸为准。除另有规定外，工程量的计量单位应按下列规定计算：

（1）以体积计算的为立方米（m³）。

（2）以面积计算的为平方米（m²）。

（3）以长度计算的为米（m）。

（4）以重量计算的为吨（t）。

（5）以台（套或件等）计算的为台（套或件等）。

汇总工程量时，其精确度取值：以"m³""m²""m""kg"为单位，应保留两位小数；以"t"为单位，应保留三位小数；以"台""套"或"件"等为单位，应取整数，两位或三位小数后的位数按四舍五入法取舍。

4）计算工程量时，应依施工图顺序，分部、分项依次计算，应采用计算表格及计算机计算，简化计算过程。

2. 安装工程计量项目的划分

1）在《通用安装工程工程量计算标准》GB/T 50856—2024 中，按专业、设备特征或工程类别分为机械设备安装工程、热力设备安装工程等 14 部分，形成附录 A～附录 N、附录 P，具体为：

附录 A 机械设备安装工程（编码：0301）

附录 B 热力设备安装工程（编码：0302）

附录 C 静置设备与工艺金属结构制作安装工程（编码：0303）

附录 D 电气设备安装工程（编码：0304）

附录 E 建筑智能化工程（编码：0305）

附录 F 自动化控制仪表安装工程（编码：0306）

附录 G 通风空调工程（编码：0307）

附录 H 工业管道工程（编码：0308）

附录 J 消防工程（编码：0309）

附录 K 给排水、采暖、燃气工程（编码：0310）

附录 L 通信设备及线路工程（编码：0311）

附录 M 刷油、防腐蚀、绝热工程（编码：0312）

附录 N 其他及附属工程（编码：0313）

附录 P 措施项目（编码：0314）

2）每个专业工程又统一划分为若干个分部工程。如附录 D 电气设备安装工程，又划分为：

D.1 变压器安装（030401）

D.2 配电装置安装（030402）

D.3 母线安装（030403）

D.4 控制、保护、直流装置安装（030404）

D.5 低压电气设备安装（030405）

D.6 光伏组件设备安装（030406）

D.7 电机检查接线（030407）

D.8 滑触线装置安装（030408）

D.9 电缆安装（030409）

D.10 防雷及接地装置（030410）

D.11 10kV 及以下架空配电线路（030411）

D.12 配管、配线（030412）

D.13 照明器具安装（030413）

D.14 起重运输设备电气装置（030414）

D.15 附属工程（030415）

D.16 电气调整试验（030416）

D.17 其他规定

3）每个分部工程又统一划分为若干分项工程，列于分部工程表格之内。

在编制分部分项工程量清单时，应根据《通用安装工程工程量计算标准》GB/T 50856—2024 规定的项目编码、项目名称、项目特征、计量单位和工程量计算规则进行编制，各个分部分项工程量清单必须包括五部分：项目编码、项目名称、项目特征、计量单位和工程量。

《通用安装工程工程量计算标准》GB/T 50856—2024 适用于工业、民用、公共设施建设安装工程的计量和工程计量清单编制。在进行安装工程工程量计量时，除应遵守本标准外，尚应符合相关工程国家及行业标准的规定。

3.《通用安装工程工程量计算标准》GB/T 50856—2024 与《市政工程工程量计算标准》GB/T 50857 相关内容界线划分

1）电气设备安装工程与市政工程路灯工程的界定：厂区、住宅小区的道路路灯、景观照明、公园、广场、公共庭院等电气设备安装工程，应按《通用安装工程工程量计算标准》GB/T 50856—2024 内电气设备安装工程的相应项目编码列项；涉及城市道路照明系统应按现行国家标准《市政工程工程量计算标准》GB/T 50857 的相应项目编码列项。

2）工业管道与市政工程管网工程的界定：给水管道以厂区入口水表井为界，排水管道以厂区围墙外第一个污水井为界，热力和燃气以厂区入口第一个计量表（阀门）为界。

3）给排水、采暖、燃气工程（含消防管道）与市政管网工程的界定：室外给排水、采暖、燃气管道以市政管道碰头井为界。

7.2.4　分部分项工程量清单

安装工程分部分项工程量清单应根据《通用安装工程工程量计算标准》GB/T 50856—2024 附录规定的项目编码、项目名称、项目特征、计量单位和工程量计算规则进行编制。分部分项工程量清单形式以碳钢通风管道为例，见表 7-1。

分部分项工程量清单　　　　　　　　　　　表 7-1

工程名称：略　　　　　　　　　　　　　　　　　　　　　　　　　　　标段：

序号	项目编码	项目名称	项目特征描述	计量单位	工程量	金额/元	
						综合单价	合价
1	030702001001	碳钢通风管道	（1）名称：碳钢通风管道 （2）材质：镀锌钢板 （3）形状：矩形风管 （4）规格：200mm × 120 mm （5）板材厚度：$\delta = 0.5$mm （6）接口形式：咬口连接	m²	14.66		

1. 项目编码

项目编码应按照《通用安装工程工程量计算标准》GB/T 50856—2024 要求的安装工程项目分项编码进行编制，编制工程量清单时若出现附录中未包括的项目，编制人应作补充，并应符合以下规定：

补充项目的编码由《通用安装工程工程量计算标准》GB/T 50856—2024 的代码 03 与 B 和三位阿拉伯数字组成，并应从 03B001 起顺序编制。补充的工程量清单应附有补充项目的名称、项目特征、计量单位、工程量计算规则、工作内容。补充的措施项目应附有补充项目的名称、工作内容及包含范围。

2. 项目名称

项目名称是表明建设项目各专业工程分部分项工程清单项目的具体名称。安装工程各专业工程的清单项目名称应按《通用安装工程工程量计算标准》GB/T 50856—2024 附录的项目名称，并结合拟建工程的实际描述确定。

3. 项目特征描述

项目特征描述是指构成分部分项工程量清单项目、措施项目自身价值的本质特征。是确定一个清单项目综合单价的重要依据之一，必须对项目进行准确全面的特征描述，才能满足确定综合单价的需要。

安装工程应按《通用安装工程工程量计算标准》GB/T 50856—2024 附录 A、B、C、D、E、F、G、H、J、K、L、M、N 规定的项目特征，并结合拟建工程项目的实际予以描述。如 030801001 低压碳钢管，项目特征有：材质、规格、连接形式、焊接方法、压力试验、吹扫与清洗、脱脂。其中按材质可区分不同钢号；按型号规格可区分不同公称直径；按连接方式可区分螺纹、法兰等连接方式。经过上述区分，即可编列出 030801001 低压碳钢管的各个子项，并做相应的特征描述。

项目安装高度若超过基本高度时，应在"项目特征"中描述，因为超过基本高度需计算超高安装费。《广东省通用安装工程综合定额（2018）》各册基本安装高度为：C1 机械设备安装工程 10m，C4 电气设备安装工程 5m，C5 建筑智能化工程 5m，C7 通风空调工程 6m，C9 消防工程 5m，C10 给排水、采暖、燃气工程 3.6m，C12 刷油、防腐蚀、绝热工程 6m。

4. 计量单位

《通用安装工程工程量计算标准》GB/T 50856—2024 规定了安装工程各清单项目的计量单位。工程量清单的计量单位应按附录 A、B、C、D、E、F、G、H、J、K、L、M、N 中规定的计量单位确定。在清单计价方式中，清单项目工程量的计量单位均采用基本单位，不得使用扩大单位。

有两个或两个以上计量单位的，应结合拟建工程的实际情况，确定最贴切的一个为计量单位。如静置设备与工艺金属结构制作安装工程中磁粉探伤项目的计量单位为"m"或"m^2"，在编制工程量清单时可选用"m"或"m^2"，同一工程项目的计量单位应一致。

5. 工程量

《通用安装工程工程量计算标准》GB/T 50856—2024 规定了清单工程量的计算规则。工程量清单中所列工程量应按附录 A、B、C、D、E、F、G、H、J、K、L、M、N 中规定的工程量计算规则计算。其原则是按施工图图示尺寸（数量）计算工程数量。如 030801002 低压碳钢伴热管的工程量计算规则为：按设计图示管道中心线长度以"m"计算。

6. 工作内容

《通用安装工程工程量计算标准》GB/T 50856—2024 规定了完成一个清单项目可能所需要的施工工作内容。

如附录 H 工业管道工程中 030801001 低压碳钢管，此项"工作内容"有：安装，压力试验，吹扫、清洗，脱脂。当低压碳钢管用于某锅炉房热水供应管道时，设计要求为：压力试验、系统清洗。该项目特征描述应根据工程实际综合选择工作内容中的"安装，压力试验，吹扫、清洗"施工作业内容，应记入分部分项工程量清单"项目特征描述"项。

当附录中"工作内容"所列的施工作业内容不足时，在清单项目特征描述中应予以补充。

7.2.5　措施项目清单

措施项目指为完成工程项目施工，发生于该工程施工准备和施工过程中的技术、生活、安全、环境保护等方面的项目。

1. 措施项目清单编制要求

编制工程量清单时，《通用安装工程工程量计算标准》GB/T 50856—2024 附录 P 的措施项目应按规定的项目编码、项目名称和工作内容确定。

发包人提供设计图纸并要求承包人按图施工的措施项目，按《通用安装工程工程量计算标准》GB/T 50856—2024 分部分项工程编制的规定编制工程量清单，列入分部分项工程量清单中。

2. 措施项目清单内容

安装工程措施项目清单依据《通用安装工程工程量计算标准》GB/T 50856—2024 附录 P 中的规定进行编制。

《通用安装工程工程量计算标准》GB/T 50856—2024 附录 P 提供了安装专业工程可列的措施项目，具体见表 7-2。

措施项目一览表（编码：031401）　表 7-2

项目编码	项目名称	单位	工作内容
031401001	脚手架	项	搭设脚手架、斜道、上料平台，铺设安全网，铺（翻）脚手板，转运、改制、维修维护，拆除、堆放、整理，外运、归库等

项目编码	项目名称	单位	工作内容
031401002	大型机械设备进出场及安拆	项	除垂直运输机械以外的大型机械安装、检测、试运转和拆卸，运进、运出施工现场的装卸和运输，轨道、固定装置的安装和拆除等
031401003	临时专用防护棚	项	临时防护棚制作、安装、拆除
031401004	施工操作平台	项	场地平整、基础及支墩砌筑、支架型钢搭设、铺设、拆除、清理
031401005	临时支撑架	项	临时支撑架制作、安装、拆除
031401006	隧道内临时施工的通风、供水、供气、供电、照明及通信设施	项	通风、供水、供气、供电、照明及通信设施安装、拆除
031401007	吊装加固	项	大型设备加固、吊装过程中临时加固，加固设施拆除、清理
031401008	胎（模）具	项	制作、安装、拆除
031401009	安全生产	项	施工现场安全施工所需的各项措施
031401010	文明施工	项	施工现场文明施工、绿色施工所需的各项措施
031401011	环境保护	项	施工现场为达到环保要求所需的各项措施
031401012	临时设施	项	为进行建设工程施工所需的生活和生产用的临时建筑物、构筑物和其他临时设施。包括临时设施的搭设、移拆、维修、清理、拆除后恢复等，以及因修建临时设施应由承包人所负责的有关内容
031401013	二次搬运	项	因施工场地条件及施工程序限制而发生的材料、构配件、半成品等一次运输不能到达堆放地点，必须进行二次或多次搬运所发生的内容
031401014	既有建（构）筑物、设施保护	项	在工程施工过程中，对既有建筑物、构筑物及地上、地下设施进行的遮盖、封闭、隔离等必要临时保护措施
031401015	已完工程及设备保护	项	建设项目施工过程中直至竣工验收前，对已完工程及设备采取的必要保护措施
031401016	顶升、提升装置	项	安装、拆除
031401017	特殊地区施工增加	项	在特殊地区（高温、高寒、高原、沙漠、戈壁、沿海、海洋等）及特殊施工环境（邻公路、邻铁路等）下施工时，弥补施工降效所需增加的内容
031401018	安装与生产运行同时进行施工防护	项	火灾防护、噪声防护
031401019	有害身体健康环境中施工防护	项	在施工过程中有害化合物防护、粉尘防护、有害气体防护、高浓度氧气防护
031401020	夜间施工增加费	项	因夜间或在地下室等特殊部位施工时，所采用照明设备的安拆、维护、照明用电及施工人员夜班补助、夜间施工劳动效率降低等内容
031401021	冬雨期施工增加	项	在冬期或雨期施工，引起防寒、保温、防滑、防潮和排降雨雪等措施的增加，人工、施工机械效率降低等内容
031401022	其他措施	项	为保证工程施工正常进行所发生的措施

第 3 节 预算定额的分类、适用范围、调整与应用

工程计价定额是指工程定额中直接用于工程计价的定额或指标，包括预算定额、概算定额、概算指标和估算指标等。工程计价定额主要用来在建设项目的不同阶段作为确定和计算工程造价的依据。

目前，预算定额是应用最广、体系最成熟的工程计价定额。预算定额是在正常的施工条件下，完成一定计量单位合格分项工程和结构构件所需消耗的人工、材料、施工机具台班数量及其相应费用标准。预算定额是工程建设中的一项重要的技术经济文件，是编制施工图预算的主要依据，是确定和控制工程造价的基础。

7.3.1 预算定额的分类、适用范围

1. 预算定额的分类

1）按专业性质分，预算定额可分为建筑工程定额和安装工程定额两大类。

（1）建筑工程预算定额按专业对象又分为建筑工程预算定额、市政工程预算定额、铁路工程预算定额、公路工程预算定额、房屋修缮工程预算定额、矿山井巷预算定额等。

（2）安装工程预算定额按专业对象又分为机械设备安装工程预算定额，热力设备安装工程预算定额，静置设备与工艺金属结构制作安装工程预算定额，电气设备安装工程预算定额，建筑智能化工程预算定额，自动化控制仪表安装工程预算定额，通风空调工程预算定额，工业管道安装工程预算定额，消防工程预算定额，给排水、采暖、燃气工程预算定额，通信设备及线路工程预算定额，刷油、防腐蚀、绝热工程预算定额等。

2）按管理权限和执行范围分，预算定额可分为全国统一定额、行业统一定额和地区统一定额等。

3）预算定额按物资要素可分为劳动定额、机械定额和材料消耗定额，但它们相互依存形成一个整体，作为编制预算定额依据，各自不具有独立性。

2. 预算定额的适用范围

1）全国统一定额。全国统一定额是由国家建设行政主管部门，综合全国工程建设技术和施工组织管理的情况编制，并在全国范围内执行的定额，如全国通用安装工程消耗量定额。

2）行业部门统一定额。行业部门统一定额是考虑到各行各业部门专业工程的技术特点以及施工生产和管理水平编制的。

3）地区统一定额。地区统一定额是各省、市、自治区考虑地区特点并结合全国统一定额水平适当调整补充而编制，在规定的地区范围内使用的定额。

7.3.2   预算定额的调整与应用

1. 定额直接套用

当施工图的设计要求、结构特征与定额的项目内容完全相符时，可直接套用相应定额。

2. 定额换算

当分项工程的设计要求与定额工作内容、材料规格、施工方法不相符时，不能直接套定额，必须依据总说明、分部工程说明等规定，按照要求进行换算。

3. 定额调整换算的方法

1）按计算方法分类：①加减数的换算方法：即按照定额规定在原定额项目中工、料、机械消耗量抽减、添加上新的消耗量。②乘数的换算方法：即是按规定在定额项目的工、料、机械或预算价格上乘以相应系数的换算。

2）按定额换算的位置分类：分为人工、材料、机械换算和混合换算。①人工换算：只对项目定额人工进行换算，其他不变。②材料换算：由于定额项目中某种（部分）材料、规格与设计和施工要求不同而影响数量及价格时按规定进行换算，其他不变。③机械换算：只对定额项目中某种施工机械费进行换算，其他不变。④混合换算：施工图要求使定额项目中的工、料、机发生部分变化而影响另一个子目发生变化的两种以上的换算。

7.3.3   工期定额

建筑工程工期定额是依据国家建筑工程质量检验评定标准施工及验收规范有关规定，结合各施工条件，本着平均、经济合理的原则制定的，工期定额是编制施工组织设计、安排施工计划和考核施工工期、调解施工工期纠纷的依据，是编制招标标底，投标标书和签订建筑工程合同的重要依据。目前广东省现行施工工期定额为《广东省建设工程施工标准工期定额（2022）》。

建设工程施工工期的确定和调整应遵循科学、客观、公正、公平的原则。

建设单位、施工单位应保证建设工程有合理的施工工期，不得任意压缩工期。

建设工程施工工期的计算与管理活动，包括但不限于以下事项：①工期目标及招标工期的确定；②施工合同工期的确定；③工期的调整；④施工进度计划的编制和调整；⑤工期纠纷的处理。

1. 工期定额的术语

1）标准工期（定额工期）：是指按照工期定额规定计算的工期。标准工期（定额工期）是指自开工之日起到完成施工合同约定全部工程内容达到竣工验收标准之日为止的全过程所需的日历天数，但不包括施工准备、竣工文件的编制和实施验收的时间。开工日期是指建设工程项目具备法律规定及合同约定的开工条件时，发包人或监理工程师发出的开工通知书（开工令）中确定的开工时间。

2）招标工期：是指招标人在招标文件中提出的，完成施工招标内容并通过施工质量竣工验收所需的日历天数。

3）投标工期：是指投标人根据招标文件的要求，结合企业自身和拟定的施工组织设计对招标工程报出的完成施工招标内容和通过施工质量竣工验收所需的日历天数。

2. 招（投）标工期的计算

1）发包人应在招标文件中明确招标工期并说明确定依据、计划开工日期等有关事项。扣减施工质量竣工验收时间后招标工期短于标准工期的，应在招标文件中单独说明，工程量清单和招标控制价（施工图预算）应开列"赶工措施项目"和"赶工措施费用"，赶工措施费用按照行业建设主管部门现行建设工程计价依据的有关规定计算。

2）投标工期应符合招标工期的要求：

（1）招标文件规定确定性招标工期的，投标工期按照招标工期。

（2）招标文件规定非确定性招标工期的，投标工期应由投标人根据项目特征和规模，结合工期定额的规定在投标施工组织方案的基础上自行确定。

3. 工期的约定

发、承包双方应在施工合同中明确合同工期，并约定以下与工期有关的事项：①开工日期；②工期调整事项；③工期调整程序；④工期责任；⑤工期争议的处理方式。

4. 工期的调整

1）因承包人原因未能按规定开工的，工期不予顺延。因发包人原因致使工程不具备开工条件的，工期应予顺延。

2）施工合同履行过程中，发生下列情形之一影响施工进度或暂停施工的，应按照相关规定顺延施工工期：

（1）遇不可抗力或政府政策。

（2）地质勘察报告与实际地质出入较大的。

（3）遇地下障碍物或发现地下文物、化石、古迹遗址等具有考古价值文物的。

（4）发生重大设计变更的。

（5）发包人违约导致暂停施工或影响关键工作的。

（6）停水、停电、停气导致暂停施工的。

（7）其他非承包人原因引起的暂停施工或工期延误的。

5. 实际施工工期的确定

1）实际施工工期的确定应依据：

（1）工期定额。

（2）施工合同。

（3）建设工程设计文件及相关资料。

（4）与建设项目相关的标准、规范、技术资料施工组织设计。

（5）施工记录；地质勘察报告和实际地质情况。

（6）其他相关资料。

2）调整后的合同工期天数应以合同约定天数（中标工期天数）为基础，考虑合同履行过程中的工程调整，具体算式为：

$$T_{dc} = T_{db} + T_{ds} + T_{dz} - T_{dj} \tag{7-1}$$

式中：T_{dc}——调整后的合同工期天数；

T_{db}——中标工期天数或合同工期约定天数；

T_{ds}——顺延工期天数；

T_{dz}——增加工期天数；

T_{dj}——缩短工期天数。

真题训练及解析

1. 根据《通用安装工程工程量计算标准》GB/T 50856—2024 规定，分部分项工程量清单项目编码采用阿拉伯数字表示，采用的数字位数是（ ）。【单选题】

   A. 10   B. 11   C. 12   D. 1

【答案】C

【解析】按照国家标准《通用安装工程工程量计算标准》GB/T 50856—2024 规定，分部分项工程量清单项目编码采用十二位阿拉伯数字表示，一至九位应附录的规定设置，十至十二位应根据拟建工程的工程量清单项目名称和项目特征设置。

2. 工程量清单汇总工程量时，其精确度取值：以"kg"为单位时，应保留小数位数是（ ）。【单选题】

   A. 0   B. 1   C. 2   D. 3

【答案】C

【解析】汇总工程量时，其精确度取值：以"m³"、"m²"、"m"、"kg"为单位，应保留两位小数；以"t"为单位，应保留三位小数；以"台""套"或"件"等为单位，应取整数，两位或三位小数后的位数按四舍五入法取舍。

3. 根据《通用安装工程工程量计算标准》GB/T 50856—2024 规定，属于安装工程可列的措施项目的有（ ）。【多选题】

   A. 施工操作平台

   B. 安全生产

C. 二次搬运

D. 总承包服务费

E. 暂列金额

【答案】A、B、C

【解析】见《通用安装工程工程量计算标准》GB/T 50856—2024 附录 P。

第 **8** 章
计算机辅助工程量计算

 **本章提示**

掌握 通过计算机辅助工程量计算的原理和特点，加深对工程量计算的理解。

熟悉 加强计算机辅助工程量计算的流程及功能的运用，否则容易造成多布置、少布置、漏计算工程量等错误。

了解 BIM技术在工程量计算中的应用。

知识体系

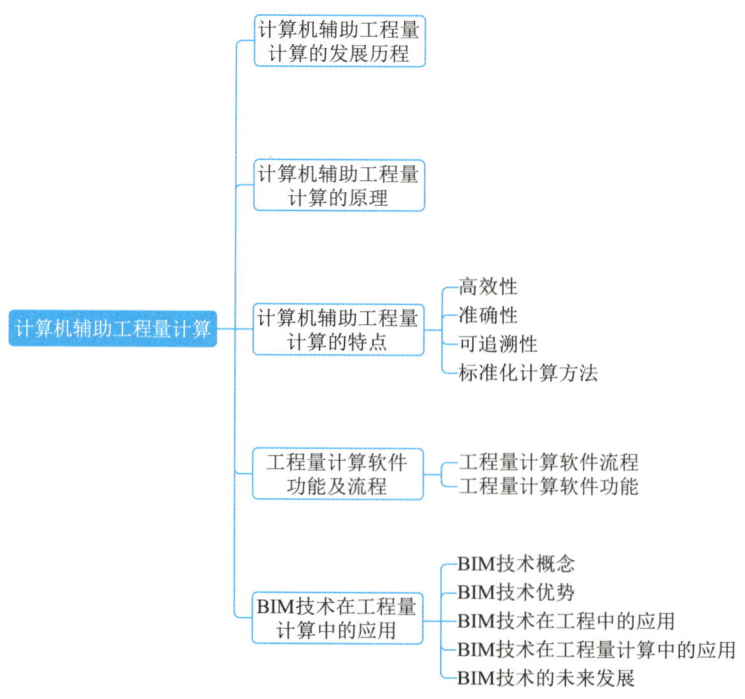

第 1 节　计算机辅助工程量计算

8.1.1　计算机辅助工程量计算的发展历程

计算机辅助工程量计算的初始阶段可以追溯到 20 世纪 50 年代。当时，随着计算机技术的诞生和初步发展，人们开始尝试将计算机应用于工程计算中。这一阶段的计算机辅助工程量计算主要依赖于简单的编程语言和算法，能够实现基础的数值计算和结构分析。尽管计算能力有限，但这一阶段的探索为后来的计算机辅助工程量计算奠定了基础。

自我国实行工程量计算方法以来，手工算量就随之出现，目前这种算量方法仍然是我国工程量算量主体。自 20 世纪 90 年代初，IT 技术逐渐渗透到各领域中，建筑业作为国民经济一个重要的支柱产业，在施工领域中也逐渐出现了一系列软件，其利用计算机强大的运算能力，针对不同目标提出了不同的软件解决方案，软件表格法算量就是在这个阶段出现和发展起来的。

计算机辅助工程量计算软件开发平台大致分为 CAD 平台、自主平台、国产自主平台；工程量计算的形式有二维图形算量、三维图形算量、表格算量。

8.1.2　计算机辅助工程量计算的原理

计算机辅助工程量计算的基本原理是先建模，再校核，随后进行自动计算，自动生成工程量。工程量计算软件算量的思路如图 8-1 所示

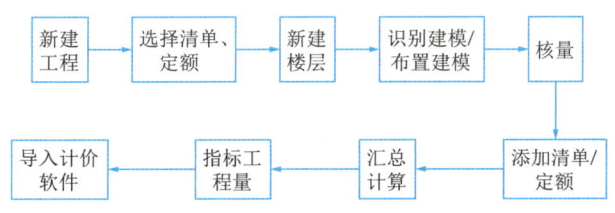

图 8-1　计算机辅助工程量计算原理

8.1.3　计算机辅助工程量计算的特点

1.高效性

计算机辅助工程量能够快速处理大量数据和复杂计算，节省时间并提高工作效率。

2.准确性

通过精确的算法和程序，计算机辅助工程量能够减少人为错误的发生，提供更准确的工程量计算结果。

3. 可追溯性

计算机辅助工程量的计算过程被记录和存储，方便审查、修改和追踪计算结果来源，提供可追溯性和可靠性。

4. 标准化计算方法

使用计算机辅助工程量计算可以根据特定标准或规范进行计算，确保符合行业或国家标准。

8.1.4 工程量计算软件功能及流程

当 BIM 技术深入应用于工程项目中时，三维设计软件建立的模型可直接导入三维算量软件进行计算。为避免重复建模，国内部分软件已在三维设计软件上开发了算量插件，内嵌国内清单及定额计算规则。这一整合的方法省去了数据导出导入的步骤，实现了自动化、精准的算量，贯穿了工程造价的全过程管理，避免了多次模型搭建的情况，从而提高了工程管理效率。

1. 工程量计算软件流程（图 8-2）

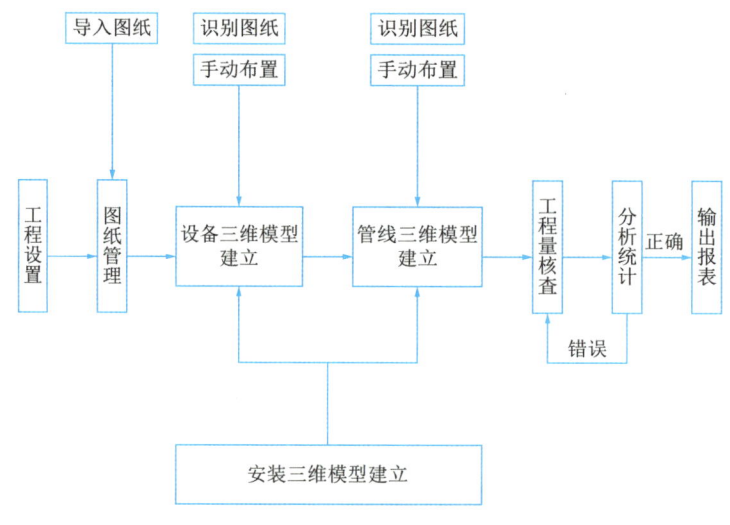

图 8-2　工程量计算软件流程

2. 工程量计算软件功能

1）工程设置：添加工程基本信息、新建楼层，清单定额选择等。

2）智能识别：导入 CAD 图纸，提取图纸信息，转化为模型构件，自动建立三维算量模型。

3）自动套取做法：根据选择的清单定额，自动套取构件做法。

4）汇总计算：通过内置清单定额计算规则，自动完成工程量计算，获取指标。

5）工程量报表：输出清单工程量、定额工程量、明细工程量等符合计价要求的工程量报表（图 8-3）。

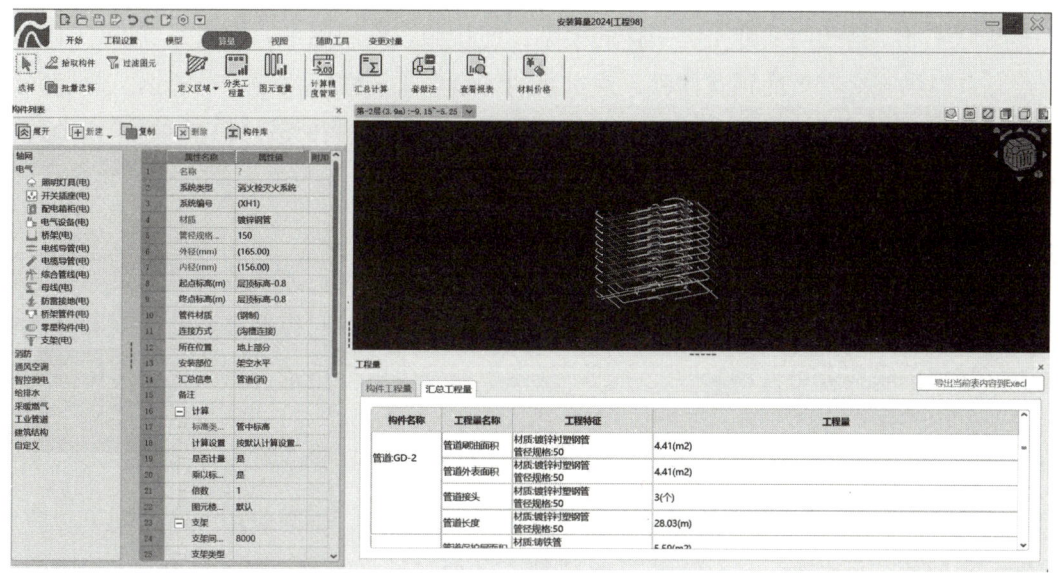

图 8-3　计算机辅助工程量计算软件界面

第 2 节　BIM 技术在工程量计算中的应用

8.2.1　BIM 技术概念

BIM 的概念原型最早于 1974 年由美国的查克·伊斯曼博士提出，他提出的 BDS（Building Description System）理论旨在解决建筑图纸冗余、信息不一致以及手动摘录图纸等问题。随着信息技术的不断发展，2002 年美国 Autodesk 公司明确提出了 BIM 的概念，并开始在工程建设中推广应用 BIM 技术。

BIM 即 Building Information Modeling 或 Building Information Model 的缩写，代表建筑信息模型化或建筑信息模型。尽管 BIM 没有统一的定义，但各国标准文件中都给出了各自的解释。在我国的《建筑信息模型应用统一标准》GB/T 51212—2016 中，BIM 被定义为工程项目及其设施物理和功能的数字化表达，在整个生命周期中提供共享的信息资源，并为各种决策提供基础信息。

8.2.2　BIM 技术优势

当 BIM 技术在我国建设领域深入应用时，它展现了在工程算量、施工模拟、设计深化、专业协调和进度控制等方面的高价值。因此，BIM 被视为建筑行业信息化的最佳解决方案。接下来简要介绍 BIM 最显著的几个优势。

1.可视化

可视化是 BIM 最显著的优点，也就是"所见即所得"。三维模型的可视化特性可以在三维模式下，搭建与实际工程一样的模型，能按照三维的思考方式来完成设计，同时也给业主提供直接有效的感官体验，建筑物的体量形态、空间位置一目了然，通过三维模型的展示，业主能直观地看到自己的投资成果，方便业主和设计师之间更好地沟通、讨论与决策。

2. 参数化

参数化在工程设计阶段发挥了突出的优势。面对多个设计方案或设计变更，传统方法需对大量的图纸进行手动修改调整。而利用 BIM 技术，只对模型涉及的某一部位进行修改，其相关联部分可自动修改，在任一视图下所发生的变更都能参数化双向传播到所有视图，以保证所有图纸的一致性。

3. 协同化

各专业人员基于统一的 IFC 工业标准建立 BIM 模型，不同应用程序之间可以完成数据的转换和共享。各专业人员通过 BIM 技术远程将各自的设计理念整合，实现协同设计，得到最终的数字化模型。模型可以完成对图形的描述，还可以容纳关联从设计、施工、运维到项目报废为止的全生命周期的信息。协同可以消除项目中的信息孤岛及不同专业之间的不兼容性，为各相关人员提供共享平台，提高效率。

4. 模拟性

BIM 模型不仅模拟建筑物的形状，也可模拟如温度、光度、日照等抽象信息，从而得出适合建筑物应用的设计方案；与施工进度计划链接，可以模拟整个施工过程，为科学布置施工现场、合理确定施工计划、优化使用施工资源提供指导；进行运营阶段日常紧急情况的处理方式模拟，确定灾害发生位置，分析灾害发生原因，合理制定人员快速疏散路线，为有效预防突发事件发生等提供最佳应对方案。

5. 可出图性

BIM 数据拥有多种导出方式。如对建筑物进行可视化展示、协调、模拟、优化以后，出具对应的建筑设计图、经过碰撞检查和设计修改后的施工图、综合管线图、综合结构留洞图（预埋套管图）、碰撞检查侦错报告和建议改进方案等。也可输出工程量清单、设备表等电子表格信息及电子文档信息。

8.2.3　BIM 技术在工程中的应用

我国近年来 BIM 技术迅速发展，在多个标志性项目中得到广泛应用，积累了大量典型案例经验。国内大多数大型建筑企业都意识到 BIM 对提升生产效率的重要性，开始在一些项目上试点应用。同时，国家政策也大力支持 BIM，各级政府相继出台推广 BIM 应用的政策，形成了政企齐心、多方推动的态势。

1. 政府出台了相关政策和标准

2021 年 4 月，住房和城乡建设部信息中心主办的《中国建筑业信息化发展报告

（2021）》的编写启动会召开，会议聚焦智能建造，旨在展现当前建筑业智能化实践，探索建筑业高质量发展路径。大力发展数字设计、智能生产、智能施工和智慧运维，加快建筑信息模型（BIM）技术研发和应用。2023 年 2 月中共中央、国务院印发了《质量强国建设纲要》，并发出通知，要求各地区各部门结合实际认真贯彻落实。

　　地方政府也相继推出发展 BIM 技术的政策。2023 年 1 月 16 日，深圳市住房和建设局发布关于征求深圳市《建筑信息模型语义字典标准（征求意见稿）》《建筑信息模型审批子模型标准（征求意见稿）》意见的通知，6 月 21 日，深圳市人民政府办公厅发布《深圳市数字孪生先锋城市建设行动计划（2023）》，总体目标是：建设"数实融合、同生共长、实时交互、秒级响应"的数字孪生先锋城市。建设一个一体协同的数字孪生底座、构建不少于十类数据相融合的孪生数据底板、上线承载超百个场景、超千项指标的数字孪生应用、打造万亿级核心产业增加值数字经济高地，建设国内领先、世界一流的智慧城市和数字政府，推动城市高质量发展。

　　2. 各行业企业 BIM 技术应用分析

　　1）设计企业 BIM 应用的主要内容

　　（1）方案设计和初步设计

　　使用 BIM 技术进行项目立体模型展示，分析造型、体量空间的不足之处并进行修改，快速确定方案。

　　（2）详细设计分析及模拟

　　基于各专业建立的 BIM 模型，进行绿色建筑分析、垂直交通、应急模拟，快速完成设计分析和模拟。

　　（3）施工图设计

　　基于模型的 BIM 工程数据自动生成图纸和统计报表及设计变更。

　　（4）设计评审

　　利用 BIM 检查设计冲突，优化工程设计，减少在正式施工时可能存在的问题。通过 BIM 模型优化空间标高，调整和美化装修完成面和管线排布方案。

　　2）施工企业 BIM 应用的主要内容

　　（1）专业协调

　　利用优化后的方案，进行施工交底和施工模拟，对各专业施工进行协调。

　　（2）模拟优化施工方案

　　在 BIM 模型上增加时间维度，结合施工组织设计和施工方案，进行施工进度模拟。对比不同方案的模拟效果，优选方案；对比模拟施工进度与施工现场的实际进度，可以提前预警。

　　（3）项目综合管控

　　运用 BIM5D 技术监控施工过程，标记、跟踪、记录及同步数据，质安人员核实查看完成质量、安全管理工作；工期实际情况录入BIM5D，显示当前进度情况与计划对比；模型关联计划，进行材料查询，生成报表；提供资金信息，查询不同时期计划资金与实际资金对比，预测项目盈亏；通过移动端、PC端和网页端对项目进行综合管控（图8-4）。

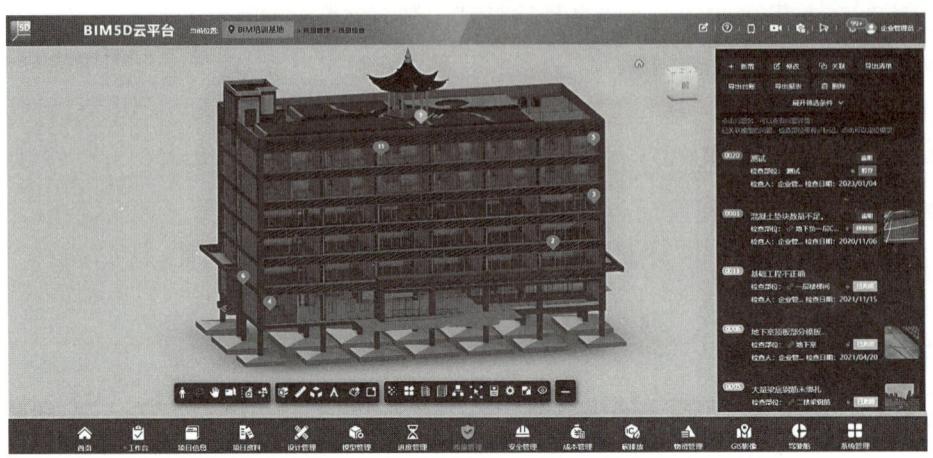

图8-4　BIM5D管理平台质检界面

3）建设单位运维阶段BIM应用的主要内容

（1）空间管理

进行空间位置信息编码，将编号、文字变成三维图形位置，提升查找效率。

（2）设施管理

主要包括设施的装修、空间规划和维护操作。对重要设备进行远程控制，了解设备的运行状况。

（3）隐蔽工程管理

通过模型可视化共享隐蔽的管线或者设备信息，查看设备数据信息并更新维护。

（4）应急管理

通过BIM技术管理包括预防、警报等突发事件。迅速定位故障设备位置，降低事故风险。

（5）节能减排管理

利用BIM模型与物联网，进行日常能源管理监控。采集建筑能耗数据，进行数据的可视化处理。

8.2.4　BIM技术在工程量计算中的应用

1. 提高工作效率

工程量计算是编制工程计价的基础工作，其工作量大、要求仔细、费时费力，计算工作量占编制计价文件整个工作量的50%～70%。基于BIM的自动化算量方法将造价工程师从繁琐的机械劳动中解放出来，节省更多的时间和精力用于更有价值的工作，如询价、评估风险，并可以利用节约的时间编制更精确的预算。

2. 提高工程量计算的准确性

基于 BIM 的自动化工程算量方法比传统的计算方法准确率更高。工程量计算是编制招标控制价的基础，但是计算过程非常枯燥和复杂，造价人员容易因自身原因造成各种计算错误，影响后续计算的准确性和完整性。使用 BIM 技术的工程量计算功能，就能得到更加客观完整准确的工程量数据。利用建好的三维模型内置的清单定额规则对构件实体进行扣减计算，规避人为误差，提高算量结果的准确性。

3. 控制成本

传统的算量和造价方法容易出现误差，而 BIM 模型在数量提取和材料估算过程中使用精确的数据，可以减少误差的发生。通过将 BIM 模型与成本数据关联起来，可以实现对项目成本的实时控制和预测。在项目进行过程中，团队可以根据 BIM 模型中的信息进行调整和优化，以实现最佳的成本效益。

4. 数据共享

BIM 模型集成了项目全生命周期的各类信息。项目不同参与方，不同实施阶段都可从 BIM 模型中提取有效信息，通过共享 BIM 模型数据，优化建筑项目的管理和执行，实现更高效、可持续的项目全生命周期管理。

8.2.5　BIM 技术的未来发展

随着 BIM 技术在建筑领域的应用逐步深入，其为建筑行业提高工作效率节省成本的优势显而易见，相信 BIM 未来将会在更多的领域发挥更大的作用。比如 BIM 技术为装配式建筑、地下管廊、绿色建筑、智能建筑的建设提供关键技术支撑。BIM 技术结合物联网、GIS 等技术，也将在智慧城市建设、城市管理和园区物业管理等方面实现更多的技术创新和管理创新。

推进 BIM 技术需要大量的掌握 BIM 技术的复合型人才。一个合格的 BIM 从业人员不仅要具备工程专业背景和工程项目实践经验，还要理解 BIM 理念熟练掌握核心 BIM 软件的操作，能够结合企业和项目的实际需求制订 BIM 应用方案和技术标准。另外市场也应大力开发 BIM 配套应用软件，在项目性能分析、施工管理、协同建造、进度分析、成本管控等方面提供更加高效的服务。

我们要加大人才培养力度，尽快培养出一批符合市场需要的复合型 BIM 人才，为 BIM 技术的推广提供人才支持；借鉴国外软件的优势，大力开发符合本土工程需求和习惯的 BIM 软件和平台；加快制定 BIM 应用技术相关标准和指南等文件，指导技术人员和企业开展 BIM 业务。相信随着科技水平的提高，大数据、云计算、物联网技术的高速发展，BIM 技术的应用也将迎来一个新的发展阶段。无论是硬件的提升还是软件的飞跃，BIM 技术改变整个建设行业的趋势不可阻挡，我们也会成为新技术的使用者和受益者。

---------------- 真题训练及解析 ----------------

1. 下列关于 BIM 技术的优势描述不正确的是（　　）。【单选题】

　　A. BIM 技术包括建筑物全生命周期的信息模型

　　B. BIM 技术包括建筑工程管理行业的模型

　　C. BIM 技术已经得到了广泛和深度的应用

　　D. BIM 技术的出现可能引发整个建筑工程领域的第二次革命

【答案】C

【解析】BIM 技术涉及从项目立项到竣工再到维护运营阶段全生命周期，应用价值在工程算量、施工模拟、深化设计、专业协调和进度控制等方面都得到很高的体现，BIM 技术被认为是建筑行业信息化的最佳解决方案。但由于国内起步较晚，在技术上：BIM 的技术周边尚未完全成熟，如 BIM 后期的显示技术、虚拟现实等应用于工地的技术；在管理上：我国建筑业的管理比较落后，向 BIM 迈进比发达国家困难。我们需要先将管理规范化，然后再是 BIM 的管理。这方面与发达国家有一定的差距。

2. BIM 应用中，基于各专业建立的 BIM 模型，进行绿色建筑分析、垂直交通、应急模拟，快速完成设计分析和模拟的设计阶段是（　　）【单选题】

　　A. 方案设计和初步设计　　　　　　B. 详细设计分析及模拟

　　C. 施工图设计　　　　　　　　　　D. 设计评审

【答案】B

【解析】详细设计分析及模拟是基于各专业建立的 BIM 模型，进行绿色建筑分析、垂直交通、应急模拟，快速完成设计分析和模拟。

3. 利用 BIM 技术对建筑物进行可视化展示、协调、模拟、优化以后，可以出具的成果有（　　）。【多选题】

　　A. 建筑设计图

　　B. 综合管线图

　　C. 综合结构留洞图（预埋套管图）

　　D. 碰撞检查侦错报告

　　E. 设计变更图纸

【答案】A、B、C、D

【解析】BIM 数据拥有多种导出方式。如对建筑物进行可视化展示、协调、模拟、优化以后，出具对应的建筑设计图、经过碰撞检查和设计修改后的施工图、综合管线图、综合结构留洞图（预埋套管图）、碰撞检查侦错报告和建议改进方案等。也可输出工程量清单、设备表等电子表格信息及电子文档信息。

第**9**章
施工图预算的编制

本章提示

掌握 广东省建设工程计价程序及费用组成。

熟悉 施工图预算编制依据、建设项目总预算的编制、单项工程综合预算的编制、单位工程施工图预算的编制。

知识体系

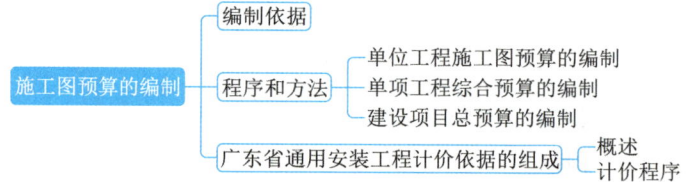

施工图预算是以施工图设计文件为依据，按照规定的程序、方法和依据，在工程施工前对工程项目的工程费用进行的预测与计算，它是在施工图设计阶段对工程建设所需资金做出比较精确计算的技术经济文件。

第 1 节　施工图预算编制依据

1. 国家、行业和地方有关规定。
2. 相应工程造价管理机构发布的预算定额。
3. 施工图设计文件及相关标准图集和现行规范。
4. 项目相关文件、合同、协议等。

5. 工程所在地的人工、材料、设备、施工机具预算价格。

6. 施工组织设计和施工方案。

7. 项目的管理模式、发包模式及施工条件。

8. 其他应提供的资料。

第 2 节　施工图预算编制程序和方法

9.2.1　单位工程施工图预算的编制

单位工程施工图预算包括建筑工程费、安装工程费和设备及工器具购置费。单位工程施工图预算中的建筑安装工程费应根据施工图设计文件、预算定额以及人工、材料及施工机具台班等价格资料进行计算。目前施工图预算主要采用工程量清单计价模式编制。

综合单价是指完成一个规定计量单位的项目所需的人工费、材料费、施工机具使用费、管理费、利润和一定范围内的风险费用，不包括增值税。

各子目综合单价计算公式如下：

综合单价 G = 人工费 A + 材料费 B + 施工机具使用费 C + 管理费 E + 利润 F 　　(9-1)

编制建筑安装工程费程序如图 9-1 所示。

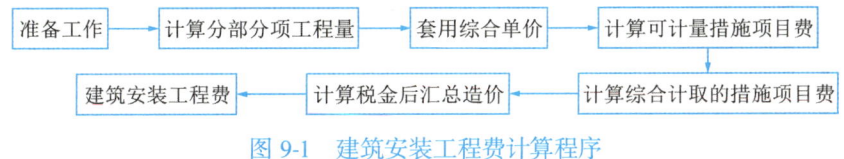

图 9-1　建筑安装工程费计算程序

1. 准备工作：

1）收集编制施工图预算的编制依据。其中主要包括现行建筑安装定额、取费标准、工程量计算规则、地区材料预算价格以及市场材料价格等各种资料。

2）熟悉施工图等基础资料。熟悉施工图纸、有关的通用标准图、图纸会审记录、设计变更通知等资料，并检查施工图纸是否齐全、尺寸是否清楚，了解设计意图，掌握工程全貌。

3）了解施工组织设计和施工现场情况。全面分析各分部分项工程，充分了解施工组织设计和施工方案，如工程进度、施工方法、人员使用、材料消耗、施工机械、技术措施等内容，注意影响费用的关键因素；核实施工现场情况，包括工程所在地地质、地形、地貌等情况、工程实地情况、当地气象资料、当地材料供应地点及运距等情况；了解工程布置、地形条件、施工条件、料场开采条件、场内外交通运输条件等。

2. 计算工程量。

4）根据清单项目工程内容，列出对应的定额子目。

5）根据清单工程量，列出项目所含各定额子目的工程量。

6）根据施工图纸上的设计尺寸及有关数据，计算各定额子目工程量。

3. 计算项目清单综合单价。核对工程量计算结果后，根据编制期人工、材料的市场价格或造价信息价格调整后得出定额子目综合单价，乘以工程量得出合价，汇总求出分部分项工程费。

4. 措施项目清单的计算。建筑安装工程预算的措施项目清单应按下列规定计算。可以计量的措施项目费与分部分项工程费的计算方法相同；综合计取的措施项目费按相关规定通常以费率计算。

5. 按计价程序计取其他费用，并汇总造价。根据规定的税率、费率和相应的计取基础，分别计算规费和税金。将上述费用累计后与直接费进行汇总，得到单位工程预算造价。

6. 复核。对项目填列、工程量计算公式、计算结果、套用单价、取费费率、数字计算结果、数据精确度等进行全面复核，及时发现差错并修改，以保证预算的准确性。

7. 填写封面、编制说明。封面应写明工程编号、工程名称、预算总造价和单方造价等，编制说明，将封面、编制说明、预算费用汇总表、材料汇总表、工程预算分析表，按顺序编排并装订成册。便完成了单位工程施工图预算的编制工作。

全费用综合单价是在上述综合单价的基础上，增加安全文明施工措施费、税金等内容。全费用综合单价直接采用包含全部费用和税金等项在内的综合单价进行计算，过程简单，其目的是适应目前推行的全过程全费用单价计价的需要。

设备购置费由设备原价和设备运杂费构成；未到达固定资产标准的工器具购置费一般以设备购置费为计算基数，按照规定的费率计算。计算结果填入材料和工程设备一览表。

单位工程施工图预算由建筑安装工程费和设备及工器具购置费组成，即：

$$单位工程施工图预算 = 建筑安装工程费 + 设备及工器具购置费 \qquad (9\text{-}2)$$

9.2.2　单项工程综合预算的编制

单项工程综合预算造价由组成该单项工程的各个单位工程预算造价汇总而成，填入单项工程造价汇总表。计算公式如下：

$$单项工程施工图预算 = \sum 单位工程建筑工程费用 +$$
$$\sum 单位工程设备及安装工程费用 \qquad (9\text{-}3)$$

9.2.3　建设项目总预算的编制

建设项目总预算由组成该建设项目的各个单项工程综合预算，以及经计算的工程建设其他费、预备费和建设期利息和铺底流动资金汇总而成。三级预算编制中总预算由综合预算和工程建设其他费、预备费、建设期利息及铺底流动资金汇总而成，计算公式如下：

$$总预算 = \sum 单项工程施工图预算 + 工程建设其他费 +$$

$$预备费 + 建设期利息 + 铺底流动资金 \tag{9-4}$$

二级预算编制中总预算由单位工程施工图预算和工程建设其他费、预备费、建设期利息及铺底流动资金汇总而成，计算公式如下：

$$总预算 = \sum 单位工程建筑工程费用 + \sum 单位工程设备及安装工程费用 +$$

$$工程建设其他费 + 预备费 + 建设期利息 + 铺底流动资金 \tag{9-5}$$

以建设项目施工图预算编制时为界线，若上述费用已经发生，按合理发生金额列计，如果还未发生，按照原概算内容和本阶段的计费原则计算列入。

采用三级预算编制形式的工程预算文件，包括封面、签署页及目录、编制说明、总预算表、综合预算表、单位工程预算表、附件等内容。其中，总预算表的格式见表 9-1。

总预算表　　　　　　　　　　　　　　　　　　表 9-1

总预算编号：　　　　工程名称：　　　单位：　万元　　　　　　　共　　页　　页

序号	预算编号	工程项目或费用名称	建筑工程费	设备及工器具购置费	安装工程费	其他费用	合计	其中：引进部分		占总投资比例/%
								美元	折合人民币	
一		工程费用								
1		主要工程								
		XXXXX								
		XXXXX								
2		辅助工程								
		XXXXX								
3		配套工程								
		XXXXX								

序号	预算编号	工程项目或费用名称	建筑工程费	设备及工器具购置费	安装工程费	其他费用	合计	其中：引进部分		占总投资比例/%
								美元	折合人民币	
二		其他费用								
1		XXXXX								
2		XXXXX								
三		预备费								
四		专项费用								
1		XXXXX								
2		XXXXX								
		建设项目预算总投资								

第3节　广东省通用安装工程计价依据的组成

广东省通用安装工程计价方法包括工程量清单计价法和定额计价法两种，使用财政资金或国有资金投资的建设工程，应按国家及行业工程量计算标准编制工程量清单，采用工程量清单计价；非使用财政资金或国有投资的建设工程，宜按国家及行业工程量计算标准编制工程量清单，采用工程量清单计价。

采用工程量清单计价法的，其计价依据由《建设工程工程量清单计价标准》GB/T 50500—2024、《通用安装工程工程量计算标准》GB/T 50856—2024及《广东省建设工程计价依据（2018）》组成。采用定额计价法的，其计价依据为《广东省建设工程计价依据（2018）》。

9.3.1 《广东省建设工程计价依据（2018）》概述

《广东省建设工程计价依据（2018）》包括《广东省房屋建筑与装饰工程综合定额（2018）》《广东省通用安装工程综合定额（2018）》《广东省市政工程综合定额（2018）》《广东省园林绿化工程综合定额（2018）》《广东省建设工程施工机具台班费用编制规则（2018）》等内容。

《广东省建设工程计价依据（2018）》编制原则：

1. 采用"量价合一"的表现形式，消耗量体现全省的统一性，保证绿色施工和安全生产的需要；工、料、机价格采用编制时期综合价格，由各市动态调整，合理确定工程造价。

2. 项目划分、计量单位和工程量计算规则三者必须有机统一，简洁明了，便于初步设计概算编制、投标报价、工程价款结算以及单位内部核算与管理。

3. 项目的工、料、机消耗量参考全国统一定额及公路专业定额，参考其他兄弟省市最新定额，在《广东省建设工程计价依据》（2010）的基础上，结合现行设计规范、施工验收规范、质量评定标准和安全操作规程下实际施工发生的社会平均水平来调整取定，科学理顺量价关系，贴近市场实际。

4. 依据广东省地方标准《建筑工程绿色施工评价标准》DBJ/T 15-97—2013，删减因工艺材料落后等因素需要淘汰的项目，提升绿色环保施工管理标准。

5. 局部调整各专业册定额子目水平偏差和不合理部分，对措施项目、其他项目、税金、附录等进行了审查梳理，修改相关内容、计费基数、计费标准等。

6. 定额子目设置、结构、内容，结合广东省实际情况的要求，满足工程量清单计价和定额计价的需要。

7. 定额编制有利于衔接市场实际，有利于服务项目管理，有利于推行工程量清单计价，有利于促进工程造价管理信息化发展，有利于形成公平、规范的计价市场秩序，有利于增强政府宏观调控和政策引导作用。

9.3.2　广东省通用安装工程造价组成计价程序

广东省通用安装工程计价方法包括工程量清单计价法和定额计价法两种。两种计价方法不能同时使用。

1. 广东省通用安装工程工程量清单计价程序

采用工程量清单计价，是按照《建设工程工程量清单计价标准》GB/T 50500—2024的规定计算建设工程造价的计价。采用工程量清单计价时，工程造价由分部分项工程费、措施项目费、其他项目费、规费和税金组成。费用组成如图 9-2 所示，工程造价计价程序见表 9-2。

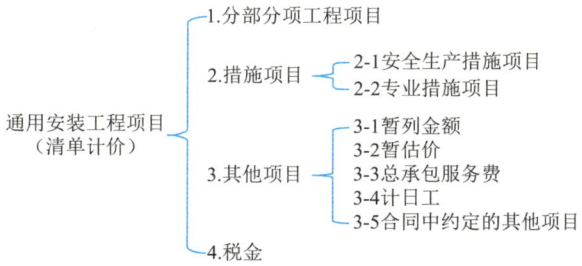

图 9-2　通用安装工程清单计价费用组成结构图

工程量清单计价的计价程序　　　　　　　　　　　　　　　表 9-2

序号	名称	计算办法
1	分部分项工程项目	∑(工程量 × 综合单价)
2	措施项目	2.1 + 2.2
2.1	其中：安全生产措施项目	按国家及省级、行业主管部门的相关规定计算
2.2	其中：专业措施项目	按相关规定计算
3	其他项目	3.1 + 3.2 + 3.3 + 3.4 + 3.5
3.1	其中：暂列金额	费率或总价方式计算
3.2	其中：专业工程暂估价	总价方式计算
3.3	其中：计日工	按相关规定计算
3.4	其中：总承包服务费	费率或总价方式计算
3.5	其中：合同中约定的其他项目	按相关规定计算
4	税金	(1 + 2 + 3.1 + 3.3 + 3.4 + 3.5) × 增值税税率
5	含税工程造价	1 + 2 + 3 + 4

2. 广东省通用安装工程定额计价程序

采用定额计价，是按照《广东省建设工程计价依据（2018）》规定计算建设工程造价的计价。采用定额计价时，工程造价由分部分项工程费（包括定额分部分项工程费、价差及利润）、措施项目费、其他项目费和税金组成。费用组成见图 9-3，工程定额计价程序见表 9-3。

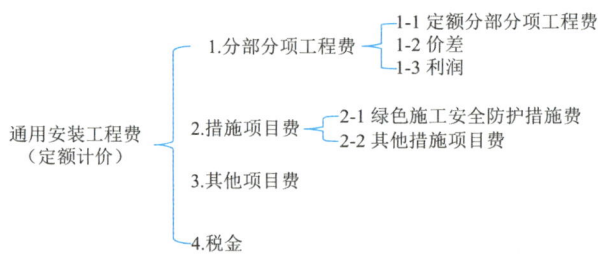

图 9-3　通用安装工程定额计价费用组成结构图

定额计价的计价程序　　　　　　　　　　　　　　　　　　表 9-3

序号	名称	计算方法
1	分部分项工程费	1.1 + 1.2
1.1	定额分部分项工程费	1.1.1 + 1.1.2 + 1.1.3 + 1.1.4
1.1.1	定额分部分项人工费	∑定额工程量 × 定额人工费 × 人工费调整系数
1.1.2	定额分部分项材料费	∑定额工程量 × 编制期材料信息价
1.1.3	定额分部分项机具费	∑定额工程量 × 编制期机具台班单价
1.1.4	管理费	(1.1.1 + 1.1.3) × 管理费费率

续表

序号	名称	计算方法
1.2	利润	(1.1.1 + 1.1.3) × 利润率
2	措施项目费	2.1 + 2.2
2.1	绿色施工安全防护措施费	按规定计算
2.2	其他措施项目费	按规定计算
3	其他项目费	按规定计算
4	税前工程造价	1 + 2 + 3
5	增值税销项税额	4 × 增值税税率
6	含税工程造价	4 + 5

注：1. 定额计价法所称子目基价是指为完成《广东省通用安装工程综合定额（2018）》分部分项工程项目所需的人工费、材料费、施工机具费、管理费之和。
2. 定额计价所称价差是指编制时人工、材料和施工机具费的价格和《广东省通用安装工程综合定额（2018）》取定的相应价格之差，结算需调整的必须在招标文件中明确。

真题训练及解析

1. 未到达固定资产标准的工器具购置费一般按照规定的费率计算，其计算基数是（　　）【单选题】

　　A. 设备原价　　　　B. 设备运杂费　　　　C. 设备购置费　　　　D. 设备税费

【答案】C

【解析】设备购置费由设备原价和设备运杂费构成；未到达固定资产标准的工器具购置费一般以设备购置费为计算基数，按照规定的费率计算。

2. 按照《建设工程工程量清单计价标准》GB/T 50500—2024 的规定，其他项目中不包含（　　）。【单选题】

　　A. 暂列金额　　　　　　　　　B. 专业工程暂估价

　　C. 计日工　　　　　　　　　　D. 专业措施项目

【答案】D

【解析】其他项目包含暂列金额、专业工程暂估价、总承包服务费、计日工和合同中约定的其他项目。

3. 综合单价是指完成一个规定计量单位的项目所需的各项费用，包含（　　）。【多选题】

　　A. 人工费

　　B. 材料费

C. 施工机具使用费

D. 管理费

E. 增值税

【答案】A、B、C、D

【解析】综合单价是指完成一个规定计量单位的项目所需的人工费、材料费、施工机具使用费、管理费、利润和一定范围内的风险费用，不包括增值税。

第10章

安装工程最高投标限价的编制

本章提示

掌握 最高投标限价中分部分项工程项目、措施项目、其他项目和税金的编制。

熟悉 编制最高投标限价的一般规定、编制要求、基本编制程序。

了解 最高投标限价的概念、最高投标限价与标底的区别、采用最高投标限价招标的优点及应该注意的问题。

知识体系

安装工程最高投标限价的编制
- 最高投标限价概述
- 编制最高投标限价的一般规定与要求
  - 一般规定
  - 要求
- 最高投标限价的基本编制程序与编制内容
  - 基本编制程序
  - 编制内容

第1节　最高投标限价概述

10.1.1　最高投标限价概念

最高投标限价是招标人根据国家法律法规及相关标准、建设主管部门的有关规定，以及拟定的招标文件和招标工程量清单，并结合工程实际情况，按照《建设工程工程量清单计价标准》GB/T 50500—2024 规定编制的，限定投标人投标报价的最高价格。

10.1.2　最高投标限价与标底的区别

最高投标限价和标底是两个不同的概念。标底是招标人的预期造价，最高投标限价是招标人可接受的上限造价。

1. 最高投标限价是招标人的最高限价，是随同招标文件公开的，如果投标人报价高于控制价会被废标；最高投标限价不参与评分，也不在评标中占有权重，只是作为一个建设项目工程造价的参考，建设工程招标设有最高投标限价的，应按国家有关规定编制最高投标限价，并在发布招标文件时公布最高投标限价及其编制依据。

2. 标底是招标人按预算编制认为的最合理价格，可以作为在评标时的参考，一个招标项目只能有一个标底，在开标前必须保密的，标底在评标过程中占有权重，所以说标底影响投标人中标，投标价格越接近标底越容易中标标底，并没有强制规定说必须得有标底，主要还是根据招标人来自主决定。

10.1.3　采用最高投标限价招标优点

1. 可有效控制投资，防止恶性哄抬报价带来的投资风险。
2. 可提高透明度，避免暗箱操作、寻租等违法活动的产生。
3. 可使各投标人根据自身实力和施工方案自主报价，符合市场规律形成公平竞争。

10.1.4　采用最高投标限价招标应该注意的问题

1. 只要投标不超过公布的最高投标限价都是有效投标，但也可能导致投标人串标围标。
2. 若公布的最高投标限价远远低于市场平均价，就会影响招标效率。即可能出现只有 1～2 人投标或出现无人投标的情况，因为按此限额投标将无利可图，超出此限额投标又成为无效投标，导致招标失败或使招标人不得不进行二次招标。

第 2 节　编制最高投标限价的一般规定与要求

10.2.1　编制最高投标限价的一般规定

1. 最高投标限价应由具有编制能力的招标人或受其委托的工程造价咨询人编制。工程造价咨询人不得就同一工程既接受招标人委托编制工程量清单、最高投标限价，又接受投标人委托编制投标报价。

2. 招标人可依据招标文件要求、工程实际情况、结合类似工程合理的施工方案及工期数据合理确定计划工期，最高投标限价应基于合理计划工期内完成招标工程所需的费用进行编制，招标人可依据招标工程量清单及同类工程的价格信息和造价资讯等，按相关主管部门规定确定招标工程可接受的最高价格。

3. 最高投标限价清单项目价格可依据招标工程技术标准规范、交付标准和招标文件要求，并结合下列工程价格信息及造价资讯进行编制：

1）近期完成的类似工程最高投标限价、施工图预算、设计概算、成本估算的价格。

2）近期获得的类似工程市场竞争合理投标单价。

3）近期确定的类似清单项目结算单价。

4）近期签订的类似工程合同价格。

5）通过市场询价获得的人工、材料、施工机具、清单项目综合单价等相关合理工程价格。

6）近期人工、材料、施工机具使用的市场价格和相关价格指数或投标价格指数等。

4. 若招标工程的实际情况与第 3 条的工程价格信息及造价资讯存在差异的，应依据其建设时期、建设地点、建设规模、交付标准等的差异影响，在合理调整价格后计算。

5. 因招标文件的补遗、答疑、异议澄清或修正等引起最高投标限价变化的，招标人应相应修正最高投标限价，并按相关要求和程序重新公布。

10.2.2　编制最高投标限价的要求

最高投标限价编制应符合下列要求：

1.《建设工程工程量清单计价标准》GB/T 50500—2024 和相关工程国家及行业工程量计算标准。

2. 招标文件（包括招标工程量清单、合同条款、招标图纸、技术标准规范等）及其补遗、澄清或修改。

3. 国家及省级、行业建设主管部门颁发的工程计量与计价相关规定，以及根据工程需要补充的工程量计算规则。

4. 与招标工程相关的技术标准规范。

5. 工程特点及交付标准、地勘水文资料、现场情况。

6. 合理施工工期及常规施工工艺、顺序。

7. 工程价格信息及造价资讯、工程造价数据及指数。

8. 其他相关资料。

第 3 节　最高投标限价的基本编制程序和编制内容

10.3.1　编制最高投标限价的基本编制程序

建设工程的最高投标限价反映的是各单位工程造价，最高投标限价是由分部分项工程项目、措施项目、其他项目、增值税组成，单位工程最高投标限价计价程序与施工图预算格式一致，详见表 9-2。

10.3.2　最高投标限价的编制内容

1.分部分项工程项目的编制

1）最高投标限价的分部分项工程费是由工程量乘以其相应综合单价汇总而成。确定综合单价是最高投标限价的重要工作。根据招标文件中的分部分项工程项目清单及有关要求，按《建设工程工程量清单计价标准》GB/T 50500—2024 有关规定确定综合单价计价。

2）综合单价的组价过程。综合单价是完成一个规定清单项目所需的人工费、材料费、施工机具使用费和管理费、利润和一定范围内的风险费用，它是有别于现行定额工料单价法计价的另一种项目单价计价方式，综合单价不但适用于分部分项工程项目，也适用于措施项目、其他项目。

根据工程招标要求和合同规定，分部分项工程项目清单采用详细综合单价分析的应符号表 E.2.2-1 的规定；分部分项工程项目清单采用简易综合单价分析的应符合表 E.2.2-2 的规定。

3）综合单价中的风险因素。综合单价中应包括招标文件中要求投标人所承担的风险内容及其范围（幅度）产生的风险费用。

2.措施项目的编制

措施项目是由安全生产措施项目和专业措施项目组成。

1）安全生产措施项目

属于不可竞争费用，工程计价时，应单独列项并分别按定额相应项目及费率计算。对于按定额相应项目计算的安全生产措施项目，是根据施工图纸、方案及施工组织设计等资料按相关定额子目计算。

执行《广东省通用安装工程综合定额（2018）》的项目，措施项目中，"绿色施工安全防护措施费"属于不可竞争项目，具体包括绿色施工、临时设施、安全施工和用工实名管理。编制最高投标限价时，按分部分项的人工费与施工机具费之和的 35.77% 计算（新政策文件按新的执行调整）。

2）专业措施项目

专业措施项目是指措施项目中尚未包括的工程施工可能发生的其他措施性项目，招标人根据项目情况按定额规定计算。专业措施项目已包含利润及管理费，属于指导性费用，供工程承发包双方参考，合同有约定的按合同约定执行。

3.其他项目的编制

1）暂列金额：发包人在工程量清单中暂定并包括在合同总价中，用于招标时尚未能确定或详细说明的工程、服务和工程实施中可能发生的合同价款调整等所预留的费用。编制最高投标限价时由发包人根据工程特点确定。

暂列金额明细应符合《建设工程工程量清单计价标准》GB/T 50500—2024 表 E.2.2 的规定。

2）专业工程暂估价：发包人在工程量清单中提供的，在招标时暂不能确定工程具体要求及价格而预估的含增值税的专业工程费用。编制最高投标限价时按预计发生数估算。

3）计日工：承包人完成发包人提出的零星项目或工作，但不宜按合同约定的计量与计价规则进行计价，而应依据经发包人确认的实际消耗人工工日、材料数量、施工机具台班等，按合同约定的单价计价的一种方式。编制最高投标限价时预计数量由招标人根据拟建工程的具体情况，列出人工、材料、机具的名称、计量单位和相应数量，计日工单价按工程所在地的工程造价信息计列，工程造价信息没有的，参考市场价格确定。工程结算时，工程量按承包人实际完成的工作量计算；单价按合同约定的计日工单价，合同没有约定的，按工程所在地的工程造价信息计列（其中人工按总说明签证用工规定执行）。

4）总承包服务费：按合同约定，承包人对发包人提供材料履行保管及其配套服务所需的费用，和（或）承包人对合同范围的专业分包工程（承包人实施的除外）提供配合、协调、施工现场管理、已有临时设施使用、竣工资料汇总整理等服务所需的费用，以及（或）承包人对非合同范围的发包人直接发包的专业工程履行协调及配合责任所需的费用。

执行《广东省通用安装工程综合定额（2018）》的项目，其他项目中，"总承包服务费"计算内容如下：仅要求对发包人发包的专业工程进行总承包管理和协调时，可按专业工程造价的 1.50%计算；要求对发包人发包的专业工程进行总承包管理和协调，并同时要求提供配合和服务，按专业工程造价的 4.00%计算，具体应根据配合服务的内容和要求确定；配合发包人自行供应材料的，按发包人供应材料价值的 1.00%计算（不含该部分材料的保管费）。

5）合同中约定的其他项目：若招标工程存在其他项目，应按同期市场合理价格计算其费用，并说明构成合同价格的计价条件。

《广东省通用安装工程综合定额（2018）》其他项目中，合同中约定的其他项目主要包含预算包干费和工程优质费，计算内容如下：

（1）预算包干费：按分部分项的人工费与施工机具费之和的 10.00%计算，预算包干内容一般包括施工雨（污）水的排除、因地形影响造成的场内料具二次运输、20m 高以下的工程用水加压措施、施工材料堆放场地的整理、机电安装后的补洞（槽）工料费、工程成品保护费、施工中的临时停水停电、基础埋深 2m 以内挖土方的塌方、日间照明施工增加费（不包括地下室和特殊工程）、完工清场后的垃圾外运等。

（2）工程优质费：发包人要求承包人创建优质工程，最高投标限价和预算应按下表规定计列工程优质费。经有关部门鉴定或评定达到合同要求的，工程结算应按照合同约定计算工程优质费，合同没有约定的，参照表10-1规定计算。

表 10-1

工程质量	市级质量奖	省级质量奖	国家级质量奖
计算基础	分部分项的（人工费＋施工机具费）		
费用标准（%）	7.50	12.50	20.00

4.税金的编制

税金是指国家税法规定应计入工程造价内的增值税，按工程所在地税务机关规定的增值随纳税方法计算。

5.最高投标限价的汇总

根据招标人提供的工程量清单按照上述计价方法编制分部分项工程项目清单计价表，措施项目清单计价表，其他项目清单计价表，增值税计价表，计算完毕后，汇总而得到工程项目清单汇总表。

真题训练及解析

---

1. 关于最高投标限价与标底的说法正确的是（　　）。【单选题】

　A. 标底是招标人的上限造价

　B. 最高投标限价是招标人可接受的上限造价

　C. 最高投标限价不随同招标文件公开

　D. 标底开标前可以公开

【答案】B

【解析】标底是招标人的预期造价，最高投标限价是招标人可接受的上限造价。招标控制价随同招标文件公开的，标底开标前必须保密。

2. 根据《广东省通用安装工程综合定额（2018）》的规定，仅要求对发包人发包的专业工程进行总承包管理和协调时，可按专业工程造价为基数乘与费率计算，以下费率正确的是（　　）。【单选题】

　A. 1.00%　　　　　B. 1.50%　　　　　C. 2.50%　　　　　D. 4.00%

【答案】B

【解析】仅要求对发包人发包的专业工程进行总承包管理和协调时，可按专业工程造价的 1.50%计算；要求对发包人发包的专业工程进行总承包管理和协调，并同时要求提供配合和服务，按专业工程造价的 4.00%计算，具体应根据配合服务的内容和要求确定；配合发包人自行供应材料的，按发包人供应材料价值的 1.00%计算（不含该部分材料的保管费）。

3. 根据《建设工程工程量清单计价标准》GB/T 50500—2024 的规定，最高投标限价的编制依据包括（　　　）。【多选题】

A. 招标工程技术标准规范

B. 招标文件要求

C. 近期确定的类似清单项目结算单价

D. 近期签订的类似工程合同价格

E. 拟定的施工组织设计或施工方案

【答案】A、B、C、D

【解析】最高投标限价清单项目价格可依据招标工程技术标准规范、交付标准和招标文件要求，并结合下列工程价格信息及造价资讯进行编制：（1）近期完成的类似工程最高投标限价、施工图预算、设计概算、成本估算的价格；（2）近期获得的类似工程市场竞争合理投标单价；（3）近期确定的类似清单项目结算单价;（4）近期签订的类似工程合同价格；（5）通过市场询价获得的人工、材料、施工机具、清单项目综合单价等相关合理工程价格；（6）近期人工、材料、施工机具使用的市场价格和相关价格指数或投标价格指数等。

第 **11** 章
安装工程投标报价的编制

 **本章提示**

掌握 投标报价中分部分项工程项目、措施项目、其他项目和税金的编制。

熟悉 编制投标报价的一般规定、编制依据、编制原则、基本编制程序。

了解 投标报价的注意事项、投标报价汇总。

知识体系

第 1 节　投标报价的编制原则与依据

投标报价是指承包商采取投标方式承揽工程项目时，计算和确定承包该工程的投标总价格。是投标人希望达成工程承包交易的期望价格，在不高于招标人公布的最高投标限价的前提下，既保证有合理的利润空间，又使之具有一定的竞争性。与最高投标限价不同，投标报价应预先确定施工方案和施工进度。此外，投标报价计算还必须与采用的合同形式相协调。

11.1.1　投标报价的编制原则

报价是投标的关键性工作，报价是否合理不仅直接关系到投标的成败，还关系到中标后企业的盈亏。投标报价的编制原则如下：

1. 自主报价原则

投标人可依据《建设工程工程量清单计价标准》GB/T 50500—2024 的规定自主确定投标报价，并应对已标价工程量清单填报价格的一致性及合理性负责，承担不合理报价及总价合同的工程量清单缺陷等风险。投标报价应由投标人或受其委托的工程造价咨询人编制。

2. 不低于成本原则

《中华人民共和国招标投标法》第四十一条规定："中标人的投标应当符合下列条件：能够满足招标文件的实质性要求，并且经评审的投标价格最低；但是投标价格低于成本的除外。"《评标委员会和评标方法暂行规定》（七部委第 12 号令）第二十一条规定："在评标过程中，评标委员会发现投标人的报价明显低于其他投标报价或者在设有标底时明显低于标底的，使其投标报价可能低于其个别成本的，应当要求该投标人作出书面说明并提供相关证明材料，投标人不能合理说明或者不能提供相关证明材料的，由评标委员会认定该投标人以低于成本报价竞标，应当否决其投标"。投标人的投标报价不得低于成本价，且不得高于招标人公布的最高投标限价。

3. 风险分担原则

投标报价要以招标文件中设定的发承包双方责任划分，作为考虑投标报价费用项目和费用计算的基础，发承包双方的责任划分不同，会导致合同风险不同地分摊，从而导致投标人选择不同的报价；根据工程发承包模式考虑投标报价的费用内容和计算深度。

4. 发挥自身优势原则

以施工方案、技术措施等作为投标报价计算的重要条件；以反映企业技术和管理水平的企业定额作为计算人工、材料与设备和机具台班消耗量的基本依据；充分利用现场考察、调研成果、市场价格信息和行情资料，编制基础标价。

5. 科学严谨原则

报价计算方法要科学严谨，简明适用。

11.1.2　投标报价的编制依据

1.《建设工程工程量清单计价标准》GB/T 50500—2024 和相关工程国家及行业工程量计算标准。

2. 招标文件（包括招标工程量清单、合同条款、招标图纸、技术标准规范等）及其补遗、答疑、异议澄清或修正。

3. 国家及省级、行业建设主管部门颁发的工程计量与计价相关规定，以及根据工程需要补充的工程量计算规则。

4. 与招标工程相关的技术标准规范等技术资料。

5. 工程特点及交付标准、地勘水文资料、现场踏勘情况。

6. 投标人的工程实施方案及投标工期。

7.投标人企业定额、工程造价数据、市场价格信息及价格变动预期、装备及管理水平、造价资讯等。

8.其他相关资料。

第2节　投标报价的编制

11.2.1　投标报价的编制程序

投标人应按招标文件规定的工程量清单计算规则说明的有关规定，对分部分项工程项目的所有清单项目进行报价。填写的项目编码、项目名称、项目特征描述、计量单位、工程量必须与招标人提供的一致。投标报价是由分部分项工程项目、措施项目、其他项目、增值税组成，投标报价的计价程序见表11-1。

投标报价的计价程序　　　　　　　　　　　表 11-1

序号	汇总内容	计算方法
1	分部分项工程项目	$\sum$(清单项目工程数量×综合单价) （综合单价自主报价）
2	措施项目	2.1＋2.2
2.1	安全生产措施项目	按招标文件提供金额计列
2.2	专业措施项目	自主报价
3	其他项目	3.1＋3.2＋3.3＋3.4＋3.5
3.1	其中：暂列金额	按招标文件提供金额计列
3.2	其中：专业工程暂估价	按招标文件提供金额计列
3.3	其中：计日工	自主报价
3.4	其中：总承包服务费	自主报价，风险包干
3.5	其中：合同中约定的其他项目	自主报价
4	增值税	(1＋2＋3.1＋3.3＋3.4＋3.5)×增值税税率
5	含税工程造价	1＋2＋3＋4

11.2.2　投标报价编制步骤

1.研究招标文件、投标人须知、合同条款。

2.熟悉招标图纸及与项目有关的技术标准规范及其补遗、澄清或修改。

3.考察工程场地、现场踏勘。

4.收集补充通知、答疑纪要等资料。

5.编制施工组织设计或施工方案。

6. 计算和复核工程量。

7. 对所需人工、材料与设备、施工机具等要素进行询价；掌握各要素的价格、质量、供应时间、供应数量等数据。

8. 根据企业定额和市场信息价格，结合广东省现行定额和计价办法及工程所在地的工程价格信息及造价资讯、工程造价数据及指数计价。

9. 工程造价汇总、分析、审核、调整后签字、盖章。

10. 提交成果文件。

11.2.3　投标报价的编制内容和方法

1. 分部分项工程项目的编制

1）投标报价的分部分项工程项目清单是由清单项目工程数量乘以其相应综合单价汇总而成。清单项目工程量由招标人统一提供，工程量清单对每个承包人都是统一的、透明的。确定综合单价是投标报价的重要工作，综合单价的编制是否合理，决定了清单报价是否合适。它是投标人能否中标的关键点，是投标人中标后盈亏的平衡量值，是投标企业整体实力的真实体现。

2）综合单价的组价。企业根据自身的技术水平、材料与设备的供应渠道以及期望的利润率来编制综合单价，综合单价是综合考虑技术标准规范、施工工期、施工顺序、施工条件、地理气候等影响因素以及约定范围与幅度内的风险，完成一个单位数量工程量清单项目所需的费用。清单项目综合单价包括人工费、材料费、施工机具使用费、管理费、利润和一定范围内的风险费用。需要注意的是根据计价规范的工程量与实际施工量之差，在综合单价的分析中也计入到综合单价内。综合单价中不包括增值税。

投标报价的综合单价组价需注意以下几点：

（1）定额选用：投标报价在编制时可参照企业定额或结合广东省现行定额和计价办法及工程所在地的工程价格信息计算。

（2）施工组织方案：投标报价时投标人在拿到工程相关资料，根据工程的特点拟定施工组织方案，报价时要以拟定施工组织方案进行工程量计算。

（3）材料与设备价格调差：投标报价调价差可以根据自身的情况调整，投标人可以自主选择市场价或政府指导价调差。

（4）费用调整：投标文件组价计算的综合单价是需要结合自身情况将优惠（或降价、让利）反映在相应清单项目的综合单价中。

2. 措施项目、其他项目按招标文件要求编制

11.2.4　在编制投标报价的过程中的注意事项

1. 投标人应按招标工程量清单填报价格。项目编码、项目名称、项目特征描述、计

量单位、工程量必须与招标工程量清单一致。

2. 采用单价合同的招标工程，投标人应在接收招标文件后，在规定时间内对招标工程量清单的分部分项工程项目进行复核。如投标人对分部分项工程项目有疑问或异议的，应按招标文件的规定以书面形式提请招标人澄清，招标人核实后作出修正的，投标人应按修正后的分部分项工程项目进行投标报价。无论投标人是否已提出疑问或异议，分部分项工程项目的完整性和准确性由招标人负责。

3. 采用总价合同的招标工程，投标人应在接收招标文件后，在规定时间内对招标工程量清单进行复核。如投标人对工程项目清单有疑问或异议的，应按招标文件的规定以书面形式提请招标人澄清，招标人核实后作出修正的，投标人应按修正后的工程量清单进行报价。如投标人经复核认为招标工程量清单及其修正后（如有）的分部分项工程项目存在工程量清单缺陷的，可在已标价工程量清单的分部分项工程项目中进行补充完善及报价，并对已标价分部分项工程项目清单的完整性和准确性负责。无论投标人是否已提出疑问、异议或按已修正后的工程量清单报价、或对分部分项工程项目做出补充完善及报价，除招标工程量清单说明为暂定数量的单价计价分部分项工程项目外，合同价格不应因存在工程量清单缺陷而调整。

4. 以项目特征描述为依据。项目特征描述是确定综合单价的重要依据之一，投标人投标报价时应依据招标文件中清单的项目特征描述确定综合单价。

5. 材料与设备暂估价的处理。对分部分项工程项目清单中载明材料暂估价的清单项目，应按工程量清单载明的材料暂估单价计入综合单价。

6. 投标人应按招标工程量清单中提供的暂列金额、专业工程暂估价金额，准确填报在相应投标总价内。

7. 投标人的投标价应包括招标文件中规定的由承包人承担范围及幅度内的风险费用。如招标文件中未明确相关风险责任的，投标人应在接收招标文件后，在规定的时间内提请招标人明确，招标人应在规定时间内予以书面答复。

8. 投标人的投标总价应当与分部分项工程项目、措施项目、其他项目、增值税的合价总额一致。如投标总价与前述合价总额不相符的，应在保持投标总价不变的前提下，按照《建设工程工程量清单计价标准》GB/T 50500—2024 的规定调整已标价工程量清单项目。

◀ 真题训练及解析 ▶

1. 工程量清单计价模式下，投标人自主报价的项目是（　　）。【单选题】
　　A. 计日工　　　　B. 暂列金额　　　　C. 专业工程暂估价　　D. 税率

【答案】A

【解析】投标报价的编制程序：暂列金额、专业工程暂估价按招标文件提供金额计列。

2. 关于投标报价说法不正确的是（　　）。【单选题】

  A. 措施项目＝安全生产措施项目＋专业措施项目

  B. 增值税＝(分部分项工程项目＋措施项目)×税率

  C. 工程造价＝分部分项工程项目＋措施项目＋其他项目＋增值税

  D. 分部分项工程项目＝∑(清单项目工程数量×综合单价)

【答案】B

【解析】详见投标报价的编制程序。

3. 关于投标报价的编制原则正确的有（　　）。【多选题】

  A. 自主报价

  B. 不低于成本

  C. 风险全担

  D. 发挥自身优势

  E. 科学严谨

【答案】A、B、D、E

【解析】报价是投标的关键性工作,报价是否合理不仅直接关系到投标的成败，还关系
   到中标后企业的盈亏。投标报价的编制原则：自主报价原则、不低于成本原
   则、风险分担原则、发挥自身优势原则、科学严谨原则。

第 **12** 章

安装工程价款结算和合同价款的调整

 本章提示

掌握 工程计量的内容、合同价款的调整、竣工结算。

熟悉 预付款及期中支付、合同价款争议的解决。

知识体系

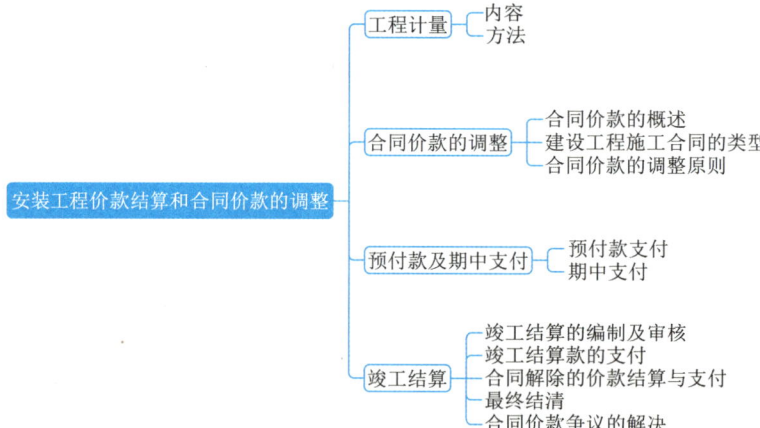

第1节　工程计量

　　对承包人已经完成的合格工程进行计量并予以确认，是发包人支付工程价款的前提工作。因此，工程计量不仅是发包人控制施工阶段工程造价的关键环节，也是约束承包人履行合同义务的重要手段。

12.1.1　工程计量的内容

1. 工程计量的概念

工程计量，就是指发承包双方依据合同约定，对承包人完成的工程实体数量进行计算，以此作为工程造价的基础。具体地说，就是双方依据不同阶段的设计图纸、技术规范以及施工合同约定的计量规则，对承包人已完成的合格工程实体数量进行计算，并以相应的计量单位进行表述的过程。

2. 工程计量的原则

工程计量的原则包括下列三个方面：

1）不符合合同文件要求的工程不予计量。即工程必须满足设计图纸、技术规范等合同文件的要求。

2）按合同文件所规定的方法、范围、内容和单位计量。工程计量的方法、范围、内容和单位受合同文件所约束，在计量中要严格遵循这些文件的规定，并且要结合起来使用。

3）因承包人原因造成的超出合同工程范围施工或返工的工程量，发包人不予计量。

3. 工程计量的范围与依据

1）工程计量的范围包括：工程量清单、工程变更等内容；合同文件中规定的各种费用，如工程费用索赔、预付款、进度款、合同价款调整、违约金等。

2）工程计量的依据包括：工程量清单及说明、合同图纸、工程变更令及其修订的工程量清单、合同条件、技术规范、有关计量的补充协议、质量合格证书等。

12.1.2　工程计量的方法

合同工程应以承包人按合同要求已完成且应予计量的工程进行计量。工程数量应按发承包双方约定的相关工程国家及行业工程量计算标准及补充的工程量计算规则计算。

合同工程计量应包括分部分项工程计量、措施项目计量、工程变更计量、计日工计量、返工工程计量、新增工程计量，具体规定详见《建设工程工程量清单计价标准》GB/T 50500—2024。

合同约定执行物价变化价格调整的分部分项工程项目，应按约定的调价周期相对应的已完成工程进行分段计量。

承包人实施的下列工程及工作不应计量：

1）承包人为完成永久工程所实施的临时工程，合同约定应计量的临时工程除外。

2）承包人原因引起超出合同约定工程范围的工程。

3）承包人所完成、但不符合合同图纸及合同规范要求的工程。

4）承包人拆除及迁离不符合合同图纸及合同规范要求的工程或工作。

5）承包人责任造成的其他返工。

单价合同和总价合同的分部分项工程项目清单工程量应按下列规定计算：

1）单价合同计量：分部分项工程项目清单的单价计价清单项目应依据发包人提供的工程实际施工图纸及颁发和确认的变更指令，按照合同约定的国家及行业工程量计算标准及补充的工程量计算规则进行重新计量，可作为计算分部分项工程项目清单价格的依据。

2）总价合同计量：分部分项工程项目可不重新计量，合同价格不应因分部分项工程项目存在工程量清单缺陷而调整，招标工程量清单中说明为暂定数量单价计价的分部分项工程项目清单和工程变更可按单价合同计量规定执行。

第 2 节　合同价款的调整

12.2.1　合同价款的概述

实行招标的工程，合同价格应由发承包双方依据招标文件和投标文件在合同中约定，合同约定不得背离招标文件中关于工程范围、工期、价款、质量等实质性内容。在工程施工阶段，由于项目实际情况的变化，发承包双方在施工合同中约定的合同价款可能会出现变动。为合理分配双方的合同价款变动风险，有效地控制工程造价，发承包双方应当在施工合同中明确约定合同价款的调整时间、调整方法及调整程序。

12.2.2　建设工程施工合同的类型

建设工程施工合同的计价方式有很多种，不同计价方式的合同，有不同的权力划分、责任分配、应用条件及付款方式，同时合同双方的风险也不同，应依具体情况选择合同类型。目前，按计价方式分，建设工程施工合同主要有三种类型：单价合同、总价合同、成本加酬金合同。

1. 单价合同：当发包工程的内容和工程量尚不能明确、具体确定时，则可采用单价合同形式，即根据计划工程内容和估算工程量，在合同中明确每项工程内容的单位价格（如每米、每平方米或者每立方米的价格），实际支付时则根据实际完成的工程量乘以合同单价计算应付的工程款，单价合同在约定的范围内合同单价不作调整。

2. 总价合同：又称作总价包干合同，即根据施工招标时的要求和条件，当施工内容和有关条件不发生变化时，业主付给承包商的价款总额就不发生变化。如果由于承包人的失误导致投标价计算错误，合同总价格也不予调整。总价合同在约定的范围内合同总价不作调整。

3. 成本加酬金合同：发承包双方约定以规定的计量、计价依据所确定的工程成本并加按约定方式计算的酬金进行合同价款计算、调整和确认的建设工程施工合同。

12.2.3　合同价款的调整原则

实行招标的工程，合同价格应由发承包双方依据招标文件和投标文件在合同中约定，合同约定不得背离招标文件中关于工程范围、工期、价款、质量等实质性内容。在工程施工阶段，由于项目实际情况的变化，发承包双方在施工合同中约定的合同价款可能会出现变动。为合理分配双方的合同价款变动风险，有效地控制工程造价，发承包双方应当在施工合同中明确约定合同价款的调整时间、调整方法及调整程序。

合同履行过程发生下列事项，发承包双方可按《建设工程工程量清单计价标准》GB/T 50500—2024 第 7 章、第 8 章的规定调整相关合同价款：①工程量清单缺陷；②暂列金额；③暂估价；④总承包服务费；⑤计日工；⑥物价变化；⑦法律法规及政策性变化；⑧工程变更；⑨新增工程；⑩工程索赔；⑪发承包双方约定的其他调整事项。

发包人在收到承包人合同价格调整报告及相关资料后应在约定时间内对其进行核实，予以确认的应书面通知承包人，不予确认的应将价格调整核对意见书面回复承包人，未确认也未提出核对意见的，应视为承包人提交的合同价格调整报告已被发包人认可。

发包人提出价格调整核对意见的，承包人在收到核对意见后应在约定时间内对其进行复核，予以认可的应书面通知发包人，不予认可的应将相关复核意见书面回复发包人，未确认也未提出复核意见的，应视为发包人提出的意见已被承包人认可。

第 3 节　预付款及期中支付

12.3.1　预付款支付

工程预付款是指按照合同约定，由发包人在开工前预先支付给承包人，用于为履行合同而预先采购材料、租赁或采购相关施工机具、搭设现场临时设施、组织施工人员进场等工程施工前发生的必要费用。

1. 预付款的担保

如合同约定承包人需提供预付款保函的，发包人应按合同约定在承包人提供预付款保函后支付预付款，预付款保函的保证金应与预付款金额一致。

2. 预付款的计算

合同工程的预付款金额可依据合同约定按合同价款及预付款支付比例计算确定。预付款支付比例应符合国家及省级、行业有关部门的规定，预付款计算依据的合同价款应扣除合同总价所包含的暂列金额、计日工及专业工程暂估价。

跨年度实施的重大工程的预付款，可按已获发包人批准的承包人施工组织设计及年度工程进度计划、合同清单的合同价款等，分解形成符合规定的相应年度计划中应完成工程的合同价款总额，并按合同约定的预付款支付比例逐年预付。

3. 预付款的支付

承包人应在合同约定时间内将预付款支付申请提交给发包人审核，发包人应在收到支付申请后按合同约定的时间完成审核并向承包人支付预付款。发包人不按合同约定时间支付预付款的，承包人可催告发包人预付，发包人在催告后的约定时间内仍不按要求预付的，承包人有权暂停施工，并按规定向发包人提出索赔，发包人应承担违约责任。

4. 预付款的扣回

预付款应按合同约定在履行过程扣回，合同无约定或约定不明的，可选择当累计完成工程总值达到合同总价的一定比例后一次扣回或分次扣回的方式。选择分次扣回方式的，预付款可从每一个支付期应支付给承包人的工程进度款或施工过程结算款中按比例扣回，直到扣回的金额达到合同约定的预付款金额为止。提前解除合同的，尚未扣回的预付款应在合同终止结算时全部扣回。

12.3.2　期中支付

合同价款的期中支付，是指发包人在工程施工过程中，应依据合同约定的期中价款支付方式，按规定程序办理每月或每阶段应支付价款的申请、核对及支付，即工程进度款的结算支付。发承包双方应按合同约定的时间或工程形象进度节点、程序和方法，在每个计量周期进行已完工程进度款计量与支付，计量周期应与支付周期一致。合同中进度款计量周期约定不明的，可以月为单位分期计量与支付。

1. 期中支付的比例

施工过程结算价款的支付比例应在合同中约定，不宜低于当期施工过程结算价款总额的 90%。

2. 期中支付的计算

发承包双方可按下式确定应予支付的各期进度款的金额：

当期应付进度款 = [累计已完成工程总值(包括已确认的合同价格调整价款) ×

支付比例 − 累计预付款扣回(包括当期扣回价款) −

前期累计已支付进度款] −

发包人累计扣除的款项(不含预付款扣回)　　　　　(12-1)

第 4 节　竣工结算

12.4.1　竣工结算的编制及审核

竣工结算是发承包双方根据有关法律法规规定和合同约定，对合同工程实施中、解除时、竣工后的工程项目进行合同价款计算、调整、确认和支付的活动，包括施工过程结算、合同解除结算、竣工结算及工程保修结清。

工程结算可分为施工过程结算和竣工结算，竣工结算分为单位工程竣工结算、单项工程竣工结算和建设项目竣工总结算，其中，单位工程竣工结算和单项工程竣工结算也可看作是分阶段结算。

1. 工程竣工结算的编制

承包人应在工程竣工验收合格后，一般应在规定时间内向发包人和监理人（若有）提交竣工结算申请单，并提交完整的结算资料。

2. 工程竣工结算的审核

发包人及监理人（若有）应在收到竣工结算申请单后，在合同约定的时间内完成审核，对竣工结算申请有异议的，有权要求承包人进行修正和提供补充资料，承包人应提交修正后的竣工结算申请单。承包人逾期未提出书面异议的，视为竣工结算文件已经被承包人认可。

12.4.2　竣工结算款的支付

1. 承包人应根据经审定的竣工结算文件，向发包人提交竣工结算款支付申请。支付申请应包括下列内容：

1）累计已完成的施工过程结算款：

（1）累计已完成的分部分项工程项目费的金额。

（2）累计已完成的措施项目费的金额。

（3）累计已完成的其他项目费的金额（包括用于《建设工程工程量清单计价标准》GB/T 50500—2024 第 2.0.13 条规定未能完全预见或详细说明的工程、服务的暂列金额）。

（4）累计已完成合同价款调整的金额。

（5）累计应计算的增值税。

2）累计已支付的施工过程结算款。

3）本期合计应扣减的金额：

（1）本期应扣回的预付款。

（2）本期应扣回的已支付进度款。

（3）本期发包人应扣减的金额。

4）本期应支付的施工过程结算款。

2. 发包人在收到承包人提交的竣工结算文件后，应在约定时间内予以核对。发包人经核对，认为承包人应进一步补充资料和修改结算文件的，应在约定时间内向承包人提出核对意见，承包人应在收到核对意见后，在约定时间内按发包人提出的合理要求补充资料，修改竣工结算文件，再次提交给发包人复核确认。

3. 发包人在收到承包人再次提交的竣工结算文件后，应在约定时间内予以复核，并将复核结果通知承包人。

4. 发包人在收到承包人竣工结算文件后约定时间内，未按合同约定核对竣工结算或未提出核对意见的，应视为承包人提交的竣工结算文件已被发包人认可，竣工结算确认完毕。

5. 承包人在收到发包人提出的核对（或复核）意见后，在约定的时间内未按合同约定确认也未提出异议的，应视为发包人提出的核对意见已被承包人认可，竣工结算确认完毕。

12.4.3　合同解除的价款结算与支付

发承包双方因不可抗力或合同当事人违约等原因协商一致解除合同的，应按照合同已有的约定或双方达成的协议办理结算和支付相关合同价款。

12.4.4　最终结清

最终结清，是指合同约定的缺陷责任期终止后，承包人已按合同规定完成全部剩余工作且质量合格的，发包人与承包人结清全部剩余款项。

12.4.5　合同价款争议的解决

发承包双方在合同履行过程中，对工程计量、合同价款调整、价款期中支付、工程结算和与其事项相关的工程质量、工程变更、新增工程、工程索赔、工期延长或工期延误存有争议的，应通过友好协商方式解决，并在协商一致后签订相关的补充（和解）协议，所签订的补充（和解）协议对双方均有约束力。如果经协商不能达成一致意见的，发承包双方应按合同约定处理，合同未约定或约定不明的，可按争议评审、调解、仲裁与诉讼途径处理。

◆◆◆◆◆　真题训练及解析　◆◆◆◆◆

1. 下列引起承包人索赔的事件中，有可能同时获得工期、费用和利润补偿的是（　　　）。

【单选题】

  A. 承包人提前竣工

  B. 因不可抗力造成的停工

  C. 土方开挖时发现文物

  D. 发包人变更工程范围

【答案】D

【解析】参考《建设工程工程量清单计价标准》GB/T 50500—2024 中工程索赔章节规定。

2. 工程施工中的下列情形，发包人可不予计量的有（　　　）。【多选题】

  A. 因抽检不合格而返工的工程量

  B. 修复因不可抗力损坏而增加的工程量

  C. 按发包人要求增加的合同范围外的工程量

  D. 缺少隐蔽验收资料的工程量

  E. 竣工图没有相关内容，也没有现场签证，但有发包人口述委托的工程量

【答案】A、D、E

【解析】参考《建设工程工程量清单计价标准》GB/T 50500—2024 中合同工程计量章节规定。

3. 关于施工合同履行期间的期中支付，下列说法中不正确的有（　　　）。【多选题】

  A. 双方对工程计量结果有争议，发包人应在解决争议部分的工程计量后向承包人出具进度款支付证书

  B. 对已签发支付证书中的计算错误，发包人有权予以修正，承包人无权提出修正

  C. 进度款支付申请中应包括累计已完成的合同价款

  D. 本周期实际支付的合同额一定为本期完成的合同价款合计

  E. 为了发包人可以提前支付相关款项，监理在确认已完成工程量的形象进度时可以适当做大

【答案】A、B、D、E

【解析】发承包双方如对部分计量结果存在争议，发包人应对无争议部分的工程计量结果向承包人出具进度款支付证书，选项 A 错误；对已签发支付证书中的计算错误，发包人和承包人都有权予以修正,选项 B 错误；本周期实际支付的合同额，应扣减本周期需要扣减的金额，包括：本周期应扣回的预付款及其他应扣减的金额，选项 D 错误；监理应按实际情况确定形象进度，选项 E 错误。

第 **13** 章

安装工程竣工决算价款的编制

 **本章提示**

熟悉 竣工决算包含的内容。

了解 建设项目竣工决算的概念，竣工决算的编制，建设项目竣工决算的作用。

知识体系

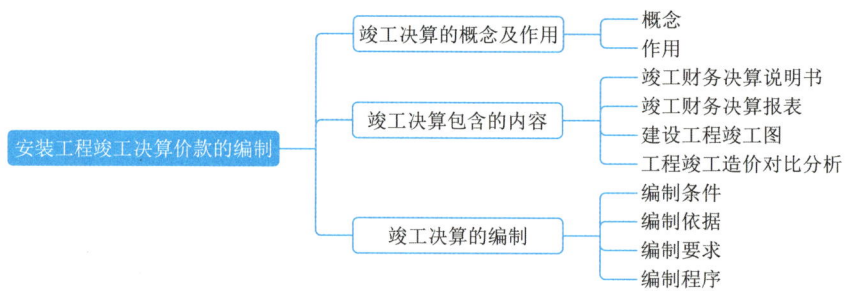

第1节　竣工决算的概念及作用

13.1.1　建设项目竣工决算的概念

项目竣工决算是指所有项目竣工后，项目建设单位按照国家有关规定在项目竣工验收阶段编制的竣工决算报告。竣工决算是以实物数量和货币指标为计量单位，综合反映竣工建设项目全部建设费用、建设成果和财务状况的总结性文件，是竣工验收报告的重要组成部分。竣工决算是正确核定新增固定资产价值，考核分析投资效果，建立健全经济责任制的依据，是反映建设项目实际造价和投资效果的文件。竣工决算是建设工程经济效益的全面反映，是项目法人核定各类新增资产价值、办理其交付使用的依据。竣工决算是工程造价管理的重要组成部分，做好竣工决算是全面完成工程造价管理目标的关键性因素之一。通过竣工决算，既能够正确反映建设工程的实际造价和投资结果，又可以通过竣工决算与概算、预算的对比分析，考核投资控制的工作成效，为工程建设提供重要的技术经济方面的基础资料，提高未来工程建设的投资效益。

项目竣工时，应编制建设项目竣工财务决算。在编制项目竣工财务决算前，项目建设单位应当认真做好各项清理工作，包括账目核对及账务调整、财产物资核实处理、债权实现和债务清偿、档案资料归集整理等。建设周期长、建设内容多的项目，单项工程竣工，具备交付使用条件的，可编制单项工程竣工财务决算。建设项目全部竣工后应编制竣工财务总决算。

13.1.2　建设项目竣工决算的作用

设项目竣工决算是综合全面地反映竣工项目建设成果及财务情况的总结性文件，它采用货币指标、实物数量、建设工期和各种技术经济指标综合、全面地反映建设项目自开始建设到竣工为止全部建设成果和财务状况。

建设项目竣工决算是办理交付使用资产的依据，也是竣工验收报告的重要组成部分。建设单位与使用单位在办理交付资产的验收交接手续时，通过竣工决算反映了交付使用资产的全部价值，包括固定资产、流动资产、无形资产和其他资产的价值。及时编制竣工决算可以正确核定固定资产价值并及时办理交付使用，可缩短工程建设周期，节约建设项目投资，准确考核和分析投资效果。可作为建设主管部门向企业使用单位移交财产的依据。

建设项目竣工决算是分析和检查设计概算的执行情况，考核建设项目管理水平和投资效果的依据。竣工决算反映了竣工项目计划、实际的建设规模、建设工期以及设计和实际的生产能力，反映了概算总投资和实际的建设成本，同时还反映了所达到的主要技术经济指标。通过对这些指标计划数、概算数与实际数进行对比分析，不仅可以全面掌握建设项目计划和概算执行情况，而且可以考核建设项目投资效果，为今后制订建设项目计划，降低建设成本，提高投资效果提供必要的参考资料。

第 2 节　竣工决算包含的内容

建设项目竣工决算应包括从筹集到竣工投产全过程的全部实际费用，即包括建筑工程费、安装工程费、设备工器具购置费用及预备费等费用。根据财政部、国家发展改革委和住房城乡建设部的有关文件规定，竣工决算是由竣工财务决算说明书、竣工财务决算报表、建设工程竣工图和工程竣工造价对比分析四部分组成。其中竣工财务决算说明书和竣工财务决算报表两部分又称建设项目竣工财务决算，是竣工决算的核心内容。竣工财务决算是正确核定项目资产价值、反映竣工项目建设成果的文件，是办理资产移交和产权登记的依据。

13.2.1　竣工财务决算说明书

竣工财务决算说明书主要反映竣工工程建设成果和经验，是对竣工决算报表进行分析和补充说明的文件，是全面考核分析工程投资与造价的书面总结，是竣工决算的重要组成部分，其内容主要包括：

1）基本建设项目概况。一般从进度、质量、安全和造价方面进行分析说明。进度方面主要说明开工和竣工时间，对照合理工期和要求工期分析是提前还是延期；质量方面主要根据竣工验收委员会或相当一级质量监督部门的验收评定等级、合格率和优良品率；安全方面主要根据劳动工资和施工部门的记录，对有无设备和人身事故进行说明；造价方面主要对照概算造价，说明节约或超支的情况，用金额和百分率进行分析说明。

2）会计账务的处理、财产物资清理及债权债务的清偿情况。

3）项目建设资金计划及到位情况，财政资金支出预算、投资计划及到位情况。

4）项目建设资金使用、项目结余资金等分配情况。

5）项目概（预）算执行情况及分析，竣工实际完成投资与概算差异及原因分析。

6）尾工工程情况。项目一般不得预留尾工工程，确需预留尾工工程的，尾工工程投资不得超过批准的项目概（预）算总投资的 5%。

7）历次审计、检查、审核、稽查意见及整改落实情况。

8）主要技术经济指标的分析、计算情况。概算执行情况分析，根据实际投资完成额与概算进行对比分析；新增生产能力的效益分析，说明交付使用财产占总投资额的比例，不增加固定资产的造价占投资总额的比例，分析有机构成和成果。

9）项目管理经验、主要问题和建议。

10）预备费动用情况。

11）项目建设管理制度执行情况、政府采购情况、合同履行情况。

12）征地拆迁补偿情况、移民安置情况。

13）需说明的其他事项。

13.2.2　竣工财务决算报表

建设项目竣工决算报表包括：封面、基本建设项目概况表、基本建设项目竣工财务决算表、基本建设项目资金情况明细表、基本建设项目交付使用资产总表、基本建设项目交付使用资产明细表、待摊投资明细表、待核销基建支出明细表、转出投资明细表等。

13.2.3 建设工程竣工图

建设工程竣工图是真实地记录各种地上、地下建筑物和构筑物等情况的技术文件，是工程进行交工验收、维护、改建和扩建的依据，是国家的重要技术档案。全国各建设、设计、施工单位和各主管部门都要认真做好竣工图的编制工作。国家规定：各项新建、扩建、改建的基本建设工程，特别是基础、地下建筑、管线、结构、井巷、桥梁、隧道、港口、水坝以及设备安装等隐蔽部位，都要编制竣工图。为确保竣工图质量，必须在施工过程中（不能在竣工后）及时做好隐蔽工程检查记录，整理好设计变更文件。编制竣工图的形式和深度，应根据不同情况区别对待，其具体要求包括：

1）凡按图竣工没有变动的，由承包人（包括总包和分包承包人，下同）在原施工图上加盖"竣工图"标识（章）后，即作为竣工图。

2）凡在施工过程中，虽有一般性设计变更，但能将原施工图加以修改补充作为竣工图的，可不重新绘制，由承包人负责在原施工图（必须是新蓝图）上注明修改的部分，并附以设计变更通知单和施工说明，加盖"竣工图"标识后，作为竣工图。

3）凡结构形式改变、施工工艺改变、平面布置改变、项目改变以及有其他重大改变，不宜再在原施工图上修改、补充时，应重新绘制改变后的竣工图。由原设计原因造成的，由设计单位负责重新绘制；由施工原因造成的，由承包人负责重新绘图；由其他原因造成的，由建设单位自行绘制或委托设计单位绘制。承包人负责在新图上加盖"竣工图"标识，并附以有关记录和说明作为竣工图。

4）为了满足竣工验收和竣工决算需要，还应绘制反映竣工工程全部内容的工程设计平面示意图。

5）重大的改建、扩建工程项目涉及原有的工程项目变更时，应将相关项目的竣工图资料统一整理归档，并在原图案卷内增补必要的说明一起归档。

13.2.4 工程竣工造价对比分析

对控制工程造价所采取的措施、效果及其动态的变化需要进行认真的比较，总结经验教训。批准的概算是考核建设工程造价的依据。在分析时，可先对比整个项目的总概算，然后将建筑安装工程费、设备工器具费和其他工程费用逐一与竣工决算表中所提供的实际数据和相关资料及批准的概算、预算指标、实际的工程造价进行对比分析，以确定竣工项目总造价是节约还是超支，并在对比的基础上，总结先进经验，找出节约和超支的内容和原因，提出改进措施。在实际工作中，应主要分析以下内容：

1）考核主要实物工程量。对于实物工程量出入比较大的情况，必须查明原因。

2）考核主要材料消耗量。在建筑安装工程投资中，材料费一般占直接工程费 70% 左右，所以要按照竣工决算表中所列明的三大材料实际超概算的消耗量，查明是在工程的哪个环节超出量最大，再进一步查明超耗的原因。

3）考核项目建设管理费、措施费和间接费的取费标准。建设项目管理费、措施费和间接费的取费标准要按照国家和各地的有关规定，根据竣工决算报表中所列的项目建设管理费与概预算所列的项目建设管理费数额进行比较，依据规定查明是否多列或少列费用项目，确定其节约超支的数额，并查明原因。

4）主要工程子目的单价和变动情况。在工程项目的投标报价或施工合同中，项目的子目单价早已确定，但由于施工过程或设计的变化等原因，经常会出现单价变动或新增加子目单价如何确定的问题。因此，要对主要工程子目的单价进行核对，对新增子目的单价进行分析检查，如发现异常应查明原因。

第 3 节　竣工决算的编制

13.3.1　建设项目竣工决算的编制条件

编制工程竣工决算应具备下列条件：

1）经批准的初步设计所确定的工程内容已完成。

2）单项工程或建设项目竣工结算已完成。

3）收尾工程投资和预留费用不超过规定的比例。

4）涉及法律诉讼、工程质量纠纷的事项已处理完毕。

5）其他影响工程竣工决算编制的重大问题已解决。

13.3.2　建设项目竣工决算的编制依据

建设项目竣工决算应依据下列资料编制：

1）《基本建设财务规则》（财政部第 81 号令）等法律、法规和规范性文件。

2）项目计划任务书及立项批复文件。

3）项目总概算书、单项工程概算书文件及概算调整文件。

4）经批准的可行性研究报告、设计文件及设计交底、图纸会审资料。

5）招标文件、最高投标限价及招标投标书。

6）施工、代建、勘察设计、监理及设备采购等合同，政府采购审批文件、采购合同。

7）项目竣工结算文件。

8）工程签证、工程索赔等合同价款调整文件。

9）设备、材料调价文件记录。

10）有关的会计核算及财务管理资料。

11）历年下达的项目年度财政资金投资计划、预算。

12）其他有关资料等。

13.3.3　建设项目竣工决算的编制要求

为了严格执行建设项目竣工验收制度，正确核定新增固定资产价值，考核分析投资效果，建立健全经济责任制，所有新建、扩建和改建等建设项目竣工后，都应及时、完整、正确地编制好竣工决算。建设单位要做好以下工作：

1. 必须按照财政部规定的内容和格式填制工程竣工决算报表，概算明细项目名称及金额应按照批准的可行性研究报告、设计概算等文件进行填写。

2. 确定建设项目各项投资实际支出的标准。

1）总价合同、固定金额合同，未发生合同内容变更的实际支出应以合同价为准，发生合同内容变更的实际支出应以结算价为准。

2）单价合同、成本加酬金合同或费率合同的实际支出应以结算价为准。

3）零星采购的材料、设备和零星费用应以账面金额为准。

3. 编制工程竣工决算应具备下列条件：

4）经批准的初步设计所确定的内容已完成。

5）工程结算已完成。

6）尾工工程不超过规定的比例（总概算的 5%）。

7）涉及法律诉讼、工程质量、移民安置的事项已处理完毕。

8）其他影响工程竣工决算编制的重大问题已解决。

4. 编制工程竣工决算的基本要求：数字准确，内容完整，数据勾稽关系正确，附表及附件齐全。

5. 需分摊的设备安装支出和待摊投资支出，应按"最大合理""谁受益、谁承担"的原则分摊。

6. 确认交付固定资产应以可分离性、功能性、宜管理性为原则，同时力求与最终初步设计（或可行性研究报告）及批复相一致。

7. 在确定交付资产时，应充分考虑行业及企业的固定资产目录。

13.3.4　建设项目竣工决算的编制程序

基本建设项目完工可投入使用或者试运行合格后，应当在 3 个月内编报竣工财务决算，特殊情况确需延长的，中小型项目不得超过 2 个月，大型项目不得超过 6 个月。项目竣工财务决算未经审核前，项目建设单位一般不得撤销，项目负责人及财务主管人员、重大项目的相关工程技术主管人员、概（预）算主管人员一般不得调离。确需撤销的，项目有关财务资料应当转入其他机构承接、保管；人员确需调离的，应当继续承担或协助做好竣工财务决算相关工作。竣工决算的编制程序分为前期准备、实施、完成和资料归档四个阶段。

1. 前期准备工作阶段的主要工作内容如下：

1）了解编制工程竣工决算建设项目的基本情况，收集和整理、分析基本的编制资料。在编制竣工决算文件之前，应系统地整理所有的技术资料、工料结算的经济文件、施工图纸和各种变更与签证资料，并分析它们的准确性。完整、齐全的资料是准确而迅速编制竣工决算的必要条件。

2）确定项目负责人，配置相应的编制人员。

3）制定切实可行、符合建设项目情况的编制计划。

4）由项目负责人对成员进行培训。

2. 实施阶段主要工作内容如下：

1）收集完整的编制程序依据资料。在收集、整理和分析有关资料中，要特别注意建设工程从筹建到竣工投产或使用的全部费用的各项账务，债权和债务的清理，做到工程完毕账目清晰，既要核对账目，又要查点库存实物的数量，做到账与物相等，账与账相符，对结余的各种材料、工器具和设备，要逐项清点核实，妥善管理，并按规定及时处理，收回资金。对各种往来款项要及时进行全面清理，为编制竣工决算提供准确的数据和结果。

2）协助建设单位做好各项清理工作。

3）编制完成规范的工作底稿。

4）对过程中发现的问题应与建设单位进行充分沟通，达成一致意见。

5）与建设单位相关部门一起做好实际支出与批复概算的对比分析工作。重新核实各单位工程、单项工程造价，将竣工资料与原设计图纸进行查对、核实，必要时可实地测量，确认实际变更情况；根据经审定的承包人竣工结算等原始资料，按照有关规定对原概、预算进行增减调整，重新核定工程造价。

3. 完成阶段主要工作内容如下：

1）完成工程竣工决算编制咨询报告、基本建设项目竣工决算报表及附表、竣工财务决算说明书、相关附件等。清理、装订好竣工图。做好工程造价对比分析。

2）与建设单位沟通工程竣工决算的所有事项。

3）经工程造价咨询企业内部复核后，出具正式工程竣工决算编制成果文件。

4. 资料归档阶段主要工作内容如下：

1）工程竣工决算编制过程中形成的工作底稿应进行分类整理，与工程竣工决算编制成果文件一并形成归档纸质资料。

2）对工作底稿、编制数据、工程竣工决算报告进行电子化处理，形成电子档案。

将上述编写的文字说明和填写的表格经核对无误，装订成册，即建设工程竣工决算文件。将其上报主管部门审查，并把其中财务成本部分送交开户银行签证。竣工决算在上报主管部门的同时，抄送有关设计单位。

真题训练及解析

1. 竣工决算是综合反映竣工建设项目全部建设费用、建设成果和财务状况的总结性文件，它的计算单位是（　　　）。【单选题】

　　A. 结算清单　　　　　　　　　　B. 实物数量

　　C. 经济指标　　　　　　　　　　D. 实物数量和货币指标

【答案】D

【解析】竣工决算是以实物数量和货币指标为计量单位，综合反映竣工建设项目全部建设费用、建设成果和财务状况的总结性文件，是竣工验收报告的重要组成部分。

2. 属于竣工决算组成部分的是（　　　）。【单选题】

　　A. 竣工财务决算说明书、竣工财务决算报表、工程竣工图、工程竣工造价对比分析

　　B. 竣工财务决算说明书、竣工财务决算报表、工程施工图、工程竣工造价对比分析

　　C. 竣工决算说明书、竣工财务决算报表、工程竣工图、工程竣工造价对比分析

　　D. 竣工财务决算说明书、竣工财务决算报表、竣工验收报告、工程竣工造价对比分析

【答案】A

【解析】竣工决算是由竣工财务决算说明书、竣工财务决算报表、工程竣工图和工程竣工造价对比分析四部分组成。

3. 竣工财务决算说明书中主要技术经济指标分析、计算情况包括的内容有（　　　）。【多选题】

　　A. 概算执行情况分析，根据实际投资完成额与概算进行对比分析

　　B. 新增生产能力的效益分析，说明交付使用财产占总投资额的比例

　　C. 不增加固定资产的造价占投资总额的比例，分析有机构成和成果

　　D. 预备费动用情况

　　E. 征地拆迁补偿情况、移民安置情况

【答案】A、B、C

【解析】主要技术经济指标的分析、计算情况。概算执行情况分析，根据实际投资完成额与概算进行对比分析；新增生产能力的效益分析，说明交付使用财产占总投资额的比例，不增加固定资产的造价占投资总额的比例，分析有机构成和成果。

第 **14** 章

安装工程计量与计价应用

安装工程计量与计价应用主要包括电气设备安装工程、给排水安装工程、通风空调安装工程、消防工程和建筑智能化安装工程等专业工程的项目清单编制和招标控制价（或投标报价）等编制内容。

安装工程计量主要包括分部分项工程项目、措施项目和其他项目工程量清单的编制和计量。可根据《建设工程工程量清单计价标准》GB/T 50500—2024、《通用安装工程工程量计算标准》GB/T 50856—2024 以及《广东省建设工程计价依据（2018）》（粤建市〔2019〕6 号）进行编制和计价。

安装工程计价主要包括分部分项工程项目工程量清单和单价措施项目工程量清单的定额组价工程量计算和综合单价分析表的组价计算、按系数计取的措施项目费、其他项目费、规费和税金的计算，进而汇总成单位工程招标控制价或投标报价等建筑安装工程费用；可根据《建设工程工程量清单计价标准》GB/T 50500—2024、《广东省住房和城乡建设厅关于印发〈广东省建设工程计价依据（2018）〉的通知》（粤建市〔2019〕6 号）和《广东省通用安装工程综合定额（2018）》有关规定进行计价，如有新政策文件按新规定执行调整。

按系数计取的措施项目费、其他项目费、规费和税金的招标控制价（或投标报价）编制内容详见前面相关章节内容，这里不再重复展开。

下面对电气设备安装工程、给排水安装工程、通风空调安装工程、消防工程和建筑智能化安装工程 5 个专业工程的分部分项工程项目清单和单价措施项目清单的计量与计价应用内容展开讲解。

第 1 节　电气设备安装工程项目清单编制与计价

本节提示

掌握　变压器安装、配电装置安装、母线安装、控制/保护/直流装置安装、低压电器设备安装、电缆安装、防雷及接地装置、配管配线、照明灯具安装和电气调整试验等分部分项工程项目清单编制和计价。

熟悉　光伏组件设备安装、电机检查接线、滑触线装置安装、10kV 及以下架空配电线路、起重运输设备电气装置、附属工程等分部分项工程项目清单编制和计价。

知识体系

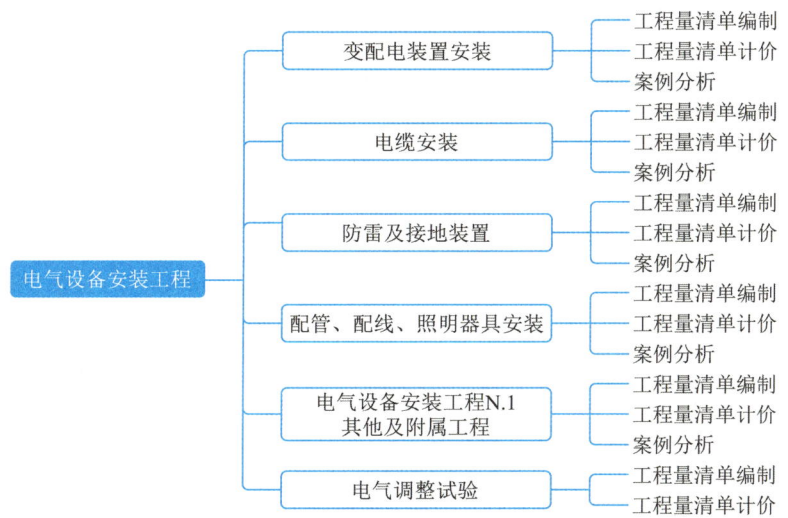

电气设备安装工程分部分项工程项目清单应依据《通用安装工程工程量计算标准》GB/T 50856—2024（以下简称《计算标准》）中《附录 D 电气设备安装工程》以及《建设工程工程量清单计价标准》GB/T 50500—2024 有关规定进行编制。其中《附录 D 电气设备安装工程》由表 D.1～D.16 分部分项工程和 D.17 其他规定组成，适用于 10kV 及以下变配电设备及线路的安装、车间动力电气设备及电气照明、防雷及接地装置安装、配管配线、电气调试等。

根据《广东省住房和城乡建设厅关于印发〈广东省建设工程计价依据（2018）〉的通知》（粤建市〔2019〕6 号）有关规定，将《广东省通用安装工程综合定额（2018）》第四册（以下简称《安装定额第四册》）作为电气设备安装工程的主要计价依据之一。定额内容由表 C.4.1～表 C.4.16 分部分项工程组成，主要内容如下表 14-1；适用于自 2019 年 3

月 1 日起实施的工业与民用新建、扩建工程中 10kV 以下变配电设备及线路安装、车间动力电气设备及电气照明器具、防雷及接地装置安装、配管、配线、电梯电气装置、电气调整试验等安装工程，主要内容对比见表 14-1。

电气设备安装工程计算标准和定额分部工程项目　　　　表 14-1

序号	《计算标准》附录 D 电气设备安装工程		《安装定额第四册》电气设备安装工程	
	编号	分部工程及编码	编号	分部分项工程项目
1	D.1	变压器安装（编码：030401）	C.4.1	变压器安装
2	D.2	配电装置安装（编码：030402）	C.4.2	配电装置安装
3	D.3	母线安装（编码：030403）	C.4.3	母线安装
4	D.4	控制、保护、直流装置安装（编码：030404）	C.4.4	控制设备及低压电器安装
5	D.5	低压电器设备安装（编码：030405）		
6			C.4.5	蓄电池安装
7	D.6	光伏组件设备安装（编码：030406）		
8	D.7	电机检查接线（编码：030407）	C.4.6	电机检查接线及调试
9	D.8	滑触线装置安装（编码：030408）	C.4.7	滑触线装置安装
10	D.9	电缆安装（编码：030409）	C.4.8	电缆敷设
11	D.10	防雷及接地装置（编码：030410）	C.4.9	防雷及接地装置
12	D.11	10kV 及以下架空配电线路（编码：030411）	C.4.10	10kV 以下架空配电线路架设
13	D.12	配管、配线（编码：030412）	C.4.11	配管、配线
14	D.13	照明器具安装（编码：030413）	C.4.12	照明器具安装
15	D.14	起重运输设备电气装置（编码：030414）	C.4.16	起重设备电气装置安装
16	D.15	附属工程（编码：030415）	C.4.13	附属工程
17	D.16	电气调整试验（编码：030416）	C.4.14	电气调整试验
18			C.4.15	电梯电气装置安装
19	D.17	其他规定		

14.1.1　变配电装置安装分部分项工程项目清单编制与计价

在电气设备安装工程中，一般将变压器安装、配电装置安装、母线安装、控制/保护/直流装置安装及低压电器安装统称为变配电装置安装工程。

1. 变压器安装分部分项工程项目清单编制与计价

1）变压器安装分部分项工程项目清单编制

（1）变压器安装分部分项工程项目清单设置

①《计算标准》附录表 D.1.1 变压器安装项目清单设置见表 14-2。

变压器安装（编码：030401） 表 14-2

项目编码	项目名称	项目特征	计量单位	工程量计算规则	工作内容
030401001	油浸变压器	（1）名称 （2）型号 （3）类型 （4）容量（kV·A） （5）电压（kV） （6）油过滤要求 （7）温控箱型号、规格	台	按设计图示数量计算	（1）本体及附件安装 （2）油过滤 （3）干燥、试验、化验、色谱分析 （4）本体接地
030401002	干式变压器	（1）名称 （2）型号 （3）类型 （4）容量（kV·A） （5）电压（kV） （6）干燥要求 （7）温控箱型号、规格	台		（1）本体及附件安装 （2）温控箱安装 （3）本体接地
030401003	油浸式消弧线圈	（1）名称 （2）型号 （3）类型 （4）容量（kV·A） （5）电压（kV） （6）油过滤要求	台		（1）本体及附件安装 （2）油过滤 （3）干燥、试验、化验、色谱分析 （4）本体接地
030401004	干式消弧线圈	（1）名称 （2）型号 （3）类型 （4）容量（kV·A） （5）电压（kV） （6）干燥要求	台	按设计图示数量计算	（1）本体及附件安装 （2）油过滤 （3）干燥、试验、化验、色谱分析 （4）本体接地

②清单项目特征描述应注意问题

变压器安装项目清单设置时，项目特征应根据表 14-2 所列特征进行表述，并注意以下问题：

A. 附录表 D.1.1 变压器安装（编码：030401）中，变压器是指电力变压器、整流变压器、自耦变压器、有载调压变压器、电炉变压器、接地变压器等；类型是指三相、单相。

B. 名称：应为变压器完整的实体名称，并参照设计图的要求准确表述，实体名称不同，要分别设置清单项目。

C. 型号和容量：型号相同，额定容量不同或额定电压等级不同，应要分别设置清单项目，并在该清单项目中表述具体型号特征。

D. 变压器需要干燥或绝缘油需要过滤的，其特征应予以表述。

E. 网门、保护门、温控箱：变压器安装的附属内容，如果实际发生时，也要对其相应的型号、规格和材质特征进行表述。

③工程量清单设置说明

A. 变压器油如需试验、化验、色谱分析应按《计算标准》附录 P 措施项目相关项目编码列项。

B. 常用清单项目有"030401001 油浸变压器"和"030401002 干式变压器"等。

（2）变压器安装项目清单工程量计算

在计算变压器安装项目清单工程量时，变压器的不同种类、不同型号、不同容量和不同电压等级应分别设置项目清单和计算工程量。项目特征完全相同但安装形式或安装条件不同，如落地安装或杆上安装、室内安装或室外安装，也应分别设置项目清单和计算清单工程量。若需对变压器作特殊处理，如变压器要干燥、油过滤等直接影响投标人计价的，应加以表述清楚并单独设置清单项目。

2）变压器安装分部分项工程项目清单计价

（1）变压器在《安装定额第四册》（C.4.1）工程量计算规则

①变压器、消弧线圈安装，区别不同容量、不同结构性能，按设计图示数量以"台"计算。

②变压器干燥，区分不同容量、不同结构性能，按设计图示数量以"台"计算。

③绝缘油过滤，按过滤油的质量以"t"计算。其具体计算方法如下：

A. 变压器安装定额未包括绝缘油的过滤，需要过滤时，可按制造厂提供的油量计算。

B. 油断路器及其他充油设备的绝缘油过滤，可按制造厂规定的充油量计算：

$$计算公式：油过滤数量(t) = 设备油重(t) \times (1 + 损耗率) \tag{14-1}$$

（2）定额应用注意事项

①变压器的器身检查：容量 4000kV·A 及以下是按吊芯检查考虑，容量 4000kV·A 以上是按吊钟罩考虑，如果容量 4000kV·A 以上的变压器需吊芯检查时，机具乘以系数2.00。

②带有保护外罩的干式变压器安装，人工和机具乘以系数 1.20。

③单相变压器安装，执行同容量电力变压器安装定额项目乘以系数 0.60。

④变压器安装定额已含重复接地（保护接地）的人工，但未包括材料价格，可按实际用量加损耗量另行计算。

⑤只有需要干燥的变压器才能执行变压器干燥定额，编制施工图预算时可列此项，工程结算时根据实际情况再作处理。

⑥绝缘油过滤不分次数，直到过滤合格为止，执行定额时不作调整；绝缘油是按设备带来考虑的，施工中绝缘油的过滤损耗及操作损耗已包括在相关定额中，不另计算；变压器安装过程中放注油、油过滤所使用的临时油罐等，已摊入变压器安装和绝缘油过滤定额中。

⑦变压器在《安装定额第四册》中不包括下列工作内容：

A. 变压器干燥棚的搭拆工作，若发生时可按实计算。

B. 变压器铁梯及母线铁构件的制作、安装，另执行 C.4.13 铁构件制作、安装相应项目。

C. 端子箱、控制箱的安装，另执行 C.4.4 相应项目。

D. 二次喷漆发生时执行 C.4.4 相应项目（执行定额"C4-4-197 二次喷漆"）。

E. 变压器与低压封闭式插接母线槽连接的带形编织铜母线软接头安装，另执行 C.4.3 章相应项目。

F. 变压器防震措施安装。

3）变压器安装项目清单编制与计价案例分析

【例 14-1】某工厂变配电工程需安装 4 台专用变压器，设计图示 4 台专用变压器分别采用 10 号镀锌基础槽钢（其中 10 号槽钢理论重量 10kg/m、镀锌系数按 5% 计算）单独安装在变压器房内，1 号、2 号变压器为三相油浸自冷式电力变压器，并需作干燥处理和绝缘油过滤，型号分别为 S_{11}-1000/10、S_{11}-1250/10；3 号、4 号变压器为三相环氧树脂浇筑干式变压器，型号为 SC_9-1250/10，试编制变压器安装分部分项工程项目清单；若 3～4 号变压器税前设备价为 25500.00 元/台，槽钢税前价为 4000.00 元/t；每台变压器需要 5m10 号槽钢；按《安装定额第四册》，试计算清单"030401002001 干式变压器"综合单价。

（1）分部分项工程项目清单编制步骤如下：

①查《计算标准》，1～4 号变压器分别属于"030401001 油浸变压器"和"030401002 干式变压器"分项工程。

②1 号、2 号油浸变压器的容量不同，要分别列项目清单。

③三相环氧树脂浇注干式变压器 SC_9-1250/10 清单工程量为 2 台。

④编制分部分项工程项目清单。分部分项工程项目清单见表 14-3。

分部分项工程项目清单计价表　　　　　　　　表 14-3

工程名称：　　　　　　　　　　　　　　　　　　　　　　　　　　　标段：

序号	项目编码	项目名称	项目特征描述	计量单位	工程量	金额/元	
						综合单价	合价
1	030401001001	油浸变压器	（1）三相油浸自冷式电力变压器 SC_{11} – 1000/10 （2）干燥处理和绝缘油过滤	台	1		
2	030401001002	油浸变压器	（1）三相油浸自冷式电力变压器 SC_{11} – 1250/10 （2）干燥处理和绝缘油过滤	台	1		
3	030401002001	干式变压器	三相环氧树脂浇注干式变压器 SC_9 – 1250/10	台	2		
本页小计							
合计							

（2）计算项目清单综合单价步骤：

①干式变压器 SC_9-1250/10 清单工程量：2 台。

②根据《安装定额第四册》的 C.4.1.2 计算变压器安装项目清单综合单价分析表见表 14-4。

分部分项工程项目清单综合单价分析表　　　表 14-4

工程名称：略　　　　　　　　　　　　　　　　　　　　　　　　　　　　　　　　　　　标段：

序号	项目编码	项目名称	项目特征描述	计量单位	综合单价组成明细/元					综合单价
					人工费	材料费	施工机具使用费	管理费	利润	
1	030401002001	干式变压器	三相环氧树脂浇注干式变压器SC9-1250/10	台	1673.31	25632.26	597.69	772.23	334.66	29010.15

2. 配电装置安装工程量清单编制与计价

1）配电装置安装分部分项工程项目清单编制

（1）配电装置安装分部分项工程项目清单设置

①《计算标准》附录表 D.2.1 配电装置安装项目清单设置见表 14-5。

配电装置安装（编码：030402）　　　表 14-5

项目编码	项目名称	项目特征	计量单位	工程量计算规则	工作内容
030402001	高压开关设备	（1）名称 （2）型号 （3）额定电流（A） （4）电压（kV） （5）接线材质、规格 （6）油过滤要求	台（组）	按设计图示数量计算	（1）本体安装 （2）本体接地 （3）油过滤 （4）干燥、试验、化验、色谱分析
030402002	熔断器	（1）名称 （2）型号 （3）规格 （4）电压（kV）	组	按设计图示数量计算	（1）本体安装 （2）本体接地
030402003	互感器	（1）名称 （2）型号 （3）规格 （4）类型 （5）油过滤要求	台	按设计图示数量计算	（1）本体安装 （2）油过滤 （3）干燥、试验、化验、色谱分析 （4）本体接地
030402004	避雷器	（1）名称 （2）型号 （3）规格 （4）电压（kV）	组	按设计图示数量计算	（1）本体安装 （2）本体接地
030402005	电抗器	（1）名称 （2）型号 （3）规格 （4）容量（kV·A） （5）电压（kV） （6）质量（t/组） （7）油过滤要求 （8）干燥要求	组	按设计图示数量计算	（1）本体安装 （2）油过滤 （3）干燥、试验、化验、色谱分析 （4）本体接地
030402006	电容器	（1）名称 （2）型号 （3）规格 （4）容量（kV·A） （5）油过滤要求 （6）干燥要求	个		（1）本体安装 （2）本体接地

项目编码	项目名称	项目特征	计量单位	工程量计算规则	工作内容
030402007	交流滤波装置组架	（1）名称 （2）型号 （3）规格 （4）导线连接材质、规格	台	按设计图示数量计算	（1）本体安装 （2）本体接地
030402008	开闭所成套配电装置	（1）名称 （2）型号 （3）规格 （4）电压（kV） （5）导线连接材质、规格	座	按设计图示数量计算	（1）本体安装 （2）接线 （3）本体接地
030402009	高压开关柜	（1）名称 （2）型号 （3）规格 （4）电压（kV） （5）母线配置方式	台	按设计图示数量计算	（1）本体安装 （2）本体接地
030402010	低压开关柜	（1）名称 （2）型号 （3）规格 （4）电压（kV）	台	按设计图示数量计算	（1）本体安装 （2）本体接地
030402011	成套配电箱	（1）名称 （2）型号 （3）规格 （4）电压（kV） （5）安装方式 （6）接线端子材质、规格 （7）端子板外部接线材质、规格	台	按设计图示数量计算	（1）本体安装 （2）焊、压接线端子 （3）配电箱二次线连接 （4）本体接地
030402012	预制式变电站	（1）名称 （2）型号 （3）规格 （4）容量（kV·A） （5）电压（kV） （6）结构形式	台	按设计图示数量计算	（1）本体安装 （2）进箱母线安装 （3）本体接地
030402013	配电智能设备	（1）名称 （2）型号 （3）规格 （4）类型	台	按设计图示数量计算	（1）本体安装 （2）接线 （3）本体接地

②清单项目特征描述应注意问题

配电装置安装项目清单设置时，项目特征应根据表 14-5 所列特征进行表述，并注意以下问题：

A. 附录表 D.2.1 适用于高低压配电装置。

a. 高压开关设备包括：高压断路器、高压隔离开关、真空接触器、高压负荷开关，但其中所含高压断路器的储气罐、储气罐至断路器的管路应按《计算标准》附录 H 工业管道工程的相应项目编码列项。

b. 配电智能设备的类型包括：远方终端设备、子站设备、主站系统设备、电能表集中采集系统设备、抄表采集系统设备。

c. 插座箱应按本附录表 D.2.1 内的"成套配电箱"编码列项。

d. 高、低压电容器柜应按本附录表 D.2.1 内的"高、低压开关柜"编码列项。

e. 高压开关柜项目特征中的母线配置方式是指单母线或是双母线。

f. 安装方式是指配电装置落地安装、墙体嵌入式安装、挂墙式安装。

g. 预装式变电站结构形式包括美式箱变和欧式箱变。

B. 配电装置安装清单项目特征主要有名称、型号、规格、容量、质量等，其中项目特征"质量"是"重量"的规范用语，它不是指设备产品质量的优或劣，而是指设备本体的重量。若特征不完全相同，则必须分别设置清单项目。

③项目清单设置说明

A. 干式电抗器项目适用于混凝土电抗器、铁芯干式电抗器、空心干式电抗器等。

B. 设备安装未包括地脚螺栓、浇注（二次灌浆、抹面），如需安装应按现行国家标准《房屋建筑与装饰工程工程量计算标准》GB/T 50854—2024 相关项目编码列项。

C. 常用清单项目有"030402004 避雷器""030402009 高压开关柜""030402010 低压开关柜"和"030402011 成套配电箱"等。

（2）配电装置安装项目清单工程量计算

如高压成套配电柜、组合成套箱式变电站等成套设备，应按成套型计算工程量，不能把柜内开关、避雷器等设备、元器件分拆计算。带有操动机构的开关设备，计算清单工程量时要加以说明。安装形式或安装条件不同，也应分别计算清单工程量和设置清单项目。

2）配电装置安装分部分项工程项目清单计价

（1）配电装置在《安装定额第四册》（C.4.2）工程量计算规则

①高压成套配电柜安装、组合型成套箱式变电站安装、断路器和互感器安装、互感器干燥，按设计图示数量以"台"计算。

②油浸电抗器安装，区分不同容量，按设计图示数量以"台"计算。

③电抗器干燥，区分不同质量、不同容量，按设计图示数量以"台"计算。

④并联补偿电容器组架安装，区分不同形式，按设计图示数量以"台"计算。

⑤交流滤波装置组架安装，区分不同功能，按设计图示数量以"台"计算。

⑥干式电抗器安装，区分不同质量，按设计图示每组三相以"组"计算。

⑦隔离开关、负荷开关、高压熔断器、避雷器、母线桥的安装，按每组三相以"组"计算。

⑧电力电容器安装，区分不同形式，按设计图示数量以"个"计算。

（2）定额应用注意事项

①设备本体所需的绝缘油、SF_6 气体、液压油等均按设备带有考虑；电气设备以外的加压设备和附属管道的安装应按相应定额另行计算。

②设备安装所需的地脚螺栓按土建预埋考虑，不包括二次灌浆。

③互感器安装定额是按单相考虑的，不包括抽芯及绝缘油过滤，特殊情况另作处理。

④高压成套配电柜安定额是不分容量大小综合考虑的，但不包括绝缘台的安装、母线配制及设备干燥。

⑤单体高压成套配电柜内由隔断板分成多个具有独立功能的拼装柜（一般 2～4 隔）时，每增加一个隔，按相应定额项目为计算基础增加系数 0.60 执行。

⑥高压成套配电柜安装定额已含二次接地（保护接地）的人工，但未包括材料价格，可按实际用量加损耗量另行计算。

⑦高压成套配电柜安装定额未包括柜体扩展拼接所需的母线连接器及堵头的安装，另执行 C.4.3 章相应项目。

⑧高压成套配电柜和箱式变电站的安装均未包括基础（角）槽钢、母线及引下线的配置安装。

⑨组合型成套箱式变电站主要是指 10kV 以下的箱式变电站，一般布置形式为变压器在箱的中间，箱的一端为高压开关位置，另一端为低压开关位置，执行定额时，不因布置形式而调整。

⑩组合型高低压成套配电装置其外形像一个大型集装箱，内装 4～24 台高低压配电箱（屏），箱的两端开门，中间为通道，称为集装箱式高低压配电室，执行 C.4.4 相应项目。

⑪只有需要干燥的互感器才能执行互感器干燥定额，编制施工图预算时可列此项，工程结算时根据实际情况再作处理。

⑫C.4.3 设备安装定额不包括下列工作内容，另执行《安装定额第四册》相应项目：

A. 端子箱安装。

B. 设备支架制作及安装。

C. 绝缘油过滤。

D. 基础槽（角）钢安装。

E. 配电设备的端子板外部接线。

3）配电装置安装分部分项工程项目清单编制案例分析

【例 14-2】某工厂变配电工程，设计图示需采用 10 号基础槽钢安装型号为 KYN28-12（Z）/T1250-31.5 高压进线柜 1 台，型号为 KYN28-12（Z）/T630-25 高压出线柜 4 台，型号为 KYN28-12 高压计量柜 1 台；高压柜采用户内铠装移开式交流金属封闭单母线高压开关柜、柜体外形尺寸为 800mm 宽 × 170mm 深 × 2300mm 高。试编制配电装置安装分部分项工程项目清单。

分部分项工程项目清单编制步骤如下：

（1）核实完善高压开关柜的项目特征。高压开关柜名称为户内铠装移开式交流金属封闭高压开关柜、柜体外形尺寸为 800mm 宽 × 1700mm 深 × 2300mm 高、单母线设置方式。

（2）计算清单工程量。虽然 6 台高压开关柜的名称都相同，但种类、使用功能和型号不同，因此要分别计算清单工程量和设置清单项目。

（3）编制分部分项工程项目清单。分部分项工程项目清单见表14-6。

分部分项工程项目清单计价表

表 14-6

工程名称：
标段：

序号	项目编码	项目名称	项目特征描述	计量单位	工程量	金额/元 综合单价	金额/元 合价
1	030402009001	高压开关柜	金属铠装移开式户内单母线高压进线柜 KYN28-12（Z）/T1250-31.5 800mm×1700mm×2300mm	台	1		
2	030402009002	高压开关柜	金属铠装移开式户内单母线单回路高压出线柜 KYN28-12（Z）/T630-25 800mm×1700mm×2300mm	台	4		
3	030402009003	高压开关柜	金属铠装移开式户内单母线高压计量柜 KYN28-12 800mm×1700mm×2300mm	台	1		
本页小计							
合计							

3. 母线安装分部分项工程项目清单编制与计价

1）母线安装分部分项工程项目清单编制

（1）母线安装分部分项工程项目清单设置

①《计算标准》附录表 D.3.1 配电装置安装项目清单设置见表14-7。

母线安装（编码：030403）

表 14-7

项目编码	项目名称	项目特征	计量单位	工程量计算规则	工作内容
030403001	软母线	（1）名称 （2）材质 （3）规格 （4）绝缘子类型、规格 （5）电流（A）	m	按设计图示尺寸以单相长度的总长度加预留长度计算	（1）母线安装 （2）绝缘子耐压试验 （3）跳线安装 （4）绝缘子安装
030403002	矩形母线、引下线	（1）名称 （2）规格 （3）材质 （4）绝缘子类型、规格 （5）穿通板材质、规格 （6）母线桥材质、规格 （7）伸缩节、过渡板材质、规格	m	按设计图示尺寸以单相长度的总长度加预留长度计算	（1）母线安装 （2）穿通板制作、安装 （3）支持绝缘子耐压试验、安装 （4）伸缩节安装 （5）过渡板安装 （6）刷分相漆或套相色管 （7）本体接地
030403003	槽形母线	（1）名称 （2）规格 （3）材质 （4）连接设备名称、规格			（1）母线制作、安装 （2）与发电机、变压器连接 （3）与断路器、隔离开关连接 （4）刷分相漆或套相色管 （5）本体接地

项目编码	项目名称	项目特征	计量单位	工程量计算规则	工作内容
030403004	管型母线、引下线	（1）名称 （2）规格 （3）材质 （4）绝缘子类型、规格 （5）穿通板材质、规格 （6）母线桥材质、规格 （7）伸缩节、过渡板材质、规格	m	按设计图示尺寸以单相长度的总长度加预留长度计算	（1）母线安装 （2）穿通板制作、安装 （3）支持绝缘子耐压试验，安装 （4）伸缩节安装 （5）过渡板安装 （6）刷分相漆或套相色管 （7）本体接地
030403005	封闭母线	（1）名称 （2）型号 （3）规格 （4）材质 （5）额定电流（A）	m	按设计图示尺寸以中心线长度的总长度计算	（1）母线安装 （2）附件安装 （3）本体接地
030403006	低压封闭式插接母线槽	（1）名称 （2）型号 （3）规格 （4）额定电流（A） （5）线制			
030403007	始端箱、分线箱	（1）名称 （2）型号 （3）规格 （4）额定电流（A）	台	按设计图示数量计算	（1）本体安装 （2）本体接地
030403008	重型母线	（1）名称 （2）材质 （3）规格 （4）电压（kV） （5）额定电流（A） （6）材质 （7）绝缘子类型、规格 （8）伸缩器及导板规格 （9）加工面面积（mm²）	t	按设计图示尺寸以质量计算	（1）母线制作、安装 （2）伸缩器及导板制作、安装 （3）支持绝缘子安装 （4）母线接触面加工 （5）本体接地
030403009	母线绝缘热缩管	（1）名称 （2）型号 （3）规格 （4）电压（kV）	m	按设计图示尺寸以长度计算	本体安装
030403010	母线穿墙套管	（1）名称 （2）材质 （3）型号 （4）规格 （5）电压（kV）	个	按设计图示数量计算	（1）本体安装 （2）本体接地 （3）高压母线穿墙套管耐压试验

②清单项目特征描述应注意问题

母线安装项目清单设置时，项目特征应根据表 14-7 所列特征进行表述，并注意以下问题：

A. 软母线和矩形母线安装都需要绝缘子来固定的，因此对绝缘子的特征应予以表述。

B. 低压封闭式插接母线槽和重型母线项目特征中的容量，是指其额定电流。

C. 封闭母线是指分相封闭母线、共箱母线。

③项目清单设置说明

A. 软母线安装预留长度在《计算标准》中的 D.17.3 其他规定有关"附录中预留长度及附加长度"中有表述，实际发生时，可根据《计算标准》的 D.17.3-1 软母线安装预留长度（表 14-8）计入清单工程量。

软母线安装预留长度 表 14-8

项目	耐张	跳线	引下线、设备连接线
预留长度/（m/根）	2.5	0.8	0.6

B. 硬母线配置安装预留长度可根据《计算标准》的 D.17.7-2 硬母线配置安装预留长度（表 14-9）计入清单工程量。

硬母线配置安装预留长度 表 14-9

序号	项目	预留长度/（m/根）	说明
1	带形、槽形母线终端	0.3	从最后一个支持点算起
2	带形、槽形母线与分支线连接	0.5	分支线预留
3	带形母线与设备连接	0.5	从设备端子接口算起
4	多片重型母线与设备连接	1.0	从设备端子接口算起
5	槽形母线与设备连接	0.5	从设备端子接口算起

C. 始端箱、分线箱区分电流大小，按设计图示数量以"台"计算。

D. 常用项目清单有"030403006 低压封闭式插接母线槽"和"030403007 始端箱、分线箱"等。

（2）母线安装清单工程量计算

①软母线、矩形母线、槽形母线安装项目清单工程量均按设计图示尺寸以单相长度计算，并按设计要求或施工及验收规范规定的预留长度计入清单工程量中。

②共箱母线、低压封闭式插接母线槽安装项目清单工程量均按设计图示尺寸以中心线长度计算，即指成品母线槽的轴线长度。在计算低压封闭式插接母线槽项目清单工程量时不扣除母线槽专用接头所占长度。

2）母线安装分部分项工程项目清单计价

（1）母线在《安装定额第四册》（C.4.3）工程量计算规则

①软母线安装指直接由耐张绝缘子串悬挂部分，按软母线截面大小分别以"跨/三相"计算。设计跨距不同时，不得调整。

②软母线引下线，指由 T 型线夹或并沟线夹从软母线引向设备的连接线，按每三相为一组以"跨/三相"计算。

③两跨软母线间的跳引线安装，按每三相为一组以"跨/三相"计算。

④设备连接线安装，指两设备间的连接部分。不论引下线、跳线、设备连接线，均应分别按导线截面、三相为一组以"跨/三相"计算。

⑤组合软母线安装，按三相为一组计算。跨距（包括水平悬挂部分和两端引下部分之和）是以 45m 以内考虑，跨度的长与短不得调整。

⑥软母线安装预留长度按表 14-8 计算。

⑦带型母线安装及带型母线引下线安装，分别以不同截面和片数，按"m/单相"计算。母线和固定母线的金具均按设计图示数量加损耗率计算。

⑧母线伸缩接头安装、铜过渡板安装及带形编织铜母线软接头安装，均按设计图示数量以"个"计算。

⑨共箱母线安装，区别箱体规格及导体截面、形式，按设计图示共箱母线的轴线长度以"m"计算。

⑩低压（指 380V 以下）封闭式插接母线槽安装，分别按导体的额定电流大小和设计母线的轴线长度以"m"计算。始端箱、分线箱安装，分别以电流大小，按设计数量以"台"计算。

⑪硬母线配置安装预留长度按表 14-9 计算。

⑫穿墙瓷套管安装，不分水平、垂直安装，均按设计图示数量以"个"计算。

⑬母线连接器及堵头安装，按设计图示数量以"个"计算。

（2）定额应用注意事项

①组合软母线安装定额不包括两端铁构件制作、安装和支持瓷瓶、带形母线的安装，发生时应执行《安装定额第四册》相应定额。其跨距是按标准跨距综合考虑的，如实际跨距与定额不符时不作换算。

②软母线安装定额是按单串绝缘子考虑的，如设计为双串绝缘子，其人工费乘以系数 1.08。耐张绝缘子串的安装，已包括在软母线安装定额内。

③软母线的引下线、跳线、经终端耐张线夹引下（不经 T 型线夹或并沟线夹引下）与设备连接的部分均按导线截面分别执行定额。不区分引下线、跳线和设备连线。不论两端的耐张线夹是螺栓式或压接式，均执行软母线跳线定额，不得换算。

④带形钢母线安装执行铜母线安装定额；带形母线伸缩节头和铜过渡板、带形编织铜母线软接头均按成品考虑，定额只考虑安装。

⑤带型母线安装不包括支持瓷瓶安装和钢构件配置安装，工程量应分别按设计成品数量执行《安装定额第四册》相应项目。

⑥高压共箱母线和低压封闭式插接母线槽均按制造厂供应的成品考虑，定额只包含

现场安装；两者定额均不包括刷油，发生时应另行计算。

⑦带型母线安装，定额已包括刷分相漆的人工和材料，如使用热缩绝缘塑料保护套管的，可换算材料，其余不变。

⑧C.4.3 定额不包括支架、铁构件的制作、安装，发生时执行 C.4.13 相应项目。

3）母线安装分部分项工程项目清单编制与计价案例分析

【例 14-3】背景资料：某综合楼电气安装工程，设计图示从首层低压配电房水平安装带 1 个插口的低压封闭式插接母线槽 CMC3-2000A/4P 至强电井口共 25.00m，强电井内安装低压封闭式插接母线槽共 90.00m，试编制低压封闭式插接母线槽安装分部分项工程项目清单；已知低压封闭式插接母线槽 CMC3-2000A/4P 的税前价为 3600.00元/m，低压封闭式插接母线槽进入强电井需要 1 米长 L 型垂直接头 1 个，该接头的税前价为 4200.00 元/个；镀锌角钢支架 L 50× 50 × 5 共 90kg（税前价为 4.10 元/kg）。根据《安装定额第四册》说明：在管井内安装的工程按人工费乘以系数 1.25；按相关定额试计算强电井内低压封闭式插接母线槽安装项目清单综合单价。

（1）分部分项工程项目清单编制步骤如下：

低压母线槽 CMC3-2000A/4P 的安装部位分为一般场所和竖井内安装，清单工程量分别为一般场所安装 25m，竖井内安装 90m。分部分项工程项目清单见表 14-10。

分部分项工程项目清单计价表　　　　　　　　　表 14-10

工程名称：　　　　　　　　　　　　　　　　　　　　　　　　　　　　标段：

序号	项目编码	项目名称	项目特征描述	计量单位	工程量	金额/元	
						综合单价	合价
1	030403006001	低压封闭式插接母线槽	（1）低压封闭式插接母线槽 CMC3-2000A/4P （2）竖井内安装	m	90.00		
2	030403006002	低压封闭式插接母线槽	低压封闭式插接母线槽 CMC3-2000A/4P	m	25.00		
本页小计							
合计							

（2）计算项目清单综合单价步骤：

①强电井内低压封闭式插接母线槽清单工程量为 90m，其中 L 形垂直接头 1 个。

②组价工程量有：L 形垂直接头 1 个；镀锌角钢支架不属于定额组价项目

③计算定额未计价材料单价：[（90 − 1）× 3600 + 4200 × 1]/90 = 3606.67 元/m。

④根据《安装定额第四册》的 C.4.3.5 低压封闭式插接母线槽计算强电井内低压封闭式插接母线槽安装项目清单综合单价分析表见表 14-11。

分部分项工程项目清单综合单价分析表　表 14-11

工程名称：略　　　　　　　　　　　　　　　　　　　　　　　　　　　　　标段：

序号	项目编码	项目名称	项目特征描述	计量单位	综合单价组成明细/元					
					人工费	材料费	施工机具使用费	管理费	利润	综合单价
1	030403006001	低压封闭式插接母线槽	（1）低压封闭式插接母线槽 CMC3-2000A/4P（2）竖井内安装	m	71.89	3626.55	19.14	29.99	14.38	3761.95

4. 控制、保护、直流装置及低压电器设备分部分项工程项目清单编制与计价

1）控制、保护、直流装置及低压电器设备安装分部分项工程项目清单编制

（1）控制、保护、直流装置及低压电器设备安装分部分项工程项目清单设置

①《计算标准》附录表 D.4.1 控制、保护、直流装置安装项目清单设置见表 14-12。

控制、保护、直流装置安装（编码：030404）　表 14-12

项目编码	项目名称	项目特征	计量单位	工程量计算规则	工作内容
030404001	控制屏	（1）名称（2）型号（3）规格（4）接线端子材质、规格（5）端子外部接线材质、规格（6）小母线材质、规格（7）屏边规格	台	按设计图示数量计算	（1）本体安装（2）焊、压接线端子（3）盘柜配线、端子接线（4）小母线安装（5）屏边安装（6）本体接地
030404002	继电、信号屏				
030404003	模拟屏				
030404004	配电屏				
030404005	弱电控制返回屏				
030404006	高频开关电源	（1）名称（2）型号（3）额定电流（A）	座	按设计图示数量计算	（1）本体安装（2）焊、压接线端子（3）本体接地
030404007	硅整流柜	（1）名称（2）型号（3）规格（4）额定电流（A）	台	按设计图示数量计算	（1）本体安装（2）本体接地
030404008	可控硅柜	（1）名称（2）型号（3）额定电流（A）			
030404009	自动调节励磁屏	（1）名称（2）型号（3）规格（4）接线端子材质、规格（5）端子外部接线材质、规格（6）小母线材质、规格（7）屏边规格	台	按设计图示数量计算	（1）本体安装（2）焊、压接线端子（3）盘柜配线、端子接线（4）小母线安装（5）屏边安装（6）本体接地
030404010	励磁灭磁屏				
030404011	直流馈电屏				
030404012	事故照明切换屏				

项目编码	项目名称	项目特征	计量单位	工程量计算规则	工作内容
030404013	控制台	（1）名称 （2）型号 （3）规格 （4）接线端子材质、规格 （5）端子外部接线材质、规格 （6）小母线材质、规格	台	按设计图示数量计算	（1）本体安装 （2）焊、压线端子 （3）盘柜配线、端子接线 （4）小母线安装 （5）本体接地
030404014	控制箱、同期小屏	（1）名称 （2）型号 （3）规格 （4）接线端子材质、规格 （5）端子外部接线材质、规格	台	按设计图示数量计算	（1）本体安装 （2）焊、压线端子 （3）箱内配线、端子接线 （4）本体接地

②《计算标准》附录表 D.5.1 低压电器设备安装分部分项工程项目清单设置见表 14-13。

低压电器设备安装（编码：030405） 表 14-13

项目编码	项目名称	项目特征	计量单位	工程量计算规则	工作内容
030405001	低压电气开关	（1）名称 （2）型号 （3）规格 （4）类别 （5）接线端子材质、规格 （6）额定电流（A） （7）安装方式	个	按设计图示数量计算	（1）本体安装 （2）接线 （3）接地
030405002	低压熔断器		台		
030405003	限位开关				
030405004	控制器			按设计图示数量计算	（1）本体安装 （2）焊、压接线端子 （3）接线
030405005	接触器、磁力启动器	（1）名称 （2）型号 （3）规格 （4）类别 （5）额定电流（A） （6）接线端子材质、规格	台		
030405006	Y-△自耦减压启动器				
030405007	电磁铁（电磁制动器）				
030405008	快速自动开关				
030405009	电阻器		箱		
030405010	油浸频敏变阻器		台		

项目编码	项目名称	项目特征	计量单位	工程量计算规则	工作内容
030405011	分流器		个	按设计图示数量计算	（1）本体安装 （2）焊、压接线端子 （3）接线
030405012	自动调压器		台		
030405013	小电器	（1）名称 （2）型号 （3）规格 （4）接线端子材质、规格 （5）端子外部接线材质、规格 （6）小母线材质、规格	个		
030405014	端子箱	（1）名称 （2）型号 （3）规格 （4）接线端子材质、规格 （5）端子外部接线材质、规格	台		（1）本体安装 （2）端子板安装 （3）接线 （4）接地
030405015	风扇	（1）名称 （2）型号 （3）规格 （4）安装方式	台		（1）本体安装 （2）调速开关安装
030405016	充电桩	（1）名称 （2）型号 （3）规格 （4）电压类型 （5）电压等级 （6）安装方式	台	按设计图示数量计算	（1）本体安装 （2）接线 （3）接地
030405017	其他电器	（1）名称 （2）型号 （3）规格 （4）安装方式	台	按设计图示数量计算	（1）本体安装 （2）接线 （3）接地

③清单项目特征描述应注意问题

控制、保护、直流装置及低压电器设备安装分部分项工程项目清单设置时，项目特征应根据表 14-12 及表 14-13 所列特征进行表述，并注意以下问题：

A.项目特征中主要为名称、型号、规格、容量。除项目名称小电器外，特征中的名称基本是《计算标准》中的项目名称，但要加以细化，要以实体的名称来表述。型号、规格和容量特征只需按产品铭牌或设计图纸的标示准确表述即可。

B.配电屏等箱内空气开关与导线连接如需用接线端子的，接线端子是组价项目，应对其特征进行表述。

C.各种箱、盘、柜安装如需基础槽钢的，则基础槽钢的特征应予表述。

④项目清单设置说明

A.低压电气开关包括：开关箱、控制开关、低压断路器、低压隔离开关、刀型开关、组合控制开关、剩余电流保护开关、变频控制器、集中调速开关及其他同类开关。

B. 小电器包括：按钮、小型安全变压器、测量表计、继电器、辅助电压互感器、水位电气信号装置、电笛、电铃、门铃、电磁锁、屏上辅助设备、浴霸及其他同类电器装置。

C. 其他电器包括本附录表 D.5.1 未列的电器项目，其项目名称应根据设计图纸说明的电器名称而确定，并说明项目特征、计量单位及工作内容。

D. 安装方式是指低压电器设备的落地安装、墙体嵌入式安装、挂墙式安装。

E. 箱、盘、柜的外部进出电线预留长度应根据《计算标准》表 D.17.3-3 盘、箱、柜的外部进出电线预留长度（表 14-14）计入清单工程量。

盘、箱、柜的外部进出电线预留长度   表 14-14

序号	项目	预留长度/（m/根）	说明
1	各种箱、柜、盘、板、盒	宽 + 高	盘面尺寸
2	单独安装的铁壳开关、自动开关、刀开关、启动器、箱式电阻器、变阻器	0.5	从安装对象中心算起
3	继电器、控制开关、信号灯、按钮、熔断器等小电器	0.3	从安装对象中心算起
4	分支接头	0.2	分支线预留

（2）控制、保护、直流装置及低压电器设备安装清单工程量计算

控制、保护、直流装置及低压电器设备清单项目特征大部分都是以电流大小来表述的，因此要特别注意区分电流的不同分别计算清单工程量。安装条件或安装方式不同，也应分别计算清单工程量。

2）控制、保护、直流装置及低压电器设备安装分部分项工程项目清单计价

（1）控制设备及低压电器在《安装定额第四册》（C.4.4）工程量计算规则

①控制设备安装、低压电器安装、有载自动调压器、自动干手装置安装，均按设计图示数量以"台"计算。

②控制器、接触器、磁力启动器、Y-△启动器、电磁铁（电磁制动器）、快速自动开关、油浸频敏变阻器、屏边安装，按设计图示数量以"台"计算。

③安全变压器安装，区别安全变压器容量，按设计图示数量以"台"计算。

④端子箱安装，区别安装条件（户内、户外），按设计图示数量以"台"计算。

⑤风扇安装，区别风扇种类，分别按设计图示数量以"台""套"计算。

⑥流水开关接线、电磁开关接线、自动冲洗感应器接线、风机盘管接线、风扇接线，按设计图示数量分别以"个""台"计算。

⑦控制开关、自动空气断路器、低压熔断器、限位开关、分流器、电铃、电笛、仪表、电器安装，均按设计图示数量以"个"计算。

⑧风扇调速开关、盘管风机三速开关、请勿打扰灯、钥匙取电器安装，按设计图示数量以"个"计算。

⑨按钮安装，区别按钮种类、安装形式，按设计图示数量以"个"计算。

⑩照明开关安装，区别开关安装形式、种类、极数以及单控与双控，按设计图示数量以"个"计算。

⑪声控（红外线感应）延时开关、柜门触动开关、密闭开关安装，按设计图示数量以"个"计算。

⑫插座安装，区别插座安装形式、种类、电源数、额定电流，按设计图示数量以"个"计算。

⑬门铃安装，区别门铃安装形式，按设计图示数量以"个"计算。

⑭接线端子安装，区别接线端子连接形式、截面，按设计图示数量以"个"计算。

⑮端子板外部接线，按设备盘、箱、柜、台的外部接线图以"个"计算。

⑯水位电气信号装置安装，区别不同形式按设计图示数量以"套"计算。

⑰红外线浴霸安装，不分光源数，按设计图示数量以"套"计算。

⑱床头柜多线插座连插头、床头柜集控板安装，区别集控板规格（位），按设计图示数量以"套"计算。

⑲多联组合开关插座、多线插头座安装，区别安装形式，按设计图示数量以"套"计算。

⑳穿通板制作、安装，区别穿通板种类，按设计图示数量以"块"计算。

㉑网门、保护网制作安装，按网门或保护网设计图示的框外围尺寸以"m²"计算。

㉒配电板安装，按配电板图示外形尺寸以"块"计算。

㉓盘、箱、柜的外部进出线预留长度按表 14-14 计算。

（2）定额应用注意事项

①控制设备安装，除限位开关及水位电气信号装置外，其他均未包括支架制作安装。发生时可执行 C.4.13 相应项目。

②各种可控制开关安装，定额已含接线，除接地端子外，其他接线端子另执行 C.4.4 相应项目。

③屏上辅助设备安装，包括标签框、光字牌、信号灯、附加电阻、连接片等，但不包括屏上开孔工作。

④焊（压）接线端子定额只适用于导线或无终端头电缆线芯与开关设备等的连接；6mm² 以下接线端子安装按 16mm² 接线端子安装定额项目乘以系数 0.30。

⑤电磁开关接线定额也适用于电动阀门接线。

⑥漏电开关安装执行自动空气开关安装相应项目。

⑦明装照明开关安装执行单相明装插座安装项目。

⑧非成套型配电箱、插座箱的箱体安装套用 C.4.11 章中接线箱安装相应项目，箱内电器元件安装另执行 C.4.4 相应项目。

⑨普通端子箱、电铃号牌箱安装执行 C.4.9 等电位端子箱安装相应项目。

⑩吊风扇安装未包括调速开关安装，另执行 C.4.4 相应项目。

⑪控制设备安装未包括的工作内容：

A. 二次喷漆及喷字。

B. 电器及设备干燥。

C. 焊（压）接线端子。

D. 端子板外部（二次）接线。

E. 基础槽钢、角钢的制作与安装。

3）配电装置及低压电器设备安装分部分项工程项目清单编制与计价案例分析

【例 14-4】某 9 层住宅楼电气安装工程，每层 4 个单元、层高 3.2m，设计图示各单元分别暗装 ZMX-1 房间配电箱 1 台，规格为 300mm × 200mm × 120mm 铁箱体、箱内导线出线直接与空气开关连接，250V 门铃按钮 1 个、350mm × 350mm 百叶式排气扇 1 台及相应开关插座安装。房间配电箱电源进线为三根阻燃铜芯单塑线 ZRBV-6mm^2、用 6mm^2 压铜接线端子与箱内空气开关接线，试编制分部分项工程项目清单。经了解市场价格得知房间铁配电箱 ZMX-1 税前价为 250.00 元/台。根据《安装定额第四册》费用标准"高度在 20m 以上 30m 以下工业与民用建筑的高层建筑增加费按人工费 2% 计算"，其余按相关定额，试计算清单项配电箱暗装项目清单综合单价。

（1）分部分项工程项目清单编制步骤如下：

高层建筑增加费属于措施其他项目费，无需在此处列清单。低压电器安装分部分项工程项目清单见表 14-15。

分部分项工程项目清单计价表

表 14-15

工程名称：　　　　　　　　　　　　　　　　　　　　　　　　　　　　　　　标段：

序号	项目编码	项目名称	项目特征描述	计量单位	工程量	金额/元	
						综合单价	合价
1	030402011001	成套配电箱	房间铁配电箱 ZMX-1 300 × 200 × 120 暗装	台	36		
2	030405013001	小电器	门铃按钮 250V	个	36		
3	030405015001	风扇	350 × 350 风压式百叶窗排气扇	台	36		
本页小计							
合计							

（2）计算项目清单综合单价步骤：

①高层建筑增加费属于措施其他项目费，不属于定额组价项目。

②配电箱组价项目有：6mm^2 压铜接线端子 3 个/台，同时定额应用注意事项第 4 项指出 6mm^2 以下接线端子安装按 16mm^2 接线端子安装定额项目乘以系数 0.30。

③根据《安装定额第四册》的 C.4.4.9 配电箱和 C4-4-183 压铜接线端子安装导线截面（16mm^2 以内）计算配电箱暗装项目清单综合单价分析表见表 14-16。

分部分项工程项目清单综合单价分析表　　　　　表 14-16

工程名称：略　　　　　　　　　　　　　　　　　　　　　　　　　　　　　标段：

序号	项目编码	项目名称	项目特征描述	计量单位	综合单价组成明细/元					综合单价
					人工费	材料费	施工机具使用费	管理费	利润	
1	030402011001	成套配电箱	房间铁配电箱 ZMX-1 300×200×120 暗装	台	118.63	275.02	0.00	34.10	23.73	451.48

14.1.2　电缆安装分部分项工程项目清单编制与计价

1.电缆安装分部分项工程项目清单编制

1）电缆安装分部分项工程项目清单项目设置

（1）《计算标准》附录表 D.9.1 电缆安装工程量清单项目设置见表 14-17。

电缆安装（编码：030409）　　　　　　　　　　　表 14-17

项目编码	项目名称	项目特征	计量单位	工程量计算规则	工作内容
030409001	电力电缆	（1）名称 （2）型号 （3）规格 （4）材质 （5）电压（kV） （6）敷设方式	m	按设计图示尺寸以单根长度的总长度加预留长度计算	（1）电缆敷设 （2）揭（盖）盖板
030409002	控制电缆				
030409003	电力电缆头	（1）名称 （2）型号 （3）规格 （4）材质、类型 （5）电压（kV）	个	按设计图示数量计算	（1）电缆头制作 （2）电缆头安装 （3）电缆头接地
030409004	电缆中间头	（1）名称 （2）型号 （3）规格 （4）材质、类型 （5）电压（kV）	个	按设计图示数量计算	（1）电缆中间头制作 （2）电缆头中间安装 （3）电缆头接地
030409005	控制电缆头	（1）名称 （2）型号 （3）规格 （4）材质、类型 （5）电压（kV）	个	按设计图示数量计算	（1）电缆头制作 （2）电缆头安装 （3）电缆头接地
030409006	电缆保护管	（1）名称 （2）材质 （3）规格 （4）敷设方式	m	按设计图示数量计算	（1）电力电缆头制作 （2）电力电缆头安装 （3）接地
030409007	阻燃槽盒	（1）名称 （2）规格			
030409008	铺砂、盖保护板（砖）	（1）种类 （2）材质	m	按设计图示数量计算以长度计算	（1）铺砂 （2）盖板（砖）
030409009	防火槽、带	（1）名称 （2）材质 （3）防火要求			安装

项目编码	项目名称	项目特征	计量单位	工程量计算规则	工作内容
030409010	防火隔板、防火墙	（1）名称 （2）材质 （3）防火要求	m²	按设计图示尺寸以面积计算	安装
030409011	防火堵料（包）		kg	按设计图示尺寸以质量计算	
030409012	电缆防火涂料		m²	按设计图示尺寸以面积计算	

（2）清单项目特征描述应注意问题

电缆安装分部分项工程项目清单设置时，项目特征应根据表 14-17 所列特征进行表述，并注意以下问题：

①电缆清单项目特征首先要把实体名称表述准确，其他项目特征基本为型号、规格、材质，但其规格特征的表述各有不同含义。

②电力电缆、控制电缆、电力电缆头和控制电缆头的规格是指其截面。

（3）分部分项工程项目清单设置说明

①《计算标准》附录表 D.9.1 电缆安装（编码：030409）中的有关问题说明：

A. 电缆保护管的敷设方式是指地上、地下；入室电缆套管的电缆保护管，应按《计算标准》附表 D.12 配管、配线中的"连接短管"编码列项。

B. 电缆桥架、电缆线槽，应按《计算标准》附表 D.12.1 配管、配线中的相应项目编码列项。

C. 电缆分支箱应按《计算标准》附表 D.5.1 低压电器设备安装中的"端子箱"编码列项。

D. 电缆的敷设方式是指直埋、电缆沟（隧）道内、排管内、室内、竖井通道等敷设。

②电缆穿刺线夹按电力电缆头编码列项。

③电缆井、电缆排管、顶管，应按现行国家标准《市政工程工程量计算标准》GB/T 50857—2024 相关项目编码列项。

④常用项目清单有"030409001 电力电缆""030409002 控制电缆""030409003 电力电缆头""030409004 电缆中间头""030409010 防火隔板、防火墙""030409011 防火堵料（包）"和"030409012 电缆防火涂料"等。

⑤电缆敷设预留长度及附加长度应根据《计算标准》表 D.17.3-5 电缆敷设预留及附加长度（表 14-18）计入清单工程量。

⑥电缆敷设弛度、波形弯度、交叉的附加长度应按设计图示水平和垂直敷设长度加各预留长度之和为计算基础。

电缆敷设预留及附加长度 表 14-18

序号	项目	预留（附加）长度/m	说明
1	电缆敷设弛度、波形弯度、交叉	2.5%	按电缆全长计算
2	电缆进入建筑物	2.0m	规范规定最小值

续表

序号	项目	预留（附加）长度/m	说明
3	电缆进入沟内或吊架时引上（下）预留	1.5m	规范规定最小值
4	变电所进线、出线	1.5m	规范规定最小值
5	电力电缆终端头	1.5m	检修余量最小值
6	电缆中间接头盒	两端各留 2.0m	检修余量最小值
7	电缆进控制、保护屏及模拟盘、配电箱等	宽 + 高	按盘面尺寸
8	高压开关柜及低压配电盘、柜	2.0m	盘下进出线
9	电缆至电动机	0.5m	从电动机接线盒算起
10	厂用变压器	3.0m	从地坪算起
11	电缆绕过梁柱等增加长度	按实计算	按被绕物的断面情况计算增加长度
12	电梯电缆与电缆架固定点	每处 0.5m	规范规定最小值

2）电缆安装项目清单工程量计算

电缆安装项目清单工程量计算规则见表14-17和表14-18。在计算清单工程量时应注意以下几点：

（1）电力电缆、控制电缆项目清单工程量按设计图示尺寸以单根长度的总长度加预留长度计算，不扣除电缆中间头所占长度。计算的起点和终点以电缆与配电设备（如配电箱、盘、柜等）交接处为界；电缆敷设预留长度及附加长度应根据《计算标准》（表D.17.3-5 电缆敷设预留长度）、表14-18计入清单工程量。计算公式为：

$$清单工程量总长度 = 水平长度 + 垂直长度 + 预留长度 + 附加长度 \qquad (14\text{-}2)$$

（2）电缆保护管清单工程量要区分不同材质、不同管径按设计图示尺寸以长度计算。

2. 电缆安装分部分项工程项目清单计价

1）电缆敷设在《安装定额第四册》（C.4.8）工程量计算规则

（1）直埋电缆的挖、填土（石）方，除特殊要求外，可按表14-19的规定计算土方量。

直埋电缆的挖、填土（石）方量   表 14-19

项目	电缆根数	
	1～2	每增一根
每米沟长挖方量/m³	0.45	0.153

注：1. 两根以内的电缆沟，按上口宽度 600mm、下口宽度 400mm、深 900mm 计算常规土方量（深度按规范的最低标准）。
    2. 每增加一根电缆，其宽度增加 170mm。
    3. 以上土方量埋深从自然地坪起算，如设计埋深超过 900mm 时，多挖的土方量应另行计算。

（2）电力电缆敷设，应区别材质、芯数和截面，按设计图示单根敷设长度以"m"计算。

（3）矿物绝缘电力电缆敷设，应区别芯数、截面，按设计图示单根敷设长度以"m"

计算。

（4）预制分支电缆敷设，应区别主、分支电缆、截面，按设计图示单根敷设长度以"m"计算。

（5）控制电缆敷设，应区别芯数，按设计图示单根敷设长度以"m"计算。

（6）电缆敷设长度应根据敷设路径的水平和垂直敷设长度，按照表14-18规定增加附加长度。

（7）电缆保护管安装，应区别不同敷设方式、敷设位置、管材材质、规格，按设计图示尺寸以"m"计算。

（8）电缆保护管埋地敷设，其土方量凡有设计图注明的，按设计图计算；无设计图的，一般按沟深0.9m、沟宽按最外边的保护管两侧边缘外各增加0.3m工作面计算。

（9）电缆槽安装，应区别槽体宽度，按设计图示尺寸以"m"计算。

（10）电缆沟铺砂、盖保护板（砖），应区别不同铺设形式、电缆数量，按设计图示尺寸以"m"计算。

（11）电缆沟盖板揭、盖工程量，按设计图示每揭或每盖一次以"m"计算，如又揭又盖，则按两次计算。

（12）电缆终端头及中间头制作安装，均按设计图示数量以"个"计算。电力电缆和控制电缆均按一根电缆有两个终端头考虑。中间电缆头设计有图示的，按设计确定；设计没有规定的，按实际情况计算（或按平均250m一个中间头考虑）。

（13）防火堵洞区别不同部位，按设计图示数量以"kg"计算。

（14）防火隔板安装，不分材质和形式，按设计图示尺寸以"m²"计算。

（15）防火涂料，不分材质，按设计图示尺寸以"kg"计算。

（16）电缆分支箱安装，区别规格、安装形式，按设计图示数量以"台"计算。

（17）电缆T接箱安装，区别箱体规格，按设计图示数量以"台"计算。

（18）电缆穿刺线夹安装，区别穿越线夹主线的规格，按设计图示数量以"个"计算。

（19）电缆防护盒、电力设施号牌安装，设计图示数量以"个"计算。

（20）电缆鉴别按施工组织设计方案以"根"计算。

2）《安装定额第四册》应用注意事项

（1）电缆敷设定额适用于10kV以下的电力电缆和控制电缆敷设。定额按平原地区和建筑红线内电缆工程的施工条件编制的，未考虑在积水区、水底、井下等特殊条件下的电缆敷设，建筑红线外电缆敷设工程按C.4.10有关定额执行，另计工地运输。

（2）电缆在一般山地、丘陵地区敷设时，人工费乘以系数1.30。该地段所需的施工材料如固定桩、夹具等按实另计。

（3）电缆敷设定额未考虑因波形敷设、弛度、电缆绕梁（柱）所增加的长度以及电缆与设备连接、电缆接头等必要的预留长度，应计入工程量之内。

（4）铜芯电力电缆敷设定额综合不同敷设方式按三芯（包括三芯连地）考虑的，五芯电力电缆敷设定额项目乘以系数 1.30，六芯电力电缆乘以系数 1.60，每增加一芯定额增加 30%，以此类推。单芯电力电缆敷设按同截面电缆敷设定额项目乘以系数 0.67，两芯电力电缆按三芯电力电缆敷设定额执行。截面 400mm² 以上至 800mm² 的单芯电力电缆敷设按 400mm² 电力电缆敷设定额执行。截面 800～1000mm² 的单芯电力电缆敷设按 400mm² 电力电缆敷设定额项目乘以系数 1.25。6mm² 以下电力电缆敷设按 10mm² 电力电缆敷设定额项目乘以系数 0.60。

（5）硬矿物电力电缆敷设定额按四芯以下编制，五芯矿物电力电缆敷设定额项目乘以系数 1.30；软矿物电力电缆、软矿物控制电缆敷设分别执行硬矿物电缆、硬矿物控制电缆敷设定额项目乘以系数 0.90。

（6）除硬矿物电力电缆外，其他电缆敷设是综合定额，已将裸包电缆、铠装电缆、屏蔽电缆等因素考虑在内，因此凡 10kV 以下的电力电缆和控制电缆均不分结构形式和型号，一律按相应的电缆截面和芯数执行定额。

（7）铝合金及铝芯电力电缆敷设，按同截面铜芯电力电缆敷设定额项目乘以系数 0.70。

（8）铜芯电力电缆、预制分支电缆敷设定额，均未包括电缆吊挂、托挂架、电缆防涡流固定夹具、型钢卡码的安装，应另执行 C.4.13 附属工程相应项目。

（9）电缆鉴别是将配网中已经运行的 10kV 以下电缆接口接入其他变配电设备和工程中修复故障电缆的，定额仅适用于在同一沟内或管道内两根及以上已有电缆的改接、检修或维修前的鉴别，不适用于新建工程。

（10）公称直径小于 100mm 的电缆保护管敷设，执行 C.4.11 配管配线相应项目；电缆保护管埋地暗敷包括管墩固定的人工，但材料另计。

（11）电缆终端头制作安装定额中已包括压接线端子，不得重复计算；电力电缆头及成套电缆头制作安装定额，不分芯数综合考虑；

（12）铝合金及铝芯电力电缆头制作安装，按同截面铜芯电缆头制作安装定额项目乘以系数 0.70。

（13）电力电缆头安装定额不包括固定支架的制作安装，发生时另执行 C.4.13 附属工程相应项目。

（14）冷缩工艺制作安装的电缆头，可使用相应电缆截面热缩头制安的子目，未计价材料改为冷缩电缆头套件，人工费乘以系数 0.90。

（15）双屏蔽电缆头制作安装按人工费乘以系数 1.05。240mm² 以上的电缆头的接线端子为异形端子，需要单独加工，应按实际加工价计算（或调整定额价格）。

（16）本章定额未包括下列工作内容：

①电缆沟、电缆井的砌筑，发生时执行《广东省市政工程综合定额（2018）》第五册《排水工程》非定型井、渠、管道基础及砌筑相应项目。

②机械顶管，发生时执行《广东省市政工程综合定额（2018）》相应项目。

③隔热层、保护层的制作安装。

④吊电缆的钢索及拉紧装置，应按《安装定额第四册》相应项目另行计算。

3. 电缆安装分部分项工程项目清单编制与计价案例分析

【例 14-5】如图 14-1 所示。某新建 A、B 两栋住宅楼工程电源分别由小区内已有土建变配电房低压配电柜 AA4 引出敷设至各自首层悬挂式总配电箱（ZMa、ZMb），配电箱规格为 800mm 宽 × 600mm 高 × 180mm 厚。墙体厚均为 370mm，电缆在低压配电房和配电间内采用无支架电缆沟敷设，电缆沟深 0.7m；室外采用直接埋地敷设方式敷设，电缆埋深 0.7m；垂直进入总配电箱的电缆采用镀锌钢管保护，镀锌钢管公称直径为 DN100，总配电箱离地面 1.6m 明装；电缆采用 ZR-YJV22-3 × 95 + 2 × 70mm² 电力电缆，并采用现场制作的电缆终端头与低压配电柜和总配电箱连接，不考虑电缆沟挖填土和铺砂、盖保护板的工作内容。试编制电缆敷设及与电缆敷设有关项目的分部分项工程项目清单。电力电缆 ZR-YJV22-3 × 95 + 2 × 70mm² 税前单价价为 400.00 元/m，电缆终端头为现场制作安装。按《安装定额第四册》，试计算项目清单"030409001001 电力电缆"综合单价。

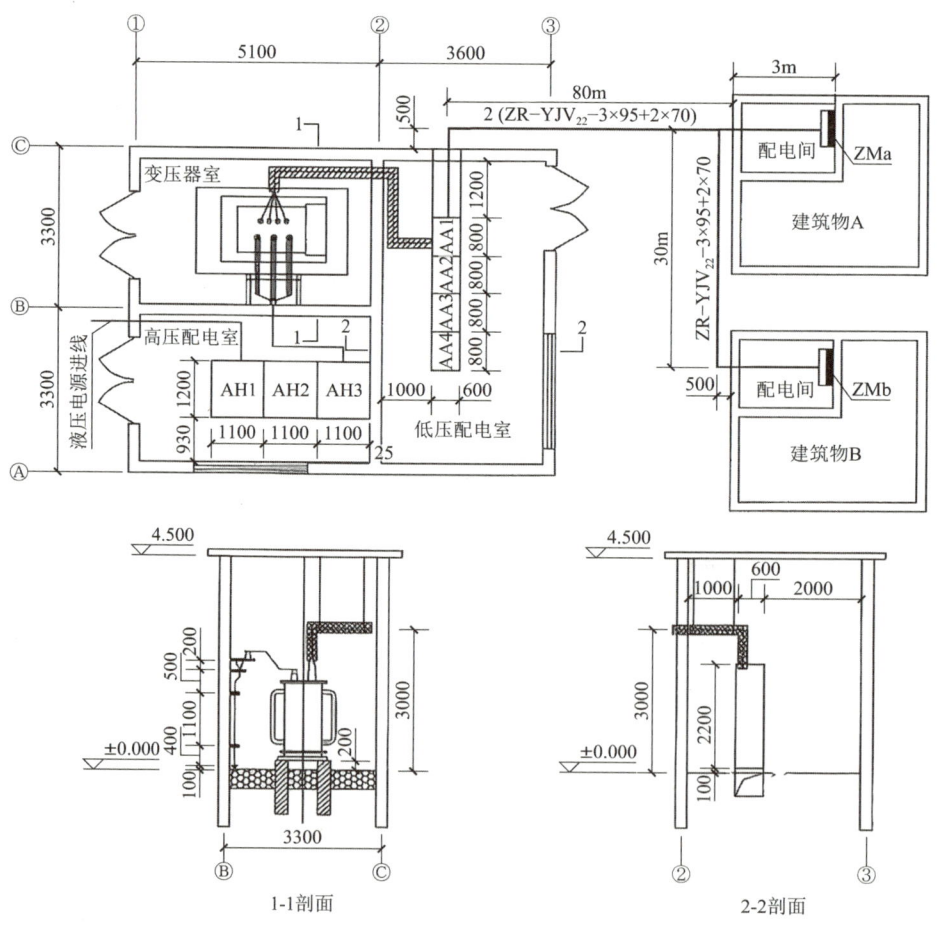

图 14-1　电气平面图、剖面图

1）分部分项工程项目清单编制步骤

（1）与电缆敷设有关项目的项目清单主要有 3 项，包括"030409001 电力电缆""030409003 电力电缆头""030409006 电缆保护管"。

（2）根据电缆工程量计算规则计算电缆项目清单工程量，见表 14-20。

（3）编制分部分项工程项目清单。分部分项工程项目清单见表 14-21。

清单工程量计算表　　　　　表 14-20

编号	项目特征	起位置	终位置	清单工程量计算过程	单位	清单量
1	铜芯电力电缆 ZR-YJV22-3×95+2×70mm²	低压配电柜 AA4	总配电箱 ZMa	〔(0.4[AA4 一半]+ 0.8×3[AA1 至 AA3 柜宽]+1.2[AA1 到内墙距离]+ 0.37[墙厚]+ 0.5[电缆距外墙距离]+ 80[室外水平段]+ 3[配电间水平段])[水平]+(0.1[基础槽钢高]+ 0.7[低压配电室沟深]+ 0.7[配电间沟深]+ 1.6[配电箱离地距离])[垂直]+(1.5[头]+ 2[下出线]+ 1.5[进沟]+1.5[出沟]+(0.6 + 0.8)[进箱]+ 1.5[头])[预留]〕×1.025	m	102.88
2	铜芯电力电缆 ZR-YJV22-3×95+2×70mm²	低压配电柜 AA4	总配电箱 ZMb	〔(0.4[AA4 一半]+ 0.8×3[AA1 至 AA3 柜宽]+1.2[AA1 到内墙距离]+ 0.37[墙厚]+ 0.5[电缆距外墙距离]+ 80 + 30[室外水平段]+ 3[配电间水平段])[水平]+(0.1[基础槽钢高]+ 0.7[低压配电室沟深]+ 0.7[配电间沟深]+ 1.6[配电箱离地距离])[垂直]+(1.5[头]+ 2[下出线]+ 1.5[进沟]+1.5[出沟]+(0.6 + 0.8)[进箱]+ 1.5[头])[预留]〕×1.025	m	133.63
3	镀锌钢管电缆保护管 DN100 明敷			1.6×2	m	3.2
4	电力电缆终端头 ZR-YJV22-3×95+2×70mm²			2×2	个	4

分部分项工程项目清单计价表　　　　　表 14-21

工程名称：　　　　　　　　　　　　　　　　　　　　　　　　　　　　标段：

序号	项目编码	项目名称	项目特征描述	计量单位	工程量	金额/元	
						综合单价	合价
1	030409001001	电力电缆	铜芯电力电缆 ZR-YJV22-3×95 + 2×70mm²	m	236.51		
2	030409006001	电缆保护管	镀锌钢管 DN100 明敷	m	3.20		
3	030409003001	电力电缆头	电力电缆终端头 ZR-YJV22-3×95 + 2×70mm²	个	4		
			本页小计				
			合计				

2）计算项目清单综合单价步骤：

（1）铜芯电力电缆 ZR-YJV22-3×95 + 2×70mm² 清单工程量：236.51m。

（2）组价工程量有 2 项

①电缆沟揭盖板工程量：1.2m[电柜 AA1 边至墙内侧]。

②电缆沟盖板工程量：1.2[电柜 AA1 边至墙内侧] + (3 − 0.37) × 2[AB 建筑物配电间] = 6.46m。

（3）根据《安装定额第四册》的 C.4.8.1 电力电缆和 C.4.8.5 电缆沟移动盖板定额计算铜芯电力电缆敷设综合单价分析表见表 14-22。

分部分项工程项目清单综合单价分析表　　　　　　　表 14-22

工程名称：　　　　　　　　　　　　　　　　　　　　　　　　　　　　　　标段：

序号	项目编码	项目名称	项目特征描述	计量单位	综合单价组成明细/元					
					人工费	材料费	施工机具使用费	管理费	利润	综合单价
1	030409001001	电力电缆	铜芯电力电缆 ZR-YJV22-3 × 95 + 2 × 70mm²	m	16.10	405.52	1.32	5.27	3.22	431.43

14.1.3　防雷及接地装置分部分项工程项目清单编制与计价

1. 防雷及接地装置分部分项工程项目清单编制

1）防雷及接地装置工程量清单项目设置

（1）《计算标准》附录表 D.10.1 防雷及接地装置分部分项工程项目清单设置见表 14-23。

防雷及接地装置（编码：0304010）　　　　　　　表 14-23

项目编码	项目名称	项目特征	计量单位	工程量计算规则	工作内容
030410001	接地极	（1）名称 （2）材质 （3）规格	根（块、套）	按设计图示数量计算	接地极（板、桩）制作、安装
030410002	接地母线	（1）名称 （2）材质 （3）规格 （4）安装部位	m	按设计图示尺寸的总长度加预留长度计算	（1）室外母线挖填土 （2）接地母线制作、安装
030410003	引下线	（1）名称 （2）材质 （3）规格 （4）安装形式	m	按设计图示尺寸的总长度加预留长度计算	（1）引下线制作、安装 （2）利用主钢筋进行电气连接
030410004	均压环	（1）名称 （2）材质 （3）规格 （4）安装形式	m	按设计图示尺寸的总长度计算	（1）均压环敷设 （2）柱主筋与圈梁焊接 （3）利用圈梁钢筋焊接
030410005	接闪带	（1）名称 （2）材质 （3）规格 （4）安装形式	m	按设计图示尺寸的总长度加预留长度计算	接闪带制作、安装

项目编码	项目名称	项目特征	计量单位	工程量计算规则	工作内容
030410006	接闪杆	（1）名称 （2）材质 （3）规格 （4）安装形式、高度	根	按设计图示数量计算	接闪杆制作、安装
030410007	等电位端子箱、测试板	（1）名称 （2）材质 （3）规格	台	按设计图示数量计算	（1）制作 （2）安装
030410008	绝缘垫		m²	按设计图示尺寸以展开面积计算	（1）制作 （2）安装
030410009	智能防雷装置	（1）名称 （2）规格 （3）类别 （4）防雷等级	套	按设计图示数量计算	（1）本体安装 （2）接线 （3）接地
030410010	降阻剂	（1）名称 （2）型号	kg	按设计图示规格以质量计算	（1）施放降阻剂 （2）运输
030410011	接地跨接	（1）名称 （2）材质 （3）规格	处	按设计图示数量计算	（1）制作 （2）跨接
030410012	防雷断接卡、箱	（1）名称 （2）型号 （3）安装形式 （4）箱体材质、尺寸	个	按设计图示数量计算	（1）断接卡制作、安装 （2）箱体安装

（2）清单项目特征描述应注意问题。

防雷及接地装置分部分项工程项目清单设置时，项目特征应根据表 14-23 所列特征进行表述，并注意以下问题：

①防雷及接地装置清单项目特征主要表述的是实体名称、材质、规格、安装部位和安装形式。

②避雷针的安装形式特征是指装在烟囱上；装在平面屋顶上；装在墙上；装在金属容器顶上；装在金属容器壁上；装在构筑物上等。装在避雷网或女儿墙上的避雷针，称为避雷小短针，避雷小短针"高度"应作表述。

③避雷带和避雷网的安装形式特征是指沿混凝土块敷设或沿折板支架敷设两种形式。

（3）分部分项工程项目清单设置说明。

①利用桩基础作接地极，应在项目特征内说明桩台下桩的基数、其桩主筋按柱引下线计算工程量。利用基础钢筋作接地极，应按本附录表 D.10.1 内的均压环编码列项。

②利用柱筋作引下线，应在项目特征内说明柱筋的焊接根数。

③利用圈梁筋作均压环，应在项目特征内说明圈梁筋的焊接根数。

④利用电缆、电线作接地线，应按《计算标准》附录表 D.9.1 电缆安装和附表 D.12.1

配管、配线的相应项目编码列项。

⑤接地跨接指接地网跨接、等电位连接、钢铝窗接地、构架接地、引下线主筋与圈梁钢筋的跨接、承台桩接地连接。

⑥智能防雷装置包括 SPD 浪涌保护器、SPD 后备保护器、智能防雷预警监控设备等防雷电新型产品。

⑦阴极保护接地，应按《计算标准》附录表 M 刷油、防腐蚀、绝热工程的相应项目编码列项。

⑧接地极、室外母线、降阻剂土石方工程按应按现行国家标准按《房屋建筑与装饰工程工程量计算标准》GB/T 50854—2024 的相应项目编码列项。

⑨接地母线、避雷引下线、避雷网的附加长度见《计算标准》表 D.17.3-6 接地母线、引下线、接闪带预留长度（表 14-24）计入清单工程量。

接地母线、引下线、接闪带预留长度　　　　　　　　　　表 14-24

项目	附加长度	说明
接地母线、引下线、接闪带附加长度	3.9%	按接地母线、引下线、接闪带全长计算

2）防雷及接地装置项目清单工程量计算

（1）防雷及接地装置项目清单工程量计算规则见表 14-23 和表 14-24。在计算清单工程量时应注意以下几点：

①防雷及接地装置清单工程量分别按设计图示尺寸以长度、数量、根等计算。

②利用柱（梁）内钢筋作引下线、均压环的，不管图纸要求焊接钢筋根数是 2 根或以上，均按图示柱（梁）长度计算清单工程量，但其特征应表述清楚焊接钢筋根数，以便计价。

（2）清单工程量的计算要领：

防雷及接地装置清单工程量计算关键是接地母线、避雷引下线、均压环、避雷线长度的计算，水平长度应根据设计图示尺寸计算或以比例尺量度计算，垂直长度则根据建筑物的不同标高计算，并计算附加长度。

2. 防雷及接地装置分部分项工程项目清单计价

1）防雷及接地装置在《安装定额第四册》（C.4.9）工程量计算规则

（1）接地极制作安装，按设计图示数量以"根"计算。制作长度按设计长度加损耗量计算，设计无规定时，每根长度按 2.5m 计算。

（2）筏板基础接地极制作安装，按设计图示尺寸以"m²"计算。

（3）接地母线敷设，按设计图示尺寸以"m"计算。接地母线、避雷线、均压环敷设，均按设计图示尺寸以"m"计算，长度按设计图示水平和垂直规定长度另加 3.9% 的附加长度（包括转弯、上下波动、避绕障碍物、搭接头所占长度）计算。

（4）独立利用型钢作接地引下线敷设，按设计图示尺寸以"m"计算，长度按设计图示规定长度另加3.9%的附加长度（包括转弯、波动、避绕障碍物、搭接头所占长度）计算。

（5）利用建筑物柱内主筋作接地引下线敷设，按设计图示需要作引下线的柱的中心线长度以"m"计算。每一根柱子内按焊接两根主筋考虑，如果焊接主筋数超过两根时，可按比例调整。

（6）利用建筑物梁内主筋作均压环敷设，按设计需要作均压接地的梁的中心线长度以"m"计算。每一条梁内按焊接两根主筋考虑，如果焊接主筋数超过两根时，可按比例调整。

（7）避雷针的加工制作安装，按设计图示数量以"根"计算。独立避雷针安装，按设计图示数量以"基"计算。长度、高度、数量均按设计规定。

（8）半导体少长针消雷装置安装，按设计图示数量以"套"计算。

（9）避雷小短针制作安装，按设计图示数量以"根"计算。

（10）避雷针拉线安装，按设计图示数量每三根为一组，以"组"计算。

（11）等电位端子箱安装，区分安装方式、规格，按设计图示数量以"个"计算。

（12）接地测试板制作安装，按设计图示数量以"处"计算。

（13）绝缘垫铺设，区别其厚度，按设计图示尺寸以"m²"计算。

（14）浪涌保护器安装，按设计图示数量以"个"计算。

（15）降阻剂施放，按设计图示尺寸以"kg"计算。

（16）桩承台接地线安装，区分桩台形式，按设计图示数量以"基"计算。

（17）接地跨接线，按设计图示数量以"处"计算。按规程规定凡需作接地跨接线的工程内容，每跨接一次按一处计算，户外配电装置构架均需接地，每副构架按一处计算。

（18）钢、铝窗接地，按设计要求接地的金属窗的接地数量以"处"计算。

（19）断接卡子制作安装，按设计图示数量以"套"计算。按设计规定装设的断接卡子数量计算，接地检查井内的断接卡子安装按每井一套计算。

2）《安装定额第四册》应用注意事项

（1）防雷及接地装置安装定额适用于建筑物、构筑物的防雷接地，变配电系统接地，设备接地以及避雷针的接地装置。

（2）接地极制作安装定额已包括管帽制作及材料费用，执行定额时不作调整。成品接地极安装定额未包括管帽制作及材料费用，实际发生时，按相应定额项目乘以系数1.10执行，不得另计管帽材料费。

（3）筏板基础接地极安装包括锚杆等接地体的跨接，执行定额时不另计算。

（4）户外接地母线敷设定额是按自然地坪和一般土质综合考虑的，包括地沟的挖填土和夯实工作，执行本定额时不应再计算土方量。如遇有石方、矿渣、积水、障碍物等情况时可另行计算。

（5）带形铜接地母线敷设，按相应定额项目乘以系数1.25。

（6）利用铜绞线作接地引下线时，配管、穿铜绞线执行C.4.11配管、配线相应项目。

（7）避雷网沿混凝土块敷设所需的混凝土块制作执行C.4.13相应项目。

（8）利用基础梁内两根主筋焊接连通作接地母线，执行利用梁内钢筋作均压环敷设项目。

（9）成品避雷针安装，执行避雷针安装相应项目，另计材价。

（10）独立避雷针的加工制作执行C.4.13一般铁构件制作项目。

（11）单桩承台及无承台接地线敷设，按三连桩承台接地线定额项目乘以系数0.40。

（12）柱内主筋与桩承台、梁内主筋跨接已综合在相应项目中，不另行计算。

（13）等电位接地线安装，执行户内接地母线安装相应项目。

（14）高层建筑物屋顶的防雷接地装置应执行避雷网安装定额，电缆支架的接地线安装应执行户内接地母线敷设项目。

（15）C.4.9定额不适于采用爆破法施工敷设接地线、安装接地极，也不包括高土壤电阻率地区采用换土或化学处理的接地装置及接地电阻的测定工作。

（16）C.4.9定额中，避雷针安装、半导体少长针消雷装置安装均已考虑了高空作业因素。

（17）利用混凝土电缆沟内钢筋焊接作接地体的，执行筏板基础接地极安装定额乘以系数0.60，已包括与独立接地体的焊接，不另计算。

3. 防雷及接地装置分部分项工程项目清单编制与计价案例分析

【例14-6】某16层100m×50m矩形住宅楼防雷接地工程，层高3m，女儿墙高1.2m。天面防雷网采用镀锌圆钢ϕ10沿女儿墙顶100.00mm高处支架敷设，图示长度300.00m；防雷网格采用镀锌圆钢ϕ10沿女儿墙内墙表面穿过隔热层距天面50mm高与防雷带焊接，图示长度415.00m；焊接在防雷带上的$L=250.00$mm、ϕ12镀锌圆钢避雷小短针共20根。利用柱内3条主钢筋（ϕ18）焊接连通作防雷引下线与基础承台焊接连通，并在+0.40m处焊接测试端子，基础承台标高−1.70m，共6条柱，图示长度306.00m。利用基础梁内2条主钢筋焊接连通作防雷接地母线，图示长度700.00m。作接地极的承台共8基，其中四连桩承台4基，三连桩承台2基，二连桩承台2基。5.2m×3.3m矩形低压配电房设在首层左下角，沿电房内四周墙脚−0.10m处敷设−40mm×4mm的镀锌扁钢作接地线与左下角柱内防雷引下线+0.30m处引出的接地端子焊接连通，接地线水平与10号基础槽钢（地上安装）距离1.4m，并从电房左上角强电井内垂直明敷设一根−40mm×4mm的镀锌扁钢至顶层作接地干线。图示长度共67.00m。试编制天面避雷网、接地引下线和接地母线的分部分项工程项目清单。已知ϕ18钢筋税前单价价为18.21元/m，按《安装定额第四册》，试计算项目清单

"030410003001 引下线"综合单价。

1）分部分项工程项目清单编制步骤

（1）天面避雷网和接地引下线的分部分项工程项目清单主要有 3 项，包括"030409005001 接闪带""030409005002 接闪带"和"030410003001 引下线"。

（2）根据电缆工程量计算规则计算清单工程量

①镀锌圆钢天面接闪带 $\phi 10$ 支架敷设，300m × 1.039 = 311.70m；

②镀锌圆钢天面接闪带 $\phi 10$ 暗敷，415m × 1.039 = 431.19m；

③避雷引下线清单工程量按图示长度 306.00m。

④镀锌扁钢接地母线 −40mm × 4mm 户内敷设，67m × 1.039 = 69.61m。

（3）编制分部分项工程项目清单见表 14-25。

分部分项工程量清单与计价表　　表 14-25

工程名称：　　　　　　　　　　　　　　　　　　　　　　　　　　　　　标段：

序号	项目编码	项目名称	项目特征描述	计量单位	工程量	金额/元 综合单价	合价
1	030409005001	接闪带	镀锌圆钢避雷网 $\phi 10$ 明敷	m	311.70		
2	030409005002	接闪带	镀锌圆钢避雷网 $\phi 10$ 暗敷	m	431.19		
3	030410003001	引下线	（1）引下线（柱内 3 根钢筋焊接） （2）焊接测试端子：镀锌扁钢 −40mm × 4mm	m	306.00		
4	030410002001	接地母线	镀锌扁钢户内接地母线 −40mm × 4mm	m	69.61		
			本页小计				
			合计				

2）计算项目清单综合单价步骤

（1）组价工程量有 2 项：

①利用柱内 3 根钢筋焊接工程量：306 × 1.5 = 459.00m

②断接卡子工程量：6 套

（2）根据《安装定额第四册》的 C.4.9.3 避雷引下线和 C.4.9.14 断接卡子定额计算，综合单价分析表见表 14-26。

分部分项工程项目清单综合单价分析表　　表 14-26

工程名称：　　　　　　　　　　　　　　　　　　　　　　　　　　　　　标段：

序号	项目编码	项目名称	项目特征描述	计量单位	综合单价组成明细/元					
					人工费	材料费	施工机具使用费	管理费	利润	综合单价
1	030410003001	引下线	（1）引下线（柱内 3 根钢筋焊接） （2）焊接测试端子：镀锌扁钢 −40mm × 4mm	m	12.52	1.38	6.13	6.57	2.50	29.10

14.1.4 配管、配线、照明器具安装分部分项工程项目清单编制与计价

1. 配管、配线、照明器具安装分部分项工程项目清单编制

1）配管、配线、照明器具安装分部分项工程项目清单项目设置

（1）《计算标准》附录表 D.12.1 配管、配线项目清单设置见表 14-27；附录表 D.13.1 中照明器具安装项目工清单设置见表 14-28。

配管、配线安装（编码：030412）　　　　　　　　　　　　表 14-27

项目编码	项目名称	项目特征	计量单位	工程量计算规则	工作内容
030412001	配管	（1）名称 （2）材质 （3）规格 （4）配置形式 （5）接地要求 （6）钢索材质、规格 （7）引线材质	m	按设计图示尺寸以长度计算	（1）电线管路敷设 （2）钢索架设（拉紧装置安装） （3）穿引线 （4）接地
030412002	线槽	（1）名称 （2）材质 （3）规格			本体安装
030412003	桥架	（1）名称 （2）型号 （3）规格 （4）材质 （5）类型 （6）接地跨接方式	m	按设计图示尺寸以长度计算	（1）本体安装 （2）本体跨接接地 （3）隔板、盖板等附件安装
030412004	配线	（1）名称 （2）配线形式 （3）型号 （4）规格 （5）材质 （6）配线线制 （7）钢索材质、规格	m	按设计图示尺寸加预留长度以单线长度计算	（1）配线 （2）钢索架设（拉紧装置安装） （3）支持体（夹板、绝缘子、槽板等）安装
030412005	接线箱	（1）名称 （2）材质 （3）规格 （4）安装形式	个	按设计图示数量计算	本体安装
030412006	接线盒				
030412007	连接短管	（1）名称 （2）材质 （3）规格 （4）安装形式	根	按设计图示数量计算	本体安装

照明器具安装（编码：030413）　　　　　　　　　　　　表 14-28

项目编码	项目名称	项目特征	计量单位	工程量计算规则	工作内容
030413001	普通灯具	（1）名称 （2）型号 （3）规格 （4）类型	套	按设计图示数量计算	（1）本体安装 （2）接地

项目编码	项目名称	项目特征	计量单位	工程量计算规则	工作内容
030413002	装饰灯	（1）名称 （2）型号 （3）规格 （4）安装形式	（1）套 （2）m （3）m²	（1）以套计量，按设计图示数量计算 （2）以 m 计量，按设计图示尺寸以长度计算 （3）以 m² 计量，按设计图示尺寸以面积计算	（1）本体安装 （2）接地
030413003	荧光灯		套	按设计图示数量计算	
030413004	嵌入式地灯	（1）名称 （2）型号 （3）安装形式	套	按设计图示数量计算	（1）本体安装 （2）接地
030413005	工厂灯				
030413006	高度标志灯、障碍灯	（1）名称 （2）型号 （3）规格 （4）安装高度			（1）本体安装 （2）接地
030413007	医疗专用灯	（1）名称 （2）型号 （3）规格			（1）本体安装 （2）接地
030413008	霓虹灯	（1）名称 （2）型号 （3）单位数量 （4）安装方式	m	按设计图示尺寸以长度计算	（1）霓虹灯管安装 （2）接线
030413009	霓虹灯控制变压器、控制器	（1）名称 （2）型号 （3）安装方式	台	按设计图示数量计算	（1）控制设备安装 （2）接线 （3）接地
030413010	小区路灯	（1）名称 （2）型号 （3）规格 （4）灯具类型 （5）灯杆材质、规格 （6）灯架形式及臂长 （7）附件配置要求 （8）灯杆形式（单、双） （9）杆座材质、规格 （10）安装方式 （11）接线端子材质、规格	套	按设计图示数量计算	（1）立灯杆 （2）杆座安装 （3）灯架及灯具附件安装 （4）焊、压接线端子 （5）灯杆编号 （6）接地
030413011	智能灯光控制系统	（1）灯具、控制设备名称 （2）型号 （3）规格 （4）控制软件 （5）连接、控制、数据导线材质、规格 （6）安装方式 （7）接地线材质、规格	系统	按设计图示以系统计算	（1）灯具安装 （2）线路安装 （3）控制设备安装 （4）接线 （5）接地

项目编码	项目名称	项目特征	计量单位	工程量计算规则	工作内容
030413012	景观灯	（1）名称 （2）型号 （3）规格 （4）安装方式 （5）接地线材质、规格	（1）套 （2）m （3）m²	（1）以套计量，按设计图示数量计算 （2）以 m 计量，按设计图示尺寸以长度计算 （3）以 m² 计量，按设计图示尺寸以面积计算	（1）安装 （2）接线 （3）接地
030413013	照明开关、按钮	（1）名称 （2）材质 （3）规格 （4）安装方式	套	按设计图示数量计算	安装接线
030413014	插座				
030413015	照明系统调试	（1）名称 （2）电压等级	系统	按设灯具回路数量计算	系统调试
030413016	光导管采光装置	（1）名称 （2）材质 （3）规格 （4）安装方式	套	按设计图示数量计算	本体安装
030413017	采光井照明装置	（1）名称 （2）材质 （3）规格 （4）安装方式	套	按设计图示数量计算	本体安装
030413018	光纤式阳光导入器	（1）名称 （2）材质 （3）规格 （4）安装方式	套	按设计图示数量计算	（1）支架台的制作、安装 （2）光纤接入 （3）电源接线 （4）太阳光导入器安装 （5）光纤发光尾灯安装

（2）清单项目特征描述应注意问题：

配管、配线、照明器具安装分部分项工程项目清单设置时，项目特征应根据表 14-27、表 14-28 所列特征进行表述，并注意以下几点问题：

①配管、配线的项目名称是概括性名称，因此，在项目特征表述时必须将具体的实体名称表述清楚，以免混淆。

②配管的特征中，规格是指管的公称直径，并应把壁厚表述清楚。

③线槽的特征中，金属线槽规格是指其截面的宽＋高尺寸，同时也必须表述其壁厚；塑料线槽规格是指截面的周长。

④电缆桥架的规格是指桥架的宽＋高尺寸，类型是指槽式、托盘式、梯级式、组合式等。

⑤配线的特征中，导线型号一般已包含其材质和规格。

⑥在照明器具项目特征中，关键是要表述清楚灯具的型号和规格特征。型号不同，灯具的类型也就不同。型号相同，其规格尺寸不同，虽灯具的类型一样，但因尺寸大小不同，其价格及安装费用也会有差异。因此，型号和规格的准确表述尤其重要。同时要表述清楚其安装方式。

⑦灯具没带引导线的，应予以说明，提供报价依据。

（3）分部分项工程项目清单设置说明：

①配管、配线清单项目设置说明：

A.连接短管适用于装配式建筑，其他建筑的连接短管应已包括在相关设备的工作内容内。

B.配管的名称是指紧定管、镀锌钢管、防爆管、可挠金属套管、塑料管、金属软管、波纹管、KBG 扣压钢导管等，其配置形式指明配、暗配、吊顶内、钢结构支架、钢索配管、埋地敷设、水下敷设、箱罐容器内、砌筑沟内敷设等。

C.配线的名称是指管内穿线、绝缘子配线、线槽配线、塑料护套配线、绝缘导线明敷、车间配线等，其配线形式指在木结构、砖混结构、混凝土结构、钢结构、沿顶棚、沿支架、沿钢索、沿屋架、沿梁、沿柱、沿墙、跨屋架、跨梁、跨柱、跨线码、跨街码等敷设。

D.遇到下列情况时，配线保护管应增设管路接线盒和拉线盒：

a.管长度每超过 30m，无弯曲。

b.管长度每超过 20m，有 1 个弯曲；

c.管长度每超过 15m，有 2 个弯曲；

d.管长度每超过 8m，有 3 个弯曲。遇到下列情况时，垂直敷设的电线保护管应增设固定导线用的拉线盒：管内导线截面为 50mm² 及以下，长度每超过 30m；管内导线截面为 70~95mm²，长度每超过 20m；管内导线截面为 120~240mm²，长度每超过 18m。计量配管时，设计无要求的按上述规则执行接线盒、拉线盒的计量。

E.开关盒、插座盒，按本附录表 D.12.1 的接线盒编码列项。

F.配管安装所需的凿槽、刨沟，应按本《计算标准》附录 N 其他及附属工程的相应项目编码列项。

G.开关盒、插座盒按接线盒编码列项。

H.桥架接地方式是指导线跨接接地、专用接地卡接地。

I.配线进入箱、柜、板的预留长度应根据《计算标准》表 D.17.3-8（表 14-29）计入清单工程量。

配线进入箱、柜、板的预留长度　　　　　　　　　　　　表 14-29

序号	项目	预留长度/m	说明
1	各种开关箱、柜、板	高 + 宽	盘面尺寸
2	由地面管子出口引至动力接线箱	1.0	从管口计算
3	电源与管内导线连接（管内穿线与软、硬母线接点）	1.5	从管口计算
4	出户线	1.5	从管口计算
5	电动机	0.5	从电动机接线盒算起

②照明器具安装项目清单设置说明：

A. 普通灯具包括圆球吸顶灯、半圆球吸顶灯、方形吸顶灯、软线吊灯、座灯头、吊链灯、防水吊灯、壁灯等。

B. 装饰灯包括吊式艺术装饰灯、吸顶式艺术装饰灯、荧光艺术装饰灯、几何形组合艺术装饰灯、标志灯、诱导装饰灯、点光源艺术灯、歌舞厅灯及其他同类灯具。以 m 计量时，项目特征内应说明灯的宽度；以 m^2 计量时，项目特征内应说明灯的规格。

C. 工厂灯包括工厂罩灯、防水灯、防尘灯、碘钨灯、投光灯、泛光灯、密闭灯、钠灯、混光灯、防潮灯、腰形舱顶灯、管型氙气灯等用于工厂照明灯具。

D. 高度标志（障碍）灯包括烟囱标志灯、高塔标志灯、高层建筑屋顶障碍指示灯等。

E. 医疗专用灯包括病房指示灯、病房暗脚灯、紫外线杀菌灯、无影灯等。

F. 霓虹灯包括灯管、灯带、变压器、控制器、继电器、定时器、控制箱等所有组件。以 m 计量时，项目特征内应说明灯的宽度。

G. 园区路灯包括单（双）臂挑灯、大马路弯灯、庭院灯、桥栏杆灯、高杆灯、中杆灯等；中杆灯是指安装在高度小于或等于 19m 的灯杆上的照明器具；高杆灯是指安装在高度大于 19m 的灯杆上的照明器具。

H. 景观灯包括柱灯、树挂彩灯、草坪灯具、地面投射灯、立面点光源灯、泛光灯、立面轮廓灯及其他同类灯具。以 m 计量时，项目特征内应说明灯的宽度；以 m^2 计量时，项目特征内应说明灯的规格。

I. 照明开关包括普通照明开关、声（光）控延时开关（控制器）等。

J. 组合型装饰灯具的支吊架按附录表 N1. 其他及附属工程的相应项目编码列项。

K. 光纤式阳光导入器光纤用配管、光纤敷设、电源线配管、配线按《计算标准》相应项目编码列项；太阳能供电灯具包括在本附录成套灯具内，应按本附录相应项目编码列项。

2）配管、配线、照明器具安装清单工程量计算

（1）配管、配线清单工程量计算：

配管、配线清单工程量计算规则见表 14-27、表 14-29。在计算清单工程量时应注意以下几点：

①电缆桥架清单工程量要区分不同材质、不同型号、规格、不同类型按设计图示尺寸以桥架的中心线长度计算，不扣除附件所占长度。

②配管、线槽清单工程量按设计图示尺寸以水平和垂直的长度计算，并考虑绕梁柱所需的长度。

③垂直方向敷设的线管、线槽，其工程量计算与楼层高度及箱、柜、盘、板、开关等设备安装高度有关。线管、线槽长度计算方法如图 14-2 所示。

④管内穿线工程量计算：管内穿线长度＝配管长度×同截面导线根数。

⑤在计算配线清单工程量时，导线进出箱、盘、柜、屏等的预留量，应计入清单工

程量中。

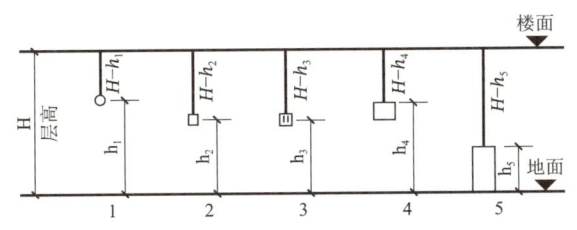

图 14-2　线管、线槽长度计算方法

1—拉线开关；2—开关；3—插座；4—配电箱或电度表；5—配电柜

⑥在民用建筑低压配电工程中，配管、配线的设计图纸是分支回路最多、管线型号规格最多也是最难识读的分部工程之一，因此清单工程量计算量大而繁琐。要算好配管、配线的清单工程量，就得先把图纸吃透看懂，了解清楚每层之间的供电关系，各配电箱之间的回路关系，管线敷设方式和施工要求等，然后开始计算，管线计算次序为"先支线，分路干线，后主干线"。计算时应把平面图和系统图对应来阅读，区分材质、规格、敷设方式等按回路编号"先管后线"依次进行，从房间用电设备最末端（导线根数最少）开始用比例尺量度支线，计算管长的同时应在平面图上标记每段距离的长度和导线根数，以便于简化导线工程量计算和校核。因平面图不能反映垂直管线的长度，所以要了解建筑的立面和剖面图，按标高关系推算垂直敷设长度，防止漏算。然后计算各房间配电箱至层间配电箱的分路干线。再计算各层间配电箱至低压配电房的主干线。最后把所计算的工程量进行汇总。

（2）照明器具安装清单工程量计算：

照明器具安装清单工程量计算规则见表 14-28。在计算清单工程量时应注意：

照明器具的安装方式图纸一般都会标注，所以清单工程量计算不难。但注意要区分各型灯具的不同实体名称、型号、规格等分别计算。有的灯具完全一样，但安装方式不同，不要笼统地把工程量累加，要单独设置清单项目。

2. 配管、配电、照明器具安装分部分项工程项目清单计价

1）配管、配线

（1）配管、配线在《安装定额第四册》（C.4.11）工程量计算规则

①各种配管，应区别不同敷设方式、敷设位置、管材材质、规格，按设计图示尺寸以"m"计算。不扣除管路中间的接线箱（盒）、灯头盒、开关（插座）盒所占长度。

②线槽安装，应区别不同材质、规格，按设计图示尺寸以"m"计算。不扣除线槽中间的接线箱（盒）、灯头盒、开关（插座）盒所占长度。

③桥架安装，按设计图示尺寸以"m"计算。

④管内穿线，应区别导线截面，按设计图示尺寸单线长度以"m"计算。

⑤管内穿引线，应区别引线材质，按设计图示尺寸另加 2.5% 的附加长度（包括转弯、上下波动、管口预留所占长度）以"m"计算。

⑥线槽配线，区别导线截面，按设计图示尺寸单线长度以"m"计算。

⑦配线进入开关箱、柜、板的预留线，按照表 14-30 规定的长度，分别计入相应的工程量。

配线进入开关箱、柜、板的预留线（每一根线）　　　　表 14-30

序号	项目	预留长度	说明
1	各种开关箱、柜、板	宽＋高	盘面尺寸
2	单独安装（无箱、盘）的铁壳开关、闸刀开关、启动器、线槽进出线盒	0.3m	从安装对象中心算起
3	由地面管子出口引至动力接线箱	1.0m	从管口计算
4	电源与管内导线连接（管内穿线与软、硬母线接点）	1.5m	从管口计算
5	出户线	1.5m	从管口计算

⑧塑料护套线明敷，区别导线截面、导线芯数（二芯、三芯）、敷设位置（木结构、砖混凝土结构），按设计图示尺寸以"m"计算。

⑨街码配线，区别导线截面，按设计图示尺寸单线长度以"m"计算。

⑩盘柜配线，区别不同规格，按设计图示尺寸以"m"计算。

⑪接线箱安装，区别安装形式（明装、暗装）以及接线箱半周长，按设计图示数量以"个"计算。

⑫接线盒安装，区别安装形式（明装、暗装、钢索上）以及接线盒类型，按设计图示数量以"个"计算。

⑬钢索架设，区别圆钢、钢索直径（$\phi6$、$\phi9$），按设计图示墙（柱）内缘距离尺寸以"m"计算，不扣除拉紧装置所占长度。

⑭钢索拉紧装置制作安装，区别花篮螺栓直径，按设计图示数量以"套"计算。

（2）《安装定额第四册》应用注意事项

①配管工程均未包括接线箱、盒及支架制作、安装。钢索架设及拉紧装置的制作、安装，配管支架制作、安装执行 C.4.13 铁构件制作、安装相应项目。

②电气暗配管定额是按与土建相互配合施工考虑的，不包括凿槽、刨沟，发生时另执行 C.4.13 相应项目。

③电气配管定额包括穿引线，如实际施工中没有穿引线的，定额人工费乘以系数 0.95，镀锌低碳钢丝按相应材质明敷配管含量扣除。

④防爆钢管敷设，执行镀锌钢管敷设定额相应项目乘以系数 1.20。

⑤管内穿线的线路分支接头线长度已综合考虑在定额中，不得另行计算。

⑥灯具、开关、插座、按钮等的预留线，已分别综合在相应项目内，不另行计算。

⑦定额所指刚性难燃线管为刚性 PVC 难燃线管，分轻型、中型、重型，颜色有白、纯白色，弯曲时需要专用弯曲弹簧，管材长度一般为 4m/根。管子的连接方式采用专用接头插入法连接，连接处结合面涂专用胶粘剂，接口密封。半硬质难燃线管，颜色有黄、

红、白色等，管道柔软，弯曲自如而无须专用工具或加热，安装难以横平竖直，管材成捆供应，一般为每捆 100m，管子的连接方式采用专用接头抹塑料胶后粘接。

⑧定额所列的可挠金属套管是指普利卡金属套管（PULLKA），它是由镀锌钢带（Fe、Zn），钢带（Fe）及电工纸（P）构成双层金属制成的可挠性电线、电缆保护套管，主要用于混凝土内埋设及低压室外电气配线方面（表 14-31）。

可挠性金属套管规格　　　　　　　　　　　　　　表 14-31

规格	10#	12#	15#	17#	24#	30#	38#	50#	63#	76#	83#	101#
内径/mm	9.2	11.4	14.1	16.6	23.8	29.3	37.1	49.1	62.6	76	81	100.2
外径/mm	13.3	16.1	19	21.5	28.8	34.9	42.9	54.9	69.1	82.9	88.1	107.3

⑨盘、柜配线定额只适用于盘、柜上小设备元件的少量现场配线，不适用于工厂的设备修、配、改工程。

⑩桥架安装：

A. 桥架安装包括运输、组对、吊装、固定；弯通或三、四通修改、制作组对；切割口防腐、桥架开孔、上管件、隔板安装、盖板安装、接地、附件安装等工作内容。

B. 桥架安装定额已综合考虑了采用螺栓、焊接和膨胀螺栓三种固定方式，实际施工中，不论采用何种固定方式，定额均不作调整。

C. 玻璃钢梯式桥架和铝合金梯式桥架定额均按不带盖考虑，如这两种桥架带盖，则分别执行玻璃钢槽式桥架定额和铝合金槽式桥架定额。

D. 钢制桥架主结构设计厚度大于 3mm 时，定额人工费、机具费乘以系数 1.20。

E. 不锈钢桥架按钢制桥架定额乘以系数 1.10 执行。

F. 槽架安装未包括支架制作安装。

⑪槽架支架制作、安装执行 C.4.13 铁构件制作、安装相应项目。

⑫金属线槽、钢制桥架的主结构厚度 1.5mm 以下执行金属线槽安装相应项目，主结构厚度 1.5mm 以上执行钢制桥架安装相应项目。

2）照明器具安装

（1）照明器具在《安装定额第四册》（C.4.12）工程量计算规则

①普通灯具安装，区别灯具的种类、型号、规格按设计图示数量以"套"计算。

②工厂罩灯、防水防尘灯及混光灯安装，区别不同安装形式，按设计图示数量以"套"计算。

③密闭灯具安装，区别灯具种类、灯杆形式，按设计图示数量以"套"计算。

④工厂其他灯具安装，区别不同灯具类型，按设计图示数量以"套""个"计算。

⑤高度标志（障碍）灯安装，区别不同灯具类型、安装高度，按设计图示数量以"套""个"计算。

⑥吊式艺术装饰灯具安装，根据装饰灯具示意图集所示，区别不同装饰物以及灯体

直径和灯体垂吊长度，按设计图示数量以"套"计算。灯体直径为装饰的最大外缘直径，灯体垂吊长度为灯座底部到灯梢之间的总长度。

⑦吸顶式艺术装饰灯具安装，根据装饰灯具示意图集所示，区别不同装饰物、吸盘的几何形状、灯体直径、灯体周长和灯体垂吊长度，按设计图示数量以"套"计算。灯体直径为吸盘最大外缘直径；灯体半周长为矩形吸盘的半周长；吸顶式艺术装饰灯具的灯体垂吊长度为吸盘到灯梢之间的总长度。

⑧荧光艺术装饰灯具安装，根据装饰灯具示意图集所示，区别不同安装形式和计量单位计算。

A. 组合荧光灯光带安装，根据装饰灯具示意图集所示，区别安装形式、灯管数量，按设计图示尺寸以"m"计算。

B. 内藏组合式灯安装，根据装饰灯具示意图集所示，区别灯具组合形式，按设计图示尺寸以"m"计算。

C. 发光棚安装，根据装饰灯具示意图集所示，按设计图示尺寸以"m²"计算。

D. 立体广告灯箱、荧光灯光沿安装，根据装饰灯具示意图集所示，按设计图示尺寸以"m"计算。

⑨几何形状组合艺术灯具安装，根据装饰灯具示意图集所示，区别不同安装形式及灯具的不同形式，按设计图示数量以"套"计算。

⑩标志、诱导装饰灯具安装，根据装饰灯具示意图集所示，区别不同安装形式，按设计图示数量以"套"计算。

⑪水下艺术装饰灯具安装，根据装饰灯具示意图集所示，区别不同安装形式，按设计图示数量以"套"计算。

⑫点光源艺术装饰灯具安装，根据装饰灯具示意图集所示，区别不同安装形式、不同灯具直径，按设计图示数量以"套"计算。

⑬草坪灯具安装，根据装饰灯具示意图所示，区别不同安装形式，按设计图示数量以"套"计算。

⑭歌舞厅灯具安装，根据装饰灯具示意图所示，区别不同灯具形式，分别按设计图示数量以"套""台"计算；歌舞厅灯具安装，根据装饰灯具示意图所示，区别不同灯具形式，按设计图示尺寸以"m"计算。

⑮嵌入式地灯安装，区别灯具的安装形式，按设计图示数量以"套"计算。

⑯LED 装饰灯安装，区别灯具种类，按设计图示数量以"套"；LED 装饰灯安装，区别灯具种类，按设计图示尺寸以"m"计算。

⑰LED 方型扣板式天花灯安装，区分灯具半周长，按设计图示数量以"套"计算。

⑱普通成套型荧光灯具安装，区别灯具的安装形式、灯具种类、灯管数量，按设计图示数量以"套"计算。

⑲医院灯具安装，区别不同灯具类型，按设计图示数量以"套"计算。

（2）《安装定额第四册》应用注意事项

①各型灯具的引导线，是指灯具吸盘到灯头的连线，除注明者外，均按灯具已配有考虑，如引导线是另行配用的，则另计材价，其他不变。

②路灯、投光灯、碘钨灯、氙气灯、烟囱或水塔指示灯，均已考虑了一般工程的高空作业因素，其他器具安装高度如超过 5m，则应按册说明中规定的超高系数另行计算。

③装饰灯具定额项目与示意图号配套使用。

④除另有说明外，灯具安装均未包括支架制作安装，发生时执行 C.4.13 铁构件制作、安装相应项目。

⑤定额已包括利用摇表测量绝缘及一般灯具和路灯的试亮工作（但不包括调试工作）。

⑥普通灯具安装定额适用范围见表 14-32。

普通灯具安装定额适用范围　　　　　表 14-32

定额名称	灯具种类
圆球吸顶灯	材质为玻璃的螺口、卡口圆球独立吸顶灯
半圆球吸顶灯	材质为玻璃的独立的半圆球吸顶灯、扁圆罩吸顶灯、平圆型吸顶灯
方型吸顶灯	材质为玻璃的独立的矩形罩吸顶灯、方型罩吸顶灯、大口方罩顶灯
软线吊灯	利用软线为垂吊材料、独立的，材质为玻璃、塑料罩等各式软线吊灯
吊链灯	利用吊链作辅助悬吊材料、独立的，材质为玻璃、塑料罩的各式吊链灯
防水吊灯	一般防水吊灯
一般弯脖灯	圆球弯脖灯、风雨壁灯
一般墙壁灯	各种材质的一般壁灯、镜前灯
软线吊头灯	一般吊灯头
声光控座灯头	一般声控、光控座灯头
座灯头	一般塑胶、瓷质座灯头

⑦组合荧光灯光带、内藏组合式灯、发光棚、立体广告灯箱、荧光灯光沿的灯具设计用量与定额不符时可根据设计数量加损耗量调整主材。

⑧装饰灯具安装定额适用范围见表 14-33。

装饰灯具安装定额适用范围　　　　　表 14-33

定额名称	灯具种类（形式）
吊式艺术装饰灯具	不同材质、不同灯体垂吊长度、不同灯体直径的蜡烛灯、挂片灯、串珠（穗）、串棒灯、吊杆式组合灯、玻璃罩（带装饰）灯
吸顶式艺术装饰灯具	不同材质、不同灯体垂吊长度、不同灯体几何形状的串珠（穗）、串棒灯、挂片、挂碗、挂吊蝶灯、玻璃（带装饰）灯

续表

定额名称	灯具种类（形式）
荧光艺术装饰灯具	不同安装形式、不同灯管数量的组合荧光灯光带，不同几何组合形式的内藏组合式灯，不同几何尺寸、不同灯具形式的发光棚，不同形式的立体广告灯箱、荧光灯光沿
几何形状组合艺术灯具	不同固定形式、不同灯具形式的繁星灯、钻石星灯、礼花灯、玻璃罩钢架组合灯、凸片灯、反射挂灯、筒形钢架灯、U型组合灯、弧形管组合灯
标志、诱导装饰灯具	不同安装形式的标志灯、诱导灯
水下艺术装饰灯具	简易型彩灯、密封型彩灯、喷水池灯、幻光型灯
点光源艺术装饰灯具	不同安装形式、不同灯体直径的筒灯、牛眼灯、射灯、轨道射灯
草坪灯具	各种立柱式、墙壁式的草坪灯
歌舞厅灯具	各种安装形式的变色转盘灯、雷达射灯、幻影转彩灯、维纳斯旋转灯、卫星旋转效果灯、飞碟旋转效果灯、多头转灯、滚筒灯、频闪灯、太阳灯、雨灯、歌星灯、边界灯、射灯、泡泡发生器、迷你满天星彩灯、迷你单立（盘彩灯）、多头宇宙灯、镜面球灯、蛇光管

⑨荧光灯具安装定额适用范围见表14-34。

荧光灯具安装定额适用范围 表 14-34

定额名称	灯具种类
成套型荧光灯	单管、双管、三管、四管、吊链式、吊管式、吸顶式、嵌入式、成套独立荧光灯

⑩工厂灯及防水防尘灯安装定额适用范围见表14-35。

工厂灯及防水防尘灯安装定额适用范围 表 14-35

定额名称	灯具种类
直杆工厂吊灯	配照（GC1-A）、广照（GC3-A）、深照（GC5-A）、斜照（GC7-A）、圆球（GC17-A）双罩（GC19-A）
吊链式工厂灯	配照（GC1-B）、深照（GC3-B）、斜照（GC5-C）、圆球（GC7-B）、双罩（GC17-A）、广照（GC19-A）
吸顶式工厂灯	配照（GC1-C）、广照（GC3-C）、深照（GC7-C）、斜照（GC7-C）、圆球双罩（GC19-C）
弯杆式工厂灯	配照（GC1-D/E）、广照（GC3-D/E）、深照（GC5-D/E）、斜照（GC7-D/E）双罩（GC19-C）、局部深罩（GC26-F/H）
悬挂式工厂灯	配照（GC21-2）、深照（GC23-2）
防水防尘灯	广照（GC9-A、B、C）、广照保护网（GC11-A、B、C）、散照（GC15-A、B、C、D、E、F、G）

⑪工厂其他灯具安装定额适用范围见表14-36。

工厂其他灯具安装定额适用范围 表 14-36

定额名称	灯具种类
防潮灯	扁形防潮灯（GC-31）、防潮灯（GC-33）
腰形舱顶灯	腰形舱顶灯 CCD-1
碘钨灯	DW型、220V、300～1000W
管形氙气灯	自然冷却式 220V/380V20kW 内
投光灯	TG型室外投光灯

续表

定额名称	灯具种类
高压水银灯镇流器	外附式镇流器具 125～450W
安全灯	（AOB-1、2、3）、（AOC-1、2）型安全灯
防爆灯	CBC-200 型防爆灯
高压水银防爆灯	CBC-125/250 型高压水银防爆灯
防爆荧光灯	CBC-l/2 单、双管防爆型荧光灯

⑫医院灯具安装定额适用范围见表 14-37。

医院灯具安装定额适用范围　　　　表 14-37

定额名称	灯具种类
病房指示灯	病房指示灯
病房暗脚灯	病房暗脚灯
无影灯	3～12 孔管式无影灯

⑬《安装定额第四册》以外的其他 LED 灯具安装，除嵌入式 LED 射灯和筒灯外，应根据其结构、形式、安装位置，按 C.4.12 定额相应项目人工费乘以 0.90 执行，其余不变。

⑭楼宇亮化工程、小区路灯集中控制器安装，执行 C.4.12 艺术喷泉电气设备安装定额相应项目。

3. 配管、配线、照明器具安装分部分项工程项目清单编制与计价案例分析

【例 14-7】如图 14-3～图 14-5 所示。某宿舍楼照明工程，配电箱 AL 引出五条回路（W1、W2、W3、W4、W5）至对应的灯具、开关、插座，层顶标高按 3m 考虑，配电箱墙内暗敷，距地 1.8m。导线穿管表见表 14-38，图例表见表 14-39。

导线穿管　　　　表 14-38

导线截面	ZR-BYJ-2.5mm²			ZR-BYJ-4.0mm²		
导线根数	2～3	4～6	7～8	2～3	4～5	6～8
电线管直径/mm	20	25	32	20	25	32

图例表　　　　表 14-39

序号	图例	名称	规格	型号	安装方式	安装高度
1		LED 灯盘	1500mm × 300mm 220V 37W	SM100C LED35S/840 PSD W20L120	吸顶式	—
2		吸顶灯	220V LED16W		吸顶式	—

序号	图例	名称	规格	型号	安装方式	安装高度
3		吸顶灯	220V LED17W		吸顶式	—
4		单联单控开关	250V 10A	XM31011BTY	墙上暗设	1.3m
5		双联单控开关	250V 10A	XM31021BTY	墙上暗设	1.3m
6		三联单控开关	250V 10A	XM31031BTY	墙上暗设	1.3m
7	B	带开关三极暗插座	250V 10A	E2015CS	墙上暗设	0.3m
8	K	带开关三极暗插座	250V 16A	E2015/16CS	墙上暗设	2.1m
9		单相二级三极暗插座	250V 10A	E2426/10US-GA	墙上暗设	0.3m
10	F	防溅单相三极暗插座	250V 10A	E426/10S + E223DV	墙上暗设	2.3m
11	X	防水防溅带开关暗插座	250V 10A	E223DV + E2015CS	墙上暗设	1.3m
12	R	防溅带开关单相三极暗插座	250V 16A	E223DV + E2015/16CS	墙上暗设	2.3m
13	W	防溅三极暗插座	250V 10A	E223DV + E246/10CS	墙上暗设	1.5m
14	M	马桶插座	250V 10A		墙上暗设	0.3m

1）计算 W1 和 W5 回路的配管及配线清单工程量。

2）计算清单项"030412001 配管"（PC20 管）以及"030413002 装饰灯"的综合单价，其中未计价主材"PC20 管"按 5.00 元/m，"LED 灯盘 1200mm×300mm"按 200.00元/套，以上均为税前价格。

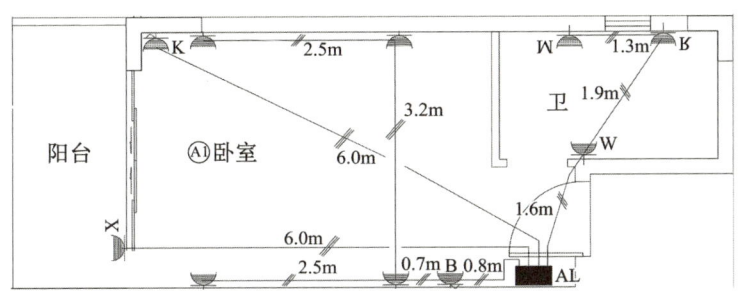

图 14-3　照明平面图一

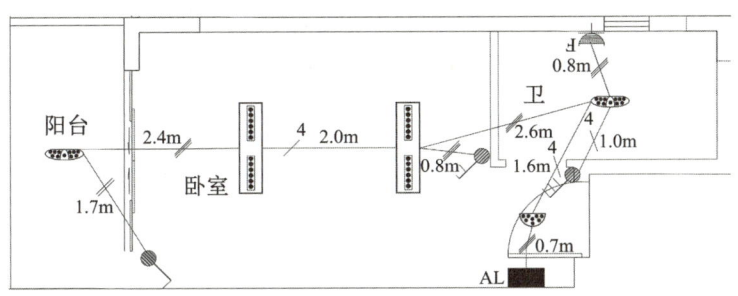

图 14-4　照明平面图二

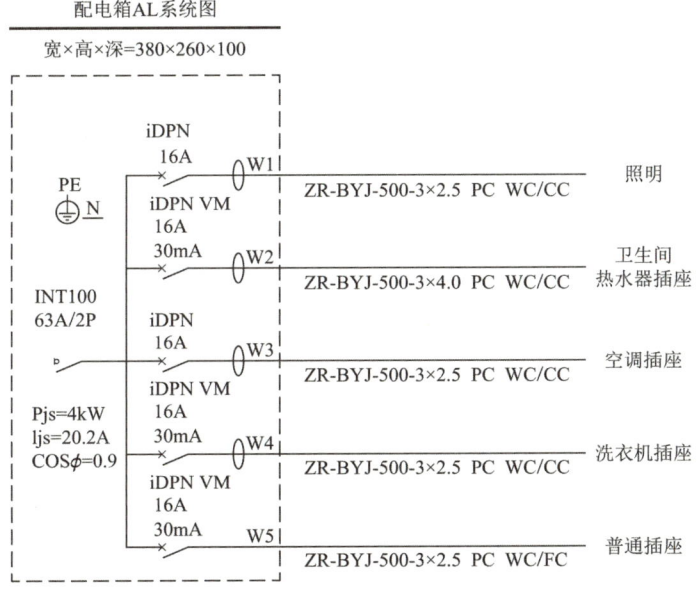

图 14-5　配电箱 AL 系统图

1）分部分项工程项目清单编制步骤

（1）回路 W1、W5 与配管、配线以及照明灯具安装有关项目的工程量清单项目主要有 5 项，包括"030412001 配管""030412004 配线""030412006 接线盒""030413001 普通灯具"以及"030413002 装饰灯"。

（2）根据清单计算规则计算 W1 和 W5 回路对应的配管、配线清单工程量，见表 14-40。

（3）编制分部分项工程项目清单，分部分项工程项目清单见表 14-41。

清单工程量计算表　　　　　　　　　　　　　　表 14-40

编号	项目特征	起位置	终位置	清单工程量计算过程	单位	清单量
1	刚性难燃线管 PC20 暗配	配电箱 AL	开关、插座以及灯具	W1：(0.7 + 0.8 + 2.6 + 2.4 + 0.8 + 1.7)[水平段]+(3 − 1.8 − 0.26)[配电箱垂直段]+(3 − 1.3) × 2[单联及双联开关垂直段]+(3-2.3)[插座 F 垂直段] W5：(0.8 + 0.7 + 2.5 + 3.2 + 2.5)[水平段]+(0.3 × 2 + 0.3 × 3 + 0.3 + 0.3 × 2 + 0.3)[插座垂直段]+ 1.8[配电箱垂直段]	m	28.24
2	刚性难燃线管 PC25 暗配	配电箱 AL	开关以及灯具	W1：(1.6 + 2 + 1)[水平段]+(3 − 1.3)[三联开关垂直段]	m	6.30
3	阻燃型交联聚乙烯绝缘电线 ZR-BYJ-500-2.5mm²	配电箱 AL	开关、插座以及灯具	28.24[PC20 配管长度] × 3 −(1.7 + 3-1.3)[多算的单联开关至对应灯具的单线长度]+ 6.30[PC25 配管长度] × 4 +(0.38 + 0.26) × 3 × 2[W1 及 W5 回路配电箱预留]	m	110.36

分部分项工程项目清单计价表　　　　　　　　　　　　表 14-41

工程名称：　　　　　　　　　　　　　　　　　　　　　　　　　　　　　标段：

序号	项目编码	项目名称	项目特征描述	计量单位	工程量	综合单价	合价
						金额/元	
1	030412001001	配管	刚性难燃线管 PC20 暗配	m	28.24		
2	030412001002	配管	刚性难燃线管 PC25 暗配	m	6.30		
3	030412004001	配线	阻燃型交联聚乙烯绝缘电线 ZR-BYJ-500-2.5mm²	m	110.36		
			本页小计				
			合计				

2）计算项目清单综合单价步骤

（1）刚性难燃线管 PC20 的清单项目编码为 030412001001，计量单位为 m，工程量为 28.24m。

（2）LED 灯盘 1200mm × 300mm 的清单项目编码为 030413002001，计量单位为套，工程量为 2 套。

（3）根据《安装定额第四册》的 C4-11-89 刚性难燃线管砖、混凝土结构暗配和 C4-12-238LED 方型扣板式天花灯安装定额分别计算 030412001001 配管和 030413002001 装饰灯项目清单的综合单价，分部分项工程项目清单综合单价分析表见表 14-42。

分部分项工程项目清单综合单价分析　　　　　　　　　表 14-42

工程名称：　　　　　　　　　　　　　　　　　　　　　　　　　　　　　标段：

序号	项目编码	项目名称	项目特征描述	计量单位	综合单价组成明细/元					
					人工费	材料费	施工机具使用费	管理费	利润	综合单价
1	030412001001	配管	刚性难燃线管 PC20 暗配	m	4.42	5.68	0.00	1.28	0.88	12.26
2	030413002001	装饰灯	LED 灯盘 1200mm × 300mm，吸顶安装	套	11.50	203.26	0.00	3.3	2.30	220.36

14.1.5　电气设备安装工程 N.1 其他及附属工程分部分项工程项目清单编制与计价

1.电气设备安装工程 N.1 其他及附属工程分部分项工程项目清单编制

1）电气设备安装工程 N.1 其他及附属工程项目清单设置

（1）《计算标准》附录 N.1.1 其他及附属工程项目清单设置见表 14-43。

附属工程（编码：031301）　　　　　　　　表 14-43

项目编码	项目名称	项目特征	计量单位	工程量计算规则	工作内容
031301001	凿（压、切割）槽	（1）名称 （2）规格 （3）部位 （4）结构类型	m	按设计图示尺寸以长度计算	（1）开槽 （2）恢复处理
031301002	开孔洞		个	按设计图示数量计算	（1）开孔、洞 （2）恢复处理
0313010015	支/吊架、基础型钢	（1）名称 （2）材质 （3）规格 （4）支架形式 （5）单件支架质量	kg	按设计图示尺寸以质量计算	（1）制作 （2）安装

（2）清单项目特征描述应注意问题。

电气设备安装工程其他及附属工程分部分项工程项目清单设置时，项目特征应根据表 14-43 所列特征进行表述，并注意以下问题：

①支/吊架、基础型钢常用有角钢、圆钢、扁钢等，其特征主要是型钢的名称、材质和规格，并应表述所需型钢是否镀锌这一特征。

②凿（压、切割）槽是用以配合电线管路敷设的沟槽，沟槽的规格视埋设电线管规格大小而定，以符合施工规范为原则。其特征主要表述凿（压）槽的类别和规格，同时要表述是否填充或恢复。

（3）工程量清单设置说明。

凿（压、切割）槽、开孔打洞仅适用于改扩建及工程变更的项目，新建工程的此等项目均应已包括在《计算标准》其他相关附录内所列相关项目的工作内容中。

2）电气设备安装工程 N.1 其他及附属工程项目清单工程量计算

（1）电气设备安装工程 N.1 其他及附属工程清单工程量计算规则见表 14-43。在计算清单工程量时应注意以下几点：

①支/吊架、基础型钢项目清单工程量应区别所用的型钢不同分别计算工程量，不能合并计算。

②凿（压、切割）槽项目清单工程量应按凿槽和压槽分别计算工程量，不能合并计算。

（2）清单工程量计算要领：

支/吊架、基础型钢的清单工程量计算往往因实际施工的不同而差异较大，如电气支架的计算，一般图纸都没有标注支架的形式和安装的具体位置，加上施工现场的不同环境等因素影响，因此难以准确计算，在实际工作中可采用模拟估算法来计算。方法是：①确定支架形式，有一字形（或 T 形）、角形（或 L 形）、门形等形式；②根据施工规范计算所需支架的个数；③计算单个支架的长度；④计算支架的总长度；⑤依据所用型钢选择理论重量值计算支架的总重量。

2. 电气设备安装工程 N.1 其他及附属工程分部分项工程项目清单计价

1）电气设备安装工程 N.1 其他及附属工程《安装定额第四册》（C.4.13）工程量计算规则

（1）铁构件制作安装，按设计图示尺寸以"kg"计算。

（2）凿槽、刨沟、压槽、沟槽修补，按设计图示尺寸以"m"计算。

（3）人工凿孔（洞）及堵洞眼，按设计图示尺寸以"m³"计算。

（4）机械钻孔（洞），按设计图示数量以"个"计算。

（5）基础槽钢、角钢制作、安装，按设计图示尺寸以"m"计算。

（6）桥架支撑架安装，按设计图示尺寸以"kg"计算。

（7）成品电缆吊挂、托挂架安装，区别不同形式，按设计图示数量以"套"计算。

（8）成品电缆防涡流固定夹具、型钢卡码安装，区别不同材质、不同形式，按设计图示数量以"套"计算。

（9）避雷网专用混凝土块制作，按设计图示数量以"块"计算。

2）定额应用注意事项

（1）各种铁构件、基础型钢制作，均不包括镀锌、镀锡、镀铬、喷塑等其他金属防护费用，发生时应另行计算。

（2）轻型铁构件是指主结构厚度在 3mm 以内的构件。

（3）铁构件制作适用于安装定额范围内的各种支架、构件的制作、安装。单件重量100kg 以上铁构件安装套用第三册《静置设备与工艺金属结构制作安装工程》相应项目。

（4）桥架支撑架定额适用于立柱、托臂及其他各种支撑架的安装。

（5）凿槽、刨沟断面半周长超过350mm的，每增加100mm按定额相应项目增加20%。

（6）其他专业册发生凿槽、刨沟、凿孔（洞）、沟槽修补、堵洞眼等内容，可执行 C.4.13 定额相应项目。

3. 电气设备安装工程 N.1 其他及附属工程分部分项工程项目清单编制与计价案例分析

【例 14-8】某电缆桥架敷设电缆工程，根据施工现场条件采用∟50×50×5 镀锌角钢门形支架吊装电缆桥架，单个支架用角钢长度 2.5m，共需 32 个支架；∟40×40×4 镀锌角钢角形支架，单个支架用角钢长度 1.5m，共需 20 个支架。查相关手册得知，角钢∟40×40×4 的理论重量为 2.42kg/m、角钢∟50×50×5 的理论重量为 3.55kg/m，镀锌重量系数按 5%计算，试编制电缆桥架的分部分项工程项目清单，已知各类镀锌型钢的税前价统一为 5.12 元/kg；按《安装定额第四册》，试计算项目清单"030413005001 支/吊架、基础型钢"的综合单价。项目清单综合单价分析表见表 14-46。

1）分部分项工程项目清单编制步骤

（1）与电缆桥架有关项目的项目清单主要有 2 项，包括"030413005001 支/吊架、基础型钢"和"0304130050012 支/吊架、基础型钢"。

（2）根据支/吊架工程量计算规则计算清单工程量，见表 14-44、表 14-45。

清单工程量计算表　　　　　　　　　　　　　　　　　表 14-44

工程名称：　　　　　　　　　　　　　　　　　　　　　　　　　　　　标段：

序号	清单项目特征	清单工程量计算过程	单位	清单工程量
1	镀锌角钢支架∟50×50×5	2.5m/个 × 32 个 × 3.77kg/m × 1.05	kg	316.68
2	镀锌角钢支架∟40×40×4	1.5m/个 × 20 个 × 2.42kg/m × 1.05	kg	76.23

分部分项工程项目清单计价表　　　　　　　　　　　　表 14-45

工程名称：　　　　　　　　　　　　　　　　　　　　　　　　　　　　标段：

序号	项目编码	项目名称	项目特征描述	计量单位	工程量	金额/元		
						综合单价	合价	其中：暂估价
1	030413005001	支/吊架、基础型钢	镀锌角钢支架∟50×50×5	kg	316.68			
2	030413005002	支/吊架、基础型钢件	镀锌角钢支架∟40×40×4	kg	76.23			
			本页小计					
			合计					

2）计算项目清单综合单价步骤：

根据《安装定额第四册》的"C4-13-1 铁构件制作、安装一般铁构件制作"和"C4-13-2 铁构件制作、安装一般铁构件"定额计算，分部分项工程项目清单综合单价分析表见表 14-46。

分部分项工程项目清单综合单价分析表　　　　　　　　表 14-46

工程名称：　　　　　　　　　　　　　　　　　　　　　　　　　　　　标段：

序号	项目编码	项目名称	项目特征描述	计量单位	综合单价组成明细/元					
					人工费	材料费	施工机具使用费	管理费	利润	综合单价
1	030413005001	支/吊架、基础型钢	镀锌角钢支架∟50×50×5	kg	13.59	6.05	1.04	4.41	2.72	27.81

14.1.6　电气调整试验分部分项工程项目清单编制与计价

1. 电气调整试验分部分项工程项目清单编制

1）电气调整试验分部分项工程项目清单项目设置

（1）《计算规则》附录表 D.16.1 电气调整试验项目清单设置见表 14-47。

电气调整试验（编码：030416）　　　　　　　　　　　表 14-47

项目编码	项目名称	项目特征	计量单位	工程量计算规则	工作内容
030416001	发电机	（1）名称 （2）型号	台	按设计图示数量计算	系统调试

项目编码	项目名称	项目特征	计量单位	工程量计算规则	工作内容
030416001	发电机	（3）电压（kV） （4）容量（MW）	台	按设计图示数量计算	系统调试
030416002	励磁机（柜）	（1）名称 （2）型号 （3）容量（MW） （4）类型	台	按设计图示数量计算	系统调试
030416003	发电机主变压器组				
030416004	发电机同期系统	（1）名称 （2）电压 （3）容量（MW） （4）机组数量	组	按设计图示数量计算	系统调试
030416005	电力变压器系统	（1）名称 （2）型号 （3）容量（kV·A）	系统	按设计图示系统计算	系统调试
030416006	输配电装置系统	（1）名称 （2）型号 （3）电压（kV） （4）类型			
030416007	母线系统	（1）名称 （2）电压（kV）	段	按设计图示数量计算	系统调试
030416008	保护装置	（1）名称 （2）类型	套	按设计图示数量计算	系统调试
030416009	自动投入装置		系统、套		
030416010	测量与监视系统	（1）名称 （2）类别	系统、套		
030416011	保安电源系统	（1）名称 （2）型号 （3）类别 （4）容量（kW、kV·A）	系统	按设计图示数量计算	系统调试
030416012	事故照明切换系统	（1）名称 （2）型号 （3）类别 （4）容量（MW）	台、座	按设计图示系统计算	系统调试
030416013	无功补偿装置系统	（1）名称 （2）电压（kV）	组		
030416014	电除尘器	（1）名称 （2）型号 （3）规格	套		
030416015	故障滤波系统	（1）名称 （2）容量（MW）	系统	按设计图示数量计算	系统调试
030416016	硅整流设备、可控硅整流装置	（1）名称 （2）类别 （3）电流（A）	系统	按设计图示系统计算	
030416017	电动机负载调试	（1）名称 （2）电压 （3）功率（kW） （4）电流类型 （5）控制方式 （6）电动机类型 （7）联锁台数	台	按设计图示数量计算	系统调试

项目编码	项目名称	项目特征	计量单位	工程量计算规则	工作内容
030416018	10kV 及以下开闭所成套装置系统	（1）名称 （2）电压（kV） （3）操作方式 （4）开关间隔单元个数	座	按设计图示数量计算	系统调试
030416019	组合成套箱式变电站系统	（1）名称 （2）电压（kV） （3）变压器容（kV·A）	座	按设计图示数量计算	系统调试
030416020	微机监控系统	（1）名称 （2）容量（MW）	台、座	按设计图示数量计算	系统调试
030416021	"五防"系统		座		系统调试
030416022	配电智能系统	（1）名称 （2）间隔数量（个）	系统	按设计图示数量计算	系统调试
030416023	整套启动系统	（1）名称 （2）电压（kV） （3）容量（MW） （4）类型	台、座	按设计图示数量计算	系统调试
030416024	特殊项目	（1）名称 （2）电压（kV） （3）容量	台、组	按设计图示数量计算	（1）测试 （2）性能验收验 （3）系统调试
030416025	智能防雷预警监控	（1）名称 （2）型号	系统	按设计图示数量计算	系统调试
030416026	智能灯光控制系统		系统		系统调试
030416027	接地装置	（1）名称 （2）类别	系统	按设计图示数量计算	接地电阻测试
030416028	电缆试验	（1）名称 （2）电压（kV）	根、次	按设计图示数量计算	电气试验测试
030416029	其他项目调试	（1）名称 （2）型号	系统	按设计图示数量计算	系统调试

（2）清单项目特征描述应注意问题。

电气调整试验分部分项工程项目清单设置时，项目特征应根据表 14-47 所列特征进行表述，并注意以下问题：

①电气调整试验清单项目特征基本是以系统名称或保护装置及设备本体名称来表述。如电力变压器系统调试的特征表述就是变压器的名称、型号和容量。

②送配电装置系统调试主要的项目特征是电压等级，有 10kV 以下和 1kV 以下两级。1kV 以下和直流供电系统均以电压来设置，而 10kV 以下的交流供电系统则以供电用的负荷隔离开关、断路器和带电抗器分别设置。特征中的型号应是负荷隔离开关、断路器等的型号。

③接地装置试验的类别特征是指人工接地装置或自然接地装置。

④保护装置调试的清单项目按其保护名称设置，其他均按需要调试的装置或设备的名称来设置。

（3）分部分项工程项目清单设置说明。

①功率大于 10kW 的电动机及发电机的启动调试所用的蒸汽、电力和其他动力能源消耗，以及变压器空载试运转调试所用的电力消耗及设备所需烘干处理，应予以说明。

②整套启动系统包括：燃煤发电厂、变电站、变配电室、输电线路、太阳能光伏电站等系统。

③特殊项目系统包括：发电机直流耐压试验、变压器绕组变形测试、无功补偿装置投入试验、SF6 气体试验、计费处理器调试、TA（TV）误差测试、电压互感器压降测试、计量二次回路阻抗测试、机组 AVG 系统调试、发电机组定子绕组端固定有振动频率测试、发电机定子绕组及引出线超声波测试、发电机转子通风孔检查试验。

④电动机负载调试是指电动机连带机械设备及装置一并进行调试，应根据电动机的控制方式及功率按台数计算。

⑤微机监控系统是指发电机、变电站、配电室的微机监控系统。

⑥"五防"系统是指：防止误分/合断路器系统、防止带负荷分/合隔离开关系统、防止带电挂（合）接地线（接地刀闸）系统、防止带接地线（接地刀闸）合断路器（隔离开关）系统、防止误入带电间隔系统。

⑦其他项目调试是指对接地故障环路阻抗、EPS、UPS 电源、避雷器、电容器、电抗器、整流设备、消弧线圈、母线、灯具照度等进行的电气调试。

⑧电动机类型是指同步电动机、异步电动机。

2）电气调整试验项目清单工程量计算

电气调整试验清单工程量计算规则见表 14-47。在计算清单工程量时应注意以下几点：

（1）调整试验项目是指一个系统的调整试验，它是由多台设备、组件（配件）、网络连在一起，经过调整试验才能完成某一特定的生产过程，这个工作（调试）无法综合考虑在某一实体（仪表、设备、组件、网络）上，因此不能用物理计量单位或一般的自然计量单位来计量，只能用"系统"为单位计量。

（2）低压送配电装置系统调试可按低压配电柜出线数（即回路数）来计算工程量（包括一个照明回路）。如果低压配电柜的出线直接与电动机相连，则应计算电动机的调试，而不再计算送配电装置系统调试。

（3）电气调试系统的划分以设计的电气原理系统图为依据。

（4）接地装置测试按每栋建筑物各自独立的接地网为一个系统计算。对于大型建筑群来说，也是各有自己的接地网，虽然在最后也将各接地网连在一起，但应按各自的接地网计算，不能作为一个网。

2. 电气调整试验分部分项工程项目清单计价

1）电气调整试验在《安装定额第四册》（C.4.14）工程量计算规则

（1）电力变压器系统调试，区分不同容量，按设计图示每台变压器为一个系统，以"系统"计算。

（2）组合型成套箱式变电站系统调试，区分单台变压器的不同容量，按设计图示成套的单个箱体数量以"座"计算。

（3）送配电装置系统调试，区分交流、直流及不同电压等级以"系统"计算。其工程量按下列规定计算：

①10kV 以下交流供电，不分主控开关形式综合考虑，按设计图示每台高压柜（包括进线柜、计量柜、出线柜、母联柜）分别计算一个系统调试工程量。

②1kV 以下交流供电：

A. 按低压出线柜内每个三相断路器的出线回路数分别计算一个系统调试工程量。

B. 不设低压出线柜的单座建筑，按整体建筑物照明的总配电箱计算一个系统调试工程量，每个独立控制的动力设备回路分别计算一个系统调试工程量。

C. 一个断路器同时出两个及以上回路的，只按一个系统调试计算。

D. 零星项目施工不另单独计算送配电装置系统调试。

③低压配电柜的引出线直接与电动机相连，应只计算电动机的调试，而不另再计算送配电装置系统调试。

④直流供电，区分不同分电压，按设计图示每台直流屏为一个系统以"系统"计算。

（4）特殊保护装置调试，均以被保护的对象主体为一套，其工程量按下列规定计算：

①变压器保护，按变压器台数以"台"计算。

②母线保护，按设计规定所保护的母线条数以"条"计算。

③线路保护，按设计规定所保护的进出线回路数以"回路"计算。

④低周波减负荷装置调试，凡有一个周率继电器，不论带几个回路，均按一个调试系统以"套"计算。

⑤变流器的断线保护，按变流器台数以"台"计算。

⑥小电流接地保护，按装设该保护装置的套数以"套"计算。

（5）自动投入装置及信号系统调试，均包括继电器、仪表等元件本身和二次回路的调整试验，其工程量按下列规定计算：

①备用电源自动投入装置，按连锁机构的个数计算备用电源自投装置系统数量。一台备用厂用变压器作为三段厂用工作母线备用电源，应按三个系统计算。装设自动投入装置的两条互为备用的线路或两台变压器，应按两个系统计算。

②线路自动重合闸系统调试，区分单双侧电源，按采用自动重合闸装置的线路自动断路器的台数计算系统数量。综合重合闸也按此规定计算。

③自动调频装置系统调试，以一台发电机为一个系统，以"系统"计算。

④同期装置系统调试，按设计构成一套能完成同期并车行为的装置为一个系统计算。

⑤中央信号装置调试，按每一座变电站或配电室为一个系统，以"系统"计算。

⑥直流盘监视系统调试，按蓄电池的组数计算，一组蓄电池为一个调试系统，以"系

统”计算。

⑦变送器屏系统调试，按设计图示数量以"台"计算。

⑧事故照明切换装置调试，按设计能完成交直流切换的一套装置为一个调试系统，以"系统"计算。

⑨不间断电源装置调试，区分不同容量，按设计图示数量以"套"计算。

（6）母线系统调试，区分电压等级，按设计图示数量以"段"计算。

（7）避雷器、电容器的调试，按每三相为一组，以"组"计算；单个装设的如按一组，以"组"计算，上述设备如设置在发电机、变压器、输、配电线路的系统或回路内，仍应另外计算调试费用。

（8）接地装置调试工程量计算规定如下：

①接地网接地电阻的测定，按设计图示数量以"系统"计算。一般的发电厂或变电站连为一体的母网，按一个系统计算；自成母网不与厂区母网相连的独立接地网，另按一个系统计算。大型建筑群各有自己的接地网（接地电阻值设计有要求），虽然在最后也将各接地网连在一起，但应按各自的接地网计算，不能作为一个网，具体应按接地网的试验情况而定。

②独立接地装置电阻的测定，区分接地极数量，按设计图示数量以"组""根"计算。如一台柱上变压器有一个独立的接地装置，即按一组或根计算。

③避雷针接地电阻的测定，每一避雷针均有单独接地网（包括独立的避雷针、烟囱避雷针等）时，均按一组或根计算。

④路灯及混凝土电缆沟内钢筋接地网接地电阻的测定，按设计图示电缆沟长度每300m为一个系统，以"系统"计算。

（9）电抗器、消弧线圈、电除尘器调试，区分不同形式、规格，按设计图示数量以"台"计算。

（10）电除尘器调试，区分除尘入口面积，按设计图示数量以"组"计算。

（11）硅整流装置调试，按一套硅整流装置为一个系统，以"系统"计算。

（12）电缆故障点测试，按设计图示数量以"段"计算。

（13）电缆泄漏试验，按设计图示数量以"根次"计算。

（14）电缆交流耐压试验及电缆局放试验，按设计图示数量以"回路"计算。

（15）配电智能系统调试，区分联锁形式，按设计图示数量以"系统"计算。

（16）"五防"系统调试，按每一座变电站或配电室为一个系统，以"系统"计算。

（17）绝缘子、套管试验，按设计图示数量以"个"计算。

（18）绝缘油试验，按设计图示数量以"每一试样"计算。

2）定额应用注意事项

（1）电气调整试验定额是按现行施工技术验收规范编制的，凡现行规范未包括的新调试项目和调试内容均应另行计算。

（2）调试定额已包括熟悉资料、核对设备、填写试验记录、保护整定值的整定和调试报告的整理工作。

（3）电气调试系统的划分以电气原理系统图为依据。电气设备元件的本体试验均包括在相应的系统调试之内，不得重复计算。

（4）电力变压器系统调试，定额是按每个电压侧有一台断路器考虑的，若每侧多于一台断路器时，则定额项目分别乘以系数 1.20。

（5）干式变压器系统调试，执行相应容量电力变压器系统调试定额项目乘以系数 0.80。

（6）电力变压器如有"带负荷调压装置"，调试定额项目乘以系数 1.12。三卷变压器、整流变压器、电炉变压器调试按同容量的电力变压器调试定额项目乘以系数 1.20。

（7）送配电设备系统调试，适用于各种供电回路（包括照明供电回路）的系统调试。

①凡供电回路中带有仪表、继电器、电磁开关等调试元件的（不包括闸刀开关、保险器），均应计算调试费用。

②单个照明回路用电负荷 30kW 以下及移动式电器和以插座连接电源的家电设备，均不应计算系统调试费用。

③动力设备回路用电负荷 1kW 以下的，不应计算系统调试费用。

（8）建筑物内分配电箱（含单元配电箱）中调试元件及线路系统调试已包含在相应的送配电设备系统调试或灯具试亮工作内，不得重复计算。

（9）民用电度表的调整校验属于供电部门的专业管理，一般皆由用户向供电局订购调试完毕的电度表，不得另外计算调试费用。

（10）变压器保护定额包括纵差保护、气体保护、瓦斯保护、零序保护、过负荷保护、温度保护、冷却器故障保护等调试，不得重复计算。

（11）母线保护定额包括供电元件的保护装置的调试，不得重复计算。

（12）线路保护定额包括反时限过流保护、速断保护等的调试，不得重复计算。

（13）3～10kV 母线系统调试含一组电压互感器，1kV 以下母线系统调试定额不含电压互感器，适用于低压配电装置的各种母线（包括软母线）的调试。

（14）避雷器调试定额仅适用于独立安装的避雷器，高低压柜内配套避雷器调试已综合考虑在送配电设备系统调试定额内，不另计算。

（15）配电智能系统调试，定额只考虑遥控、遥信、遥测的功能，若工程需要增加遥调时，定额项目乘以系数 1.20。

（16）起重机电气装置、空调电气装置、各种机械设备的电气装置，如堆取料机、装料车、推煤车等成套设备的电气调试应分别按相应的分项调试定额执行。

（17）定额不包括设备的烘干处理和设备本身缺陷造成的元件更换修理和修改，亦未考虑因设备元件质量低劣对调试工作造成的影响。

（18）定额是按新的合格设备考虑的，如遇上述第（17）条规定的情况时，应另行计算。经修配改或拆迁的旧设备调试，定额项目乘以系数 1.10。

（19）定额只限电气设备自身系统的调整试验。未包括电气设备带动机械设备的试运行工作，发生时应按专业定额另行计算。

（20）调试定额不包括试验设备、仪器仪表的场外转移费用。

（21）电气安装配合机械设备单体试运转的用工，包含在第一册《机械设备安装工程》相应项目中。

（22）其他材料费中已包含校验材料费。

（23）成套设备的整套启动调试按专业定额另行计算。主要设备的分系统内所含的电气设备元件的本体试验已包括在该分系统调试定额之内。

如：变压器的系统调试中已包括该系统中的变压器、互感器、开关、仪表和继电器等一、二次设备的本体调试和回路试验。绝缘子和电缆等单体试验，只在单独试验时使用，不得重复计算。在系统调试定额中各工序的调试费用如需单独计算时，可按表 14-48 所列比例计算。

电气调试系统各工序的调试费用　　　　　　　　　　　表 14-48

工序	项目	
	变压器系统	送配电系统
	比率	
一次设备本体试验	30.0	40.0
附属高压二次设备试验	30.0	20.0
一次电流及二次回路检查	20.0	20.0
继电器及仪表试验	20.0	20.0

电气调试所需的电力消耗已包括在定额内，一般不另计算。但 10kV 以上变压器空载试运转的电力消耗，另行计算。

（24）利用混凝土电缆沟内钢筋作接地网的，其接地电阻的测定，按 C.4.14 定额接地网调试项目乘以系数 0.60 执行。

（25）双电源系统调试只能计收最上一级总调试，执行备用电源自投装置调试定额子目。

━━━◆ 真题训练及解析 ◆━━━

1. 依据《广东省通用安装工程综合定额（2018）》，电力变压器系统调试，电力变压器如有"带负荷调压装置"，电力变压器系统调试定额子目应乘以系数（　　　）。【单选题】

    A. 1.50 　　　　　　 B. 1.20 　　　　　　 C. 1.12 　　　　　　 D. 1.10

【答案】C

【解析】详见定额 C.4.14 电气调整试验说明第五项：电力变压器如有"带负荷调压装置"，调试定额项目乘以系数 1.12。三卷变压器、整流变压器、电炉变压器调试按同容量的电力变压器调试定额项目乘以系数 1.20。

2. 依据《通用安装工程工程量计算标准》GB/T 50856—2024，关于电缆清单工程量的预留量计算，下列说法正确的是（　　）。【单选题】

A. 电缆由地面管子出口引至动力接线箱预留 1.5m

B. 电缆至电动机，电缆的预留量从电动机配电箱起算预留 0.5m

C. 电缆敷设弛度、波形弯度、交叉的预留量按电缆全长的 2.5%计算

D. 电缆绕过梁柱等增加长度的预留量按实计算

【答案】D

【解析】电线的预留长度由地面管子出口引至动力接线箱预留 1.0m，选项 A 错误；电缆至电动机，电缆的预留量从电动机接线盒起算预留 0.5m，选项 B 错误；C 项属于电缆的附加长度，选项 C 错误。

3. 依据《广东省通用安装工程综合定额（2018）》，10kV 以下交流供电，不分主控开关形式综合考虑，按设计图示每台（　　）分别计算一个系统调试工程量。【多选题】

A. 母联柜　　　　　　　　　　　B. 进线柜

C. 计量柜　　　　　　　　　　　D. 电容柜

E. 出线柜

【答案】A、B、C、E

【解析】详见定额 C.4.14 电气调整试验工程量计算规则第三项第 1 条：10kV 以下交流供电，不分主控开关形式综合考虑，按设计图示每台高压柜（包括进线柜、计量柜、出线柜、母联柜）分别计算一个系统调试工程量。

第 2 节　给排水、采暖、燃气工程项目清单编制与计价

本节提示

掌握　给排水、采暖、燃气管道，管道附件，卫生器具，燃气器具及其他，空调水工程系统调试等分部分项工程项目清单的编制及计价；掌握措施项目清单、其他项目清单的编制及计价。

熟悉　供暖器具，采暖、给排水设备，医疗气体设备及附件等分部分项工程项目清单的编制及计价。

知识体系

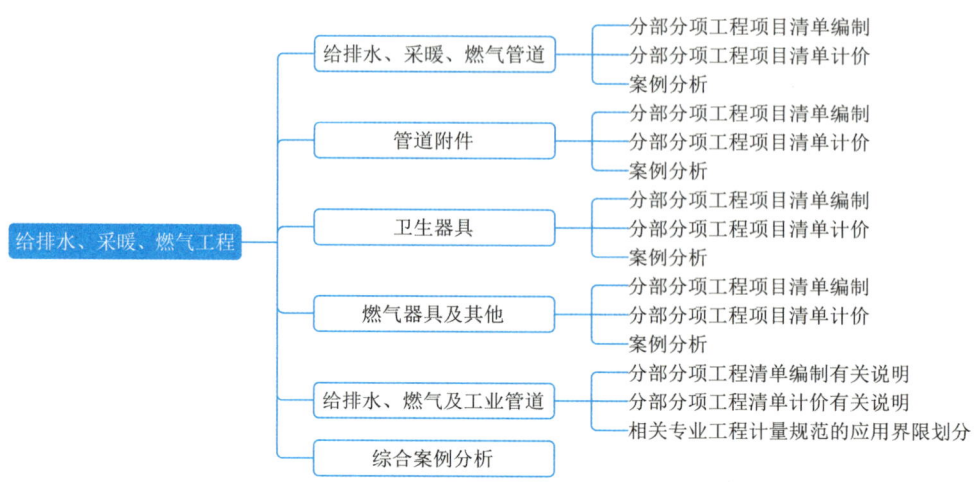

给排水、采暖、燃气安装工程分部分项工程项目清单应依据《通用安装工程工程量计算标准》GB/T 50856—2024（以下简称《计算标准》）的附录 K《给排水、采暖、燃气工程》有关规定进行编制。

根据《广东省住房和城乡建设厅关于印发〈广东省建设工程计价依据（2018）〉的通知》（粤建市〔2019〕6 号）有关规定，将《广东省通用安装工程综合定额（2018）》第十册（以下简称《安装定额第十册》）作为给排水、采暖、燃气安装工程的主要计价依据之一，内容由表 C.10.1～表 C.10.9 分部分项工程组成，适用于新建、扩建项目中的生活用给排水、采暖、空调水、燃气系统管道以及附件配件安装，小型容器制作安装。计算标准和定额分部工程项目对照主要内容见表 14-49。

给排水、采暖、燃气安装计算标准和定额分部工程项目   表 14-49

序号	《计算标准》附录 K 给排水、采暖、燃气工程		《安装定额第十册》给排水、采暖、燃气工程	
	编号	分部工程及编码	编号	分部分项工程项目
1	表 K.1	给排水、采暖、燃气管道（031001）	C.10.1	给排水、采暖、空调水、燃气管道安装
2	表 N.1.1	其他及附属工程（编码：031301）	C.10.2	支架及其他
3	表 K.2	管道附件（031002）	C.10.3	管道附件安装
4	表 K.3	卫生器具（031003）	C.10.4	卫生器具安装
5	表 K.4	供暖器具（031004）	C.10.5	供暖器具安装
6	表 K.5	采暖、给排水设备（031005）	C.10.6	采暖、给排水设备安装
7	表 K.6	燃气器具及其他（031006）	C.10.7	燃气器具及其他安装
8	表 K.7	医疗气体设备及附件（031007）	C.10.8	医疗气体设备及附件安装
9	表 K.8	采暖、空调水工程系统调试（031008）	C.10.9	分部分项工程增加费
10	表 K.9	其他规定（031009）		

14.2.1　给排水、采暖、燃气管道分部分项工程项目清单编制与计价

1. 给排水、采暖、燃气管道分部分项工程项目清单编制

1）给排水、采暖、燃气管道分部分项工程项目清单设置

《计算标准》附录 K.1 中给排水、采暖、燃气管道项目清单设置见表 14-50。

给排水、采暖、燃气管道（编码：031001）　　　　　表 14-50

项目编码	项目名称	项目特征	计量单位	工程量计算规则	工作内容
031001001	铸铁管	（1）材质 （2）规格 （3）连接形式 （4）接口材料 （5）管道消毒、冲洗 （6）警示带形式 （7）安装部位 （8）介质	m	按设计图示管道中心线以长度计算	（1）管道安装 （2）管件安装 （3）压力试验 （4）吹扫、冲洗 （5）警示带铺设
031001002	镀锌钢管	（1）材质 （2）规格 （3）压力等级 （4）连接形式 （5）管卡材质 （6）管道消毒、冲洗 （7）警示带形式 （8）安装部位 （9）介质	m	按设计图示管道中心线以长度计算	（1）管道安装 （2）管件制作、安装 （3）管卡制作安装 （4）压力试验 （5）吹扫、冲洗 （6）警示带铺设
031001003	无缝钢管				
031001004	焊接钢管				
031001005	铜管				
031001006	不锈钢管				
031001007	复合管	（1）材质 （2）规格 （3）连接形式 （4）管卡材质 （5）管道消毒、冲洗 （6）警示带形式 （7）安装部位 （8）介质			（1）管道安装 （2）管件安装 （3）管卡制作安装 （4）压力试验 （5）吹扫、冲洗 （6）警示带铺设
031001008	塑料管				
031001009	成品地沟	（1）材质 （2）规格 （3）连接形式 （4）安装部位	m	按设计图示中心线以长度计算	安装
031001010	室外管道碰头	（1）材质 （2）规格 （3）连接形式 （4）碰头形式 （5）介质	处	按设计图示以处计算	（1）碰头 （2）接口处防腐 （3）接口处绝热及保护层
031001011	阻火圈	（1）材质 （2）规格	个	按设计图示以个计算	安装
031001012	止水节				

2）项目清单设置说明

（1）铸铁管的规格包括承插铸铁管、球墨铸铁管、柔性抗震铸铁管等。

（2）复合管的规格包括塑铝稳态管、钢塑复合管、铝塑复合管、钢骨架复合管等复合型管道。

（3）塑料管的规格包括 UPVC、CPVC、PVC、PP-C、PP-R、PE、PB、ABS 管等塑料管材。

（4）所有管道的安装部位，均指室内、室外管道。

（5）管道界限的划分：

①给水管道室内外界限划分：以建筑物外墙皮 1.5m 为界，入口处设阀门者以阀门为界。

②排水管道室内外界限划分：以出户第一个排水检查井为界。

（6）所有管道的介质，均按给水、排水、中水、雨水、热媒体、燃气、空调水等进行描述。

（7）排水管道的工作内容，应包括立管检查口、透气帽安装。

（8）室外管道碰头适用于新建或扩建工程的热源、水源、气源管道与原（旧）有管道的碰头，碰头形式指带介质碰头、不带介质碰头，带介质碰头的工作内容并应包括开关闸、临时放水管线铺设。热源管道碰头每处包括供、回水两个接口。

（9）管道工程量计算不扣除阀门、减压器、疏水器、水表、伸缩器等管件，各种井类，方形补偿器所占长度。

（10）所有管道项目的工作内容均应包括压力试验及吹扫与清洗，其中，压力试验包括设计要求的水压试验、气压试验、泄漏性试验、闭水试验、通球试验、真空试验等试验，吹扫与清洗包括设计要求的水冲洗、空气吹扫等。

（11）直埋式预制保温管应按《计算标准》附录 H 工业管道工程的相应项目编码列项。

（12）管道保护管应按《计算标准》相应材质项目编码列项。

（13）规格是指管道的直径。给排水管道常用公称直径表示，但有些管材也用外径表示的，如塑料给水管、塑料排水管、无缝钢管等，必要时还应表述其管道的壁厚。

（14）压力等级应表述其工作压力。给排水管道常用的工作压力有 0.4MPa、1.0MPa、1.6MPa 等。

（15）连接形式应说明管道的接口形式，如螺纹连接、焊接（电弧焊、气焊等）、法兰连接、承插连接、胶水粘结、热熔连接等。

（16）铸铁管的接口材料通常与承插连接形式相匹配，必要时可表述其材质，如水泥、胶圈等。

（17）压力试验适用于给水系统，排水系统不适用。压力试验通常按设计要求表述，如设计无要求时，按施工验收规范执行。

（18）警示带形式主要有地埋式和明露式两种。明露式是沿管道埋设路线的地面上每隔一定间距铺设，多为标牌式；地埋式是沿管道埋设路线的地下与管道之间距管道面

300～500mm 处铺设，多为条带形。警示带一般有两种：一种为普通警示带；另一种为夹金属可探测警示带（又称为示踪带或称为带不锈钢金属警示带）。夹金属警示带既可以解决因地下塑料管网而无法采用探测仪器探测到管线走向的难题，又有耐腐蚀性能好、色泽鲜艳、不褪色、施工方便（施工与埋管同时进行）等优点，起到警示标志作用，以免今后因开挖施工时管线受到无谓的损伤而造成重大事故，避免因意外损坏造成巨大的财产和经济损失，是对各种直埋式管道、线缆等进行安全防护的有效措施。

（19）管卡材质应说明管卡、支架的材质。

（20）套管，适用于穿基础、墙、楼板等部位的防水套管、一般套管及防火套管等，应区分材质、规格、填料材质分别列项。

（21）套管、管道支架项目清单设置详见附录表 N.1.1 其他及附属工程相应清单项目。

N.1.1 其他及附属工程工程量清单项目设置、项目特征描述的内容、计量单位及工程量计算规则，应按表 14-51 的规定执行。

附录（编码：031301） 表 14-51

项目编码	项目名称	项目特征	计量单位	工程量计算规则	工作内容
31301003	套管	（1）名称 （2）材质 （3）规格 （4）填料材质	个	按设计图示数量计算	（1）制作 （2）安装 （3）除锈、刷油 （4）填塞密封材料、堵洞
31301004	成品支架	（1）名称 （2）规格 （3）支架形式 （4）单件支架质量	套	按设计图示数量计算	（1）放线、定位 （2）组装 （3）安装
31301005	支/吊架、基础型钢	（1）名称 （2）材质 （3）规格 （4）支架形式 （5）单件支架质量	kg	按设计图示尺寸以质量计算	（1）制作 （2）安装

2. 给排水、采暖、燃气管道分部分项工程项目清单计价

给排水管道安装项目清单工程量计算规则见表 14-50。在计算清单工程量时应注意以下几点：

1）工程量计算规则

（1）管道安装项目清单工程量按长度计算，各种管道均按设计图示管道中心线长度以"m"计算，不扣除阀门、减压器、疏水器、水表、伸缩器等管件，各种井类，方形补偿器所占长度。各种管道方形伸缩器的两臂，按臂长的两倍合并在管道长度内计算。管道安装工程量按不同的管材、接口方式和规格分别计算。管道变径通常应设在支管的连接处。

（2）管道消毒、冲洗、压力试验，均按管道长度以"延长米"计算，不扣除阀门、管件所占的长度。

（3）水平管道长度用管道平面图的建筑物轴线尺寸和设备位置尺寸为参考计算，也可按图示比例用尺量计算。垂直管道的长度以管道系统图所示的标高计算，管道的标高符号一般标注在管道的起点或终点。

（4）室内管道清单工程量计算应区分不同专业（给水管道、排水管道、雨水管道、燃气管道等）分别计算。对于管道系统比较简单的工程，一般按水流方向顺序计算清单工程量。给水管道工程从引入管算起，先主管，再干管和立管，后支管，然后计算用水设备和用水器具、附件；排水管道工程从器具排水管算起，先器具排水管，后排水横支管、立管、排出管、然后计算集水器具。对于管道系统比较复杂的工程，不论是给水工程还是排水工程，其管道清单工程量多从室内往室外方向依序计算。

（5）给排水、采暖、燃气管道安装时，管道穿墙、穿楼板时应设保护套管，套管直径比管径大 1～2 号。一般房间立管套管顶部比地面高出 20mm，立管套管卫生间和厨房比地面高出 30～50mm，套管底部与楼板底面平齐。穿墙套管两边与墙面齐平。给水的引入管和排水的排出管在穿越地下室墙体时，应设防水套管。建筑施工过程中应在管道穿越基础、墙和楼板位置预留孔洞。管道保护管按相应规格的管道工程量计算规则计算。

（6）管道支架按重量计算。根据管道种类的不同，支架的安装方式差别，区分所用型钢种类、规格，先计算出一个支架所需型钢的长度，再按设计图或国家标准图集确定管道支架间距，计算相应管道需要的支架个数，然后计算所需型钢的总长度，按不同型钢的理论重量计算出支架的总重量，并注意镀锌与非镀锌理论重量的不同，计算支架的工程量。钢管道的单管、双管托架一般是沿墙安装和膨胀螺栓固定安装两种，如图 14-6 所示。

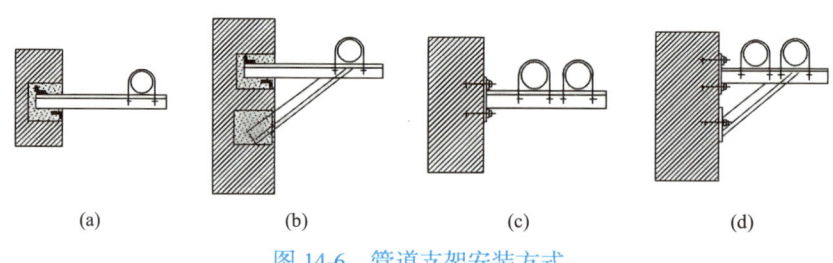

(a)   (b)   (c)   (d)

图 14-6　管道支架安装方式

（a）沿墙安装单管或双管托架（15～150mm）；（b）沿墙安装单管或双管托架（200～300mm）；
（c）膨胀螺栓固定单管或双管托架（15～150mm）；（d）膨胀螺栓固定单管或双管托架（200～300mm）

（7）埋地管道土石方工程量按体积计算。管沟土方工程量的计算应先确定管沟形状和尺寸，管沟形状有矩形和梯形，取决于埋深和土质，参考表 14-52 取定；管沟的深度由设计决定，沟底宽度为结构宽度与两侧的工作面宽度之和，工作面宽度按表 14-53 计算。挖沟槽因工作面和放坡增加的工程量，是否并入土方工程量中，按各省、自治区、直辖市或行业建设主管部门的规定实施。如并入土方工程量中，编制工程量清单时，可按表 14-52、表 14-53 的规定计算；办理工程结算时，按经发包人认可的施工组织设计规定计算。

放坡系数表（沟深：坡宽）　　　　　　　　　　表 14-52

土壤类别	直槽的最大深度/m	人工挖土	机械挖土	
			机械在槽底	机械在槽边
一、二类土	1.20	1∶0.5	1∶0.33	1∶0.75
三类土	1.50	1∶0.33	1∶0.25	1∶0.67
四类土	2.00	1∶0.25	1∶0.10	1∶0.33

注：1. 沟槽、基坑中土类别不同时，分别按其放坡起点、放坡系数，依不同土类别厚度加权平均计算。
　　2. 计算放坡时，在交接处的重复工程量不予扣除，原槽、坑做基础底层时，放坡自垫层上表面开始计算。

管沟施工每侧所需工作面宽度计算表（单位：mm）　　　　表 14-53

管道结构宽	混凝土管道基础 90°	混凝土管道基础 > 90°	金属管道	构筑物	
				无防潮层	有防潮层
500 以内	400	400	300	400	600
1000 以内	500	500	400		
2500 以内	600	500	400		
2500 以上	700	600	500		

注：1. 管道结构宽：有管座按管道基础外缘，无管座按管道外径计算；构筑物按基础外缘计算。
　　2. 本表按《全国统一市政工程预算定额》GYD-301—1999 整理，并增加管道结构宽 2500mm 以上的工作面宽度值。

室外管道土方工程量计算见图 14-7。在计算管道土方工程量时，要根据设计开挖深度和土壤类别，确定管沟的断面形状，当沟深小于表 14-52 所给的直槽最大深度时，管沟可为矩形，否则应设梯形断面。梯形断面要计算放坡的土方量，放坡系数参见表 14-52。当使用挡土板时，不应按放坡计算。

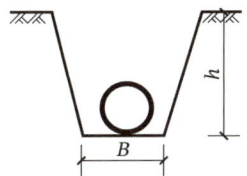

图 14-7　室外管道土方开挖断面图

梯形断面管道沟挖方量可按下式计算

$$V = h(B + kh)L \tag{14-3}$$

式中：h——管沟深度（m）；

B——管沟底宽（m）；

k——边坡系数

L——管沟长度（m）；

V——管沟土方量（m³）。

管道沟回填土工程量以挖方体积减去管道及基础所占体积计算。管沟宽度根据管径和工作面宽度确定，如设计无规定时，可按表 14-56 计算。

（8）管道除锈、刷油清单项目工程量计算。

金属管道通常需进行防腐，防腐前要除锈。管道除锈、刷油工程量可以按管道的长度计算，以"m"计量；也可以按管道展开外表面积计算，以"m²"计量。按式(14-2)计算外表面积。

$$F = \pi DL \tag{14-4}$$

式中：F——管道的外表面积（m²）；

D——管外径（m）；

L——管道长度（m）。

计算管道表面积时已包括各种管件、阀门、入口、管口凹凸部分，不再另外计算。油漆种类和刷油遍数按设计要求，如设计无要求时，通常明装管道刷防锈底漆 1 遍，面漆 2 遍，埋地或暗装部分管道刷沥青漆 2 遍。管道进场时已有防腐层的，则不应再计算防腐工程量。

（9）排水塑料管必须按设计要求及位置装设伸缩节，如设计无要求时，伸缩节间距不得大于 4m；高层建筑中明设塑料排水管道应按设计要求设置阻火圈或防火套管。

（10）承压管道系统的管道在安装完毕需进行压力试验。室内给水管道试验压力为工作压力的 1.5 倍，但是不得小于 0.6MPa。承受内压的埋地铸铁管道的试验压力，当设计压力小于或等于 0.5MPa 时，应为设计压力的 2 倍；当设计压力大于 0.5MPa 时，应为设计压力加 0.5MPa。燃气管道试验介质宜采用空气，严禁用水，试验压力应为设计压力的 1.15 倍，且不得小于 0.1MPa。排出管在隐蔽前必须做灌水试验。

2）清单项目组价需注意的问题

分析和确定清单项目需完成的工作内容，以此确定可组合的定额子目；按照消耗量定额或企业定额的工程量计算规则计算每个定额子目的工程数量，也称综合单价分析工程量（计价工程量或组价工程量），投标人有时称施工工程量；参照市场价格信息或其他价格信息，计算各定额子目的人工费、材料费、机具费；再按规定或企业实际情况确定各定额子目的管理费、利润、并考虑风险因素等；汇总计算清单项目综合单价。

3）给排水管道安装定额使用注意事项

（1）管道安装定额中，均包括相应管道及管件安装、给水管道包括水压试验及水冲洗工作内容，排（雨）水管道包括灌水（闭水）及通球试验工作内容。

（2）钢管焊接安装项目中均综合考虑了成品管件和现场煨制弯管、摔制大小头、挖眼三通。

（3）室内铸铁排水管、雨水管和室内塑料排水管、雨水管均包括检查口、透气帽、伸缩节、H 型管、消能装置、地漏存水弯、止水环的安装，但透气帽、H 型管、消能装置、地漏存水弯、止水环的价格应另行计算，发生时按实际数量另计材料费。

（4）管道安装定额中，均包括配合土建预留穿墙体及穿楼板孔洞工作。

（5）室内外管道沟土方、管道基础、管道固筑、井体砌筑工程执行《广东省市政工程综合定额（2018）》相应项目。

（6）管道安装不包括法兰、阀门及伸缩器的制作安装，发生时按相应项目另行计算。

（7）雨水管系统中的雨水斗及雨水口安装执行《安装定额第十册》C.10.4 相应项目。

（8）塑料管道接头零件不包括金属塑料过渡管件，如有发生应按实计算。

（9）管道安装项目中，除室内直埋塑料管道中已包括管卡安装外，均不包括管道支架、管卡、托钩等制作安装以及管道穿墙、楼板套管制作安装、堵洞、打洞、凿槽等工作内容，发生时套用《安装定额第十册》及《安装定额第四册》相应项目另行计算。

（10）管道安装定额中的管件含量不含与螺纹阀门配套的活接、对丝，其用量含在螺纹阀门安装项目中。

（11）钢管沟槽连接适用于镀锌钢管、焊接钢管及无缝钢管等沟槽连接的管道安装。不锈钢管、铜管、复合管的沟槽连接，可参照执行。

（12）室内柔性铸铁排水管（机械接口）按带法兰承口的承插式管材考虑。

（13）塑料管热熔连接公称外径 DN125 及以上管径按热熔对接连接考虑。

（14）室外钢塑复合管（螺纹连接）发生时可执行室外镀锌钢管（螺纹连接）子目，管道及管件含量不变。

（15）室内无承口柔性铸铁雨水管（卡箍连接）发生时可执行室内无承口柔性铸铁排水管（卡箍连接），管件及卡箍含量按实际调整。

（16）安装带保温层的管道时，可执行相应材质及连接形式的管道安装项目，其人工乘以系数 1.10；管道接头保温执行《广东省通用安装工程综合定额（2018）》第十二册《刷油、防腐蚀、绝热工程》，其人工、机具乘以系数 2.00。

（17）室外管道碰头项目适用于新建管道与已有水源管道的碰头连接，如已有水源管道已做预留接口则不执行相应安装项目。

（18）管道安装定额中已经包括了规范要求的水压试验，C.10.2 中水压试验项目仅适用于因工程需要而再次发生的管道水压试验，不得重复计算。

（19）界线划分。给水管道：室内外界线以建筑物外墙皮 1.5m 为界，入口处设阀门者以阀门为界；室外管道与市政管道界线以水表井为界，无水表井者，以与市政管道碰头点为界。排水管道：室内外以出户第一个排水检查井为界；室外管道与市政管道界线以与市政管道碰头井为界。

4）采暖管道定额使用注意事项

（1）各种管件数量系综合取定，成品管件数量参照《安装定额第十册》附录"管道管件数量取定表"计算。

（2）直埋塑料管分别设置了热熔管件连接和无接口敷设两项定额项目，不适用于地板辐射采暖系统管道。地板辐射采暖系统管道执行 C.10.5 相应项目。

（3）室内外采暖管道在过路口或跨绕梁、柱等障碍时，如发生类似于方形补偿器和管道安装形式，执行方形补偿器制作安装项目。

（4）采暖塑铝稳态复合管道安装按相应塑料管道安装项目人工费乘以系数 1.10，其他不变。

（5）安装带保温层的管道时，可执行相应材质及连接形式的管道安装项目，其人工费乘以系数 1.10；管道接头保温执行《广东省通用安装工程综合定额（2018）》第十二册《刷油、防腐蚀、绝热工程》，其人工、机具乘以系数 2.00。

（6）室外管道碰头项目适用于新建管道与已有热源管道的碰头连接，如已有热源管道已做预留接口则不执行相应安装项目。

（7）与原有管道碰头安装项目不包括与供热部门的配合协调工作以及通水试验的用水量，发生时应另行计算。

（8）管道安装定额中已经包括了规范要求的水压试验，C.10.2 中水压试验项目仅适用于因工程需要而再次发生的管道水压试验，不得重复计算。

（9）采暖管道室内外界限划分：以建筑物外墙皮 1.5m 为界，入口处设阀门者以阀门为界，室外设有采暖入口装置者以入口装置循环管三通为界。

（10）室外管道安装不分地上与地下，均执行同一子目。

5）燃气管道定额使用注意事项

（1）定额内容包括：室内外燃气管道的安装，包括镀锌钢管、钢管、不锈钢管铜管、铸铁管、塑料管、复合管等管道安装、室外管道碰头、氮气置换及警示带、示踪线、地面警示标志桩等。

（2）定额适用范围：工作压力小于或等于 0.4MPa（中压 A）的燃气系统。如铸铁管道工作压力大于 0.2MPa 时，安装人工费乘以系数 1.30。

（3）管道安装项目中，均包括管道及管件安装、强度试验、严密性试验、空气吹扫等。

（4）管道安装定额中，均包括配合土建预留穿墙体及穿楼板孔洞工作。

（5）埋地管道的土方工程及排水工程，执行《广东省市政工程综合定额（2018）》相应项目。

（6）已验收合格未及时投入使用的管道，使用前需做强度试验、严密性试验、空气吹扫的,执行《广东省通用安装工程综合定额(2018)》第八册《工业管道工程》相应项目。

（7）与已有管道碰头项目中,不包含氮气置换、连接后的单独试压以及带气施工措施费。应根据施工方案另行计算。

（8）室外管道安装不分地上与地下,均执行同一子目。

（9）燃气检漏管安装执行相应材质的管道安装项目。

（10）成品防腐管道需做电火花检测的,可另行计算。

（11）室外管道碰头项目适用于新建管道与已有气源管道的碰头连接,如已有气源管道已做预留接口则不执行相应安装项目。

（12）如铸铁管道工作压力大于 0.2MPa 时,安装人工费乘以系数 1.30。

（13）燃气管道室内外界限划分:地下引入室内的管道以室内第一个阀门为界,地上引入室内的管道以墙外第一个三通为界。

3. 给排水、采暖、燃气管道分部分项工程项目案例分析

【例 14-9】某 6 层建筑的卫生间给水管道布置如图 14-8 所示。首层为架空层,层高为 3.3m,2～6 层为标准层层高均为 3.0m。该建筑用水由室外市政水表计量后采用埋地管引入。所有管材均为 PP-R 塑料给水管,热熔连接。架空层水平管采用镀锌角钢∟30×30×3 沿墙敷设,共需 3 个 L 形支架,采用膨胀螺栓固定。立管(JL 和 JL-1)采用塑料卡码沿墙明敷,分水表后管道需配合土建预留沟槽暗敷。立管穿过楼板需预埋钢制套管,套管规格比穿越的管道规格大 2 号,并采用水泥作填料,套管暂不考虑除锈刷油。清单工程量从埋地管与 JL 立管的节点处开始计算,试编制给水管道、支架和套管的分部分项工程项目清单。

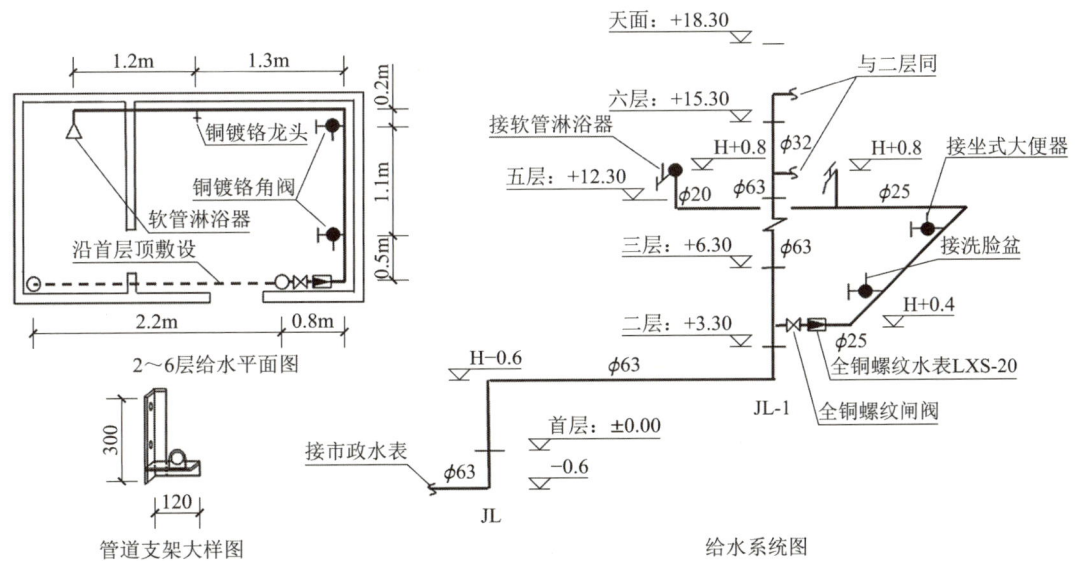

图 14-8　卫生间给水管道布置图

分部分项工程项目清单编制步骤如下:

1）管道安装项目清单工程量由各用水器具的连接管开始计算，垂直管段根据系统图标高计算，水平管段根据平面图计算。除立管外，其他管道按图示尺寸计算后再乘以 5 层。

2）管道支架项目清单工程量在计算所需角钢总长度后再根据理论重量计算支架的总重量，查资料得知，角钢∟30×30×3 的理论重量为 1.37kg/m。

3）套管长度可根据施工现场楼板厚度并结合施工规范确定。本例按楼板完成面厚150mm、高出楼面 50mm 考虑计算，则单个套管的长度为 200mm。

4）给水管道项目清单工程量计算见表 14-54。

工程量计算表　　　　　　　　　　　　　　　　　表 14-54

工程名称：某 6 层建筑给排水工程　　　　　　　　　　　　　　　　　　标段：

序号	清单项目特征	清单工程量计算过程	单位	清单工程量
1	室内 PP-R 塑料给水管 $\phi20$ 热熔连接	$[(0.8-0.4)\times2+1.2]\times5$	m	10.00
2	室内 PP-R 塑料给水管 $\phi25$ 热熔连接	$(1.3+0.2+1.1+0.5+0.8)\times5$	m	19.50
3	室内 PP-R 塑料给水管 $\phi32$ 热熔连接	3	m	3.00
4	室内 PP-R 塑料给水管 $\phi63$ 热熔连接	$12.3+0.4+0.6+2.2$	m	15.50
5	管道支架镀锌角钢∟30×30×3	$(0.3+0.12)\times3\times1.37\times1.05$（镀锌）	kg	1.81
6	钢制翼环套管 DN40/25 $L=200$ 水泥填料	1	个	1
7	钢制翼环套管 DN80/50 $L=200$ 水泥填料	4	个	4

5）编制分部分项工程项目清单。分部分项工程项目清单见表 14-55。

分部分项工程项目清单计价表　　　　　　　　　　表 14-55

工程名称：某 6 层建筑给排水工程　　　　　　　　　　　　　　　　　　标段：

序号	项目编码	项目名称	项目特征描述	计量单位	工程量	金额/元	
						综合单价	合价
1	031001008001	塑料管	室内 PP-R 塑料给水管 $\phi20$ 热熔连接，管道消毒、冲洗	m	10.00		
2	031001008002	塑料管	室内 PP-R 塑料给水管 $\phi25$ 热熔连接，管道消毒、冲洗	m	19.50		
3	031001008003	塑料管	室内 PP-R 塑料给水管 $\phi32$ 热熔连接，管道消毒、冲洗	m	3.00		
4	031001008004	塑料管	室内 PP-R 塑料给水管 $\phi63$ 热熔连接，管道消毒、冲洗	m	15.50		
5	031301005001	管道支/吊架	管道支架镀锌角钢∟30×30×3	kg	1.81		
6	031301003001	套管	钢制翼环套管 DN40/25 $L=200$ 水泥填料	个	1		
7	031301003002	套管	钢制翼环套管 DN80/50 $L=200$ 水泥填料	个	4		
本页小计							
合计							

6）综合单价分析。

分析 PP-R 塑料 $\phi32$ 给水管的综合单价，塑料给水管定额是按外径编制，对应套用定额 C10-1-291，定额单位为 10m，所以工程量为 3/10m，题目无调价要求，单价部分人、材、机、管理费照搬定额数值，利润按(人工费 + 机具费)的 20%计算；合价部分的计算为单价×数量。计算管道综合单价不可忽视主材的计算，管道主材数量计算长度为 $3.05 = 0.3 \times 10.16$，管件为 $3.24 = 0.3 \times 10.81$，主材单价为市场价。在选用管道消毒、冲洗定额时需注意 PP-R $\phi32$ 管道外径为 32，公称直径为 DN25，管道消毒、冲洗按公称直径选用定额。小计为单位工程量上人、材、机的消耗量。综合单价 = 单位工程量的(人工费 + 材料 + 机具费 + 管理费 + 利润 + 未计价材料费)，项目清单综合单价分析表见表 14-56。

分部分项工程项目清单综合单价分析表　　表 14-56

工程名称：某 6 层建筑给排水工程　　　　　　　　　　　　　　　　　　　标段：

序号	项目编码	项目名称	项目特征描述	计量单位	综合单价组成明细/元					
					人工费	材料费	施工机具使用费	管理费	利润	综合单价
1	031001008003	塑料管	室内 PP-R 塑料给水管 $\phi32$ 热熔连接，管道消毒、冲洗	m	13.86	13.97	0.02	3.84	2.77	34.46

14.2.2　管道附件分部分项工程项目清单编制与计价

1. 管道附件分部分项工程项目清单编制

管道附件为附录 K.2，管道附件项目清单编制特点是工程量计算简单，项目的型号和类型确定困难。

1）《计算标准》附录 K.2 中管道附件安装项目清单设置见表 14-57。

管道附件（编码：031002）　　表 14-57

项目编码	项目名称	项目特征	计量单位	工程量计算规则	工作内容
031002001	金属阀门	（1）类型 （2）材质 （3）规格、压力等级 （4）连接形式	个	按设计图示数量计算	（1）阀门连接 （2）试压检查 （3）配合调试
031002002	带短管甲乙阀门	（1）材质 （2）规格、压力等级 （3）连接形式 （4）接口方式及材质			
031002003	塑料阀门	（1）规格 （2）连接形式			安装

项目编码	项目名称	项目特征	计量单位	工程量计算规则	工作内容
031002004	减压器	（1）材质 （2）规格、压力等级 （3）连接形式 （4）附件配置	组	按设计图示数量计算	组装
031002005	疏水器				
031002006	除污器（过滤器）	（1）材质 （2）规格、压力等级 （3）连接形式 （4）附件配置		按设计图示数量计算	安装
031002007	补偿器	（1）类型 （2）材质 （3）规格、压力等级 （4）连接形式	个		
031002008	软接头（软管）	（1）材质 （2）规格 （3）连接形式	根		
031002009	法兰	（1）材质 （2）规格、压力等级 （3）连接形式	副		
031002010	倒流防止器	（1）材质 （2）型号 （3）规格 （4）连接形式 （5）附件配置	套		
031002011	水表	（1）类型 （2）型号 （3）规格 （4）连接形式 （5）附件配置	组	按设计图示数量计算	组装
031002012	热量表	（1）类型 （2）型号 （3）规格 （4）连接形式 （5）附件配置	组	按设计图示数量计算	安装
031002013	塑料排水管消声器	（1）规格 （2）连接形式	个		
031002014	浮标液面计		组		
031002015	浮漂水位标尺	（1）规格 （2）用途	套		安装
031002016	水锤消除器	（1）规格 （2）连接形式	个		安装
031002017	成品表箱	（1）材质 （2）规格			安装

2）管道附件分部分项工程项目清单设置时，项目特征应根据表 14-57 所列特征进行表述，并注意下问题：

（1）阀门项目清单必须注明阀门的类型、材质、规格、压力等级、连接形式等特征；减压器和疏水器清单项目必须注明材质、规格、压力等级、连接形式和附件配置等特征；水表清单项目必须注明类型、型号、规格、连接形式和附件配置等特征，减压器规格按高压侧管道规格描述。

（2）金属阀门类型包括螺纹阀门、螺纹法兰阀门、焊接法兰阀门、沟槽阀门，如仅为一侧连接法兰，则在项目特征中描述。阀门的工作内容均不包括法兰、法兰式附件安装。

（3）塑料阀门的连接形式是指热熔连接、粘接、热风焊接等。

（4）减压器的规格按高压侧管道的规格描述。

（5）减压器、疏水器、倒流防止器等附件的项目特征及工作内容，根据设计图纸的配置要求进行描述。

（6）补偿器的类型包括方形补偿器、焊接式成品补偿器、法兰式成品补偿器。

（7）水表类型是指：普通、IC 卡、螺纹组成、法兰组成无旁通、法兰组成带旁通。

2. 管道附件分部分项工程项目清单计价

1）项目清单工程量计算规则

（1）各种阀门、补偿器、水锤消防器材安装，均按照不同连接方式、公称直径，按设计图示数量以"个"计算，软接头按设计图示数量以"根"计算。

（2）减压器、疏水器、水表、除污器（过滤器）和热量表安装，按照不同组成结构、连接方式、公称直径，按设计图示数量以"组"计算。

（3）法兰需区分不同公称直径以"副"计算。

（4）各种伸缩器制作安装按设计图示数量以"个"计算。方形伸缩器的两臂工程量，按臂长的两倍合并在管道长度内计算。

2）项目清单组价需注意的问题

（1）管道附件项目清单工程量计算很简单，按自然计量单位计算，但主要注意区分型号、规格、材质和连接方式即可，如螺纹阀门和法兰阀门应分别计算清单工程量。

（2）管道附件安装，可组合的其他项目很少，清单组价基本上仅为本体安装项目，但减压器、水表、疏水器等项目清单，其组成安装所需的附件（如阀门等附件）是组价项目，不能另列清单项目。

（3）阀门项目清单工程量计算时，包括浮球阀、手动排气阀、液压式水位控制阀、不锈钢阀门、煤气减压阀、液相自动转换阀、过滤阀等。当工程图纸没有明确阀门型号时，$DN \leqslant 50mm$ 时，宜采用闸阀和球阀；$DN > 50mm$ 时，宜采用闸阀和蝶阀；在双向流动和经常启闭管段上宜采用闸阀和蝶阀。

3）管道附件安装定额使用注意事项

（1）各种法兰连接用垫片均按石棉橡胶板计算。如用其他材料，不作调整。

（2）法兰阀（带短管甲乙）安装，如接口材料不同时，可作调整。

（3）减压器、疏水器组成与安装是按《给水排水标准图集》01SS105 和 05R407 编制。疏水器组成安装未包括止回阀安装，如安装止回阀执行阀门安装相应项目。单独安装减压器、疏水器时执行阀门安装相应项目。

（4）水表组成安装是依据《给水排水标准图集》05S502 编制的，如实际安装形式与此不同时，法兰、阀门及止回阀可按实际调整，其余不变。

（5）减压器安装，按高压侧的管道直径使用定额。

（6）倒流防止器组成安装是根据《给水排水标准图集》12S108-1 编制的，按连接方式不同分为带水表与不带水表安装。

（7）水表安装定额是按与钢管连接编制的，若与塑料管连接时，其人工乘以系数 0.60。

（8）法兰安装仅适用于单独安装法兰时套用。

3.给排水管道附件安装案例分析

【例 14-10】某室内给排水工程阀门安装工程量如表 14-58 所示，依据阀门数量表编制分部分项工程量清单，并完成管道井中 DN65 阀门的综合单价的分析计算。（假设人工价格指数为 1.09，辅材费、机具费不调价，内螺纹暗杆楔式闸阀 Z15T-10 DN65 的税前信息价为 150 元/个。）

阀门数量表

表 14-58

序号	名称	规格	单位	数量	备注
1	内螺纹截止阀 J11X-10	DN25	个	5	
2	内螺纹铜截止阀 J11W-10T	DN25	个	10	
3	内螺纹截止阀 J11X-10	DN32	个	3	
4	内螺纹暗杆楔式闸阀 Z15T-10	DN32	个	4	
5	内螺纹暗杆楔式闸阀 Z15T-10	DN65	个	6	其中 4 个在管井内
6	法兰楔式闸阀 Z41T-10	DN125	个	1	
7	法兰旋启式单瓣止回阀 H44T-10	DN125	个	1	

分部分项工程项目清单编制步骤如下：

1）分部分项工程项目清单编制。具有不同项目特征的应分别设置清单项目，本例中 DN25 和 DN32 的内螺纹阀门各有两种型号，阀门型号不同，主材价不同，应分别设置清单项目；DN65 的阀门有 4 个在管井内安装，具有不同的安装特征，应分别列清单项目。本项目分部分项工程项目清单见表 14-59。

分部分项工程项目清单计价表　　　表 14-59

工程名称：某室内给排水工程阀门安装工程　　　　　　　　　　　　　标段：

序号	项目编码	项目名称	项目特征描述	计量单位	工程量	金额/元	
						综合单价	合价
1	031002001001	金属阀门	内螺纹截止阀 J11X-10 DN25	个	5		
2	031002001002	金属阀门	内螺纹铜截止阀 J11W-10T DN25	个	10		
3	031002001003	金属阀门	内螺纹截止阀 J11X-10 DN32	个	3		
4	031002001004	金属阀门	内螺纹暗杆楔式闸阀 Z15T-10 DN32	个	4		
5	031002001005	金属阀门	内螺纹暗杆楔式闸阀 Z15T-10 DN65	个	2		
6	031002001006	金属阀门	内螺纹暗杆楔式闸阀 Z15T-10 DN65 管井内安装	个	4		
7	031002001007	金属阀门	法兰楔式闸阀 Z41T-10 DN125	个	1		
8	031002001008	金属阀门	法兰旋启式单瓣止回阀 H44T-10 DN125	个	1		
本页小计							
合计							

2）综合单价分析。

依据《安装定额第十册》，除计算阀门安装定额费用外，还有两项费用需要调增：人工费调增（费率 9%）和管井内安装增加费（按《安装定额第十册》）。人工费调增后管理费和利润同步调整，管理费 =(人工费 + 机械费)×27.72%，项目清单综合单价分析表见表 14-60。

分部分项工程项目清单综合单价分析表　　　表 14-60

工程名称：某 6 层建筑给排水工程　　　　　　　　　　　　　　　　标段：

序号	项目编码	项目名称	项目特征描述	计量单位	综合单价组成明细/元					
					人工费	材料费	施工机具使用费	管理费	利润	综合单价
1	031002001005	金属阀门	内螺纹暗杆楔式闸阀 Z15T-10 DN65	个	45.14	193.36	2.67	13.26	9.56	263.99

14.2.3　卫生器具分部分项工程项目清单编制与计价

1. 卫生器具安装分部分项工程项目清单编制

卫生器具项目清单工程量计算比较简单，只需根据设计统计数量即可。卫生器具与管道的分界点是应当注意的问题。当前大部分与卫生器具相连的给水管是暗装，给水管道与卫生器具之间装设一个角阀，这个角阀可以认为是分界点，卫生器具与排水管道的分界点是器具排水管的最高点，即给水从角阀（包含角阀）开始至器具排水管的最高点处为止属于卫生器具的范畴。一般而言，绝大部分卫生器具定额包括了与卫生器具连带的可视部分安装，不另计算工程量。例如，洗脸盆定额包括了角阀，连接软管、水龙头、存水弯的安装；坐式大便器包括了角阀、连接软管的安装；小便器和蹲式大便器均包括冲洗阀和冲洗管以及存水弯的安装；淋浴器安装包括了调节阀的安装。

《计算标准》GB/T 50856—2024 附录 K.3 中卫生器具分部分项工程项目清单设置见表 14-61。

卫生器具（编码：031003） 表 14-61

项目编码	项目名称	项目特征	计量单位	工程量计算规则	工作内容
031003001	浴缸	（1）类型 （2）材质 （3）规格 （4）安装方式	组	按设计图示数量计算	（1）器具安装 （2）附件安装 （3）打硅胶
031003002	净身盆				
031003003	洗脸盆				
031003004	洗涤盆				
031003005	化验盆				
031003006	大便器				
031003007	小便器				
031003008	其他成品卫生器具				
031003009	烘手器	（1）材质 （2）型号 （3）规格	个		安装
031003010	淋浴器	（1）材质 （2）规格 （3）组装形式	套		（1）器具安装 （2）附件安装 （3）打硅胶
031003011	淋浴间				
031003012	桑拿浴房				
031003013	大、小便槽自动冲洗水箱	（1）类型 （2）材质 （3）容积（L） （4）水箱			（1）制作 （2）安装 （3）支架制作、安装 （4）除锈、刷油
031003014	给、排水附件	（1）类型 （2）材质 （3）型号 （4）规格	个		安装
031003015	小便槽冲洗水管	（1）材质 （2）规格	m	按设计图示长度计算	（1）制作 （2）安装
031003016	蒸汽-水加热器	（1）类型 （2）型号 （3）规格 （4）安装方式	套	按设计图示数量计算	
030803017	冷热水混合器				
030803018	饮水器				安装
030803019	隔油器				

1）分部分项工程项目清单设置说明

（1）所有卫生器具的工作内容，均应包括水嘴、金属软管、阀门、冲洗管、喷头等给水附件，及存水弯、排水栓、下水口等排水配件，以及器具所配备的连接管。

（2）给、排水附件是指独立安装的水嘴、地漏、地面扫除口等，非独立安装的此等附件应已包括于相关卫生器具或设备的工作内容中。

（3）洗脸盆的类型包括洗脸盆、洗发盆、洗手盆。

（4）洗脸盆安装方式是指：落地式、壁挂式、立柱式、台上式、台下式、埋入式等。

（5）功能性浴缸所需的电机接线和调试，按《计算标准》附录 D 电气设备安装工程的相应项目编码列项。

（6）组装形式是指：冷水式、冷热水式、手动式、脚踏式等。

（7）隔油器安装方式是指：地上式、悬挂式等。

（8）浴缸支座和浴缸周边的砌砖、瓷砖粘贴，应按现行国家标准《房屋建筑与装饰工程工程量计算规则》GB/T 50854—2024 相关项目编码列项。功能性浴缸安装不含电机接线和调试，电机接线和调试应按《计算标准》附录 D 电气设备安装工程相关项目编码列项。

（9）器具安装中若采用混凝土或砖基础，应按现行国家标准《房屋建筑与装饰工程工程量计算规则》GB/T 50854—2024 相关项目编码列项。

2）卫生器具分部分项工程项目清单项目特征表述需注意问题

（1）浴盆的安装形式有独立式和嵌入式两种。其材质特征有搪瓷、铸铁、钢板、玻璃钢、亚力克、木质和塑料等；规格特征有长方形、圆形、椭圆形和三角形等，以外形尺寸标注，其中圆形以直径标注，款式有无裙边和有裙边两种；类型特征有普通式、坐泡式、按摩式（包括坐泡式按摩、水疗按摩、水疗空气按摩）；浴盆组装形式特征有冷水、冷热水、冷热水带喷头三种形式。附件名称特征是指水龙头、排水栓等材质及规格型号。

（2）洗脸盆材质特征有不锈钢、陶瓷、玻璃、人造石和塑料等，常用的是不锈钢、陶瓷、玻璃材质的洗脸盆；类型特征一般有立柱式、台式、台上盆、台下盆等；规格特征有方形、圆形、椭圆形和不规则形等，以"长×宽×深"标注，其中圆形以"直径×深"标注；组装形式特征有冷水式和冷热水式两种；附件名称特征是指开关种类（肘式、脚踏式）、水龙头、三角阀、排水栓等的材质及规格型号。

（3）大便器的材质主要是陶瓷；类型特征有蹲式和坐式两种；组装形式特征有低水箱冲洗、高水箱冲洗、手压阀冲洗、脚踏阀冲洗、自闭式冲洗等；附件名称特征是指冲洗阀、冲洗管等的材质及规格型号。

（4）小便器的材质主要是陶瓷；类型特征有挂斗式和立式等；附件名称特征是指冲洗阀、冲洗短管等的材质及规格型号。

（5）淋浴器组装形式特征是指钢管组成或铜管成品。

（6）水龙头的特征主要是材质、种类、直径规格等。

（7）排水栓的特征主要是类型、直径规格等。

（8）地漏、地面扫除口的特征主要是材质、直径规格等。

2.卫生器具分部分项工程项目清单计价

1）卫生器具项目清单工程量计算

卫生器具项目清单工程量计算规则见表14-61。各种卫生器具项目清单工程量计算比较简单，只需按施工图所示数量，以自然计量单位进行统计即可。

（1）各种卫生器具均按设计图示数量以"组""套"计算。

（2）大便槽、小便槽自动冲洗水箱安装分容积按设计图示数量以"套"计算。大、小便槽自动冲洗水箱区分不同规格以"套"计算。

（3）小便槽冲洗管区分不同材质和规格按设计图示尺寸以"m"计算，不扣除阀门的长度。

（4）湿蒸房依据使用人数以"座"计算。

（5）隔油器区分安装方式和进水管径以"套"计算。

（6）卫生器具的材质、型号、规格虽然相同，但其组装形式（或方式）不同时，要分别计算工程量。如洗脸盆安装有钢管组成和铜管组成之分，还有冷水和冷热水之别。

（7）卫生器具组装所包括的阀门、水龙头、冲洗管等属于组价项目，不能再另列清单项目。

（8）淋浴器要区分组装型和成品型分别计算清单工程量。

2）卫生器具安装定额使用注意事项

（1）各类卫生器具安装项目包括卫生器具本体、配套附件、成品支托架安装。各类卫生器具配套附件是指给水附件（水嘴、金属软管、阀门、冲洗管、喷头等）和排水附件（下水口、排水栓、存水弯、与地面或墙面排水口间的管道连接等）。

（2）各类卫生器具所用附件已列出消耗量，如随设备或器具配套供应时，其消耗量不得重复计算。

（3）卫生器具所用液压脚踏装置包括配套的控制器、液压脚踏开关及其液压连接软管等配套附件。

（4）大、小便器冲洗（弯）管均按成品考虑。大便器安装已包括了柔性连接头或密封圈。

（5）各类器具支托架如现场制作时，执行其他章节相应项目。

（6）浴盆冷热水带喷头若采用埋入式安装时，混合水管及管件消耗量应另行计算。按摩浴盆包括配套小型循环设备（过滤罐、水泵、按摩泵、气泵等）安装，其循环管路材料、配件等均按成套供货考虑。浴盆底部所需要填充的干砂消耗量另行计算。

（7）所有卫生器具安装定额均不包括预留、堵孔洞，发生时执行其他章节相应项目。

（8）大、小便槽自动冲洗水箱安装中，已包括水箱和冲洗管的成品支托架、管卡安装，水箱支托架及管卡的制作及刷漆，应按相应定额项目另行计算。

（9）与卫生器具配套的电气安装，应执行《安装定额第四册》相应项目。

3.卫生器具安装案例分析

【例 14-11】某工程室内卫生器具安装工程量见表 14-62，试编制分部分项工程量清单，并完成连体坐式大便器的综合单价的分析计算，并编制分部分项工程量清单计价表。连体坐式大便器暂估价 2500 元/套，连体坐便器包括坐便器、盖板、进水阀配件、排水口配件等。

室内卫生器具安装工程量表　　　　表 14-62

工程名称：某工程室内卫生器具安装工程　　　　　　　　　　　　　　　　　　　　标段：

序号	项目名称	单位	工程量
1	椭圆形陶瓷冷水台下盆 TCP(X)-0023 555mm × 430mm × 200mm 铜镀铬单冷洗脸盆龙头 JF-2399 DN15 铜镀铬 S 形存水弯及去水头 DN25	组	34
2	陶瓷低水箱连体坐式大便器 TCZ-2907	组	68
3	手持式金属软管淋浴器 HP-2415 $L = 1500$	套	18
4	铜镀铬水龙头 WXJP-1210 DN15	个	18

分部分项工程项目清单编制步骤如下：

1）分部分项工程项目清单编制。编制分部分项工程项目清单时要尽量完善和补充特征表述。分部分项工程项目清单计价表见表 14-63。

分部分项工程项目清单计价表　　　　表 14-63

工程名称：某工程室内卫生器具安装工程　　　　　　　　　　　　　　　　　　　　标段：

序号	项目编码	项目名称	项目特征描述	计量单位	工程量	金额/元 综合单价	金额/元 合价
1	031003003001	洗脸盆	椭圆形陶瓷冷水台下盆 TCP(X)-0023 555 × 430 × 200 铜镀铬单冷洗脸盆龙头 JF-2399 DN15 铜镀铬 S 形存水弯及去水头 DN25	组	34		
2	031003006001	大便器	陶瓷低水箱连体坐式大便器 TCZ-2907	组	68		
3	031003010001	淋浴器	手持式金属软管淋浴器 HP-2415 L = 1500	套	18		
4	031003014001	给、排水附件	铜镀铬水龙头 WXJP-1210 DN15	个	18		
			本页小计				
			合计				

2）大便器项目清单综合单价分析表。

清单中大便器的工作内容包括：器具安装、附件安装、打硅胶。定额中坐式大便器的工作内容包括：打螺栓孔，大便器、水箱及附件安装，与上下水管连接，试水。本次组价只需套用大便器安装定额即可，且无需调价。坐便器主材已经含坐便器、盖板、进水阀配件、排水口配件等的费用，配件就不需另列主材，大便器项目清单综合单价分析表见表 14-64。

分部分项工程项目清单综合单价分析表 表 14-64

工程名称：某工程室内卫生器具安装工程 标段：

序号	项目编码	项目名称	项目特征描述	计量单位	综合单价组成明细/元					
					人工费	材料费	施工机具使用费	管理费	利润	综合单价
1	031003006001	大便器	陶瓷低水箱连体坐式大便器 TCZ-2907	组	64.68	2550.29	0.00	17.93	12.94	2645.84

14.2.4 燃气器具及其他分部分项工程项目清单编制与计价

1. 燃气器具及其他分部分项工程项目清单编制

《计算标准》GB/T 50856—2024 附录 K.6 中燃气器具及其他分部分项工程项目清单设置见表 14-65。

燃气器具及其他（编码：031006） 表 14-65

项目编码	项目名称	项目特征	计量单位	工程量计算规则	工作内容
031006001	燃气开水炉	（1）型号 （2）容量	台	按设计图示数量计算	（1）安装 （2）附件安装
031006002	燃气采暖炉				
031006003	燃气沸水器、消毒器	（1）类型 （2）型号 （3）容量			
031006004	燃气热水器				
031006005	燃气表	（1）类型 （2）型号 （3）规格 （4）连接方式	台		（1）安装 （2）托架制作、安装
031006006	燃气灶具	（1）类型 （2）型号 （3）规格 （4）用途	台		（1）安装 （2）附件安装
031006007	气嘴	（1）材质 （2）型号 （3）规格 （4）单嘴、双嘴 （5）连接形式	个		
031006008	调压器	（1）类型 （2）型号 （3）规格	台	按设计图示数量计算	安装
031006009	燃气凝水器、缸	（1）材质 （2）规格 （3）连接形式	个		
031006010	燃气管道调长器	（1）规格 （2）压力等级 （3）连接形式			

项目编码	项目名称	项目特征	计量单位	工程量计算规则	工作内容
031006011	调压箱、调压装置	（1）类型 （2）型号 （3）规格 （4）安装方式	台	按设计图示数量计算	安装
031006012	引入口保护罩	保护罩形式、材质	个	按设计图示数量计算	保温罩安装

1）分部分项工程项目清单设置说明

（1）燃气开水炉。燃气开水炉的参数有额定热负荷或热水量、耗气量、适用气种、功率、外形尺寸等。清单项目特征描述时，应明确是否包括底座的制作安装，有底座燃气开水炉见图 14-9。

（2）燃气采暖炉。采暖炉的主要参数有功率、水罐容积、安装方式。

（3）燃气沸水器、消毒器的类型，包括容积式沸水器、自动沸水器、燃气消毒器等。沸水器可提供高于当地大气压下沸点的高温杀菌的开水，确保了饮水安全卫生。全自动沸水器将冷水、沸水、加热过程中的水分别盛于冷水箱、沸水箱，沸腾箱供不同的需求者使用。

（4）燃气灶具的类型包括人工煤气灶具、液化石油气灶具、天然气燃气灶具等，并描述所采用的气源；用途按民用、公用进行描述。

（5）燃气气嘴。燃气气嘴安装在燃气管道的末端，燃气器具与燃气气嘴之间通常用一段软管连接，气嘴如图 14-9、图 14-10 所示。

（6）调压箱、调压装置的安装方式是指：壁挂式、落地式。

（7）燃气表的类型包括：燃气表、燃气流量计、流量计控制器。

（8）可燃气体检测报警器与电磁阀按《计算标准》附表 K.2.1 管道附件的相应项目编码列项。

 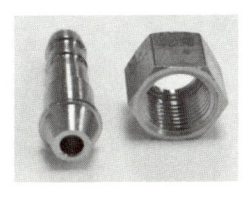

图 14-9　燃气开水炉　　图 14-10　燃气气嘴

2）工程量计算规则

（1）燃气开水炉、采暖炉、沸水器、消毒器、热水器以"台"计算。

（2）膜式燃气表安装按不同规格型号，以"台"计算；燃气流量计安装区分不同管径，以"台"计算。

（3）燃气灶具区分民用灶具和公用灶具，以"台"计算。

（4）气嘴安装以"个"计算。

（5）调压器、调压箱（柜）区分不同进口管径，以"台"计算。

（6）燃气管道调长器区分不同管径，以"个"计算。

（7）燃气凝水缸区分材质、规格和连接方式，以"个"计算。

（8）引入口保护罩安装以"个"计算。

2.燃气器具件分部分项工程项目清单计价

1）定额包括以下工作内容

（1）各种燃气炉（器）具安装项目，均包括本体及随炉（器）具配套附件的安装。

（2）壁挂式燃气采暖炉安装子目，考虑了随设备配备的托盘、挂装支架的安装。

（3）法兰式燃气流量计、流量计控制器、调压器、燃气管道调长器安装项目均包括与法兰连接一侧所用的螺栓、垫片。

（4）成品钢制凝水缸、铸铁凝水缸、塑料凝水缸安装，按中压和低压分别列项，是依据《燃气工程设计施工》05R502进行编制的。凝水缸安装项目包括凝水缸本体、抽水管及其附件、管件安装以及与管道系统的连接。低压凝水缸还包括混凝土基座及铸铁护罩的安装。

2）定额不包括以下工作内容

（1）中压凝水缸不包括井室部分、凝水缸的防腐处理，发生时执行其他相应项目。

（2）调压箱安装不包括支架制作安装、保护台、底座的砌筑，发生时执行其他相应项目。

（3）砖砌引入口保护台及引入管的保温、防腐应执行其他相关定额。

（4）膜式燃气表安装项目中不包括表托架制作安装，发生时根据工程要求另行计算。

3）定额相关规定

（1）IC卡膜式燃气表安装按膜式燃气表安装项目，其人工乘以系数1.10。

（2）膜式燃气表安装项目中列有2个表接头，如随燃气表配套表接头时，应扣除所列表接头。

（3）燃气调压箱安装按壁挂式和落地式分别列项，其中落地式区分单路和双路。

（4）燃气管道引入口保护罩安装按分体型保护罩和整体性保护罩分别列项。

（5）户内家用可燃气体检测报警器与电磁阀成套安装的，执行《安装定额第十册》C.10.3中螺纹阀项目人工乘以系数1.30。

（6）膜式燃气表安装项目适用于螺纹连接的民用或公用膜式燃气表。

（7）燃气流量计适用于法兰连接的腰轮（罗茨）燃气流量计、涡轮燃气流量计。

（8）燃气管道调长器安装项目适用于法兰式波纹补偿器和套筒式补偿器的安装。

3.燃气器具分部分项工程项目安装案例分析

【例 14-12】某工程燃气器具安装工程量见表 14-66，试编制分部分项工程项目清单。

燃气器具安装工程量表　　　　　　　　　　表 14-66

工程名称：略　　　　　　　　　　　　　　　　　　　　　　　　　　标段：

序号	项目名称	单位	工程量
1	0.5t 胆式容积燃气开水水炉，落地式，130cm×90cm×140cm	组	1
2	全自动压力控制，商用立式燃气锅炉恒温洗浴热水采暖炉，蒸发量 5t/h	组	1
3	LWQ 叶轮式气体涡轮天然气煤气燃气表	套	1

分部分项工程项目清单编制步骤如下：

编制分部分项工程项目清单时要尽量完善和补充特征表述。分部分项工程项目清单见表 14-67。

分部分项工程项目清单计价表　　　　　　　　表 14-67

工程名称：略　　　　　　　　　　　　　　　　　　　　　　　　　　标段：

序号	项目编码	项目名称	项目特征描述	计量单位	工程量	综合单价	合价	其中：暂估价
1	031006001001	燃气开水炉	0.5t 胆式容积燃气开水水炉，落地式，130cm×90cm×140cm	台	1			
2	031006002001	燃气采暖炉	全自动压力控制,商用立式燃气锅炉恒温洗浴热水采暖炉，蒸发量 5t/h	台	1			
3	031006005001	燃气表	LWQ 叶轮式气体涡轮天然气煤气燃气表	台	1			
本页小计								
合计								

14.2.5　给排水、燃气及工业管道工程计量有关说明

1.给排水、燃气安装分部分项工程项目清单编制有关说明

《计算标准》附录 K.9 相关问题及说明

1）管道热处理、无损探伤，按《计算标准》附录 H 工业管道工程的相应项目编码列项。

2）医疗气体管道及附件，按《计算标准》附录 H 工业管道工程的相应项目编码列项。

3）管道、设备的保温及《计算标准》未规定需包括除锈、刷油外的其他管道的除锈、刷油，按《计算标准》附录 M 刷油、防腐蚀、绝热工程的相应项目编码列项。

4）所有管道、设备的工作内容，均不包括完成安装后的脱脂、阀门研磨、介质充装及置换。

　　5）表 K.8.1 采暖、空调水工程系统调试（编码：031008）中，采暖工程系统调试是指由采暖管道、阀门及供暖器具组成采暖工程的全系统；空调水工程系统调试是指由空调水管道、阀门及冷水机组组成空调水工程的全系统。

　　6）通用安装工程中管沟、坑及井类的土石方开挖、垫层、管道基础、砌筑抹灰、地沟盖板预制安装、土石方回填、土石方运输等项目，按国家标准《房屋建筑与装饰工程工程量计算标准》GB/T 50854—2024 附录 A 相关项目编码列项。

　　7）路面开挖及修复、管道支墩、井砌筑等项目，按国家标准《市政工程工程量计算标准》GB/T 50857—2024 相关项目编码列项。

　　8）室外给排水管沟土石方清单工程量常按设计图示以管道中心线长度计算。

　　2. 给排水、燃气及工业管道工程分部分项工程项目清单计价的有关说明

　　1）《广东省通用安装工程综合定额（2018）》的应用说明

　　（1）软化水处理间管道可使用第八册《工业管道安装》相应定额。

　　（2）工业管道、生产生活共用的管道、锅炉房和泵房配管以及高层建筑物内加压泵间的管道应使用第八册《工业管道工程》相应项目。

　　（3）刷油、防腐蚀、绝热工程执行第十一册《刷油、防腐蚀、绝热工程》相应项目。

　　（4）集气罐，分气筒制作安装可使用第八册《工业管道工程》相应项目。

　　（5）有关泵类、风机等传动设备安装应用第一册《机械设备安装工程》相应项目。

　　（6）给水阀门井、排水检查井执行《广东省市政工程综合定额（2018）》相应项目。

　　2）分部分项工程增加费和脚手架搭拆费的说明

　　（1）管道间，管廊间的管道、阀门、法兰、支架安装定额人工乘以系数 1.3，其相应的刷油、防腐、保温人工不乘系数。

　　（2）高层建筑增加费是指高度在 6 层以上的多层建筑（不含 6 层），单层建筑物自室外设计 ±0.000 至檐口高度在 20m 以上（不含 20m），不包括屋顶水箱间、电梯间、屋顶平台出入口等的建筑物。由于高层建筑增加系数是按全部建筑面积的工程量综合计算的，因此在计算工程量时，不扣除 6 层或 20m 以下的工程量。

　　（3）脚手架搭拆费按人工费的 5% 计算（单独承担埋地管道工程除外），脚手架搭拆费是综合考虑的费率，施工中是否搭设脚手架均应计取。

　　3. 相关专业工程计量规范的应用界限划分

　　给排水、采暖、燃气工程与市政管网工程的界定：室外给排水、采暖、燃气管道以市政管道碰头井为界；厂区、住宅小区的庭院喷灌及喷泉水设备安装工程应按现行国家标准《通用安装工程工程量计算标准》GB/T 50856—2024 的相应编码列项，公共庭院喷灌及喷泉水设备安装应按现行国家标准《市政工程工程量计算标准》GB/T 50857—2024 的相应编码列项。

　　工业管道与市政管网工程的界定：给水管道以厂区入口水表井为界；排水管道以厂区围墙外第一个污水井为界；热力和燃气以厂区入口第一个计量表（阀门）为界。

14.2.6　给排水工程分部分项工程项目清单编制和计价综合案例

1. 设计施工说明

某住宅楼给水排水平面图、给水系统图和排水系统图如图 14-11～图 14-13 所示。

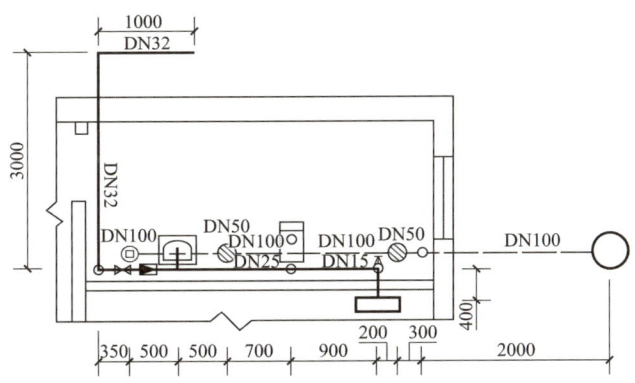

图 14-11　某住宅楼给水排水平面图

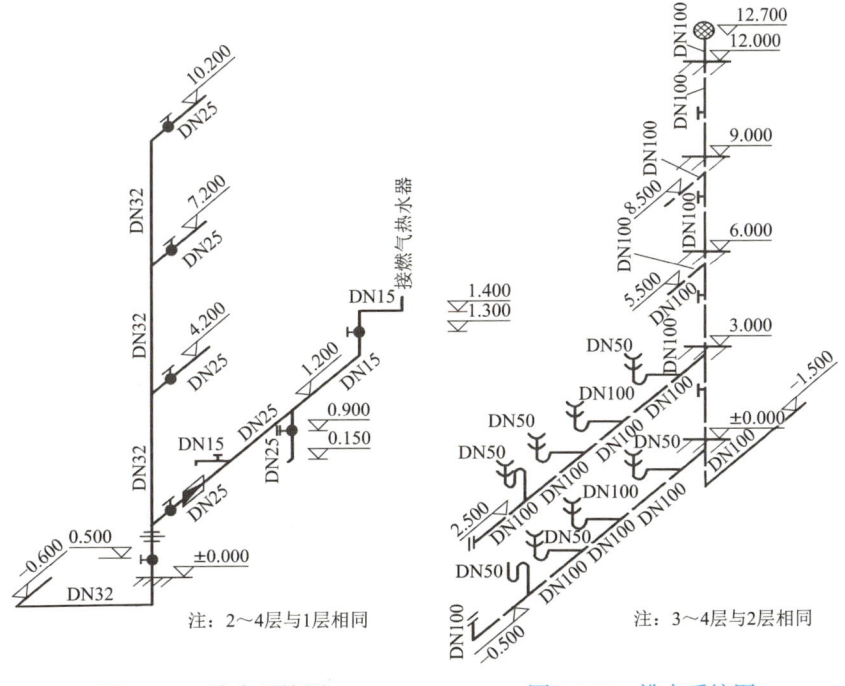

图 14-12　给水系统图　　　　　图 14-13　排水系统图

1）卫生设备及附件选用挂式 13102 型陶瓷洗脸盆，踏式 6203 型陶瓷蹲式大便器，10L/min 燃气热水器，铝合金地漏，叶轮式水表，普通水龙头，内螺纹截止阀，铜球阀（燃气热水器用）直通式专用冲洗阀。

2）管材、管件：给水系统选用 PPR 给水管及其管件，热熔连接；排水系统选用 UPVC 排水管及其管件，粘接。

3）给、排水立管穿过楼（地）板时均设套管保护。给水立管的套管采用黑铁管，套管直径比立管的直径大 2~3 个直径等级（这里选用 DN65）。排水立管的套管的直径比立管的直径大 2 个直径等级（这里选用 DN150 的黑铁管作为排水立管的套管）。每个（节）套管的长度按楼（地）板的厚度加 20mm 计算（这里楼、地板的厚度为 160mm）。给、排水立管与其套管之间的环形间隙填沥青麻丝。管道穿外墙、屋面层时需要套管需用防水套管。

2. 项目清单工程量计算

计算图纸范围内的给排水安装工程工程量计算表（表 14-68）。

室内给排水工程量计算表　　　　　　　　　　表 14-68

工程名称：某住宅楼给水排水工程　　　　　　　　　　　　　　　　　　第 1 页 共 1 页

序号	名称型号规格	单位	数量	计算式及备注
1	陶瓷洗脸盆挂式 13102 型	组	4	带玻璃钢存水弯、零件、托架
2	燃气热水器 10L/min	组	4	
3	陶瓷蹲式大便器踏式 6203 型	组	4	
4	铝合金地漏 DN50	组	8	
5	PPR 给水管 DN32	m	14.8	(1 + 3)(水平引入管) + (0.6 + 10.2)(立管)
6	PPR 给水管 DN25	m	9.4	[(0.35 + 0.5 + 0.5 + 0.7)(每层立管到大便器的水平管道)+ (1.2-0.9)(大便器冲洗管阀门以上管道)] × 4
7	PPR 给水管 DN15	m	6	[0.9(水平管)+(1.4-1.2)(垂直管)+ 0.4(穿入厨房的管道)] × 4
8	黑铁管（穿楼板套管）DN32/65	个	3	套管计算过程中如果无地下室，一楼地板不计算套管，有地下室，地板按楼板算套管
9	防水套管 DN32	个	1	穿埋地基础入室内需防水套管
10	叶轮式水表 DN25	组	4	
11	内螺纹截止阀 DN32，J11T-10	个	1	
12	铜球阀 DN15	个	4	
13	UPVC 排水管 DN100	m	31.1	(2 + 1.5 + 12.7)(立管)+(0.3 + 0.2 + 0.9 + 0.7 + 0.5 + 0.5)(水平排水管) × 4 +(0.5)(大便器器具排水管) × 4 + 0.5(一楼清扫口)
14	UPVC 排水管 DN50	m	6	(0.5 + 0.5 + 0.5)(洗脸盆 + 地漏器具排水管) × 4
15	UPVC 清扫口 DN100	个	4	
16	黑铁管（套管）DN100/150	个	3	同第 8 项解释
17	防水套管 DN100	个	2	排出管穿墙处 + 排水立管屋顶
18	阻火圈 DN100	个	4	排水立管穿 1~4 层顶板时需安装

3. 分部分项工程项目清单编制

依据《计算标准》、工程量计算表 14-68 编制分部分项工程项目清单表 14-69，清单编制过程切记按照业主要求、设计说明、图纸具体描述项目特征，不可缺失及修改内容。

分部分项工程项目清单计价表　　表 14-69

工程名称：某住宅楼给水排水工程　　　　　　　　　　　　　　　　　　标段：

序号	项目编码	项目名称	项目特征描述	计量单位	工程量	金额/元	
						综合单价	合价
1	031003003001	洗脸盆	陶瓷、挂式 13102 型、成套、带水龙头及存水弯	组	4		
2	031006004001	燃气热水器	10L 天然气、挂式	组	4		
3	031003006001	大便器	陶瓷、蹲式、踏式 6203 型、成套，带手压式延时冲洗阀	组	4		
4	031003014001	给、排水附件	铝合金地漏、DN50	组	8		
5	031001008001	塑料管	室内、给水、PPR 管 DN32 热熔连接、水压试验、冲洗消毒	m	14.8		
6	031001008002	塑料管	室内、给水、热熔连接、PPR 管 DN25、水压试验、冲洗消毒	m	9.4		
7	031001008003	塑料管	室内、给水、PPR 管 DN15、热熔连接、水压试验、冲洗消毒	m	6		
8	031301003001	套管	穿楼板翼环钢套管 DN32，填料为沥青麻丝	个	3		
9	031301003002	套管	防水套管、DN32	个	1		
10	031002011001	水表	钢、叶轮式、DN25，螺纹连接	组	4		
11	031002001001	金属阀门	截止阀、铸铁、DN32、J11T-1 螺纹连接	个	1		
12	031002001002	金属阀门	铜球阀、DN15、螺纹连接	个	4		
13	031001006004	塑料管	室内、排水、粘接、UPVC 管 DN100	m	31.1		
14	031001006005	塑料管	室内、排水、粘接、UPVC 管 DN50	m	6		
15	031004014002	给排水附件	UPVC 清扫口 DN100	个	4		
16	031301003003	套管	黑铁管制穿楼板钢套管 DN100、填料为沥青麻丝	个	3		
17	031301003004	套管	防水套管、DN100	个	2		
18	031001011001	阻火圈	膨胀式阻火圈 DN100	个	4		

4. 综合单价分析示例

结合《安装定额第十册》编制项目清单综合单价。本部分只分析清单表中第 10 项水表的综合单价和第 13 项 UPVC 排水管 DN100。本工程为 4 层，不超高不需计算高层建筑增加费，人工价格指数为 1.09，需进行人工调价。

主材税前价格取值按下面所列计算：钢制叶轮式水表 DN25：54 元/个，螺纹截止阀 DN25：32.14 元/个。UPVC 管 DN100：38 元/m，UPVC 管件 DN100：15 元/个，透气帽：2.5 元/个。

水表的未计价材料价格为：54 + 1.01 × 32.14 = 86.46 元/组。管道的未计价材料费计算比较复杂，在工程量计算规则中透气帽的安装费包在排水管道安装费中，材料费为未计价材料，数量按实际安装数量计算，UPVC 排水管 DN100 的未计价材料价格包括管道、管件和透气帽的主材价格，计算过程为：$(29.545 \times 38 + 35.952 \times 15 + 1 \times 2.5)/31.1 = 53.52$ 元/m。

解析：人工费单价 = 定额人工费单价 × 人工费调整系数，管理费为(人工费 + 施工机具费) × 管理费系数，人工费调整后管理费也应相应调整，27.72% 为定额给排水册的管理费系数。

项目清单综合单价分析表见表 14-70。

分部分项工程项目清单综合单价分析表　　　　　　　表 14-70

工程名称：某住宅楼给水排水工程　　　　　　　　　　　　　　　　标段：

序号	项目编码	项目名称	项目特征描述	计量单位	综合单价组成明细/元					
					人工费	材料费	施工机具使用费	管理费	利润	综合单价
1	031002011001	水表	钢、叶轮式、DN25、螺纹连接	组	21.59	88.39	0.00	5.99	4.32	120.29
2	031001006004	塑料管	室内、排水、粘接、UPVC 管 DN100	m	22.41	54.35	0.01	6.21	4.48	87.46

================= 真题训练及解析 =================

1. 室内给水管网上阀门设置正确的是（　　）。【单选题】

　　A. DN ≤ 50mm，使用闸阀和蝶阀　　　　B. DN ≤ 50mm，使用闸阀和球阀

　　C. DN > 50mm，使用闸阀和球阀　　　　D. DN > 50mm，使用球阀和蝶阀

【答案】B

【解析】DN ≤ 50mm 时，宜采用闸阀和球阀；DN > 50mm 时，宜采用闸阀和蝶阀；在双向流动和经常启闭管段上宜采用闸阀和蝶阀。

2. 室内给水管道试验压力为工作压力的 1.5 倍，但是不得小于（　　）MPa。【单选题】

　　A. 0.6　　　　　　B. 0.5　　　　　　C. 1.6　　　　　　D. 1.5

【答案】A

【解析】室内给水管道试验压力为工作压力的 1.5 倍，但是不得小于 0.6MPa。

3. 室外给水管道与市政管道界限划分正确的是（　　）。

　　A. 以项目区入口水表井为界　　　　　　B. 以项目区围墙外 1.5m 为界

　　C. 以项目区围墙外第一个阀门为界　　　D. 以市政管道碰头点为界

【答案】D

【解析】给水管道：（1）室内外界线以建筑物外墙皮 1.5m 为界，入口处设阀门者以阀门为界。（2）室外管道与市政管道界线以水表井为界，无水表井者，以与市政管道碰头点为界。

　　　　排水管道：（1）室内外以出户第一个排水检查井为界。（2）室外管道与市政管道界线以与市政管道碰头井为界。

4. 关于给排水、采暖、燃气管道工程量计算说法正确的有（　　　）。

　　A. 按设计图示管道中心线以长度计算

　　B. 扣除减压器、水表所占长度

　　C. 不扣除阀门、管件所占长度

　　D. 不扣除方形补偿器

　　E. 扣除检查井、雨水井等室外构筑所长长度

【答案】A、C、D

【解析】各种管道均按设计图示管道中心线长度以"m"计算，不扣除阀门、减压器、疏水器、水表、伸缩器等管件、各种井类、方形补偿器所占长度。

第 3 节　通风空调安装工程项目清单编制与计价

📑 本节提示

掌握　掌握通风空调设备及部件制作安装、通风管道制作安装、通风管道部件制作安装、通风工程检测、调试等分部分项工程项目清单编制和计价。

🔧 知识体系

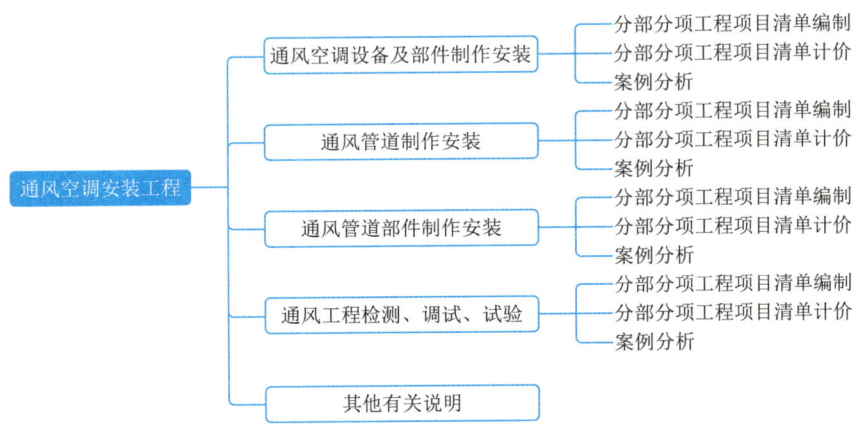

通风空调工程分部分项工程项目清单应依据《通用安装工程工程量计算标准》GB/T 50856—2024 的（以下简称《计算标准》）附录 G《通风空调工程》以及《建设工程工程量清单计价标准》GB/T 50500—2024 有关规定进行编制。其中附录 G《通风空调工程》由表 G.1～G.4 分部分项工程和 G.5 其他规定组成，适用于通风空调工程、通风（空调）设备及部件、通风管道及部件的制作安装工程等。

根据《广东省住房和城乡建设厅关于印发〈广东省建设工程计价依据（2018）〉的通知》（粤建市〔2019〕6 号）的有关规定，将《广东省通用安装工程综合定额（2018）》第七册（以下简称《安装定额第七册》）作为通风空调工程的主要计价依据之一，定额内容由表 C.7.1～表 C.7.5 分部分项工程组成。适用于自 2019 年 3 月 1 日起实施的工业与民用建筑的新建、扩建项目中的通风空调工程。主要内容对比见表 14-71。

通风空调工程计算标准和定额分部工程项目　　　　表 14-71

序号	《计算标准》附录 G 通风空调工程		《安定额第七册》通风空调工程	
	编号	分部工程及编码	编号	分部分项工程项目
1	G.1	通风空调设备及部件制作安装（编码：030701）	C.7.1	通风及空调设备及部件制作安装
2	G.2	通风管道制作安装（编码：030702）	C.7.2	通风管道安装
3	G.3	通风管道部件制作安装（编码：030703）	C.7.3	通风管道部件制作安装
4	G.4	通风工程检测、调试、试验（编码：030704）	C.7.4	辅助项目
5	G.5	其他规定	C.7.5	分部分项工程增加费

14.3.1　通风空调设备及部件制作安装分部分项工程项目清单编制与计价

1. 通风空调设备及部件制作安装分部分项工程项目清单编制

1）通风空调设备及部件分部分项工程项目清单设置

（1）清单设置表

《计算标准》附录 G.1 中通风空调设备及部件制作安装分部分项工程项目清单设置见表 14-72。

通风空调设备及部件制作安装（编码：030701）　　　　表 14-72

项目编码	项目名称	项目特征	计量单位	工程量计算规则	工作内容
030701001	空气加热器（冷却器）	（1）名称 （2）型号 （3）规格 （4）安装形式	台	按设计图示数量计算	本体安装
030701002	除尘设备				

续表

项目编码	项目名称	项目特征	计量单位	工程量计算规则	工作内容
030701003	空调器	（1）名称 （2）型号 （3）规格 （4）安装形式 （5）减振形式	台	按设计图示数量计算	本体安装或组装
030701004	风机盘管		台		（1）本体安装 （2）试压
030701005	表冷器	（1）名称 （2）型号 （3）规格	台	按设计图示数量计算	本体安装
030701006	密闭门	（1）名称 （2）型号 （3）规格	个		（1）本体制作 （2）本体安装
030701007	挡水板				
030701008	滤水器、溢水盘				
030701009	金属壳体				
030701010	过滤器	（1）名称 （2）类型 （3）型号 （4）规格 （5）框架形式、材质	台		（1）本体安装 （2）框架制作、安装
030701011	净化工作台	（1）名称 （2）类型 （3）型号 （4）规格	台	按设计图示数量计算	本体安装
030701012	风淋室				
030701013	洁净室				
030701014	除湿机				
030701015	人防过滤吸收器	（1）名称 （2）材质 （3）规格			
030701016	油烟净化装置	（1）名称 （2）型号 （3）规格			
030701017	变风量末端装置				

（2）清单项目特征描述应注意问题

通风空调设备及部件制作安装分部分项工程项目清单设置时，项目特征应根据表 14-72 所列特征进行表述，并注意以下问题：

①空调器的安装形式应表述吊顶式、落地式、墙上式、窗式、分段组装式。

②风机盘管的安装形式特征应表述立式、卡式、吊顶式等，并应表述明装、暗装等。

③过滤器安装项目，其过滤功效特征应表述其初效、中效、高效等。

④通风空调设备均包括安装所需的地脚螺栓。

⑤多联机室内机、空气幕均按风机盘管编码列项。

⑥多联机室外机按空调器编码列项。

2）通风空调设备及部件安装清单工程量计算规则

通风空调设备及部件制作安装清单工程量计算规则见表 14-72。在计算清单工程量时应注意以下几点：

（1）通风空调设备安装的工作内容不包括设备支架的制作安装，设备支架制作安装需要单列清单项目，详见《计算标准》附录 N.1.1 其他及附属工程。

（2）挡水板制作安装应区分不同板材及板厚，按成型面积分别以"个"计算清单工程量。如果是成品购买者，则区分不同材质、规格以"个"计算，无需计算制作工程量。

（3）滤水器、溢水盘制作安装、金属壳体制作安装应区分各自不同用途按成型重量，区分不同材质规格分别以"个"计算清单工程量。

2. 通风空调设备及部件制作安装分部分项工程项目清单计价

1）通风空调设备及部件制作安装定额应用

关于通风空调设备及部件制作安装定额说明，应注意以下几个问题：

（1）通风机安装形式包括 A、B、C 或 D 型，也适用不锈钢和塑料风机安装。离心式通风机安装、轴流式通风机安装、屋顶式通风机安装包括电动机安装及电机试运转。

（2）斜流风机、混流风机、射流风机执行轴流式通风机项目。

（3）设备安装定额的基价中不包括设备费和应配备的地脚螺栓价值。

（4）风机盘管的配管执行《安装定额第十册》给排水、采暖、燃气工程的相应项目。

（5）LWP 滤尘器支架制作安装执行设备支架项目。

（6）风机减振台座执行设备支架项目。

（7）玻璃挡水板执行钢板挡水板相应项目，其材料、机具均乘以系数 0.45，人工不变。

（8）保温钢板密闭门执行钢板密闭门项目，其材料乘以系数 0.50，机具乘以系数 0.45，人工不变。

（9）低效过滤器指 M-A 型、WL 型、LWP 型等系列。中效过滤器指 ZKL 型、YB 型、M 型、ZX-1 型等系列。高效过滤器指 GB 型、GS 型、JX-20 型等系列。净化工作台指 XHK 型、BZK 型、SXP 型、SZP 型、SZX 型、SW 型、SZ 型、SXZ 型、TJ 型、CJ 型等系列。

（10）VAV 变风量末端装置适用单风道变风量末端和双风道变风量末端装置，风机动力型变风量末端装置按 VAV 变风量末端装置，定额子目人工费乘以系数 1.10。

（11）分体空调均不包括铜管安装，诱导风机执行 VAV 变风量末端装置安装子目。

2）通风空调设备及部件制作安装定额工程量计算规则

（1）空气加热器（冷却器）安装按设计图示数量以"台"计算。

（2）除尘设备安装按设计图示数量以"台"计算。

（3）空调器、分体式室内空调器、分体式室外空调器、整体式空调器安装按设计图示数量以"台"计算。

（4）风机盘管按设计图示数量以"台"计算。

（5）VAV 变风量末端装置安装按设计图示数量以"台"计算。

（6）分段组装式空调器安装按设计图示尺寸以"kg"计算。

（7）钢板密闭门安装按设计图示数量以"个"计算。

（8）钢板挡水板安装按设计图示尺寸以空调器断面面积以"m"计算。

（9）滤水器、溢水盘、电加热器外壳、金属空调器壳体制作安装按设计图示尺寸以"kg"计算。非标准部件制作安装按成品质量计算。

（10）高、中、低效过滤器、净化工作台、风淋室安装按设计图示数量以"台"计算。

（11）洁净室安装按设计图示尺寸以"kg"计算。

（12）通风机安装依据不同风量按设计图示数量以"台"计算。

3. 通风空调设备及部件制作安装案例分析

【例 14-13】某电子零部件加工车间通风空调系统安装工程，层高为 4m。加工车间采用 1 台恒温恒湿机进行室内空气调节，并配合土建砌筑混凝土基础和预埋地脚螺栓安装，其型号为 YSL-DHS-225，外形尺寸为 1200mm × 1100mm × 1900mm，设备重 350kg，落地安装，减振措施采用橡胶隔振垫 $\delta = 20$mm，地脚螺栓规格采用 ϕ14mm，$L = 250$mm。根据《计算标准》《安装定额第七册》，试编制该空调设备的分部分项工程项目清单并分析综合单价。已知恒温恒湿机的税前价 38540 元/台；橡胶隔震垫 $\delta = 20$mm 税前价 10.8 元/块；地脚螺栓 ϕ14mm，$L = 250$mm 税前价 5.6 元/套。按《安装定额第七册》，计算该项目清单的综合单价。

1）分部分项工程项目清单编制步骤如下：

（1）查《计算标准》：恒温恒湿机清单属于"030701003 空调器"。

（2）恒温恒湿机 YSL-DHS-22 清单工程量为 1 台。

（3）编制分部分项工程项目清单。分部分项工程项目清单见表 14-73。

分部分项工程项目清单计价表　　　　　　表 14-73

工程名称：某电子零部件加工车间通风空调系统安装工程　　　　　　　　　标段：

序号	项目编码	项目名称	项目特征描述	计量单位	工程量	金额/元	
						综合单价	合价
1	030701003001	空调器	恒温恒湿机 YSL-DHS-225 1200mm × 1100mm × 1900mm-350kg 橡胶隔振垫 δ 20mm 落地安装	台	1		
本页小计							
合计							

2）项目清单综合单价计算步骤：

（1）组价工作内容有：橡胶隔震垫 $\delta = 20$mm 4 块，地脚螺栓 ϕ14mm，$L = 250$mm 4 套。

（2）计算恒温恒湿机、橡胶隔震垫、地脚螺栓定额未计价材料单价：(38540 + 5.6 ×

$4.08 + 4 \times 10.8) = 38606.05$ 元/台。

（3）根据《安装定额第七册》的 C.7.1.3 空调器和 C1.8.34 地脚螺栓灌浆定额计算恒温恒湿机安装项目清单综合单价分析表见表 14-74。

分部分项工程项目清单综合单价分析表　　　　　　　表 14-74

工程名称：某电子零部件加工车间通风空调系统安装工程　　　　　　　　　　标段：

序号	项目编码	项目名称	项目特征描述	计量单位	综合单价组成明细/元					
					人工费	材料费	施工机具使用费	管理费	利润	综合单价
1	030701003001	空调器	恒温恒湿机 YSL-DHS-225 1200mm × 1100mm × 1900mm-350kg 橡胶隔振垫 $\delta 20$mm 落地安装	台	1537.84	38634.71	56.29	443.22	318.83	40990.89

14.3.2　通风管道制作安装分部分项工程项目清单编制与计价

1. 通风管道制作安装分部分项工程项目清单编制

1）通风管道制作安装项目清单项目设置

（1）清单设置表《计算标准》附录 G.2 中通风管道制作安装分部分项工程项目清单设置见表 14-75。

通风管道制作安装（编码：030702）　　　　　　　表 14-75

项目编码	项目名称	项目特征	计量单位	工程量计算规则	工作内容
030702001	碳钢通风管道	（1）名称 （2）材质 （3）形状 （4）规格 （5）板材厚度 （6）接口形式			
030702002	净化通风管道	（1）名称 （2）材质 （3）形状 （4）规格 （5）板材厚度 （6）接口形式 （7）洁净度	m²	按设计图示内径以展开面积计算	风管、管件、法兰、零件制作、安装
030702003	不锈钢板通风管道	（1）名称 （2）形状 （3）规格 （4）板材厚度 （5）接口形式			
030702004	铝板通风管道				
030702005	塑料通风管道				

项目编码	项目名称	项目特征	计量单位	工程量计算规则	工作内容
030702006	玻璃钢通风管道	（1）名称 （2）形状 （3）规格 （4）板材厚度 （5）接口形式	m²	按设计图示外径以展开面积计算	风管、管件安装
030702007	复合型风管	（1）名称 （2）材质 （3）形状 （4）规格 （5）板材厚度 （6）接口形式		按设计图示外径以展开面积计算	风管、管件安装
030702008	柔性软风管	（1）名称 （2）材质 （3）规格 （4）风管接头形式、材质	m	按设计图示中心线以长度计算	（1）风管安装 （2）风管接头安装
030702009	弯头导流叶片	（1）名称 （2）材质 （3）规格	m²	按设计图示以展开面积计算	（1）制作 （2）组装
030702010	风管检查孔	（1）名称 （2）材质 （3）规格	个	按设计图示数量计算	（1）制作 （2）安装
030702011	温度、风量测定孔				

（2）通风管道制作安装清单项目特征描述应注意问题：

项目特征应根据表 14-75 所列特征进行表述，并注意以下问题：

①风管的形状特征应表述圆形、矩形、减缩形等。

②风管的材质特征应表述碳钢、塑料、不锈钢、复合材料、铝材等材料类型。

③碳钢材料特征应表述热轧或冷轧等。

④风管接口形式特征应表述咬口、铆接或焊接等。

⑤净化通风管道使用的型钢材料如要求镀锌时，工作内容应注明型钢镀锌。

⑥成品风管按相应通风管道项目编码列项。

⑦不锈钢排烟管道按相应不锈钢板通风管道编码列项。

⑧通风管道制作安装项目清单不包括支吊架的制作安装。若支吊架制作安装需单列的，应按《计算标准》附录 N 其他及附属工程的相应项目编码列项。

2）通风管道制作安装清单工程量计算规则

通风管道制作安装清单工程量计算规则见表 14-75。在计算清单工程量时应注意以下几点：

（1）风管展开面积，不扣除检查孔、测定孔、送风口、吸风口等所占面积；风管长度一律以设计图示中心线长度为准（主管与支管以其中心线交点划分），包括弯头、三通、变径管、天圆地方等管件的长度，但不包括部件所占的长度。风管展开面积不包括风管、管口重叠部分面积。风管渐缩管：圆形风管按平均直径，矩形风管按平均周长。圆形、矩形直风管展开面积计算式：

圆形直风管展开面积：

$$F = \pi \times D \times L \qquad (14\text{-}5)$$

矩形直风管展开面积：

$$F = 2(A + B)L \qquad (14\text{-}6)$$

式中：F——风管展开面积（m^2）；

D——圆形风管直径（m）；

A——矩形风管宽（m）；

B——矩形风管高（m）；

L——管道中心线长度（m）。

（2）穿墙套管按展开面积计算，根据材质及厚度要求计入相应通风管道工程量中。

（3）薄钢板通风管道清单工程量，按设计图示内径尺寸以展开面积计算，但由于所用板材的厚度比较薄，可忽略内外径区别，按图纸标注规格展开计算即可。

（4）薄钢板通风管道要区分矩形和圆形，按不同板厚分别计算清单工程量。若风管大小规格是在《广东省通用安装工程综合定额（2018）》规定范围内，且板厚、连接形式相同的，其清单工程量可以合并计算。

（5）薄钢板通风管道、防火板通风管道、净化通风管道、玻璃钢通风管道、复合型材料通风管的制作安装所需的加固框和吊托支架是风管制作安装固定用的辅助材料，不应计算在清单项目内。

（6）柔性软风管清单计量单位以"m"计量。

（7）弯头导流叶片清单计量单位以"m^2"计量。

（8）风管检查孔、温度测定孔、风量测定孔数量，按设计图纸或规范要求计算。

2. 通风管道制作安装分部分项工程项目清单计价

1）通风管道制作安装定额应用注意事项

（1）整个通风系统设计采用渐缩管均匀送风的，圆形风管按平均直径，矩形风管按平均周长执行相应规格项目，其人工乘以系数 2.50。

（2）镀锌薄钢板风管项目中的板材是按镀锌薄钢板编制的，如设计要求不用镀锌薄钢板的，板材可以换算，其他不变。

（3）风管导流叶片不分单叶片和香蕉形双叶片均执行同一项目。

（4）如制作空气幕送风管时，按矩形风管平均周长执行相应风管规格项目，其人工费乘以系数 3.00，其余不变。

（5）薄钢板通风管道、净化通风管道、玻璃钢通风管道、复合型风管制作的制作安装项目中，包括弯头、三通、变径管、天圆地方等管件及法兰、加固框和吊托支架的制作，但不包括过跨风管落地支架，落地支架执行设备支架项目。

（6）法兰、支架除锈刷油，应单独列项计算执行相应项目。

（7）薄钢板风管项目中的板材，如设计要求厚度不同者可以换算，但人工、机具费不变。

（8）软管接头使用人造革或其他材料而不使用帆布者可以换算。

（9）项目中的法兰垫料如设计要求使用材料品种不同者可以换算，但人工不变。使用泡沫塑料者每千克橡胶板换算为泡沫塑料 0.125kg；使用闭孔乳胶海绵者每千克橡胶板换算为闭孔乳胶海绵 0.50kg。

（10）柔性软风管适用于由金属、涂塑化纤织物、聚酯、聚乙烯、聚氯乙烯薄膜、铝箔等材料制成的软风管。

（11）风管项目中，型钢未包括镀锌费，如设计要求镀锌时，另加镀锌费，镀锌费按市场价格执行。

（12）镀锌薄钢板净化风管、不锈钢风管、铝板风管、塑料风管子目项目中的板材，如设计厚度不同者可以换算，人工、机具费不变。

（13）镀锌薄钢板净化圆形风管执行镀锌薄钢板净化风管矩形风管相应项目。

（14）镀锌薄钢板净化风管涂密封胶是按全部口缝外表面涂抹考虑的，如设计要求口缝不涂抹而只在法兰处涂抹者，每 10m 风管应减去密封胶 1.50kg，人工费乘以系数 0.95。

（15）不锈钢风管凡以电弧焊考虑的项目，如需使用氩弧焊者，其人工费乘以系数 1.24，材料费乘以系数 1.16，机具费乘以系数 1.67。

（16）不锈钢风管制作安装、铝板风管项目中包括管件，但不包括法兰和吊托支架；法兰和吊托支架应单独列项计算执行相应项目。

（17）铝板风管以气焊考虑，如需使用手工氩弧焊者，其人工费乘以系数 1.15，材料费乘以系数 0.85，机具费乘以系数 9.24。

（18）玻璃钢通风管道、复合风管项目规格标示的直径为外径，周长为外周长。

（19）塑料风管制作安装项目中包括管件、法兰、加固框，但不包括吊托支架制作安装，吊托支架应单独列项计算执行相应项目。

（20）塑料风管制作安装项目中的法兰垫料如设计要求使用品种不同者可以换算，但人工费不变。

（21）塑料通风管道胎具材料摊销费的计算方法：塑料风管管件制作的胎具摊销材料费，未包括在定额内，按以下规定另行计算。风管工程量在 30m 以上的，每 10m 风管的胎具摊销木材为 0.06m³。风管工程量在 30m 以下的，每 10m 风管的胎具摊销木材为 0.09m³，按地区预算价格计算胎具材料摊销费。

（22）玻璃钢风管及管件按计算工程量加损耗外加工定做，其价值按实际价格。风管修补应由加工单位负责，其费用按实际价格发生，计算在主材费内。定额未考虑预留铁件的制作和埋设，如果设计要求用膨胀螺栓安装吊托支架者，膨胀螺栓可按实际调整，其余不变。

（23）装配式镀锌薄钢板圆形通风管道、装配式镀锌薄钢板矩形通风管道、装配式薄钢板圆形通风管道、装配式薄钢板矩形通风管道按成品考虑。

2）通风管道制作安装定额工程量计算规则

（1）镀锌薄钢板风管、薄钢板风管、净化风管、不锈钢风管、铝板风管、塑料风管、玻璃钢风管、复合型风管、装配式镀锌薄钢板按设计图示展开面积以"m²"计算，不扣除检查孔、测定孔、送风口、吸风口等所占面积。

（2）矩形风管按设计图示周长乘以管道中心线长度计算，规格直径为内径，周长为内周长；其中玻璃钢风管、复合风管规格直径为外径，周长为外周长。

（3）薄钢板风管、净化风管、不锈钢风管、铝板风管、塑料风管、玻璃钢风管、复合型风管长度一律以设计图示中心线长度为准（主管与支管以其中心线交点划分），包括弯头、三通、变径管、天圆地方等管件的长度，但不得包括部件所占长度，重叠部分和堵头不得另行增加。

（4）风管导流叶片制作安装按设计图示叶片的面积以"m"计算。

（5）整个通风系统设计采用渐缩管均匀送风者，圆形风管按平均直径、矩形风管按平均周长计算。

（6）塑料风管制作安装所列规格直径为内径，周长为内周长。

（7）柔性软风管安装按设计图示管道中心线长度以"m"计算。

（8）软管（帆布接口）制作安装按设计图示尺寸展开面积以"m"计算。

（9）风管检查孔制作安装按设计图示尺寸以"kg"计算。

（10）温度、风量测定孔制作安装依据其型号，按设计图示数量以"个"计算。

（11）薄钢板通风管道、净化通风管道、玻璃钢通风管道、复合型材料通风管道的制作安装中已包括法兰、加固框和吊托支架，不得另行计算。

（12）不锈钢通风管道、铝板通风管道法兰和吊托支架按设计图示尺寸以"kg"计算。

（13）塑料通风管道吊托支架按设计图示尺寸以"kg"计算。

（14）装配式镀锌薄钢板通风管道、装配式镀锌薄钢板矩形通风管道、装配式薄钢板圆形通风管道、装配式薄钢板矩形通风管道按设计图示展开面积以"m²"计算，不扣除检查孔、测定孔、送风口、吸风口等所占面积。

（15）装配式镀锌薄钢板通风管道安装中已包括法兰、加固框和吊托支架，不得另行计算。

3. 通风管道制作安装有关的综合案例分析

【例 14-14】案例如图 14-14 所示。某电子零部件加工车间通风空调系统安装工程，层高为 4m。加工车间采用 1 台恒温恒湿机进行室内空气调节，风管采用镀锌薄钢板矩形风管，法兰咬口连接，风管规格 1000mm × 300mm，板厚 $\delta = 1.20$mm；风管规格 800mm × 300mm，板厚 $\delta = 1.00$mm；风管规格 630mm × 300mm，板厚 $\delta = 1.00$mm；风管规格 450mm × 450mm，板厚 $\delta = 0.75$mm。风管采用橡塑玻璃棉保温，保温厚度为 $\delta = 25$mm。试编制通风管道及通风管道安装有关项目的分部分项工程项目清单并分析综合单价。

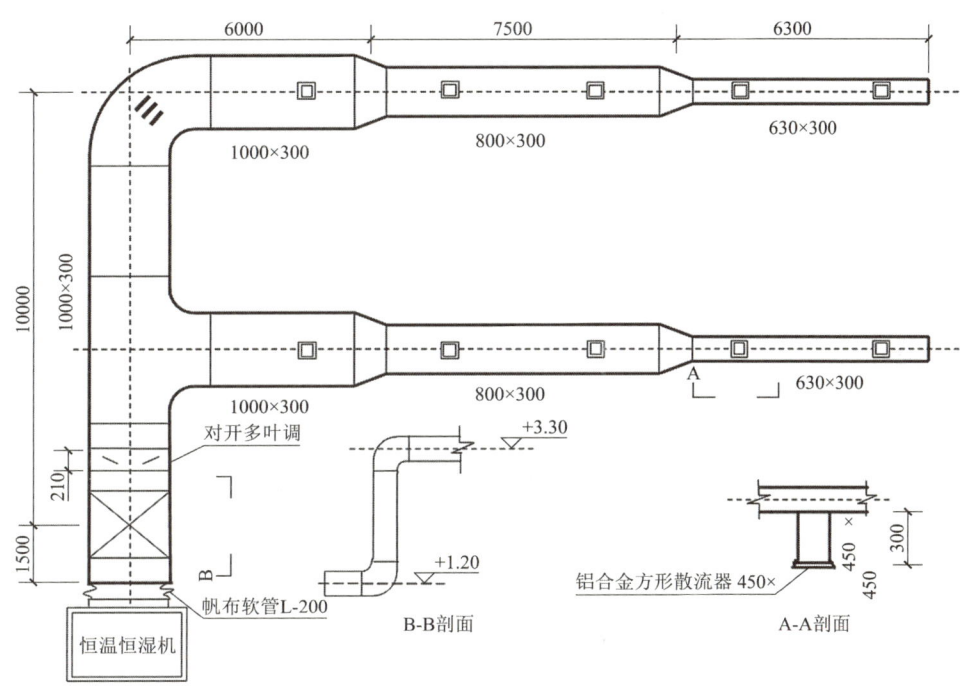

图 14-14　通风工程平面图、剖面图

1）分部分项工程项目清单编制步骤如下：

（1）查《计算标准》，与通风管道制作安装有关项目的项目清单有 5 项，包括"030702001 碳钢通风管道""030703019 柔性接口""030702009 弯头导流叶片""031208003 通风管道绝热""031201003 金属结构刷油"。

（2）根据通风管道制作安装工程量计算规则计算有关项目清单工程量，见表 14-76。

（3）编制分部分项工程项目清单，见表 14-77。

清单工程量计算表　　　　　　　　　　　　　　表 14-76

工程名称：某电子零部件加工车间通风空调系统安装工程

序号	清单项目特征	清单工程量计算过程	单位	清单工程量
1	镀锌薄钢板矩形风管 1000mm × 300mm $\delta = 1.2$mm 法兰咬口连接	$(1 + 0.3) \times 2 \times [1.5 + (10 - 0.21) + (3.3 - 1.2) + 6 \times 2]$	m²	66.01

序号	清单项目特征	清单工程量计算过程	单位	清单工程量
2	镀锌薄钢板矩形风管 800mm × 300mm $\delta = 1.0$mm 法兰咬口连接	$(0.8 + 0.3) \times 2 \times 7.5 \times 2$	m²	33.00
3	镀锌薄钢板矩形风管 630mm × 300mm $\delta = 1.0$mm 法兰咬口连接	$(0.63 + 0.3) \times 2 \times 6.3 \times 2$	m²	23.44
4	镀锌薄钢板矩形风管 450mm × 450mm $\delta = 0.75$mm 法兰咬口连接	$(0.45 + 0.45) \times 2 \times (0.3 + 0.15) \times 10$	m²	8.10
5	帆布软管 1000mm × 300mm $L = 200$mm	$(1 + 0.3) \times 2 \times 0.2$	m²	0.52
6	单叶片镀锌薄钢板导流叶片 $H = 300\delta = 0.75$mm	0.314×7	m²	2.20
7	矩形风管橡塑玻璃棉保温 $\delta = 25$mm	$[2 \times (1 + 0.3) + 1.033 \times 4 \times 0.025] \times 1.033 \times 0.025 \times 66 + [2 \times (0.8 + 0.3) + 1.033 \times 4 \times 0.025] \times 1.033 \times 0.025 \times 33 + [2 \times (0.63 + 0.3) + 1.033 \times 4 \times 0.025] \times 1.033 \times 0.025 \times 23.4 + [2 \times (0.45 + 0.45) + 1.033 \times 4 \times 0.025] \times 1.033 \times 0.025 \times 8.1$	m³	8.16
8	风管型钢人工除轻锈、刷红丹防锈漆 2 遍	37.81kg/10m² $\times (6.6 + 3.3) + 38.92$kg/10m² $\times (2.34 + 0.81)$	kg	49.69

分部分项工程量清单与计价表　　　　表 14-77

工程名称：某电子零部件加工车间通风空调系统安装工程　　　　　　　　标段：

序号	项目编码	项目名称	项目特征描述	计量单位	工程量	金额/元	
						综合单价	合价
1	030702001001	碳钢通风管道	镀锌薄钢板矩形风管 1000mm × 300mm $\delta 1.2$mm 法兰咬口连接	m²	66.01		
2	030702001002	碳钢通风管道	镀锌薄钢板矩形风管 800mm × 300mm $\delta 1.0$mm 法兰咬口连接	m²	33.00		
3	030702001003	碳钢通风管道	镀锌薄钢板矩形风管 630mm × 300mm $\delta 1.0$mm 法兰咬口连接	m²	23.44		
4	030702001004	碳钢通风管道	镀锌薄钢板矩形风管 450mm × 450mm $\delta 0.75$mm 法兰咬口连接	m²	8.10		
5	030703019001	柔性接口	帆布软管 1000mm × 300mm $L = 200$mm	m²	0.52		
6	030702009001	弯头导流叶片	单叶片镀锌薄钢板导流叶片 $H = 300$mm $\Delta = 0.75$mm	m²	2.20		
7	031208003001	通风管道绝热	矩形风管橡塑玻璃棉保温 $\delta = 25$mm	m³	8.16		
8	031201003001	金属结构刷油	风管型钢人工除轻锈、刷红丹防锈漆 2 遍	kg	49.69		
			本页小计				
			合计				

2）项目清单综合单价计算步骤：

（1）经市场询价可知：镀锌薄钢板矩形风管 1000mm×300mm 税前价 47.10 元/m²，镀锌薄钢板矩形风管 800mm×300mm 税前价 39.25 元/m²，镀锌薄钢板矩形风管 630mm×300mm 税前价 39.25 元/m²，镀锌薄钢板矩形风管 450mm×450mm 税前价 29.44 元/m²，橡塑玻璃棉保温 δ25mm 税前价 550 元/m³，黏接剂税前价 15 元/kg，醇酸防锈漆税前价 13.15 元/kg，铝箔胶带税前价 15 元/卷，保温钉税前价 0.09 元/十套。

（2）根据《安装定额第七册》的 C.7.2.2 碳钢风管制作安装、C.7.3.16 柔性接口、C.7.2.10 弯头导流叶片，《安装定额第十二册》的 C.12.5.3 通风管道绝热、C.12.2.3 金属结构刷油定额计算通风管道、柔性接口、弯头导流叶片、通风管道绝热和金属结构刷油项目清单综合单价分析表。具体项目清单和定额编号选用对应见表 14-78。

（3）定额"C12-5-124 风管纤维类制品（板）安装铝箔玻璃棉毡"未计价主材包括保温胶钉、黏接剂、铝箔胶带 20m、矩形风管橡塑玻璃棉保温 δ＝25mm，未计价材料费计算过程为：(391.68×0.19 + 81.6×15 + 16.32×15 + 5.486×550)/8.16 = 558.89 元。

（4）分部分项工程项目清单综合单价分析表见表 14-79。

项目清单和定额编号选用对应表　　　　表 14-78

序号	项目编码	项目名称	项目特征	计量单位	对应定额
1	030702001001	碳钢通风管道	镀锌薄钢板矩形风管 1000mm×300mm δ1.2mm 法兰咬口连接	m²	C7-2-36 镀锌薄钢板矩形风管（δ＝1.2mm 以内咬口）制作安装长边长（mm）≤1000
2	030702001002	碳钢通风管道	镀锌薄钢板矩形风管 800mm×300mm δ1.0mm 法兰咬口连接	m²	C7-2-36 镀锌薄钢板矩形风管（δ＝1.2mm 以内咬口）制作安装长边长（mm）≤1000
3	030702001003	碳钢通风管道	镀锌薄钢板矩形风管 630mm×300mm δ1.0mm 法兰咬口连接	m²	C7-2-36 镀锌薄钢板矩形风管（δ＝1.2mm 以内咬口）制作安装长边长（mm）≤1000
4	030702001004	碳钢通风管道	镀锌薄钢板矩形风管 450mm×450mm δ0.75mm 法兰咬口连接	m²	C7-2-35 镀锌薄钢板矩形风管（δ＝1.2mm 以内咬口）制作安装长边长（mm）≤450
5	030703019001	柔性接口	帆布软管 1000mm×300mm L＝200mm	m²	C7-3-182 软管接口制作安装
6	030702009001	弯头导流叶片	单叶片镀锌薄钢板导流叶片 H＝300Δ＝0.75mm	m²	C7-2-165 弯头导流叶片制作安装
7	031208003001	通风管道绝热	矩形风管橡塑玻璃棉保温 δ＝25mm	m³	C12-5-124 风管纤维类制品（板）安装铝箔玻璃棉毡
8	031201003001	金属结构刷油	风管型钢人工除轻锈、刷红丹防锈漆 2 遍	kg	C12-1-5 手工除锈一般钢结构轻锈和 C12-2-49 一般钢结构红丹防锈漆第一遍实际遍数（遍）: 2

分部分项工程项目清单综合单价分析表 表 14-79

工程名称：略 标段：

序号	项目编码	项目名称	项目特征描述	计量单位	综合单价组成明细/元					
					人工费	材料费	施工机具使用费	管理费	利润	综合单价
1	030702001001	碳钢通风管道	镀锌薄钢板矩形风管 1000mm×300mm δ1.2mm 法兰咬口连接	m²	42.68	69.39	1.18	12.16	8.77	134.18
2	030702001002	碳钢通风管道	镀锌薄钢板矩形风管 800mm×300mm δ1.0mm 法兰咬口连接	m²	42.68	60.46	1.18	12.16	8.77	125.25
3	030702001003	碳钢通风管道	镀锌薄钢板矩形风管 630mm×300mm δ1.0mm 法兰咬口连接	m²	42.68	60.46	1.18	12.16	8.77	125.25
4	030702001004	碳钢通风管道	镀锌薄钢板矩形风管 450mm×450mm δ0.75mm法兰咬口连接	m²	56.78	50.98	2.2	16.35	11.8	138.11
5	030703019001	柔性接口	帆布软管 1000mm×300mm L=200mm	m²	176.11	123.29	2.13	49.41	35.65	386.59
6	030702009001	弯头导流叶片	单叶片镀锌薄钢板导流叶片 H=300mm Δ=0.75mm	m²	135.19	36.14	0.00	37.47	27.04	235.84
7	031208003001	通风管道绝热	矩形风管橡塑玻璃棉保温 δ=25mm	m³	352.09	791.50	0.00	72.39	70.42	1286.40
8	031201003001	金属结构刷油	风管型钢人工除轻锈、刷红丹防锈漆2遍	kg	0.64	0.24	0.35	0.20	0.20	1.63

14.3.3　通风管道部件制作安装分部分项工程项目清单编制与计价

1. 通风管道部件制作安装分部分项工程项目清单编制

1）通风管道部件制作安装分部分项工程项目清单设置

（1）清单设置表

《计算标准》附录 G.3 中通风管道部件制作安装项目清单设置见表 14-80。

通风管道部件制作安装（编码：030703） 表 14-80

项目编码	项目名称	项目特征	计量单位	工程量计算规则	工作内容
030703001	碳钢阀门	（1）名称（2）类型（3）型号（4）规格	个	按设计图示数量计算	阀体安装
030703002	柔性软风管阀门				
030703003	铝质阀门				
030703004	不锈钢阀门				
030703005	塑料阀门				
030703006	玻璃钢阀门				

续表

项目编码	项目名称	项目特征	计量单位	工程量计算规则	工作内容
030703007	碳钢风口、散流器、百叶窗	（1）名称 （2）类型 （3）型号 （4）规格	个	按设计图示数量计算	（1）风口安装 （2）散流器安装 （3）百叶窗安装
030703008	不锈钢风口、散流器、百叶窗	（1）名称 （2）类型 （3）型号 （4）规格	个	按设计图示数量计算	（1）风口安装 （2）散流器安装 （3）百叶窗安装
030703009	塑料风口、散流器、百叶窗	（1）名称 （2）类型 （3）型号 （4）规格	个	按设计图示数量计算	（1）风口安装 （2）散流器安装 （3）百叶窗安装
030703010	玻璃钢风口	（1）名称 （2）类型 （3）型号 （4）规格	个	按设计图示数量计算	风口安装
030703011	铝及铝合金风口、散流器	（1）名称 （2）类型 （3）型号 （4）规格	个	按设计图示数量计算	（1）风口安装 （2）散流器安装
030703012	碳钢风帽	（1）名称 （2）类型 （3）规格	个	按设计图示数量计算	（1）风帽制作、安装 （2）筒形风帽滴水盘制作、安装 （3）风帽筝绳制作、安装 （4）风帽泛水制作、安装
030703013	不锈钢风帽	（1）名称 （2）类型 （3）规格	个	按设计图示数量计算	（1）风帽制作、安装 （2）筒形风帽滴水盘制作、安装 （3）风帽筝绳制作、安装 （4）风帽泛水制作、安装
030703014	塑料风帽	（1）名称 （2）类型 （3）规格	个	按设计图示数量计算	（1）风帽制作、安装 （2）筒形风帽滴水盘制作、安装 （3）风帽筝绳制作、安装 （4）风帽泛水制作、安装
030703015	铝板伞形风帽	（1）名称 （2）类型 （3）规格	个	按设计图示数量计算	（1）板伞形风帽制作、安装 （2）风帽筝绳制作、安装 （3）风帽泛水制作、安装
030703016	玻璃钢风帽	（1）名称 （2）类型 （3）规格	个	按设计图示数量计算	（1）玻璃钢风帽安装 （2）筒形风帽滴水盘安装 （3）风帽筝绳安装 （4）风帽泛水安装
030703017	碳钢罩类	（1）名称 （2）类型 （3）型号 （4）规格	个	按设计图示数量计算	（1）罩类制作 （2）罩类安装
030703018	塑料罩类	（1）名称 （2）类型 （3）型号 （4）规格	个	按设计图示数量计算	（1）罩类制作 （2）罩类安装
030703019	柔性接口	（1）名称 （2）类型 （3）材质 （4）规格	m^2	按设计图示尺寸以展开面积计算	（1）柔性接口制作 （2）柔性接口安装
030703020	消声器	（1）名称 （2）材质 （3）规格	个	按设计图示数量计算	消声器安装
030703021	静压箱	（1）名称 （2）材质 （3）规格	m^2	按设计图示尺寸以展开面积计算	静压箱制作、安装
030703022	人防超压自动排气阀	（1）名称 （2）类型 （3）型号 （4）规格	个	按设计图示数量计算	排气阀安装
030703023	人防手动密闭阀	（1）名称 （2）型号 （3）规格	个	按设计图示数量计算	密闭阀安装
030703024	人防其他部件	（1）名称 （2）类型 （3）型号 （4）规格	个（套）	按设计图示数量计算	人防其他部件安装

（2）清单项目特征描述应注意问题

通风管道部件制作安装分部分项工程项目清单设置时，项目特征应根据表14-80所列特征进行表述，并注意以下问题：

①碳钢阀门的名称特征应表述其具体的实体名称，如三通调节阀、防火阀等；类型特征则表述其结构形式，如三通调节阀的手柄式或拉杆式等，在具体特征表述时，可以将名称和类型特征合并表述，如手柄式三通调节阀、拉杆式三通调节阀等。规格特征是指阀门形状和周长，同样名称和形状特征也可合并表述，如矩形防火阀、圆形防火阀等。有具体型号规格的，应予以表述，反之可不表述。

②碳钢风口、散流器、百叶窗的规格特征是指其形状和周长，形状应描述方形或圆形等，如果是成品的，则应表述具体型号。

③静压箱的材质特征应描述材料种类和板厚，规格特征应表述其（长×宽×高）尺寸等。

（3）分部分项工程项目清单设置说明

通风管道部件制作安装在清单编制时应注意以下问题：

①碳钢阀门包括：空气加热器上通阀、空气加热器旁通阀、圆形瓣式启动阀、风管蝶阀、风管止回阀、密闭式斜插板阀、矩形风管三通调节阀、对开多叶调节阀、风管防火阀、各型风罩调节阀等。

②塑料阀门包括：塑料蝶阀、塑料插板阀、各型风罩塑料调节阀。

③碳钢风口、散流器、百叶窗包括：百叶风口、矩形送风口、矩形空气分布器、风管插板风口、旋转吹风口、圆形散流器、方形散流器、流线型散流器、送吸风口、活动算式风口、网式风口、钢百叶窗等。

④碳钢罩类包括：皮带防护罩、电动机防雨罩、侧吸罩、中小型零件焊接台排气罩、整体分组式槽边侧吸罩、吹吸式槽边通风罩、条缝槽边抽风罩、泥心烘炉排气罩、升降式回转排气罩、上下吸式圆形回转罩、升降式排气罩、手锻炉排气罩。

⑤塑料罩类包括：塑料槽边侧吸罩、塑料槽边风罩、塑料条缝槽边抽风罩。

⑥柔性接口包括：金属、非金属软接口及伸缩节。

⑦消声器包括：片式消声器、矿棉管式消声器、聚酯泡沫管式消声器、卡普隆纤维管式消声器、弧形声流式消声器、阻抗复合式消声器、微穿孔板消声器、消声弯头。

⑧通风部件如图纸要求制作安装或用成品部件只安装不制作，在项目特征中应明确描述。

⑨静压箱的面积计算：按设计图示尺寸以展开面积计算，不扣除开口的面积。

⑩人防其他部件包括滤尘器、毒气报警器、预滤器、除湿器、测压装置、换气堵头、波导窗、气密测量管等。

2）通风管道部件制作安装清单工程量计算规则

通风管道部件制作安装清单工程量计算规则见表14-80。计算清单工程量时应注意以下几点：

（1）在计算碳钢阀门清单工程量时，要明确区分其实体名称、规格、每个重量的不同以自然量计算，不能笼统计算。

（2）在计算风口清单工程量时，要注意区别不同材质计算。

（3）静压箱清单计量单位以"m²"计量。

2.通风管道部件安装分部分项工程项目清单计价

1）通风管道部件安装定额工程量计算规则

（1）碳钢调节阀安装依据其类型、直径（圆形）或周长（方形），按设计图示数量以"个"计算。柔性软风管阀门安装按设计图示数量以"个"计算。

（2）塑料通风管道柔性接口及伸缩节制作安装应依连接方式按设计图示规格尺寸展开面积以"m"计算。

（3）碳钢各种风口的安装依据类型、规格尺寸按设计图示数量以"个"计算。

（4）钢百叶窗及活动金属百叶风口安装依据类型、规格尺寸按设计图示数量以"个"计算。

（5）塑料通风管道分布器、散流器的制作安装按其成品质量以"kg"计算。

（6）塑料通风管道风帽、罩类的制作均按其质量以"kg"计算，非标准罩类制作安装成品质量以"kg"计算。罩类为成品安装时制作不再计算。

（7）铝板圆伞形风帽、铝板风管圆周形矩形法兰制作按设计图示尺寸以"kg"计算。

（8）碳钢风帽的制作安装均按其质量以"kg"计算；非标准风帽制作安装成品质量以"kg"计算。风帽为成品安装时制作不再计算。

（9）碳钢风帽筝绳制作安装按设计图示尺寸以"kg"计算。

（10）碳钢风帽泛水制作安装按设计图示尺寸展开面积以"m"计算。

（11）碳钢风帽滴水盘制作安装按设计图示尺寸以"kg"计算。

（12）罩类的制作安装均按其质量以"kg"计算；非标准罩类制作安装成品质量以"kg"计算。罩类为成品安装时制作不再计算。

（13）成品消声器、成品静压箱和成品消声弯头安装按设计图示数量以"个"计算。

（14）人防各种调节阀制作安装按设计图示数量以"个"计算。

（15）测压装置安装按设计图示数量以"套"计算。

2）通风管道部件定额应用注意事项

（1）铝制孔板风口如需电化处理时，另加电化费。

（2）部件项目中，型钢未包括镀锌费，如设计要求镀锌时，另加镀锌费。

3.通风管道部件制作安装案例分析

【例 14-15】某电子零部件加工车间通风空调系统安装工程，层高为 4m。加工车间采用 1 台恒温恒湿机进行室内空气调节；风管采用镀锌薄钢板矩形风管，法兰咬口连接，对开多叶调节阀 1000mm × 300mm$L = 210$mm 为成品购买，数量为 1 个，税前单价为 500 元/个；成品铝合金方形散流器规格为 450mm × 450mm，数量为 10 个，税前单价为 60.75 元/个。试编制对开多叶调节阀和方形散流器的分部分项工程项目清单并计算综合单价。

1）分部分项工程项目清单编制步骤如下：

（1）查《计算标准》：对开多叶调节阀的清单属于"030703001 碳钢阀门"，铝合金方形散流器的清单属于"030703011 铝及铝合金散流器"。

（2）对开多叶调节阀 1000mm × 300mm$L = 210$mm 清单工程量为 1 个，铝合金方形散流器 450mm × 450mm 清单工程量为 10 个。

（3）编制分部分项工程项目清单，见表 14-81。

分部分项工程项目清单计价表　　　　　　表 14-81

工程名称：某电子零部件加工车间通风空调系统安装工程　　　　　　　标段：

序号	项目编码	项目名称	项目特征描述	计量单位	工程量	金额/元 综合单价	金额/元 合价
1	030703001001	碳钢阀门	对开多叶调节阀 1000mm × 300mm$L = 210$mm	个	1		
2	030703011001	铝及铝合金散流器	铝合金方形散流器 450mm × 450mm	个	10		
本页小计							
合计							

2）项目清单综合单价计算步骤：

根据《安装定额第七册》的 C.7.3.1 碳钢阀门、C.7.3.7 散流器定额计算对开多叶调节阀和铝合金方形散流器安装，项目清单综合单价分析表见表 14-82。

分部分项工程项目清单综合单价分析表　　　　　　表 14-82

工程名称：某电子零部件加工车间通风空调系统安装工程　　　　　　　标段：

序号	项目编码	项目名称	项目特征描述	计量单位	综合单价组成明细/元 人工费	材料费	施工机具使用费	管理费	利润	综合单价
1	030703001001	碳钢阀门	对开多叶调节阀 1000mm × 300mm$L = 210$mm	个	38.5	504.53	6.53	12.48	9.01	571.05
2	030703011001	铝及铝合金散流器	铝合金方形散流器 450mm × 450mm	个	75.35	69.12	0.16	20.93	15.1	180.66

14.3.4　通风工程检测、调试、试验分部分项工程项目清单编制与计价

1.通风工程检测、调试、试验分部分项工程项目清单编制

1）通风工程检测、调试、试验分部分项工程项目清单设置

（1）清单设置表

《计算标准》附录 G.4 中通风工程检测、调试、试验项目清单设置见表 14-83。

通风工程检测、调试（编码：030704）　　　　表 14-83

项目编码	项目名称	项目特征	计量单位	工程量计算规则	工作内容
030704001	通风工程检测、调试	系统名称	系统	按设计图示通风空调系统计算	（1）通风管道风量测定 （2）风压测定 （3）温度测定 （4）各系统风口、阀门调试 （5）漏风试验
030704002	人防通风气密性试验	系统名称	m	按设计图示人防通风管道长度计算	人防通风气密性试验

（2）清单项目特征描述应注意的问题

通风工程检测、调试、试验分部分项工程项目清单设置时，项目特征应根据表 G.4.1 所列特征进行表述，并注意以下问题：

①通风工程检测、调试项目是系统工程安装完毕后所进行的系统检测及对系统的各风口、调节阀、排气罩进行风量、风压、温度测试等全部工作过程。其项目特征应以通风空调风系统名称进行表述。

②人防通风气密性试验项目特征应以设计要求或施工验收规范要求进行表述。

2）通风工程检测、调试、试验清单工程量计算

通风工程检测、调试、试验清单工程量计算规则见表 14-83。

2. 通风工程检测、调试、试验分部分项工程项目清单计价

1）通风工程检测、调试不需要单独套用定额，费用以空调系统调试费形式出现，计算方法为：按空调通风系统（包括设备、风管系统及防腐绝热）项目人工费的 7% 计算，其中人工费占 35%，材料费占 65%。

2）人防通风气密性试验，按设计图示人防通风管道长度计算以 "m" 计算。

3. 通风工程检测、调试、试验案例分析

【例 14-16】某通风空调系统安装工程，层高为 4m。风管采用镀锌薄钢板矩形风管，法兰咬口连接，经计算可知，风管工程量为 131.00m²。系统安装完成后需要做检测调试，试编制本工程的检测调试的分部分项工程项目清单并计算综合单价。

1）分部分项工程项目清单编制步骤如下：

（1）查《计算标准》：通风空调工程检测调试清单属于 "030704001 通风工程检测调试"。

（2）通风空调工程检测调试清单工程量为 1 个系统。

（3）编制分部分项工程项目清单。分部分项工程项目清单见表 14-84。

2）计算清单项综合单价步骤：

根据《安装定额第七册》BM308 空调系统调试费计算综合单价分析表见表 14-85。

分部分项工程量清单与计价表　　　　　　　　　　表 14-84

工程名称：某通风空调系统安装工程　　　　　　　　　　　　　　　标段：

序号	项目编码	项目名称	项目特征描述	计量单位	工程量	金额/元		
						综合单价	合价	其中：暂估价
1	030704001001	通风工程检测、调试	通风空调风系统	系统	1			
			本页小计					
			合计					

分部分项工程项目清单综合单价分析表　　　　　　　　表 14-85

工程名称：略　　　　　　　　　　　　　　　　　　　　　　　标段：

序号	项目编码	项目名称	项目特征描述	计量单位	综合单价组成明细/元					
					人工费	材料费	施工机具使用费	管理费	利润	综合单价
1	030704001001	通风工程检测、调试	通风空调风系统	系统	278.77	517.72	0.00	0.00	55.75	852.24

14.3.5　通风空调及机械设备安装计量其他有关说明

通风空调安装工程量清单编制其他有关说明。

1. 冷冻机组站内的设备安装、通风机安装、人防两用通风机安装，应按《计算标准》附录 A 机械设备安装工程的相应项目编码列项。通风空调工程的电气系统应按《计算标准》附录 D 电气设备安装工程的相应项目编码列项。

2. 冷冻机组站内的管道安装，应按《计算标准》附录 H 工业管道工程的相应项目编码列项。

3. 冷冻站外墙皮以外通往通风空调设备的供热、供冷、供水等管道，应按《计算标准》附录 K 给排水、采暖、燃气工程的相应项目编码列项。

4. 设备、管道和部件的保温及保护层安装，应按《计算标准》附录 M 刷油、防腐蚀、绝热工程的相应项目编码列项。

5. 挡烟垂壁按《房屋建筑与装饰工程工程量计算标准》GB/T 50854—2024 相应项目编码列项。

◁◁◁◁◁◁ **真题训练及解析** ▷▷▷▷▷▷

1. 依据《计算标准》关于碳钢通风管道清单工程量的计算，下列说法正确的是（　　）。
【单选题】

A. 按设计图示外径以展开面积计算

B. 按设计图示内径以展开面积计算

C. 风管展开面积包括风管、管口重叠部分面积

D. 风管展开面积，应扣除检查孔、测定孔、送风口、吸风口等所占面积

【答案】B

【解析】详见《计算标准》碳钢通风管道清单工程量按设计图示内径以展开面积计算。风管展开面积不扣除检查孔、测定孔、送风口、吸风口等所占面积；风管长度以设计图 示中心线长度为准（主管与支管以其中心线交点划分），包括弯头、三通、变径管、天圆地方等管件的长度，但不包括部件所占的长度。风管展开面积不包括风管、管口重叠部分面积。风管渐缩管：圆形风管按平均直径；矩形风管按平均周长。

2. 依据《计算标准》下列清单项计量单位为"m²"的是（　　）。【单选题】

　　A. 消声器　　　　　B. 塑料风帽　　　　C. 碳钢风帽　　　　D. 静压箱

【答案】D

【解析】详见《计算标准》消声器、塑料风帽、碳钢风帽清单项的计量单位为"个"。

3. 依据《广东省通用安装工程综合定额（2018）》，下列型号属于中效过滤器系列的是（　　）。【单选题】

　　A. ZKL 型　　　　　B. LWP 型　　　　C. JX-20 型　　　　D. WL 型

【答案】A

【解析】详见定额 C.7.1 通风及空调设备及部件制作安装说明：低效过滤器指 M-A 型、WL 型、LWP 型等系列；中效过滤器指 ZKL 型、YB 型、M 型、ZX-1 型等系列；高效过滤器指 GB 型、GS 型、JX-20 型等系列。

4. 依据《广东省通用安装工程综合定额（2018）》，下列关于通风管道的定额工程量计算规则正确的有（　　）。【多选题】

A. 矩形风管按设计图示周长乘以管道中心线长度计算，规格直径为内径，周长为内周长

B. 矩形风管按设计图示周长乘以管道中心线长度计算，规格直径为内径、周长为内周长，其中玻璃钢风管、复合风管规格直径为外径、周长为外周长

C. 风管长度一律以设计图示中心线长度为准（主管与支管以其中心线交点划分），包括弯头、三通、变径管、天圆地方等管件的长度

D. 整个通风系统设计采用渐缩管均匀送风者，圆形风管按平均直径、矩形风管按平均周长计算

E. 柔性软风管安装按设计图示管道中心线长度，按展开面积以"m²"计算

【答案】B、C、D

【解析】详见《安装定额第七册》C.7.2 通风管道安装的工程量计算规则第一、二、四、六项。E 项的正确说法是"柔性软风管安装按设计图示管道中心线长度以'm'计算"。

第4节　消防工程工程量清单编制与计价

本节提示

掌握　消防工程工程量清单的编制、消防工程计价应用。

熟悉　消防工程工程量计算规则及应用。

知识体系

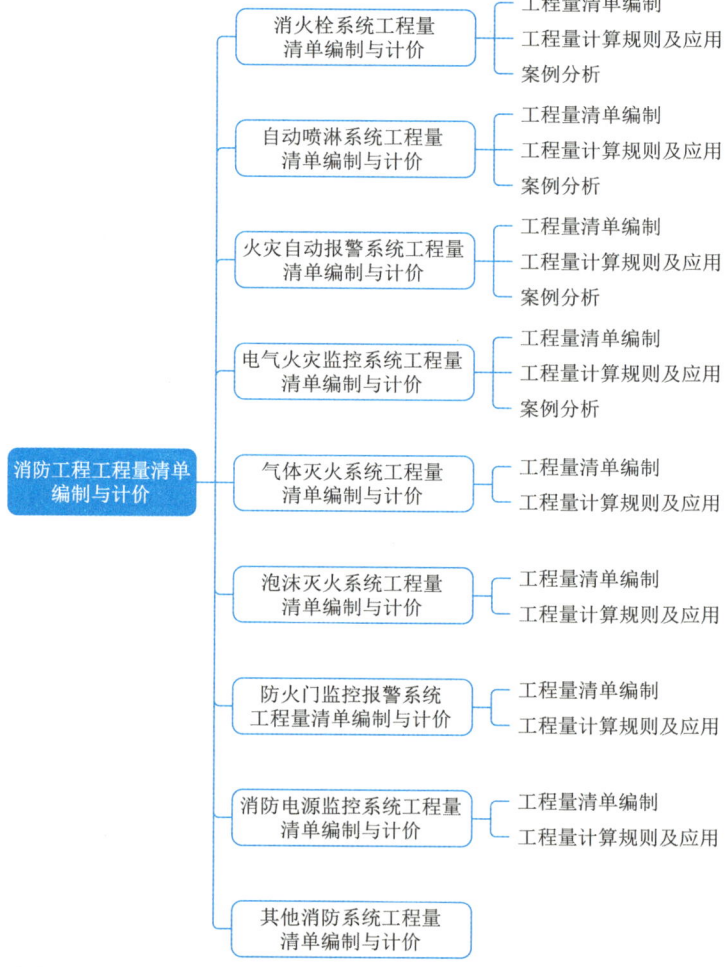

消防工程分部分项工程项目清单应依据《通用安装工程工程量计算标准》GB/T 50856—2024（以下简称《计算标准》）的附录 J《消防工程》有关规定进行编制。

根据《广东省住房和城乡建设厅关于印发〈广东省建设工程计价依据（2018）〉的通知》（粤建市〔2019〕6 号）有关规定，将《广东省通用安装工程综合定额（2018）》第九册（以下简称《安装定额第九册》）作为消防安装工程的主要计价依据之一。《安装定额第九册》内容包括：水灭火系统、气体灭火系统、泡沫灭火系统、火灾自动报警系统、消防系统调试等。适用范围：一般工业与民用建筑中新建、扩建和改建的消防安装工程。

14.4.1　消火栓系统工程量清单编制与计价

1. 消火栓系统安装分部分项工程项目清单编制

（1）确定工程范围：明确消火栓系统的工程范围，包括消火栓设备、管道、附件等。这有助于确定工程量清单编制的具体内容。

（2）确定设备清单：根据系统设计，列出所需的消火栓设备清单，包括消火栓、水枪、水带、消防泵等。要明确设备的规格、型号、数量等信息。

（3）《计算标准》消火栓系统常用清单，见表 14-86。

消火栓系统常用清单表　　　　　　　　　　　　表 14-86

项目编码	项目名称	项目特征	计量单位	工程量计算规则	工程内容
030901002	消火栓钢管	（1）安装部位 （2）材质、规格 （3）连接方式	m	按设计图示管道中心线以长度计算	（1）管道安装 （2）压力试验 （3）冲洗 （4）管道标识 （5）管件安装
030901010	室内消火栓	（1）安装方式 （2）型号、规格 （3）附件材质、规格	套	按设计图示数量计算	（1）箱体及消火栓安装 （2）配件安装
030901011	室外消火栓				（1）本体安装 （2）配件安装
030901012	消防水泵结合器	（1）安装部位 （2）型号、规格 （3）附件材质、规格	套		（1）本体安装 （2）附件安装
030910001	灭火器	（1）形式 （2）规格、型号	具	按设计图示数量计算	本体放置
030910002	灭火器箱	（1）安装方式 （2）规格、型号	个		本体安装

（4）系统调试，在设备、管道、附件安装完成后，需要进行系统调试，以确保系统的正常运行，包括系统调试、设备调试等，调试清单设置见表 14-87。

消火栓系统调试清单表　　　　　　　　　　　　表 14-87

项目编码	项目名称	项目特征	计量单位	工程量计算规则	工程内容
030909001	水灭火控制装置调试	系统形式	点	按控制装置的点数计算	调试

2. 消火栓系统清单工程量计算规则及应用

消火栓系统安装项目清单工程量计算规则见表 14-86、表 14-87。在计算清单工程量时应注意以下几点：

1）工程量计算规则

（1）水灭火管道工程量计算，不扣除阀门、管件及各种组件所占的长度以延长米计算。

（2）室内消火栓箱，包括消火栓箱、消火栓、水枪、水龙头、水龙带接口、自救卷盘、挂架、消防按钮；落地消火栓箱包括箱内手提灭火器。

（3）室外消火栓，安装方式分地上式、地下式；地上式消火栓安装包括地上式消火栓、法兰接管、弯管底座；地下式消火栓安装包括地下式消火栓、法兰接管、弯管底座或消火栓三通。

（4）消防水泵结合器，包括法兰接管及弯头安装，接合器井内阀门、弯管底座，标牌等附件安装。

（5）消火栓系统调试工程量，按消火栓启泵按钮数量以点计算。

2）消火栓系统安装定额使用注意事项

（1）雨淋、干湿两用及预作用报警装置安装执行湿式报警装置安装定额，其人工费乘以系数 1.20，其余不变。

（2）带灭火器的成套室内消火栓箱（柜）安装，其定额人工、机具按相应未带灭火器的消火栓箱定额子目乘以系数 1.30。

（3）管道安装应配合土建预留穿墙体及穿楼板的孔洞。

（4）钢管法兰连接定额，管件是按成品、弯头两端是按接短管焊法兰考虑的，定额中包括了直管、管件、法兰等全部安装工序内容，但管件、法兰及螺栓的主材价值应按设计规定数量另行计算。

（5）消火栓管道采用钢管（沟槽连接）时，执行水喷淋钢管（沟槽连接）相关项目。

（6）消火栓管道采用无缝钢管焊接时，定额中已包括管件安装，管件依据设计图纸数量另计本身价值。

（7）管道安装定额已考虑水压试验及水冲洗的相应费用。

（8）消防水泵接合器设计要求用短管时，其本身价值可另行计算，其余不变。

（9）管道支吊架制作安装定额适用于支架、吊架及防晃支架的形式。成品管卡安装按其重量套用管道支吊架安装，并另计算成品管卡的价值。

（10）消火栓管道：给水管道室内外界线应以外墙皮 1.5m 为界，入口处设阀门者应以阀门为界。与市政给水管道的界线：以与市政给水管道碰头点（井）为界。

3. 消火栓系统工程清单案例分析

工程量清单编制案例如图 14-15～图 14-17。

序号	名称	图例	备注
1	Y型过滤器		
2	橡胶接头		
3	减压阀		
4	截止阀		
5	闸阀		
6	手提式灭火器		
7	推车式灭火器		
8	单口消火栓		
9	双口消火栓		
10	室外消火栓		

图 14-15　图例

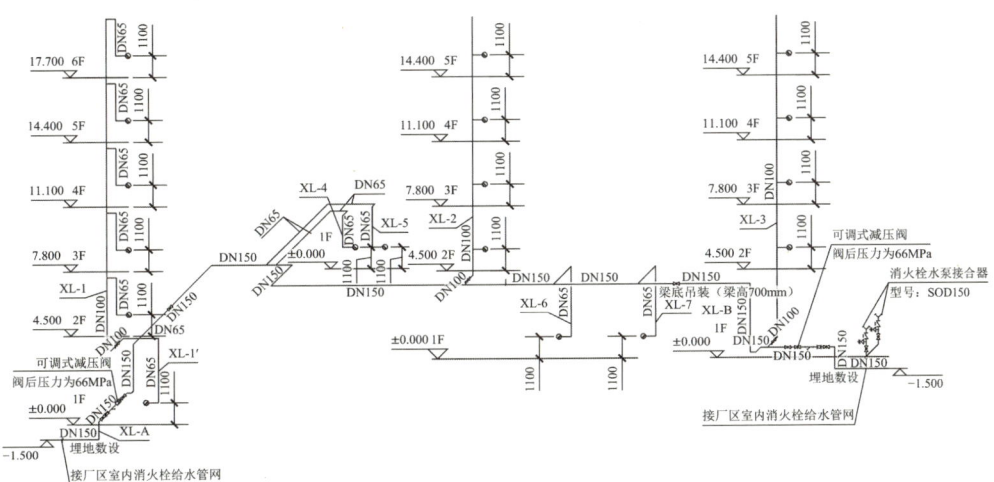

图 14-16　消火栓系统图

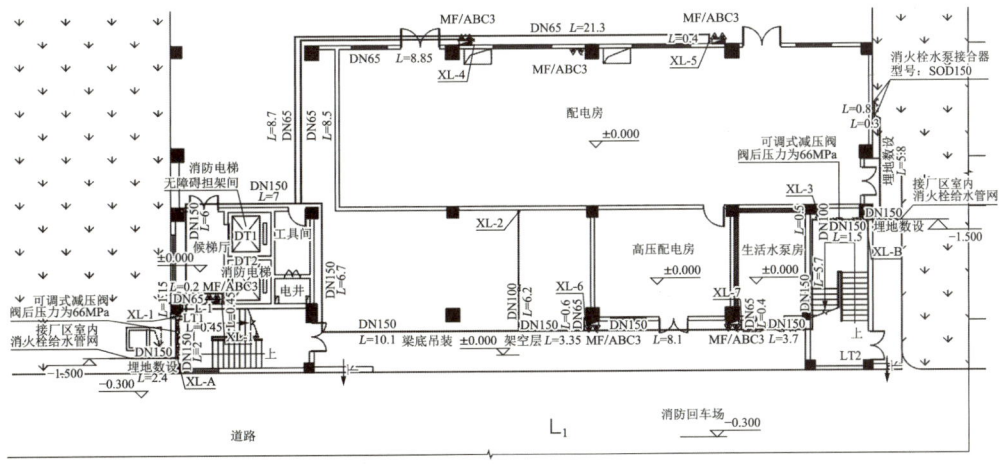

图 14-17　首层消火栓平面图

1）工程情况及设计说明：

（1）工程为某办公楼改造项目消防工程，一层层高为 4.5m，二层层高为 3.3m。

（2）设计范围：首层消火栓系统。

（3）工程室内消火栓系统由屋顶有效容积 288m³ 的消防水池及泵房消火栓泵组提供。

（4）工程采用单阀单栓消火栓。图纸中嵌入墙体的消火栓箱为暗装，半嵌入墙体的消火栓箱为半暗装，未嵌入墙体采用的消火栓箱为明装。单阀单栓消火栓采用钢制箱体铝合金门框安装，规格：1000mm × 700mm × 240mm，配备 φ19 水枪一支、25m 长 φ65 衬胶麻质水带、SN65 消火栓一个、消火栓按钮一个，并配套消防软管卷盘。消火栓栓口离地 1.10m，消火栓箱按国标图集 15S202 施工。栓口应设置在门轴的另一侧，卷盘应设置在门轴侧，消防箱的门应顺着疏散方向开启。

（5）室内消火栓系统管网室内部分采用内外热镀锌钢管，压力等级 1.6MPa，当管径小于或等于 DN50 时，应采用螺纹连接，当管径大于 DN50 时，应采用沟槽连接件连接。

（6）消防管道穿楼板、屋面板、地下室外墙和构筑物墙壁时、钢筋混凝土水池（箱）的壁板或底板连接管道、有防水要求的墙壁时，应设刚性防水套管；穿过建筑物承重墙或基础时，应预留洞口，洞口高度应保证管顶上部净空不小于 0.10m，填充不透水的弹性材料。平面图上未注明安装尺寸的套管贴梁靠柱安装。套管与管道之间的间隙、管道井内安装消防管道过楼板或墙面处的间隙均应采用不燃烧材料封堵。刚性防水套管按《给水排水标准图集》02S404 制作和安装，标注的规格指穿过管道的规格。

2）根据《计算标准》的计算规则，计算引入管及首层部分的工程量，完成工程量计算表，见表 14-88。

清单工程量计算表   表 14-88

工程名称：某办公楼改造项目消防工程-首层消火栓系统

序号	清单项目特征	清单工程量计算过程		单位	清单工程量
		水平距离	垂直距离		
1	内外热镀锌钢管 DN150 沟槽连接 1.6MPa	(2.4 + 2 + 0.45 + 6 + 7 + 6.7 + 10.1 + 3.35 + 8.1 + 3.7 + 5.7 + 4.5 + 5.3 + 0.3 + 0.8)	(4.5 − 0.7) × 2 + 1.5 × 2	m	77.00
2	内外热镀锌钢管 DN100 沟槽连接 1.6MPa	(0.25 + 1.15 + 0.2 + 6.2 + 0.5)	4.5 + 0.7 × 2	m	14.20
3	内外热镀锌钢管 DN65 沟槽连接 1.6MPa	(1.9 + 0.45 + 8.7 + 8.5 + 8.85 + 0.2 + 21.3 + 0.4 + 0.6 + 0.4)	(4.5 − 0.7 − 1.1) × 5	m	64.80
4	管道支架制作安装	(78.40 + 14.20 + 64.80)/3（支架间隔）× 1.5（支架长度）× 2.422（40 × 4 等边角钢理论重量）	0	kg	190.61
5	管道支架刷油	190.61	0	kg	190.61
6	穿楼板钢套管 DN100	3	0	个	3
7	室内消火栓	5	0	套	5

序号	清单项目特征	清单工程量计算过程		单位	清单工程量
		水平距离	垂直距离		
8	可调式减压阀组（1 个减压阀 DN150、2 个闸阀 DN150、1 个 Y 型过滤器 DN150、1 个可曲挠橡胶接头 DN150）	2	0	组	2
9	手提式磷酸盐干粉灭火器 MF/ABC3	12	0	个	12
10	灭火器箱	6	0	个	6
11	闸阀 DN150	2	0	个	2
12	闸阀 DN100	2	0	个	2
13	消火栓灭火系统调试	5	0	点	5

3）依据《计算标准》《安装定额第九册》进行编制工程量清单，见表 14-89。本案例只编制分部分项工程量清单，措施项目、其他项目、税金项目清单的编制从略。

分部分项工程项目清单计价表　　表 14-89

工程名称：某办公楼改造项目消防工程-首层消火栓系统

序号	项目编码	项目名称	项目特征描述	计量单位	工程量	金额/元	
						综合单价	合价
1	030901002001	消火栓钢管	（1）安装部位：室内 （2）材质、规格：热浸镀锌钢管 DN150 1.20MPa （3）连接形式：沟槽式连接 （4）涂刷遍数、漆膜厚度：刷调和漆二道	m	77.00	181.75	13994.75
2	030901002002	消火栓钢管	（1）安装部位：室内 （2）材质、规格：热浸镀锌钢管 DN100 1.20MPa （3）连接形式：沟槽式连接 （4）涂刷遍数、漆膜厚度：刷调和漆二道	m	14.20	143.73	2040.97
3	030901002003	消火栓钢管	（1）安装部位：室内 （2）材质、规格：热浸镀锌钢管 DN65 1.20MPa （3）连接形式：沟槽式连接 （4）涂刷遍数、漆膜厚度：刷调和漆二道	m	64.80	108.96	7060.61
4	031301005001	管道支/吊架	（1）材质：角钢 （2）规格：40×4 （3）支架形式：综合考虑	kg	190.61	24.77	4721.41
5	031201003001	金属结构刷油	（1）除锈等级：轻锈 （2）除锈、刷油设计要求：刷红丹防锈漆和调和漆各两遍	kg	190.61	2.78	529.90
6	031301003001	套管	（1）名称、类型：穿楼板钢套管 （2）规格：DN100	个	3	104.71	314.13

序号	项目编码	项目名称	项目特征描述	计量单位	工程量	金额/元 综合单价	合价
7	030901010001	室内消火栓	名称：室内消火栓（SNW65-I 型）（配备 φ19 水枪一支、25m 长φ65 衬胶麻质水带、SN65 消火栓一个，带卷盘）	套	5	959.17	4795.85
8	031002004001	减压器	（1）材质：可调式减压阀组 DN150 （2）规格、压力等级：含闸阀 FN150×2＋Y 型过滤器 DN150×1＋可调式减压阀 DN150×1＋橡胶软接头 DN150×1	组	2	7460.33	14920.66
9	0309100001001	灭火器	名字：手提式磷酸铵盐干粉灭火器 MF/ABC3	具	12	58.63	703.56
10	0309100002001	灭火器箱	名字：灭火器箱	个	6	129.78	778.68
11	031002001001	金属阀门	（1）类型：明杆闸阀 （2）规格、压力等级：DN150 （3）连接形式：沟槽连接	个	2	1243.14	2486.28
12	031002001002	金属阀门	（1）类型：明杆闸阀 （2）规格、压力等级：DN100 （3）连接形式：沟槽连接	个	2	684.42	1368.84
13	030909001001	水灭火控制装置调试	系统形式：消火栓灭火系统调试	点	3	230.52	691.56
			合计				54407.2

4）选取第 7 项室内消火栓编制综合单价分析计算，其余部分可参照编制。见表 14-90。

分部分项工程项目清单综合单价分析表　　　　　表 14-90

项目编码	项目名称	项目特征描述	计量单位	综合单价组成明细/元					
				人工费	材料费	施工机具使用费	管理费	利润	综合单价
030901010001	室内消火栓	名称：室内消火栓（SNW65-I 型）（配备 φ19 水枪一支、25m 长 φ65 衬胶麻质水带、SN65 消火栓一个，带卷盘）	套	98.28	813.98	0	27.25	19.66	959.17

14.4.2　自动喷淋系统工程量清单编制与计价

1. 自动喷淋系统工程量清单编制

1）确定工程范围：明确自动喷淋系统的工程范围，包括喷淋头、管道、控制阀、压力罐等设备及其安装工程。

2）列出设备清单：根据系统设计，列出所需的设备清单，包括喷淋头的类型、规格和数量，管道及管件的规格和数量，控制阀门的规格和数量，压力罐的容量、数量和规格等。

3）《计算标准》的自动喷淋系统常用清单见表 14-91。

自动喷淋系统常用清单表　　　　　　　　　表 14-91

项目编码	项目名称	项目特征	计量单位	工程量计算规则	工程内容
030901001	水喷淋钢管	（1）安装部位 （2）材质、规格 （3）连接方式	m	按设计图示管道中心线以长度计算	（1）管道安装 （2）压力试验 （3）冲洗 （4）管道标识 （5）管件安装
030901003	水喷淋（雾）喷头	（1）安装部位 （2）材质、型号、规格 （3）连接方式 （4）装饰盘设计要求	个	按设计图示数量计算	（1）本体安装 （2）装饰盘安装 （3）严密性试验
030901004	报警装置	（1）名称 （2）型号、规格	组		（1）本体安装 （2）电气接线
030901006	水流指示器	（1）规格、型号 （2）连接方式	个		
030901007	减压孔板	（1）材质、规格 （2）连接形式			本体安装
030901008	末端试水装置	（1）规格 （2）组装形式	套		（1）本体安装 （2）电气接线

4）系统调试：在设备、管道、附件安装完成后，需要进行系统调试，以确保系统的正常运行。要明确调试工程量，包括系统调试、设备调试等，见表 14-92。

喷淋系统调试清单表　　　　　　　　　表 14-92

项目编码	项目名称	项目特征	计量单位	工程量计算规则	工程内容
030909001	水灭火控制装置调试	系统形式	点	按控制装置的点数计算	调试

2. 自动喷淋系统清单工程量计算规则及应用

自动喷淋系统清单工程量计算规则见表 14-91、表 14-92。在计算清单工程量时应注意以下几点：

1）工程量计算规则

（1）水灭火管道工程量计算，不扣除阀门、管件及各种组件所占的长度以延长米计算。

（2）水喷淋（雾）喷头安装部位应区分有吊顶、无吊顶。

（3）报警装置适用于湿式报警装置、干湿两用报警装置、电动雨淋报警装置、预作用报警装置等报警装置。报警装置安装包括装配管（除水力警铃进水管）的安装，水力警铃进水管并入消防管道工程量，其中：

①湿式报警装置包括内容：湿式阀、蝶阀、装配管、供水压力表、装置压力表、试验阀、泄放试验阀、泄放试验管、试验管流量计、过滤器、延时器、水力警铃、报警截

止阀、漏斗、压力开关等。

②干湿两用报警装置包括内容：两用阀，蝶阀、装配管、加速器、加速器压力表、供水压力表、试验阀、泄放试验阀（湿式、干式）、挠性接头、泄放试验管、试验管流量计、排气阀、截止阀、漏斗、过滤器、延时器、水力警铃、压力开关等。

③电动雨淋报警装置包括内容：雨淋阀、蝶阀、装配管、压力表、泄放试验阀、流量表、截止阀、注水阀、止回阀、电磁阀、排水阀、手动应急球阀、报警试验阀、漏斗、压力开关、过滤器、水力警铃等。

④预作用报警装置包括内容：报警阀、控制蝶阀、压力表、流量表、截止阀、排放阀、注水阀、止回阀、泄放阀、报警试验阀、液压切断阀、装配管、供水检验管、气压开关、试压电磁阀、空压机、应急手动试压器、漏斗、过滤器、水力警铃等。

（4）末端试水装置，包括压力表、控制阀等附件安装。末端试水装置安装中不含连接管及排水管安装，其工程量并入消防管道。

（5）减压孔板若在法兰内安装，其法兰计入组价中。

（6）系统调试工程量，自动喷洒系统按水流指示器数量以点（支路）计算。

2）自动喷淋系统安装定额使用注意事项

（1）雨淋、干湿两用及预作用报警装置安装执行湿式报警装置安装定额，其人工费乘以系数 1.20，其余不变。

（2）管道安装应配合土建预留穿墙体及穿楼板的孔洞。

（3）钢管法兰连接定额，管件是按成品、弯头两端是按接短管焊法兰考虑的，定额中包括了直管、管件、法兰等全部安装工序内容，但管件、法兰及螺栓的主材价值应按设计规定数量另行计算。

（4）钢管安装（沟槽式卡箍连接），定额子目已包括连接管道之间的卡箍安装，卡箍按实际配置数量计算本身价值。

（5）钢管管件安装（沟槽管件连接），定额子目已包括沟槽管件的相应卡箍，卡箍按管件形式实际配置数量计算本身价值。

（6）管道安装定额已考虑水压试验及水冲洗的相应费用。

（7）喷头、报警装置及水流指示器安装定额均按管网系统试压、冲洗合格后安装考虑的，定额中已包括丝堵、临时短管的安装、拆除及其摊销。

（8）消防水泵接合器设计要求用短管时，其本身价值可另行计算，其余不变。

（9）管道支吊架制作安装定额适用于支架、吊架及防晃支架的形式。成品管卡安装按其重量套用管道支吊架安装，并另计算成品管卡的价值。

（10）喷淋系统水灭火管道：室内外界线应以建筑物外墙皮 1.5m 为界，入口处设阀门者应以阀门为界；设在高层建筑内的消防水泵间管道应以泵间外墙皮为界。与市政给水管道的界线：以与市政给水管道碰头点（井）为界。

3. 自动喷淋系统工程清单案例分析

工程量清单编制案例如图 14-18～图 14-21。

1）工程情况及设计说明：

（1）工程为某办公楼改造项目消防工程，首层层高为 4.5m，二层层高为 3.3m。

（2）设计范围：二楼喷淋系统。

（3）工程喷淋系统由屋顶有效容积 288m³ 的消防水池及泵房喷淋泵组提供。

（4）工程喷淋按照无吊顶情况进行设计，喷头选型：休息室采用 K115 边墙型喷头，走廊等其他场所为 K80 的直立型喷头，直立型喷头为：DN15 标准响应型；喷头动作温度：均为 68℃。边墙型喷头为：ZSTB-20 标准响应型，流量系数为 115 的边墙扩展型喷头，动作温度 68℃，喷头处水压 0.20MPa。

（5）喷头布置须符合《自动喷水灭火系统设计规范》GB 50084—2017 7.1.3、7.1.6 及 7.2.1 的规定；直立型、下垂型标准喷头、直立式边墙型喷头溅水盘离顶板距离应为 75～150mm，水平式边墙型喷头溅水盘离顶板距离应为 150～300mm。当在梁或其他障碍物底面下方的平面上布置喷头时，溅水盘与顶板的距离不应大于 300mm。确有困难时，溅水盘与顶板的距离不应大于 550mm，并应设集热板；安装喷头规格：DN15。喷头在现场安装时应主动配合避让灯具、风口等位置及局部管道交叉。

（6）室内喷淋系统管网室内部分采用内外热镀锌钢管，压力等级 1.6MPa，当管径小于或等于 DN50 时，应采用螺纹连接，当管径大于 DN50 时，应采用沟槽连接件连接，当安装空间较小时应采用沟槽连接件连接。

（7）消防管道穿楼板、屋面板、地下室外墙和构筑物墙壁时、钢筋混凝土水池（箱）的壁板或底板连接管道、有防水要求的墙壁时，应设刚性防水套管；穿过建筑物承重墙或基础时，应预留洞口，洞口高度应保证管顶上部净空不小于 0.10m，填充不透水的弹性材料。平面图上未注明安装尺寸的套管贴梁靠柱安装。套管与管道之间的间隙、管道井内安装的消防管道过楼板或墙面处的间隙均应采用不燃烧材料封堵。刚性防水套管按《给水排水标准图集》02S404 制作和安装，标注的规格指穿过管道的规格。

序号	名称	图例	备注
1	截止阀	▷◁ ⬤	
2	闸阀	▷◁	
3	上喷头	─○─	
4	下喷头	─○─	
5	侧喷式喷头	○ ─▷	
6	信号阀	▷◁	
7	水流指示器	Ⓛ	
8	减压孔板	⌇	
9	湿式报警阀	◉ ⚒	
10	末端试水阀	◎ ⊻	

图 14-18 自动喷淋系统图例

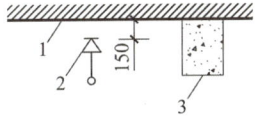

直立型喷头安装示意图
1-顶板；2-直立型喷头；3-梁（高700mm）

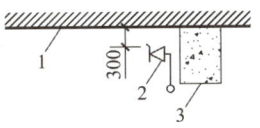

边墙型喷头安装示意图
1-顶板；2-边墙型喷头；3-梁（高700mm）

图 14-19 喷头安装示意图

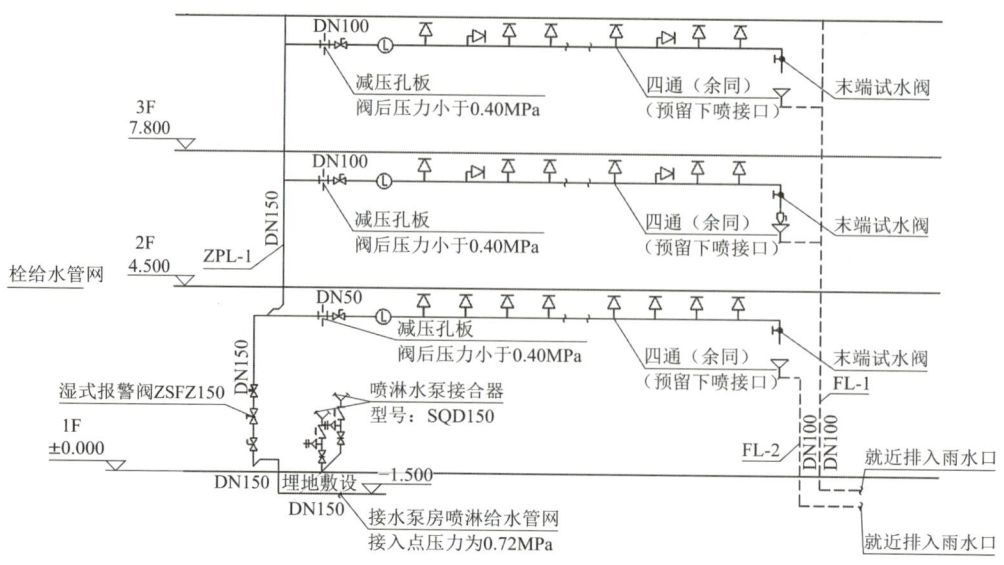

自动喷淋灭火系统图1∶100

图 14-20　自动喷淋系统图

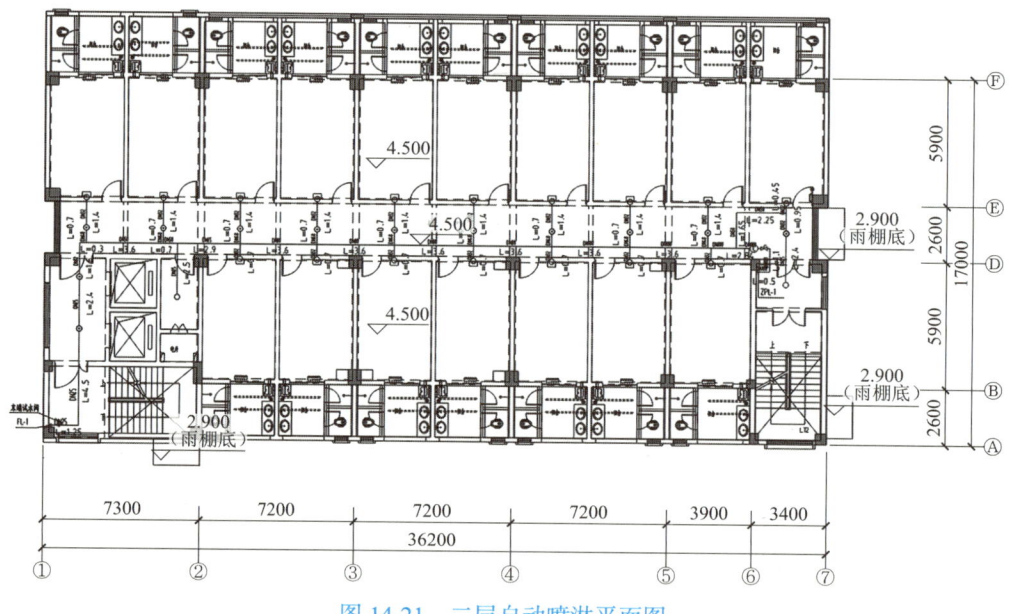

图 14-21　二层自动喷淋平面图

2）根据《计算标准》的工程量计算规则，完成第二层的工程量计算表，见表 14-93。

清单工程量计算表　　　　　　　　　　　　　　　表 14-93

工程名称：某办公楼改造项目消防工程-第二层自动喷淋系统

序号	清单项目特征	清单工程量计算过程		单位	清单工程量
		水平距离	垂直距离		
1	内外热镀锌钢管 DN150 沟槽连接	0	3.3	m	3.3

序号	清单项目特征	清单工程量计算过程		单位	清单工程量
		水平距离	垂直距离		
2	内外热镀锌钢管 DN100 沟槽连接	3.6 + 3.6 + 2.84 + 1.1 + 0.5	0	m	11.64
3	内外热镀锌钢管 DN80 沟槽连接	3.6 × 4	0	m	14.4
4	内外热镀锌钢管 DN65 沟槽连接	2.9	0	m	2.9
5	内外热镀锌钢管 DN50 螺纹连接	3.6 + 0.7 + 1.65 + 2.25	0	m	8.2
6	内外热镀锌钢管 DN40 螺纹连接	0.7 × 9	0	m	6.3
7	内外热镀锌钢管 DN32 螺纹连接	1.4 × 9 + 0.7 × 7 + 1.6 + 0.3 + 0.45 + 0.95	17 × (0.7 梁高 − 0.3)	m	27.6
8	内外热镀锌钢管 DN25 螺纹连接	2.5 + 2.4 + 2.4 + 4.5 + 1.25	14 × (0.7 梁高 − 0.15)	m	20.75
9	硬聚氯乙烯管（PVC-U）DN100 承插黏接式接头	0	3.3 − 0.7 − 0.3	m	2.3
10	管道支架制作安装	(3.3 + 11.64 + 14.4 + 2.9 + 8.2 + 6.3 + 27.6 + 20.75)/3（支架间隔）× 1.5（支架长度）× 2.422（40 × 4 等边角钢理论重量）	0	kg	115.15
11	管道支架刷油	115.15	0	kg	115.15
12	末端试水阀 DN25	1	0	个	1
13	水流指示器 DN100	1	0	个	1
14	减压孔板 DN100	1	0	个	1
15	信号阀 DN100	1	0	个	1
16	K115 闭式玻璃球侧喷喷头 DN15	17	0	个	17
17	K80 闭式玻璃球直立型上喷喷头 DN15	14	0	个	14
18	穿楼板钢套管 DN100	1	0	个	1
19	穿楼板钢套管 DN150	1	0	个	1
20	自动喷水灭火系统调试	1	0	点	1

3）依据《计算标准》《安装定额第九册》等进行编制工程量清单，见表 14-94。本案例只编制分部分项工程量清单，措施项目、其他项目、税金项目清单的编制从略。

4）选取第 16 项水喷淋（雾）喷头编制综合单价分析计算，其余部分可参照编制。见表 14-95。

分部分项工程项目清单计价表   表 14-94

工程名称：某办公楼改造项目消防工程-第二层自动喷淋系统

序号	项目编码	项目名称	项目特征描述	计量单位	工程量	金额/元	
						综合单价	合价
1	030901001001	水喷淋钢管	（1）安装部位：室内 （2）材质、规格：国标壁厚内外壁热浸镀锌钢管 DN150，$P=1.2$MPa （3）连接形式：沟槽连接 （4）刷油：调和漆二遍 （5）管件：镀锌钢管管件	m	3.3	183.35	605.06
2	030901001002	水喷淋钢管	（1）安装部位：室内 （2）材质、规格：国标壁厚内外壁热浸镀锌钢管 DN100，$P=1.2$MPa （3）连接形式：沟槽连接 （4）刷油：调和漆二遍 （5）管件：镀锌钢管管件	m	11.64	143.32	1668.24
3	030901001003	水喷淋钢管	（1）安装部位：室内 （2）材质、规格：国标壁厚内外壁热浸镀锌钢管 DN80，$P=1.2$MPa （3）连接形式：沟槽连接 （4）刷油：调和漆二遍 （5）压力试验及冲洗设计要求：水压试验、水冲洗 （6）管件：镀锌钢管管件	m	14.4	126.02	1814.69
4	030901001004	水喷淋钢管	（1）安装部位：室内 （2）材质、规格：国标壁厚内外壁热浸镀锌钢管 DN65，$P=1.2$MPa （3）连接形式：沟槽连接 （4）刷油：调和漆二遍 （5）压力试验及冲洗设计要求：水压试验、水冲洗 （6）管件：镀锌钢管管件	m	2.9	108.46	314.53
5	030901001005	水喷淋钢管	（1）安装部位：室内 （2）材质、规格：国标壁厚内外壁热浸镀锌钢管 DN50，$P=1.2$MPa （3）连接形式：丝扣连接 （4）刷油：调和漆二遍 （5）压力试验及冲洗设计要求：水压试验、水冲洗 （6）管件：镀锌钢管管件	m	8.2	73.71	604.42
6	030901001006	水喷淋钢管	（1）安装部位：室内 （2）材质、规格：国标壁厚内外壁热浸镀锌钢管 DN40，$P=1.2$MPa （3）连接形式：丝扣连接 （4）刷油：调和漆二遍 （5）压力试验及冲洗设计要求：水压试验、水冲洗	m	6.3	61.18	385.43

序号	项目编码	项目名称	项目特征描述	计量单位	工程量	金额/元	
						综合单价	合价
7	030901001007	水喷淋钢管	（1）安装部位：室内 （2）材质、规格：国标壁厚内外壁热浸镀锌钢管 DN32，$P=1.2$MPa （3）连接形式：丝扣连接 （4）刷油：调和漆二遍 （5）压力试验及冲洗设计要求：水压试验、水冲洗 （6）管件：镀锌钢管管件	m	27.6	51.52	1421.95
8	030901001008	水喷淋钢管	（1）安装部位：室内 （2）材质、规格：国标壁厚内外壁热浸镀锌钢管 DN25，$P=1.2$MPa （3）连接形式：丝扣连接 （4）刷油：调和漆二遍 （5）压力试验及冲洗设计要求：水压试验、水冲洗 （6）管件：镀锌钢管管件	m	20.75	42.26	876.9
9	031001008001	塑料管	（1）安装部位：室内 （2）介质：排水 （3）材质、规格：PVC-U 排水管 DN100 （4）连接形式：承插粘接	m	2.3	63.42	145.87
10	031301005001	管道支/吊架	（1）材质：角钢 （2）管架形式：综合考虑	kg	115.15	24.77	2852.27
11	031201003001	金属结构刷油	（1）除锈等级：轻锈 （2）除锈、刷油设计要求：刷红丹防锈漆和调和漆各两遍	kg	115.15	2.78	320.12
12	030901008001	末端试水装置	（1）类型：末端试水阀 （2）材质：含球阀 DN25×2+压力表×1 （3）规格、压力等级：DN20 （4）连接形式：螺纹连接	个	1	158.85	158.85
13	030901006001	水流指示器	（1）规格、型号：水流指示器 DN100 （2）连接形式：沟槽连接	个	1	436.57	436.57
14	030901007001	减压孔板	（1）材质、规格：不锈钢减压孔板 DN100 （2）连接形式：沟槽连接	个	1	386.34	386.34
15	031002001004	金属阀门	（1）类型：信号阀 （2）规格、压力等级：DN100 （3）连接形式：沟槽连接	个	1	539.25	539.25
16	030901003001	水喷淋（雾）喷头	（1）安装部位：室内 （2）材质、型号、规格：K115 闭式玻璃球侧喷喷头 DN15	个	17	30.49	518.33

序号	项目编码	项目名称	项目特征描述	计量单位	工程量	金额/元	
						综合单价	合价
17	030901003002	水喷淋（雾）喷头	（1）安装部位：室内 （2）材质、型号、规格：K80闭式玻璃球直立型上喷喷头 DN15	个	14	31.7	443.8
18	031301003001	套管	（1）名称、类型：穿楼板钢套管 （2）规格：DN100	个	1	104.71	104.71
19	031301003002	套管	（1）名称、类型：穿楼板钢套管 （2）规格：DN150	个	1	175.38	175.38
20	030909001001	水灭火控制装置调试	系统形式：自动喷水灭火系统调试	点	1	360.03	360.03
合计							14132.74

分部分项工程项目清单综合单价分析表   表 14-95

序号	项目编码	项目名称	项目特征描述	计量单位	综合单价组成明细/元					
					人工费	材料费	施工机具使用费	管理费	利润	综合单价
1	030901003001	水喷淋（雾）喷头	（1）安装部位：室内 （2）材质、型号、规格：K115闭式玻璃球侧喷喷头 DN15	个	11.71	13.19	0	3.25	2.34	30.49

14.4.3 火灾自动报警系统工程量清单编制与计价

1. 火灾自动报警系统工程量清单编制

火灾自动报警系统是一个重要的安全系统，用于预防和减少火灾造成的人员伤亡和财产损失。在工程量清单编制与计价编制过程中，需要关注以下要点：

1）确定工程范围：首先，要明确火灾自动报警系统的工程范围，包括系统设备、安装工程、调试工程等。这有助于确定工程量清单编制的具体内容。

2）确定设备清单：根据系统设计，列出所需的设备清单，包括火灾探测器、报警控制器、灭火设备等。要明确设备的规格、型号、数量等信息。

（1）消防报警系统配管、配线、接线盒均按电气设备安装工程相关项目编码列项。

（2）点型探测器包括火焰、烟感、温感、红外光束、可燃气体探测器等。

（3）消防广播及对讲电话主机包括功放、录音机、分配器、控制柜等设备。

3）《计算标准》火灾自动报警常用清单，见表 14-96。

火灾自动报警常用清单表　　　　　　　　　　　　　　表 14-96

项目编码	项目名称	项目特征	计量单位	工程量计算规则	工程内容
030904001	点型探测器	（1）名称 （2）规格 （3）线制 （4）类型	个	按设计图示数量计算	（1）底座安装 （2）探头安装 （3）校接线 （4）编码
030904002	线型探测器	（1）名称 （2）规格 （3）类型	m	按设计图示长度计算	（1）本体安装 （2）校接线
030904003	按钮	（1）名称 （2）安装方式	个	按设计图示数量计算	（1）本体安装 （2）校接线 （3）编码
030904004	声光报警器				
030904005	消防报警 电话插孔（电话）	（1）名称 （2）规格 （3）安装方式			
030904006	消防广播 （扬声器）	（1）名称 （2）功率 （3）安装方式			
030904007	消防模块	（1）名称 （2）规格 （3）类型 （4）输出形式			（1）本体安装 （2）校接线 （3）编码
030904008	消防模块箱（端子箱、手报箱）	（1）名称 （2）型号 （3）规格 （4）安装方式	台		本体安装
030904009	区域报警控制器	（1）名称 （2）线制 （3）安装方式 （4）控制点数量 （5）显示器类型	台	按设计图示数量计算	（1）本体安装 （2）校接线 （3）标识
030904010	楼层火灾显示器				
030904011	远程控制器	（1）规格 （2）控制回路			（1）本体安装 （2）校接线 （3）标识
030904012	火灾报警 系统控制主机	（1）规格、线制 （2）控制回路 （3）安装方式 （4）控制点数			（1）本体安装 （2）校接线
030904013	联动控制主机				
030904014	消防广播及 对讲电话主机				
030904015	火灾报警控制微机	（1）规格 （2）安装方式			本体安装
030904016	备用电源及 电池主机	（1）名称 （2）容量 （3）安装方式	套		
030904017	报警联动一体机	（1）名称 （2）规格、线制 （3）控制点数 （4）安装方式	台		（1）本体安装 （2）校接线
030904018	机柜	（1）规格 （2）安装方式			（1）本体安装 （2）本体接地

4）系统调试，在设备安装完成后，需要进行系统调试，以确保系统的正常运行。要明确调试工程量，包括系统调试、设备调试等。火灾自动报警调试常用清单，见表 14-97。

火灾自动报警常用清单表　　　　　　　　表 14-97

项目编码	项目名称	项目特征	计量单位	工程量计算规则	工程内容
030909003	自动报警系统调试	（1）点数 （2）线制	系统	按设计图示系统计算	调试
030909004	消防广播系统调试	（1）点数 （2）线制			
030909005	消防电话系统调试				
030909006	防火控制装置调试	（1）名称 （2）类型	个	按设计图示数量计算	

2. 火灾自动报警系统清单工程量计算规则及应用

火灾自动报警系统清单工程量计算规则见表 14-96、表 14-97。在计算清单工程量时应注意以下几点：

1）工程量计算规则：

（1）点型探测器安装，不分规格、型号、安装方式与位置，按设计图示数量以"个"计算。

（2）红外线探测器安装，按设计图示数量以"对"计算。

（3）火焰探测器、可燃气体探测器安装，不分规格、型号，安装方式与位置，按设计图示数量以"个"计算。

（4）线型探测器安装，不分安装方式、线制及保护形式，按设计图示尺寸以"m"计算。

（5）按钮安装，按设计图示数量以"个"计算。

（6）警报装置分为声光报警和警铃报警两种形式，均按设计图示数量以"个"计算。

（7）通信分机、插孔是指消防专用电话分机与电话插孔不分安装方式，分别按设计图示数量以"部""个"计算。

（8）火灾事故广播中的扬声器不分规格、型号，按设计图示数量以"个"计算。

（9）控制模块（接口）不分安装方式，按照设计图示输出数量以"个"计算。

（10）报警模块（接口）不分安装方式，按设计图示数量以"个"计算。

（11）自动报警系统调试按不同点数以系统计算。包括各种探测器、报警器、报警按钮、报警控制器、消防广播、消防电话等组成的报警系统。

（12）防火控制装置调试，电动防火门、防火卷帘门、正压送风阀、排烟阀、防火控制阀调试等调试以"个"计算，消防电梯以"部"计算。

2）火灾自动报警系统安装定额使用注意事项：

（1）电气火灾监控系统：温度传感器执行线性探测器安装；探测器模块按输入回路数量执行多输入模块安装；报警控制器按点数执行火灾自动报警控制器安装；剩余电流

互感器执行相关电气安装定额。

（2）点型探测器安装包括了探头和底座的安装及本体调试。

（3）红外线探测器定额中包括了探头支架安装和探测器的调试、对中。

（4）线型探测器定额中未包括探测器连接的一只模块和终端，其工程量另行计算。

（5）按钮安装按照在轻质墙体和硬质墙体上安装两种方式综合考虑，执行时不得因安装方式不同而调整。按钮包括消火栓按钮、手动报警按钮、气体灭火起/停按钮等。

（6）控制模块（接口）是指仅能起控制作用的模块（接口），亦称为中继器，依据其给出控制信号的数量，分为单输出和多输出两种形式。

（7）箱、机是以成套装置编制的；柜式及琴台式安装均执行落地式安装相应项目。

3. 火灾自动报警系统工程清单案例分析

工程量清单编制案例，如图 14-22～图 14-24 所示。

1）工程情况及设计说明。

（1）工程为某办公楼改造项目消防工程，首层层高为 4.5m，二层层高为 3.3m。

（2）设计范围：二层火灾自动报警系统。

（3）工程采用区域报警系统。系统总线上应设置总线短路隔离器。

序号	设备名称	图例	型号	数量	单位	备注
1	单输入模块				个	接线箱内安装
2	单输出模块				个	接线箱内安装
3	输入输出模块				个	接线箱内安装
4	总线隔离器				个	接线箱内安装
5	接线端子箱				个	安装高度1.5m
6	报警电话				个	安装高度1.5m
7	智能消火栓起泵报警按钮				个	消火栓箱内安装
8	带电话插孔的手动火灾报警按钮				个	安装高度1.5m
9	自带输出模块声光警报器				个	安装高度2.2m
10	智能感烟探测器				个	吸顶安装
11	智能感温探测器				个	吸顶安装
12	信号阀				个	详见水图
13	水流指示器				个	详见水图

线路敷设方式及相应配管						
线型	标注符号	名称	导线线型（mm²）	导线根数n=1，对应配管	导线根数n=2～3，对应配管	导线根数n=4，对应配管
	nS	信号总线	nxZRNH-RVS-2×1.5	JDG15-CC-WC	JDG20-CC-WC	JDG25-CC-WC
—D—	nD	电源线	nxNH-BV-2×2.5/1.5	JDG15-CC-WC	JDG20-CC-WC	JDG25-CC-WC
—F—	nF	电话总线	nxZR-RWP-2×1.5	JDG15-CC-WC	JDG20-CC-WC	JDG25-CC-WC
—B—B—	nB	广播总线	nxZR-RWP-2×1.5	JDG15-CC-WC	JDG20-CC-WC	JDG25-CC-WC
- - -	nM/nC	模块输入/输出线	nxNH-KW-2×1.5	JDG15-CC-WC	JDG20-CC-WC	JDG25-CC-WC
—K—	nk	湿式报警阀启泵线	nxNH-KVV-4×1.5	JDG20-CC-WC	JDG25-CC-WC	JDG32-CC-WC
—FC—	FC	消防风机手动直接控制线	NH-KW-7×1.5	平面图导线每根单独穿管敷设JDG25-CC-WC		
—KC—	KC	消防泵手动直接控制线	NH-KW-7×1.5			

注：n为导线根数，当n=1时不表示；不同标注符号的导线不得共管；平面图导线超过4根需分管敷设，敷设方式均为顶板内暗敷和沿墙体暗敷。信号总线与电源线电压相同时，可共管敷设。

图 14-22　图例及管线敷设说明

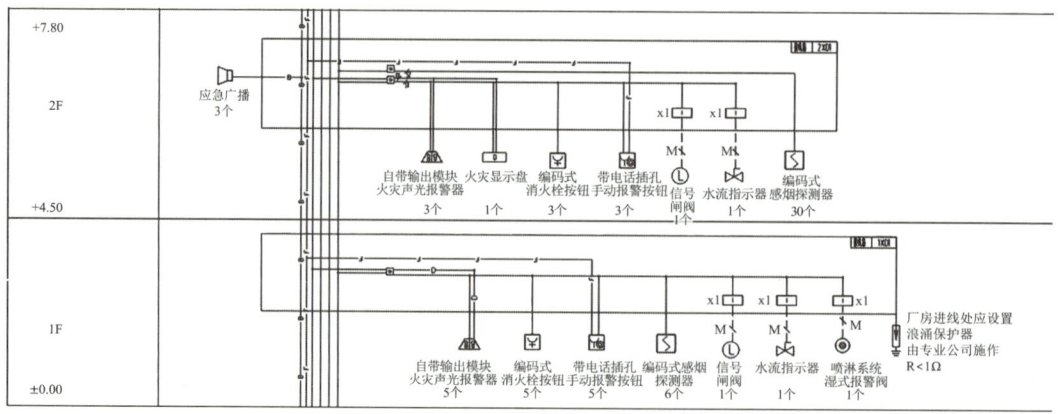

图 14-23　火灾自动报警系统图

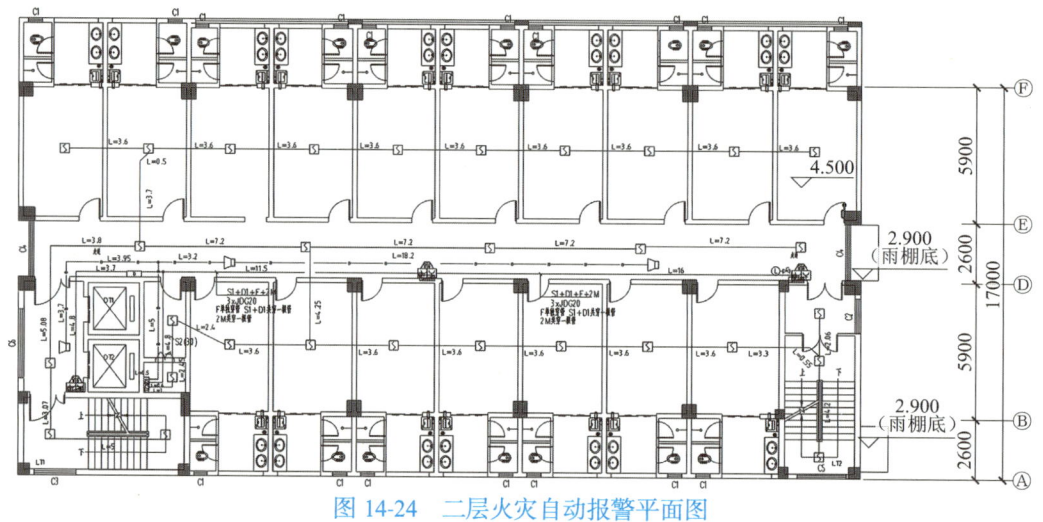

图 14-24　二层火灾自动报警平面图

（4）探测器与灯具的水平净距应大于 0.2m；与送风口边的水平净距应大于 1.5m；与多孔送风顶棚孔口或条形送风口的水平净距应大于 0.5m；与嵌入式扬声器的净距应大于 0.1m；与自动喷水头的净距应大于 0.3m；与墙或其他遮挡物的距离应大于 0.5m。

（5）在二层适当位置设手动报警按钮及消防对讲电话插孔。手动报警按钮及对讲电话插孔底距地 1.4m。

（6）在消火栓箱内设消火栓报警按钮。接线盒设在消火栓的开门侧，底距地 1.4m。

（7）在各楼层的楼梯口、前室、建筑内部拐角处及设置手动报警按钮位置设置声光警报器，安装高度中心距地 2.2m。

（8）消防专用电话网络应为独立的消防系统。

（9）线路选型及敷设方式：

①不同电压等级的线缆不应穿入同一根保护管内，当合用同一线槽时，线槽内应有隔板分隔。

②平面图中所有火灾自动报警线路及 50V 以下的供电线路、控制线路均穿金属管，

在没有吊顶的场所明敷设在顶板下及明敷设在墙上，有吊顶的场所则采用在吊顶内敷设及暗敷在墙内或楼板内（并应敷设在不燃烧体结构内且保护层厚度不应小于 30mm ）。

2）根据《计算标准》的工程量计算规则，完成第二层的工程量计算表，见表 14-98。

清单工程量计算表　　　　　表 14-98

工程名称：某办公楼改造项目消防工程-第二层火灾自动报警系统

序号	清单项目特征	清单工程量计算过程		单位	清单工程量
		水平距离	垂直距离		
二楼火灾报警系统设备					
1	单输入模块	3	0	个	3
2	总线隔离器	1	0	个	1
3	接线端子箱	1	0	个	1
4	编码式消火栓按钮	3	0	个	3
5	带电话插孔手动火灾报警按钮	3	0	个	3
6	自带输出模块声光警报器	3	0	个	3
7	编码式感烟探测器	30	0	个	30
8	应急广播	3	0	个	3
9	接线盒	30 + 3 + 3 + 3 + 3	0	个	42
10	火灾报警系统调试 64 点以内	1	0	系统	1
11	广播喇叭、音箱、通信分机及插孔调试	9	0	个	9
信号总线					
12	镀锌电线管 JDG15 暗敷	1 + 2.45 + 2.4 + 3.6 × 6 + 3.3 + 0.55 + 4.2 + 2.06 + 4.25 + 7.2 × 4 + 3.8 + 5.08 + 3.07 + 5 + 3.7 + 0.5 + 3.6 × 9	(3.3 − 1.5) （忽略接线箱尺寸）	m	125.96
13	信号二总线 S：ZRNH-RVS-2 × 1.5	1 + 2.45 + 2.4 + 3.6 × 6 + 3.3 + 0.55 + 4.2 + 2.06 + 4.25 + 7.2 × 4 + 3.8 + 5.08 + 3.07 + 5 + 3.7 + 0.5 + 3.6 × 9（忽略预留后与电线管尺寸相同，下同）	(3.3 − 1.5)	m	125.96
信号总线 + 电源线					
14	镀锌电线管 JDG20 暗敷	0.6 + 4.8 + 3.7 + 4.8 + 11.5 + 16	(3.3 − 1.5) + (3.3 − 1.4) × 3	m	48.9
15	信号二总线 S：ZRNH-RVS-2 × 1.5	0.6 + 4.8 + 4.8 + 3.7 + 11.5 + 16	(3.3 − 1.5) + (3.3 − 1.4) × 3	m	48.9
16	DC24V 电源总线 D：NH-BV-2.5	(0.6 + 4.8 + 4.8 + 3.7 + 11.5 + 16) × 2	[(3.3 − 1.5) + (3.3 − 1.4) × 3] × 2	m	97.8
电话总线					
17	镀锌电线管 JDG15 暗敷	0.6 + 4.8 + 3.7 + 4.8 + 11.5 + 16	(3.3 − 1.5) + (3.3 − 1.4) × 3	m	48.9
18	电话总线 F：ZR-RVVP-2 × 1.5	0.6 + 4.8 + 3.7 + 4.8 + 11.5 + 16	(3.3 − 1.5) + (3.3 − 1.4) × 3	m	48.9

续表

序号	清单项目特征	清单工程量计算过程		单位	清单工程量
		水平距离	垂直距离		
广播总线					
19	镀锌电线管 JDG15 暗敷	0.5 + 5 + 3.95 + 3.7 + 3.2 + 18.2	$(3.3 - 1.5) + (3.3 - 2.5) \times 3$	m	38.75
20	广播总线 B：ZR-RVVP-2 × 1.5	0.5 + 5 + 3.95 + 3.7 + 3.2 + 18.2	$(3.3 - 1.5) + (3.3 - 2.5) \times 3$	m	38.75
模块输入/输出线					
21	镀锌电线管 JDG15 暗敷	0.6 + 4.8 + 11.5 + 16	$(3.3 - 1.5) + 1 \times 2$	m	36.7
22	模块输入/输出 NH-KVV-2 × 1.5	$(0.6 + 4.8 + 11.5 + 16) \times 2$	$[(3.3 - 1.5) + 1 \times 2] \times 2$	m	73.4
管线汇总					
23	镀锌电线管 JDG15 暗敷	125.96 + 38.75 + 48.9 + 36.7	0	m	250.31
24	镀锌电线管 JDG20 暗敷	48.9	0	m	48.9
25	信号二总线 S：ZRNH-RVS-2 × 1.5	125.96 + 48.9	0	m	174.86
26	DC24V 电源总线 D：NH-BV-2.5	97.8	0	m	97.8
27	电话总线 F：ZR-RVVP-2 × 1.5	48.9	0	m	48.9
28	广播总线 B：ZR-RVVP-2 × 1.5	38.75	0	m	38.75
29	模块输入/输出 NH-KVV-2 × 1.5	73.4	0	m	73.4

3）依据《计算标准》《安装定额第九册》编制工程量清单，见表14-99。本案例只编制分部分项工程量清单，措施项目、其他项目、税金项目清单的编制从略。

分部分项工程项目清单计价表　　　　　　　　表 14-99

工程名称：某办公楼改造项目消防工程-火灾自动报警系统

序号	项目编码	项目名称	项目特征描述	计量单位	工程量	金额/元	
						综合单价	合价
1	030412001001	配管	（1）名称：镀锌电线管 （2）规格：JDG15 （3）配置形式：暗配	m	250.31	11.54	2888.58
2	030412001002	配管	（1）名称：镀锌电线管 （2）规格：JDG20 （3）配置形式：暗配	m	48.90	12.9	630.81
3	030412004001	配线	（1）名称：信号二总线 S （2）配线形式：管内穿线 （3）规格：ZRNH-RVS-2 × 1.5	m	174.86	4.44	776.38
4	030412004002	配线	（1）名称：DC24V 电源总线 D （2）配线形式：管内穿线 （3）规格：NH-BV-2.5	m	97.8	3.49	341.32
5	030412004003	配线	（1）名称：电话总线 F （2）配线形式：管内穿线 （3）规格：ZR-RVVP-2 × 1.5	m	48.9	5.7	278.73

序号	项目编码	项目名称	项目特征描述	计量单位	工程量	金额/元	
						综合单价	合价
6	030412004004	配线	（1）名称：广播总线 B （2）配线形式：管内穿线 （3）规格：ZR-RVVP-2×1.5	m	38.75	5.7	220.88
7	030409002001	控制电缆	（1）名称：模块输入/输出线 M/C （2）规格：NH-KVV-2×1.5 （3）敷设方式、部位：综合考虑	m	73.4	9.92	728.13
8	030904007001	模块 （模块箱）	名称：单输入模块	个	3	180.7	542.10
9	030904007002	模块 （模块箱）	名称：总线隔离器	个	1	247.99	247.99
10	030412005001	接线箱	名称：接线端子箱	个	1	457.56	457.56
11	030904003001	按钮	名称：编码式消火栓按钮	个	3	107.66	322.98
12	030904003002	按钮	名称：带电话插孔手动火灾报警按钮	个	3	120.66	361.98
13	030904004001	声光报警器	名称：自带输出模块声光警报器	个	3	133.7	401.10
14	030904001001	点型探测器	（1）名称：编码式感烟探测器 （2）线制：总线制	个	30	108.38	3251.40
15	030904006001	消防广播 （扬声器）	名称：应急广播	个	3	88.38	265.14
16	030412006001	接线盒	（1）名称：接线盒 （2）安装形式：暗装	个	42	9.03	379.26
17	030909003001	自动报警 系统调试	（1）名称：自动报警系统调试 （2）点数：64 点以下	系统	1	2847.18	2847.18
18	030909006001	防火控制 装置调试	名称：广播喇叭、音箱、通信分机及插孔调试	个	9	12.57	113.13
合计							15054.65

4）选取第 13 项声光报警器编制综合单价分析表，其余部分可参照编制。见表 14-100。

分部分项工程项目清单综合单价分析表　　　　表 14-100

序号	项目编码	项目名称	项目特征描述	计量单位	综合单价组成明细/元					
					人工费	材料费	施工机具使用费	管理费	利润	综合单价
1	030904004001	声光报警器	名称：自带输出模块声光警报器	个	53.18	55.13	0	14.75	10.64	133.7

14.4.4　电气火灾监控系统工程量清单编制与计价

1. 电气火灾监控系统工程量清单编制

1）确定工程范围：明确电气火灾监控系统的工程范围，包括系统设备、安装工程等。这有助于确定工程量清单编制的具体内容。

2）确定设备清单：根据系统设计，列出所需的设备清单，包括监控主机、监测探头等。要明确设备的规格、型号、数量等信息。

3）《计算标准》电气火灾监控系统常用清单，见表 14-101。

电气火灾监控系统常用清单表　　　　　　　　　表 14-101

项目编码	项目名称	项目特征	计量单位	工程量计算规则	工程内容
030907001	监控主机	（1）名称 （2）规格 （3）线制 （4）安装方式 （5）控制点数	台	按设计图示数量计算	（1）本体安装 （2）附件安装
030907002	剩余电流式监控探测器	（1）名称 （2）规格 （3）类型	个		（1）本体安装 （2）校接线 （3）编码
030907003	测温式监控探测器				
030907004	温度传感器				
030907005	隔离器				

2.电气火灾监控系统工程量计算规则及应用

1）确定管道、附件工程量：根据设备清单，确定相应的安装工程量，包括监控主机的安装、线路的铺设、监测探头的接线等。要确保安装工程量的准确性，以便进行计价编制。

2）电气火灾监控系统安装定额使用注意事项。

（1）本计算规则不包括的内容：

设备支架、底座、基础的制作与安装。

构件加工、制作。

电机检查、接线及调试。

（2）本计算规则中均包括了校线、接线和本体调试。

3.电气火灾监控系统工程清单案例分析

工程量清单编制案例如图 14-25 所示。

1）工程情况及设计说明。

（1）工程为某厂房改造项目消防工程，首层层高为 5.0m。

（2）设计范围：电气火灾监控系统。

（3）现场设备由电气火灾监控模块、剩余电流式监控探测器、测温式监控探测器、温度传感器组成。

（4）配电箱 ALz（300mm×200mm×120mm）安装高度为 1.5m，电气火灾监控主机（400mm×600mm×300mm）落地安装。

（5）通信线 NH-RVS-2×1.5-SC20。

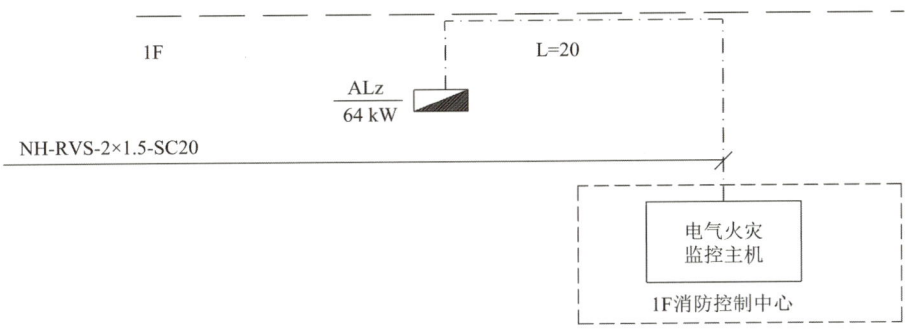

图 14-25 电气火灾监控系统图

2）根据《计算标准》的格式，计算所得清单工程量计算表见表 14-102。

清单工程量计算表   表 14-102

工程名称：某厂房改造项目消防工程-电气火灾监控系统

序号	清单项目特征	清单工程量计算过程		单位	清单工程量
		水平距离	垂直距离		
1	镀锌电线管 SC20 暗敷	20.0	$5 + (5 - 1.5)$	m	28.5
2	通信线 NH-RVS-2 × 1.5 管内敷设	20.0	$5 + (5 - 1.5) + (0.3 + 0.2 + 0.4 + 0.6)$（预留）	m	30
3	剩余电流式监控探测器	1	0	个	1
4	测温式监控探测器	1	0	个	1
5	温度传感器	1	0	个	1
6	电气火灾监控模块	1	0	个	1
7	电气火灾监控主机	1	0	台	1

3）依据《计算标准》和工程量计算表编制工程量清单计价表（表 14-103）。

本案例只编制分部分项工程量清单。措施项目、其他项目、税金项目清单的编制从略。

分部分项工程项目清单计价表   表 14-103

工程名称：某办公楼改造项目消防工程-火灾自动报警系统

序号	项目编码	项目名称	项目特征描述	计量单位	工程量	金额/元	
						综合单价	合价
1	030411001002	配管	（1）名称：电气配管 （2）材质：镀锌电线管 （3）规格：SC20 （4）配置形式：暗配	m	28.5	12.52	356.82
2	030411004003	配线	（1）名称：电气配线 （2）配线形式：管内配线 （3）型号：NH-RVS-2X1.5	m	30	4.91	147.3
3	030904008004	剩余电流式监控探测器	名称：剩余电流式监控探测器	个	1	258.93	258.93

序号	项目编码	项目名称	项目特征描述	计量单位	工程量	金额/元	
						综合单价	合价
4	030904008003	测温式监控探测器	名称：测温式监控探测器	个	1	258.93	258.93
5	030904008002	温度传感器	名称：温度传感器	个	1	283.93	283.93
6	030904008005	电气火灾监控模块	名称：电气火灾监控模块	个	1	311.53	311.53
7	030904013002	电气火灾监控主机	名称：电气火灾监控主机	台	1	3961.52	3961.52
合计							5578.96

14.4.5　气体灭火系统工程量清单编制与计价

1.气体灭火系统工程量清单编制

气体灭火系统是指通常在室温和大气压力下为气体状的灭火剂进行扑灭火灾的消防灭火系统。为保护一些不能用水扑救的部位，避免火灾损失，广泛使用了气体消防。在工程量清单编制与计价编制过程中，需要关注以下要点：

1）气体灭火介质，包括七氟丙烷灭火系统、IG541 灭火系统、二氧化碳灭火系统等。

2）贮存装置包括灭火剂存储器、驱动气瓶、支框架、集流阀、容器阀、单向阀、高压软管和安全阀以及阀驱动装置、减压装置、压力指示仪等。

3）无管网气体灭火系统由柜式预制灭火装置、火灾探测器、火灾自动报警灭火控制器等组成，具有自动控制和手动控制两种启动方式。无管网气体灭火装置安装，包括气瓶柜装置（内设气瓶、电磁阀、喷头）等。

4）贮存装置内如需充装气体，应在项目特征内明确描述气体灭火剂品种、规格。

5）《计算标准》气体灭火系统常用清单，见表 14-104。

气体灭火系统常用清单表　　　　　　　　　　　表 14-104

项目编码	项目名称	项目特征	计量单位	工程量计算规则	工程内容
030902001	无缝钢管	（1）材质、压力等级 （2）规格 （3）连接方式	m	按设计图示管道中心线以长度计算	（1）管道安装 （2）压力试验 （3）吹扫 （4）管道标识
030902002	不锈钢管				（1）管道安装 （2）焊口充氢保护 （3）压力试验 （4）吹扫 （5）管道标识

项目编码	项目名称	项目特征	计量单位	工程量计算规则	工程内容
030902003	钢制管件	（1）材质、压力等级 （2）规格 （3）连接方式	个	按设计图示数量计算	管件安装
030902004	不锈钢管管件	（1）材质、压力等级 （2）规格	个		（1）管件安装 （2）管件焊口充氩保护
030902005	气体驱动装置	（1）材质、压力等级 （2）规格 （3）连接方式	m	按设计图示管道中心线以长度计算	（1）管道安装 （2）压力试验 （3）吹扫 （4）管道标识
030902006	选择阀	（1）材质 （2）型号、规格 （3）连接形式	个	按设计图示数量计算	（1）本体安装 （2）压力试验
030902007	气体喷头				喷头安装
030902008	贮存装置	（1）介质、类型 （2）型号、规格	套		（1）贮存装置安装 （2）系统组件安装 （3）气体增压
030902009	称重检漏装置	（1）型号 （2）规格			本体安装
0309020010	无管网气体灭火装置	（1）类型 （2）规格 （3）安装部位			本体安装
0309020011	泄压装置	（1）型号 （2）规格 （3）安装部位			本体安装

2. 气体灭火系统清单工程量计算规则及应用

气体灭火系统清单工程量计算规则见表 14-104。在计算清单工程量时应注意以下几点：

1）工程量计算规则

（1）各种管道安装按设计图示管道中心线长度以"m"计算，不扣除阀门、管件及各种组件所占长度。

（2）钢制管件螺纹连接区分不同规格按设计图示数量以"个"计算。

（3）喷头安装区分不同规格按设计图示数量以"个"计算。

（4）选择阀安装区分不同规格和连接方式分别按设计图示数量以"个"计算。

（5）贮存装置安装区分贮存容器和驱动气瓶的规格（L）按设计图示数量以"套"计算。

（6）称重检漏装置，按设计图示数量以"套"计算。

（7）无管网型灭火装置安装区分贮存容器容积的规格（L）按设计图示数量以"套"计算。

（8）系统组件试验按水压强度试验和气压严密性试验，分别按设计图示数量以"个"

计算。

2）气体灭火系统安装定额使用注意事项

（1）贮存装置安装，定额中包括灭火剂贮存容器和驱动气瓶的安装固定支框架、系统组件（集流管，容器阀，气、液单向阀，高压软管），安全阀等贮存装置和阀驱动装置的安装及氮气增压。二氧化碳贮存装置安装时，不须增压，执行定额时，扣除高纯氮气，其余不变。

（2）二氧化碳称重检漏装置包括泄漏报警开关、配重及支架。

（3）无管网型气体灭火装置包括：悬挂式灭火装置、箱式灭火装置、推车式细水雾灭火器、PGA灭火装置（化学阻燃剂）、干粉灭火器（药粉装载量325kg）、固定式泡沫灭火器 > 0.8m²、拖车式泡沫灭火器。以上范围外，按相应的灭火器具子目执行。

（4）系统组件包括选择阀、气、液单向阀和高压软管。

14.4.6 泡沫灭火系统工程量清单编制与计价

1.泡沫灭火系统工程量清单编制

泡沫灭火系统，是指由一整套设备和程序组成的灭火措施，多用于可燃液体火灾灭火。在工程量清单编制与计价编制过程中，需要关注以下要点：

1）泡沫发生器、泡沫比例混合器的工作内容应包括整体安装、焊法兰、单体调试及配合管道试压时隔离本体所消耗的工料。

2）泡沫液贮罐内如需充装泡沫液，应在项目特征内明确描述泡沫灭火剂品种、规格。

3）泡沫灭火系统的管道、管件、阀门、法兰等按《计算标准》附录H相应项目编码列项。

4）《计算标准》泡沫灭火系统常用清单，见表14-105。

泡沫灭火系统常用清单表　　　　　表14-105

项目编码	项目名称	项目特征	计量单位	工程量计算规则	工程内容
030903001	泡沫发生器	（1）类型 （2）型号、规格	台	按设计图示数量计算	本体安装
030903002	泡沫比例混合器				
030903003	泡沫液贮罐	（1）容量 （2）型号、规格	个		本体安装

2.泡沫灭火系统清单工程量计算规则及应用

泡沫灭火系统清单工程量计算规则见表14-105。在计算清单工程量时应注意以下几点：

1）工程量计算规则

（1）泡沫发生器安装区分不同型号按设计图示数量以"台"计算。

（2）泡沫比例混合器安装区分不同型号按设计图示数量以"台"计算。

（3）泡沫液贮罐安装区分泡沫罐容积的规格（L）按设计图示数量以"台"计算。

2）泡沫灭火系统安装定额使用注意事项

（1）泡沫液充装定额是按生产厂在施工现场充装考虑的，若由施工单位充装时，可另行计算。

（2）泡沫灭火系统调试应按批准的施工方案另行计算。

（3）泡沫发生器、泡沫比例混合器及泡沫液贮罐安装中包括整体安装、焊法兰、单体调试及配合管道试压时隔离本体所消耗的人工和材料。但不包括支架的制作、安装和二次灌浆的工作内容。地脚螺栓按本体带有考虑。

14.4.7　防火门监控报警系统工程量清单编制与计价

1.防火门监控报警系统工程量清单编制

防火门监控报警系统用于确保在火灾等紧急情况下，防火门能够正确关闭并阻止火势蔓延。在工程量清单编制与计价编制过程中，需要关注以下要点：

1）确定工程范围：首先，要明确防火门监控报警系统的工程范围，包括系统设备、安装工程等。这有助于确定工程量清单编制的具体内容。

2）确定设备清单：根据系统设计，列出所需的设备清单，包括防火门监控主机、防火门监控器、监控模块等。要明确设备的规格、型号、数量等信息。

3）《计算标准》防火门监控报警常用清单，见表 14-106。

防火门监控报警常用清单表　　　　　　　　　表 14-106

项目编码	项目名称	项目特征	计量单位	工程量计算规则	工程内容
030906001	防火门监控主机	（1）名称 （2）规格 （3）线制 （4）安装方式 （5）控制点数	台	按设计图示数量计算	（1）本体安装 （2）校接线
030906002	防火门监控器	（1）名称 （2）规格 （3）线制 （4）安装方式 （5）控制点数	个		（1）本体安装 （2）校接线
030906003	监控模块	（1）名称 （2）规格 （3）类型			（1）本体安装 （2）校接线 （3）编码

2.防火门监控系统清单工程量计算规则及应用

防火门监控系统清单工程量计算规则见表 14-106。在计算清单工程量时应注意以下几点：

1）工程量计算规则

（1）防火门监控主机按设计图示数量，以"台"计算工程量。

（2）防火门监控器、监控模块按设计图示数量，以"个"计算工程量。

2）防火门监控报警系统安装定额使用注意事项

（1）本计算规则不包括的内容：

设备支架、底座、基础的制作与安装。

构件加工、制作。

电机检查、接线及调试。

（2）本计算规则中均包括了校线、接线和本体调试。

14.4.8　消防电源监控系统工程量清单编制与计价

1. 消防电源监控系统工程量清单编制

1）确定工程范围：明确消防电源监控系统的工程范围，包括系统设备、安装工程等。这有助于确定工程量清单编制的具体内容。

2）确定设备清单：根据系统设计，列出所需的设备清单，包括状态监控主机、传感器等。要明确设备的规格、型号、数量等信息。

3）《计算标准》消防电源监控系统常用清单见表 14-107。

消防电源监控系统常用清单表　　　　　　　　　　表 14-107

项目编码	项目名称	项目特征	计量单位	工程量计算规则	工程内容
030908001	状态监控主机	（1）名称 （2）规格 （3）线制 （4）安装方式 （5）控制点数	台	按设计图示数量计算	（1）本体安装 （2）校接线
030908002	电流传感器	（1）名称 （2）规格 （3）类型	个		（1）本体安装 （2）校接线 （3）编码
030908003	电压传感器				

2. 消防电源监控系统清单工程量计算规则及应用

防火门监控系统清单工程量计算规则见表 14-107。在计算清单工程量时应注意以下几点：

1）工程量计算规则

（1）状态监控主机按设计图示数量，以"台"计算工程量。

（2）电流传感器、电压传感器按设计图示数量，以"个"计算工程量。

2）消防电源监控系统安装定额使用注意事项

（1）本计算规则不包括的内容：

设备支架、底座、基础的制作与安装。

构件加工、制作。

电机检查、接线及调试。

（2）本计算规则中均包括了校线、接线和本体调试。

14.4.9　其他消防系统工程量清单编制与计价

消防系统中常用的系统还包括空气采样探测报警系统等。现行的计算规则与定额中不能完全覆盖相关的内容，需要根据实际选择接近的清单子目及定额，或者根据实际情况采用补充清单及定额的方式。

---------------------------- 真题训练及解析 ----------------------------

1. 依据《计算标准》清单项 "030901004 报警装置" 安装不包括的内容是（　　）。【单选题】

　　A. 压力开关　　　　　　　　　　B. 泄放试验管

　　C. 装配管　　　　　　　　　　　D. 水力警铃进水管

【答案】D

【解析】详见《计算标准》J11 其他规定：报警装置适用于湿式报警装置、干湿两用报警装置、电动雨淋报警装置、预作用报警装置等报警装置安装。报警装置安装包括装配管（除水力警铃进水管）的安装，水力警铃进水管并 消防管道工程量。其中：湿式报警装置包括湿式阀、蝶阀、装配管、供水压力表、装置压力表、试验阀、泄放试验阀、泄放试验管、试验管流量计、过滤器、延时器、水力警铃、报警截止阀、漏斗、压力开关等。

2. 依据《计算标准》，下列清单项计量单位为 "台" 的是（　　）。【单选题】

　　A. 声光报警器　　　　　　　　　B. 消防广播（扬声器）

　　C. 远程控制器　　　　　　　　　D. 消防模块

【答案】C

【解析】详见《计算标准》：声光报警器、声光报警器、消防模块清单项的计量单位为 "个"。

3. 依据《广东省通用安装工程综合定额（2018）》，下列关于水灭火系统安装的工程量计算规则，下列说法错误的是（　　）。【单选题】

　　A. 报警装置安装，区分不同连接方式和规格按设计图示成套产品数量以 "组" 计算

　　B. 水流指示器安装，区分不同连接方式和规格按设计图示数量以 "组" 计算

C. 末端试水装置安装，区分不同规格按设计图示数量以"组"计算

D. 温感式水幕装置安装，区分不同型号和规格按设计图示数量以"组"计算

【答案】B

【解析】详见定额 C.9.1 水灭火系统安装的工程量计算规则，B 项正确的说法是：水流指示器安装，区分不同连接方式和规格按设计图示数量以"个"计算。

4. 依据《计算标准》，下列关于消防系统调试的清单项的说法正确的有（　　）。【多选题】

A. 自动报警系统，包括各种探测器、报警器、报警按钮、隔离模块、报警控制器等组成的报警系统；按相应点数以系统计算，其点数按设备器件数量计算

B. 水灭火控制装置，自动喷洒系统按水流指示器数量以点（支路）计算；消火栓系统按消火栓启泵按钮数量以点计算

C. 防火门监控报警系统，包括防火门监控器、监控模块等组成的报警系统；按相应点数以系统计算，其点数按设备器件数量计算

D. 电气火灾监控系统，包括各类监控探测器、温度传感器、隔离器等组成的报警系统；按相应点数进行计算

E. 消防广播系统，包括扬声器、模块等组成的报警系统；按相应点数以系统计算

【答案】B、C、E

【解析】详见《计算标准》J11 其他规定：

A 项正确说法是"自动报警系统，包括各种探测器、报警器、报警按钮、报警控制器等组成的报警系统；按相应点数以系统计算，其点数按设备器件数量计算。"

C 项正确说法是"防火门监控报警系统，包括防火门监控器、监控模块等组成的报警系统；按相应点数以系统计算。"

第 5 节　智能化工程项目清单编制与计价

本节提示

掌握　计算机网络系统、综合布线系统、建筑设备自动化系统、安全防范系统等分部分项工程项目清单编制和计价。

熟悉　有线电视、卫星接收系统、音频、视频系统、智能家居系统等分部分项工程项目清单工程量计算方法。

了解　智能化各个系统的基本概念及作用。

知识体系

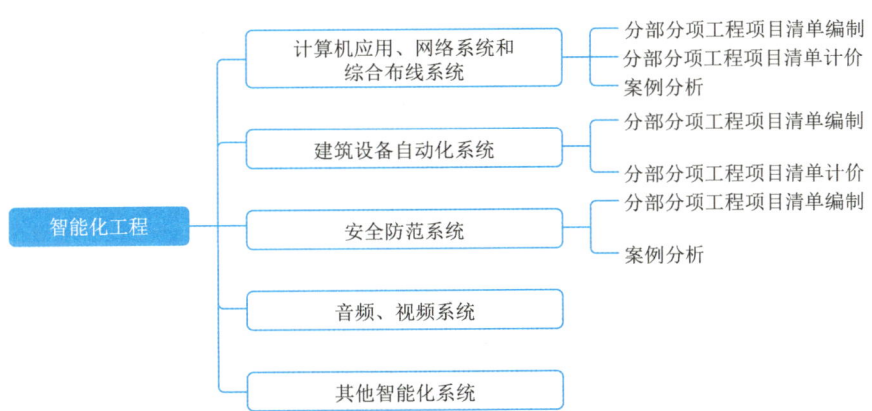

智能建筑应具有先进的自动控制系统来监控各种设施，包括空调、照明、火灾、保安等，以便为住户提供舒适的工作环境；有良好的网络设施，以便于建筑与外界、建筑内部各楼层之间可以进行通信及数据交换。智能化各系统的分项工程如图 14-26 所示。

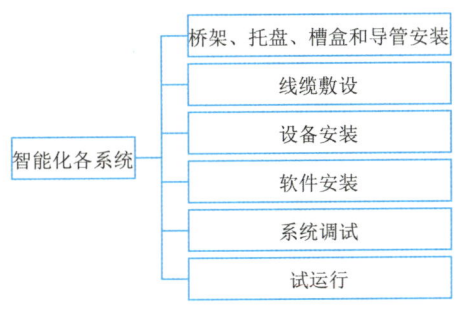

图 14-26　智能化系统分项工程

应依据《通用安装工程工程量计算标准》GB/T 50856—2024（以下简称《计算标准》）的附录 E《建筑智能化工程》有关规定进行编制。其中附录 E《建筑智能化工程》由表 E.1～E.8 分部分项工程组成，主要内容见《计算标准》。

根据《广东省住房和城乡建设厅关于印发〈广东省建设工程计价依据（2018）〉的通知》（粤建市〔2019〕6 号）有关规定，将《广东省通用安装工程综合定额（2018）》第五册（以下简称《安装定额第五册》）作为智能化工程的主要计价依据之一。《安装定额第五册》内容由表 C.5.1～表 C.5.7 分部分项工程组成，主要内容见安装定额第五册；适用于依据国家标准《计算标准》的相关内容（表 14-108）。

建筑智能化工程计算标准和定额分部工程项目　　　　表 14-108

| 序号 | 《计算标准》的附录 E 建筑智能化工程 | | 《安装定额第五册》智能化工程 | |
	编号	分部工程及编码	编号	分部分项工程项目
1	表 E.1	计算机应用、网络系统（编码：030501）	C.5.1	计算机应用、网络系统工程

续表

序号	《计算标准》的附录 E 建筑智能化工程		《安装定额第五册》智能化工程	
	编号	分部工程及编码	编号	分部分项工程项目
2	表 E.2	综合布线系统（编码：030502）	C.5.2	综合布线系统工程
3	表 E.3	建筑设备自动化系统（编码：030503）	C.5.3	建筑设备自动化系统工程
4	表 E.4	有线电视、卫星接收系统（编码：030505）	C.5.4	有线电视、卫星接收系统工程
5	表 E.5	音频、视频系统（编码：030506）	C.5.5	音频、视频系统工程
6	表 E.6	安全防范系统（编码：030507）	C.5.6	安全防范系统工程
7	表 E.7	智能家居系统		
8			C.5.7	智能建筑设备防雷接地工程
9	表 E.8	其他规定		

14.5.1　计算机应用、网络系统和综合布线系统分部分项工程项目清单编制与计价

1.综合布线系统分部分项工程项目清单编制

计算机应用、网络系统清单项目设置、项目特征描述的内容、计量单位及工程量计算规则、应按计算标准中的表 E.1 规定执行。

综合布线系统项目清单设置、项目特征描述的内容、计量单位及工程量计算规则，应按《计算标准》中的表 E.2 的规定执行，其中主要线缆分部分项工程项目清单设置见表 14-109。

主要线缆项目清单（编码：030502） 表 14-109

项目编码	项目名称	项目特征	计量单位	工程量计算规则	工作内容
030502003	双绞线缆	（1）名称 （2）类别 （3）规格 （4）敷设方式	m	按设计图示数量计算	（1）敷设 （2）卡接 （3）绑扎 （4）标记 （5）测试 （6）清理敷设通道
030502004	大对数电缆、电话线				
030502005	光缆				

1）配管清单项目工程量计算

配管工程的电线管敷设，电缆保护管敷设，线槽安装，桥架安装，电气设备，电气器件，接线箱、盒，接地系统，凿（压）槽，打孔，打洞，人孔，手孔，防雷与接地系统，按电气设备安装工程相关项目编码列项。系统的配管工程是计算从弱电线槽引出后走线配管部分的水平长度和垂直长度之和。配管工程量计算公式为：

$$L = L_{水平} + L_{垂直}$$

（14-7）

式中：L——综合布线系统配管工程量（m）；

$L_{水平}$——图纸上综合布线系统配管的水平长度（m）；

$L_{垂直}$——图纸上综合布线系统配管的垂直长度（m）。

（1）水平长度计算

配管水平方向敷设时，以施工平面图中的管线走向、敷设部位和设备、弱电箱、末端安装位置的中心点为依据，并借助建筑平面图中所标示的墙、柱等轴线尺寸进行线管长度的计算。有以下两种情形：

情形一：当配管沿墙明敷设（图上标注为 WS）时，按相关墙面净空长度尺寸计算线管长度；

情形二：当配管沿墙暗敷设（图上标注为 WC）时，按相关墙轴线尺寸计算线管长度。

从金属线槽至信息插座模块接线盒间或金属线槽与金属钢管之间连接时的缆线宜采用金属软管敷设。

（2）垂直长度计算——根据高差计算

配管垂直方向敷设时，即沿墙、柱引上或引下，其工程量计算与楼层高度及弱电箱、末端的安装高度有关，应据其安装高度进行高差计算。明敷设、暗敷设均按图 14-27 所示进行计算。

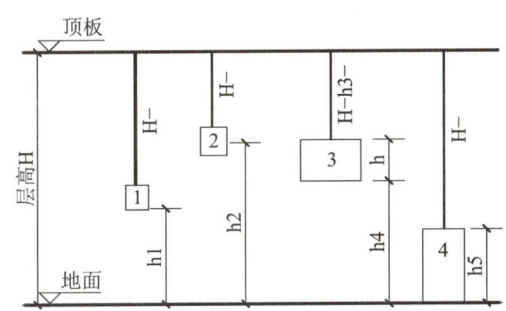

图 14-27　线管垂直长度计算示意图

1—信息插座；2—无线信息插座；3—悬挂嵌入式弱电箱；4—落地式弱电箱

计算公式为：

$$线管垂直长度 = 楼层高度 - 弱电箱或末端距楼地面安装高度 -$$
$$弱电箱或末端自身高度 \tag{14-8}$$

特别说明：安装工程图纸标高均为结构层标高，计算时不需要考虑楼板厚度。

2）综合布线系统线缆、电缆和光缆工程量计算

双绞线缆、大对数电缆、电话线光缆按设计图示尺寸以线缆单根长度（含预留长度）计算；除双绞线缆、大对数电缆、光缆外，系统使用的其他电源线、控制电缆敷设，执行《安装定额第四册》相应项目。

（1）管内穿线的线缆分支接头线长度已综合考虑在定额中，不得另行计算。

（2）缆线应有余量以适应成端、终接、检测和变更，线缆的附加及预留长度应按下

列规则计入线缆工程量内，有特殊要求的应按设计要求计算预留长度：

①对绞电缆（含双绞线）预留长度规定：在工作区为 30cm，插座底盒内为 3cm，电信间为 0.5m，设备间为 3m。

②光缆布放路由盘留，预留长度为 3m，光缆在配线柜处预留长度为 3m，楼层配线箱处光纤预留长度为 1.0m，配线箱终接时预留长度为 0.5m，光缆纤芯在配线模块处不做终接时，应保留光缆施工预留长度。

③有特殊要求的按设计（或业主）要求预留长度。

④有预留长度上下限值的：编制施工图预算和招标控制价时，按上限值计算；编制工程结算时按实际发生值计算。

（3）配线的归类方式：双绞线缆、大对数电缆、光缆根据线缆对数及规格，需要区别敷设方式或安装方式（包括线槽、穿管等）。

3）综合布线系统线缆工程量计算方法

（1）配线子系统线缆长度的计算：

如果是用施工图，按图示尺寸量取水平及垂直方向的实际距离计算；

若当计算工程量太大，且信息点布置比较均匀时，或者在初步设计阶段只有主要干线路有平面图时，一般方法如下：

①根据布线方式和走向测量楼层交接间配线架至信息点最远和最近的距离；

②确定线缆平均长度 $= \dfrac{\text{最远缆线长度} + \text{最近缆线长度}}{2} + 3\,\text{m}$（预留每根线缆的端接长度按 3m 计算）；

③根据所选厂家每箱（盘）线缆的标称长度（例如，1000ft/305m 或 5000ft/1500m 或更长的卷筒式包装），取整计算每箱线缆可含平均长度线缆的根数；

④每个信息点与建筑楼层配线架之间必须布设一条线缆，因此，每个信息点就代表一条平均长度的线缆，根据信息点的总量就可计算所需线缆的箱数。

（2）过线（路）盒、接线盒（信息插座底盒）安装工程量计算方法：按施工图图示数量及施工工艺和规范要求计算，统计过线（路）盒和接线盒（信息插座底盒）。

（3）线缆、线缆桥架和线槽工程量计算如下：

①缆线按设计图示尺寸以长度计算（含预留长度），以"m"为计量单位。

②桥架按设计图示尺寸以长度计算，以"m"为计量单位。智能化系统的桥架是共用的，只需要计算一次，注意不要重复计算。

桥架安装工作内容：组对、焊接或螺栓固定、弯头、三通或四通、盖板、隔板、附件安装。

组合式桥架及桥架支撑架安装的工作内容还包括：立柱、托臂膨胀螺栓或焊接固定，螺栓固定在支架立柱上。

③直线段钢制桥架长度超过 30m、铝合金或玻璃钢制桥架长度超过 15m 需设有伸缩节；电缆桥架跨越建筑物变形缝处设置补偿装置。

④线槽按设计图示尺寸以长度计算，以"m"为计量单位。金属线槽安装的工作内容包括：线槽检查、安装线槽及附件、接地、做标记、穿墙处封堵等。塑料线槽安装的工作内容包括：线槽检查、测位、安装线。

⑤从金属线槽至信息插座模块接线盒间或金属线槽与金属钢管之间连接时的缆线宜采用金属软管敷设。

⑥可开启的线槽盖板与明装插座底盒间应采用金属软管连接。

2.综合布线系统分部分项工程项目清单计价

1）清单项目特征描述应注意问题

线缆、电缆和光缆工程量清单项目特征中名称、线缆对数表示的内容如下：

（1）名称类别：双绞线缆指六类屏蔽或非屏蔽双绞线、大对数线缆、光缆等。

（2）双绞线缆或电话线对数：指二对、四对、八对、十对、二十对。

（3）大对数双绞线缆对数：指二十五对、五十对、一百对、二百对。

（4）光缆芯数：有 2，4，8，12，24，48，96，144 芯。

2）清单工程量计算

当《计算标准》与《综合定额第五册》的计量单位、工程量计算规则不同时，可根据《计算标准》的要求，按照综合定额的计量单位、工程量计算规则进行折算。《计算标准》未包括的分部分项工程项目清单，编制人可根据拟建项目的特征，按《计算标准》的相应规定编制。

3.综合布线系统分部分项工程项目清单案例分析

【例 14-17】某幼儿园第三层弱电平面局部见图 14-28，楼层高 5.5m，桥架安装高度 3.45m，综合布线系统图见图 14-30。配电间大样见图 14-29。图示尺寸线标注尺寸数字为该段管线的水平长度，单位为 mm。从金属桥架至信息插座模块接线盒间连接的线缆采用电线管 JDG20 明敷设。机柜安装高度 1.4m，信息插座安装高度 0.3m。从消防值班室引出到三层弱电间机柜的 24 口光纤配线架六芯室内单模光纤为 111.10m（含预留）。试从 3 层弱电间引出部分开始，计算该工程综合布线系统第三层的线缆、配管的清单工程量，并编制分部分项工程项目清单。

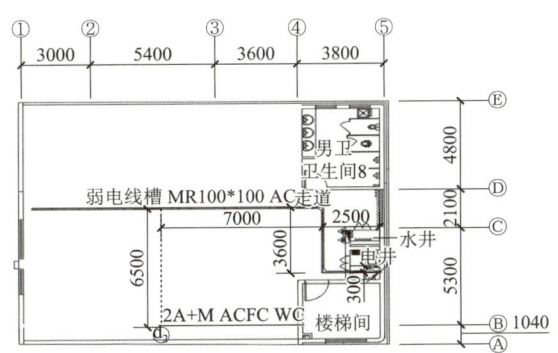

图 14-28　某幼儿园三层综合布线平面图

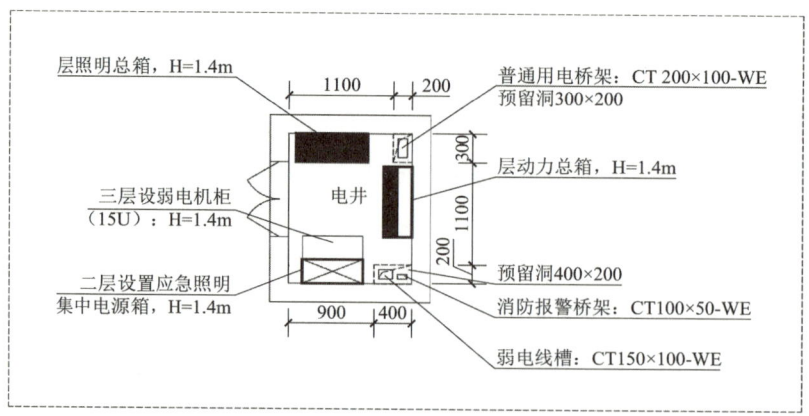

图 14-29　某幼儿园标准层配电间大样

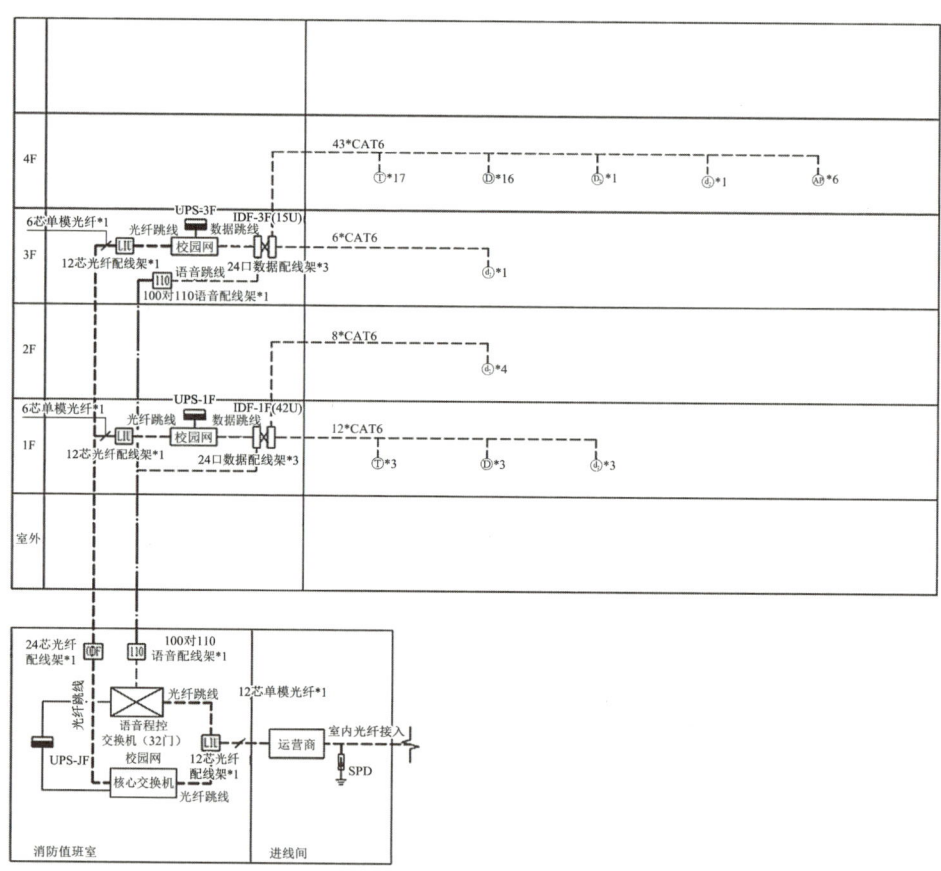

图 14-30　某幼儿园综合布线系统图

其中线型及布线方式、图例说明见表 14-110、表 14-111。

线型及布线方式　　　　　　　　　　　　　　　　　　表 14-110

序号	代号	名称	序号	代号	名称	备注
1	A	UTP CAT6	12	L	PVC32	

序号	代号	名称	序号	代号	名称	备注
2	B	2芯单模光纤	13	M	JDG25	
3	C	4芯单模光纤	14	N	JDG20	
4	D	6芯多模光纤	15	O	PVC50	
5	E	ZR-RW3×1.0	16	AC	吊顶内敷设	
6	F	ZR-RW4×1.0	17	CC	顶板内敷设（暗敷）	
7	G	ZR-RW8×1.0	18	WC	沿墙敷设（暗敷）	
8	H	ZR-RWP2×1.0	19	FC	沿地面敷设（暗敷）	
9	I	ZR-RW2×1.0	20	WE	沿墙敷设（明敷）	
10	J	ZR-RWP4×1.0	21	BE	沿梁敷设（明敷）	
11	K	ZR-RVS2×1.5	22			

图例说明　　　　　　　　　　　　　　　　　　　表 14-111

序号	图例	名称	安装说明	备注
1	⏡	半球彩色摄像机	吸顶安装（天花）	1080P
2	ⓓ2	网络插座（双口）	距地高度300mm	
3	⊠	布线机柜（15U）	壁挂安装高度 $H = 1.4\text{m}$	

1）根据工程量计算规则计算清单工程量，见表 14-112。

清单工程量计算表　　　　　　　　　　　　　　　表 14-112

序号	项目名称	计算过程	计量单位	工程量
1	六芯室内单模光纤	从消防值班室引出到三层弱电间机柜的24口光纤配线架：111.10	m	111.10
2	桥架内敷设六类UTP线缆	弱电机柜内的24口配线架至信息插座：垂直（3.45－1.4）（机柜顶距桥架距离）＋机柜处（设备间）预留3＋水平（0.3＋2.5＋3.6＋7）＝17.45，2孔信息插座有2根线，17.45×2＝34.90	m	36.90
3	管内敷设六类UTP线缆	垂直（5.5－3.45）（从桥架到顶板）＋水平（6.5）＋（5.5－0.3）（垂直顶板至点位）＋预留1×0.3＝14.05，2孔信息插座有2根线，14.05×2＝28.10	m	28.10
4	电线管JDG20	垂直（5.5－3.45）（从桥架到顶板）＋水平（6.5）＋（5.5－0.3）（垂直顶板至点位）＝13.75	m	13.75
5	金属线槽MR100×100	（3.45－1.4）垂直高度＋（0.3＋2.5＋3.6＋7）水平＝15.45	m	15.45

2）编制分部分项工程项目清单。分部分项工程项目清单见表 14-113。

分部分项工程项目清单计价表　　　　　表 14-113

序号	项目编码	项目名称	项目特征描述	计量单位	工程量	金额/元 综合单价	金额/元 合价
1	030502005001	6 芯单模光缆	（1）名称、类别、规格：6 芯单模光缆 （2）敷设方式：沿桥架敷设	m	111.10		
2	030502005001	配线	（1）名称、类别、规格：UTP CAT6 （2）敷设部位：桥架内敷设	m	36.90		
3	030502005002	配线	（1）名称、类别、规格：UTP CAT6 （2）敷设部位：管内敷设	m	28.10		
4	030412001001	配管	（1）名称：配管 （2）材质：镀锌电线管 （3）规格：JDG20 （4）配置形式：沿墙沿楼板明敷	m	13.75		
5	030412002001	线槽	（1）名称、材质：镀锌金属线槽 （2）规格：100×100	m	15.45		
本页小计							
合计							

3）已知 6 芯单模光纤的税前价是 1.40 元/m，根据《安装定额第五册》的 C5-2-49 室内敷设光缆（管暗槽内穿放 12 芯以下）定额子目计算 6 芯单模光缆综合单价分析表，人工费、材料费、机械费、管理费率，利润率参照定额执行均不做调整。见表 14-114。

分部分项工程项目清单综合单价分析表　　　　表 14-114

工程名称：略　　　　　　　　　　　　　　　　　　　　　　　　标段：

序号	项目编码	项目名称	项目特征描述	计量单位	综合单价组成明细/元 人工费	材料费	施工机具使用费	管理费	利润	综合单价
1	030502005001	6 芯单模光缆	（1）名称、类别、规格：6 芯单模光缆 （2）敷设方式：沿桥架敷设	m	1.85	1.45	0.03	0.58	0.37	4.28

14.5.2　建筑设备自动化系统分部分项工程项目清单编制

依据国家标准《通用安装工程工程量计算标准》GB/T 50856—2024 附录 E《建筑智能化工程》的相关内容，建筑设备自动化系统分部分项工程项目设置，项目特征描述的内容，计量单位及工程量计算规则，应按表 E.3 执行。

系统中用到的服务器、网络设备、工作站等参照《安装定额第五册》的 C.5.1 章计算机应用、网络系统工程的相应定额子目；跳线制作安装、线缆接头制作安装、箱体安装等参照《安装定额第五册》的 C.5.2 章综合布线系统。故计算规则也参考相应要求。

1.配管工程量计算方法

配管工程的计算方法，参考综合布线系统，计算配管的水平长度和垂直长度之和。

1）水平长度计算

线管水平方向敷设时，以施工平面图中的管线走向、敷设部位和控制设备或控制箱以及控制器、传感器等末端安装位置的中心点为依据，并借助建筑平面图中所标示的墙、柱等轴线尺寸进行线管长度的计算。

2）垂直长度计算——根据高差计算

线管垂直方向敷设时，即沿墙、柱引上或引下，其工程量计算与楼层高度及控制设备或控制箱以及控制器、传感器等末端的安装高度有关，应据其进行高差计算。如前图 14-27 所示。

特别说明：安装工程图纸标高均为结构层标高，计算时不需要考虑楼板厚度。

2.配线工程量计算规则：按设计图示尺寸以配线长度计算（含预留长度）

1）系统有关线缆布放，执行《安装定额第五册》的 C.5.2 综合布线系统及《安装定额第四册》相应项目。故配线计算规则也参考相应要求。

2）预留长度的相关规定：配线进入本系统的弱电机柜时应有余量以适应终接、检测和变更要求。参照《安装定额第四册》相应规定。

3）配线的归类方式：参照电气设备安装工程中配线等规格，需要区别敷设方式或安装方式（线槽、穿管等）。

4）管内穿线工程量清单项目特征、工作内容应按《安装定额第四册》D.12（配管、配线）的规定执行。若为多芯软导线，根据芯数选择相应的定额子目计价。

导线 BVR、RV、RVV、RVVP、RVSP 管内穿线的，按照芯数执行《安装定额第四册》的配线清单及相应定额，除未计价材料外，其余均不换算；线槽内多芯软导线是线槽配线或桥架配线的，执行线槽配线定额。二芯软导线敷设定额项目乘以系数 1.1，三芯软导线敷设定额项目乘以系数 1.2，每增加一芯定额增加 10%，以此类推。单芯软导线敷设定额项目乘以系数0.9。

3.建筑设备自动化系统其他项目清单工程量计算方法

建筑设备自动化系统中用到的服务器、网络设备、工作站等参照《安装定额第五册》的 C.5.1 计算机应用、网络系统工程的相应定额子目；跳线制作安装、线缆接头制作安装、箱体安装等参照《安装定额第五册》的 C.5.2 综合布线系统。

1）传感器安装、调试，按设计图示数量计算，以"支"为计量单位。

传感器主要包括风管式温度传感器、风管式湿度传感器、风管式温度湿度传感器、室内（室外）壁挂式温度传感器、室内壁挂式湿度传感器、室内壁挂式温度湿度传感器、接触式温度传感器、无线温湿度传感器、浸入式温度传感器、水道压力传感器、水管压差传感器、液体流量开关、空气压差开关、静压压差变送器、风管式静压变送器等。

2）电动调节阀执行机构、电动、电磁阀门安装、测试，按设计图示数量计算，以"个"为计量单位。

3）电动调节阀执行机构主要包括电动二通调节阀及执行机构、电动三通调节阀及执行机构、电动蝶阀及执行机构、电动风阀执行机构等。

4）电动、电磁阀门主要包括两通电动阀、启动柜接点接线、变压器温度接线。

5）通信网络控制设备、控制器、控制箱、第三方通信设备接口安装、调试，按设计图示数量计算，以"台"为计量单位。通信网络控制设备主要包括终端电阻、干线连接器、干线隔离器、干线扩充器、通信接口卡等。控制器主要包括控制器（DDC）、远端模块、定风量控制器、压差控制器、温（湿）度控制器、变风量控制器、气动输出模块、风机盘管温控器、联网型风机盘管温控器、房间空气压力控制器、手操器等，按照点数不同进行归类。

第三方通信设备接口主要包括电梯及冷水机组接口、智能配电设备接口、柴油发电机组接口、VRV接口、变频器接口、集成系统接口等，按照点数不同进行归类。

4. 系统调试项目清单工程量计算方法

1）系统设计结构形式如图 14-31 示意的建筑设备自动化系统工程，分系统调试与全系统调试可同时计算。分系统调试主要包括暖通空调监控分系统调试、给排水监控分系统调试、公共照明监控分系统调试、变配电监测分系统调试、能耗监测分系统调试、电梯和自动扶梯监测分系统调试和楼控系统调试。

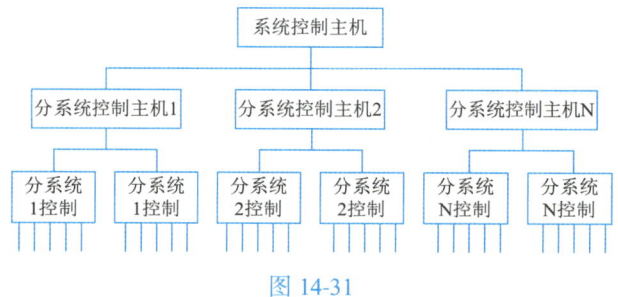

图 14-31

2）系统设计结构形式如图 14-32 示意的建筑设备自动化系统工程，只能计算全系统调试。

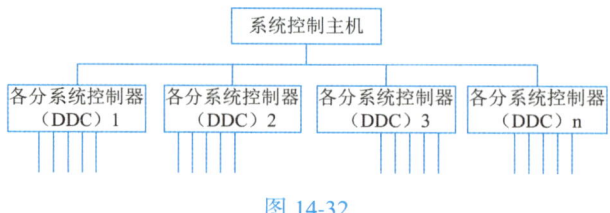

图 14-32

3）计算机应用、网络系统，综合布线系统，建筑设备自动化系统，安防系统等每个系统已经设置了系统（或子系统）调试、系统试运行定额子目，若对上述系统进行了进一步系统集成，可计算全系统联调费。按所有集成系统的累计总"点"数执行《安装定额第五册》第一章"计算机应用网络系统联调"对应定额子目计算全系统联调费。

5. 能耗监测系统安装调试项目清单工程量计算方法

1）基表及控制设备安装、调试，采集系统安装、调试，中心管理系统安装、调试，均按设计图示数量计算，以"个"为计量单位。

2）基表及控制设备主要包括远传冷（热）水表、远传脉冲电表、空调节能表、远传煤气表、远传冷（热）量表、远传蒸汽表、远传氧气表等。

3）采集系统主要包括动力载波抄表集中器、集中式远程总线抄表采集器、集中式远程总线抄表主机、分散式远程总线抄表采集器、分散式远程总线抄表主机、抄表控制箱、多表采集智能终端（含控制）、多表采集智能终端调试、读表器、采集器电源、通信接口卡、便携式抄收仪、分线器等。

4）电量变送器安装、调试，其他传感器及变送器安装、调试，均按设计图示数量计算，以"支"为计量单位。

5）其他传感器及变送器包括风道式空气质量传感器、室内壁挂式空气质量传感器、风道式烟感探测器、风道式气体探测器、室内壁挂式空气传感器、防霜冻开关、风速传感器、液位开关、静压液位变送器、液位计、流量计、光照度传感计等。

6）控制器、控制箱根据控制的点数不同，规格不同，均按设计图示数量计算，以"台（套）"为计量单位。

6. 家居智能化系统调试项目清单工程量计算方法

按设计图示数量计算，以"台"为计量单位。主要包括家居报警、家居电器监控装置安装，可视对讲户内机安装和可视对讲户外机安装，家居智能控制器安装，家居智能布线箱安装，家居智能箱内配线架安装，家居智能网络设备安装，家居控制管理机安装，家居控制管理软件安装，电器控制系统调试，小区智能化系统设备调试等。

14.5.3　安全防范系统分部分项工程项目清单编制与计价

依据国家标准《计算标准》附录 E《建筑智能化工程》的相关内容，安全防范系统分部分项工程项目清单项目设置，项目特征描述的内容，计量单位及工程量计算规则，应按表 E.6 执行。

安全防范系统主要包括入侵报警、出入口控制、视频监控、巡更、安全检查和停车场管理六个子系统，通常包括前端、传输、信息处理（控制、管理）、显示与记录四大单元。

入侵报警系统是利用传感器技术和电子信息技术探测并指示非法进入或试图非法进入设防区域的行为、处理报警信息、发出报警信息的电子系统或网络。

出入口控制系统是利用自定义符识别或模式识别技术对出入口目标进行识别并控制出入口执行机构启闭的电子系统或网络。

视频监控系统是利用视频技术探测、监视设防区域并实时显示、记录现场图像的电子系统或网络。

电子巡更系统是对保安巡查人员的巡查路线、方式及过程进行管理和控制的电子系统。

停车场管理系统是对进、出停车场的车辆进行自动登录、监控和管理的电子系统或网络。

1. 安全防范系统分部分项工程项目清单编制

1）安全防范系统运行调试清单项目工程量计算规则与方法

（1）安全防范分系统调试、安全防范全系统调试、安全防范系统工程试运行，按设计图示数量计算，以"系统"为计量单位。

（2）安全防范分系统调试主要包括入侵报警系统、电视监视系统、出入口控制系统、电子巡更、停车场管理系统。

（3）安全防范全系统调试是指安防系统联合调试，以控制点数不同进行划分。

2）入侵报警系统设备安装项目清单工程量计算规则与方法

（1）入侵探测器、入侵报警控制器、入侵报警中心显示设备，按设计图示数量计算，以"套"为计量单位。

（2）入侵探测设备主要包括门磁及窗磁开关、紧急脚踏开关、紧急手动开关、主动红外探测器、被动红外探测器、红外幕帘探测器、多技术复合探测器、微波探测器、微波墙式探测器、超声波探测器、激光探测器、玻璃破碎探测器、振动探测器、电子围栏控制器、无线按钮控制器、振动泄漏电缆、电子围栏、无线报警探测器等入侵探测器。

（3）入侵报警控制器主要包括多线制报警控制器、总线制报警控制器、地址模块、有线对讲主机、用户机等。

（4）入侵报警中心显示设备主要包括警灯、警铃、警号等。

（5）入侵报警信号传输设备主要包括有线报警信号前端传输设备，联动通信接口，报警信号接收机，无线报警发送、接收设备等。

（6）安全防范系统中的服务器、网络设备、工作站、软件、存储设备等项目执行"计算机应用、网络系统"相关项目；跳线制作、安装等项目执行"综合布线系统"相关项目；配管配线等有关场地电气安装工程项目执行《计算标准》的附录D《电气设备安装工程》相应项目。

3）出入口控制系统设备安装项目清单工程量计算规则与方法（图14-33）

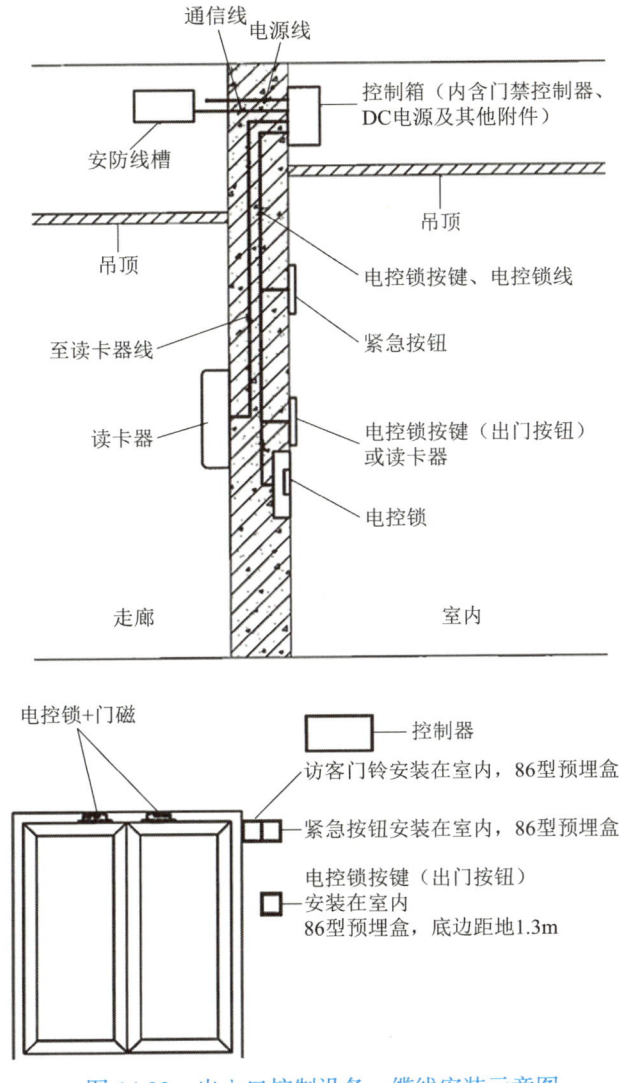

图 14-33　出入口控制设备、缆线安装示意图

（1）出入口目标识别设备、出入口控制设备、出入口执行机构设备安装、调试，按设计图示数量计算，以"台"为计量单位。

（2）出入口目标识别设备主要包括读卡器、人体生物特征识别系统、密码键盘、出入口按钮等。

（3）出入口控制设备主要指门禁控制器，有单门、双门、四门、八门、十六门之分。

（4）出入口执行机构设备主要包括电控锁、电磁吸力锁、电子密码锁、自动闭门器等。

4）视频监控系统设备安装清单项目工程量计算规则

（1）监控摄像设备、视频控制设备、音频、视频及脉冲分配器、视频补偿器、视频传输设备、录像设备安装、调试，按设计图示数量计算，以"台（套）"为计量单位。

（2）监控摄像设备主要包括彩色、黑白摄像机（含拍照功能），半球型摄像机，球型摄像机，防爆摄像机，微型摄像机，室内外云台摄像机，高速智能球型摄像机，微光摄像机，红外光源摄像机，X光摄像机，水下摄像机，医用显微摄像机，光圈镜头，摄像机小孔镜头，摄像机防护罩，摄像机支架，摄像机云台，云台控制器，照明灯，控制台和监视器柜架，电源等。

（3）视频控制设备主要包括视频切换器、微机矩阵切换设备、多画面分割器（合成器）、监视管理系统（多画面）等。

（4）视频传输设备主要包括多路遥控发射设备、接收设备、编码器、解码器、发送器、接收器等。

（5）录像设备主要包括编辑机、录像机、视频服务器、中心控制器、主控键盘等（图14-34）。

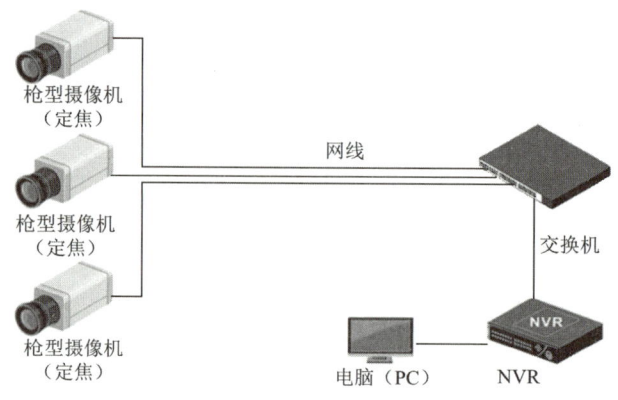

图14-34 视频监控系统示意图

5）巡更设备、安全检查设备、停车场管理设备项目清单工程量计算规则与方法

（1）巡更设备安装调试，按设计图示数量计算，以"套"为计量单位。

（2）安全检查设备安装调试，按设计图示数量计算，以"台（套）"为计量单位。安全检查设备主要包括X射线安全检查设备、金属武器探测门、X射线安检设备数据管理系统、X射线探测设备、环形线圈车辆检测器、LED可变信息标志等。

（3）停车场管理设备安装调试，按设计图示数量计算，以"台"为计量单位。停车场管理设备主要包括停车场、出入口标志牌，空满标志牌，车位占用显示牌，通行诱导信息牌，栏杆装置，收据打印机，纸质磁条通行券写、读机，远距离读卡非接触式IC卡读写机，自动收、发卡机，车辆牌照识别装置，红外车辆识别装置，挡车器等。

6）桥架、托盘、槽盒、导管安装及线缆敷设清单项目工程量计算规则与方法

以上系统的桥架、托盘、槽盒、导管安装及线缆敷设执行《计算标准》附录D《电气设备安装工程》相应项目。

2. 安全防范系统分部分项工程项目清单编制与计价案例分析

【例 14-18】某幼儿园第三层弱电平面，楼层高 5.5m，桥架安装高度 3.45m，安全防范系统内容如图 14-35 所示。配电间大样见图 14-36。安全防范系统图如图 14-37 所示。图示尺寸线标注尺寸数字为该段管线的水平长度，单位为 mm。从金属桥架至视频监控摄像头间连接的线缆采用电线管 JDG20 敷设。机柜安装高度为 1.4m，视频监控摄像头安装高度为 5.5m。从消防值班室引出到三层弱电间机柜的 24 口光纤配线架六芯室内单模光纤为 111.10m（含预留）。试从 3 层弱电间引出部分开始，计算该工程安全防范系统第三层的设备及线缆、配管、末端的工程量，并编制分部分项工程项目清单。

其中线型及布线方式说明及图例说明，见表 14-110、表 14-111。

分部分项工程项目清单编制步骤：

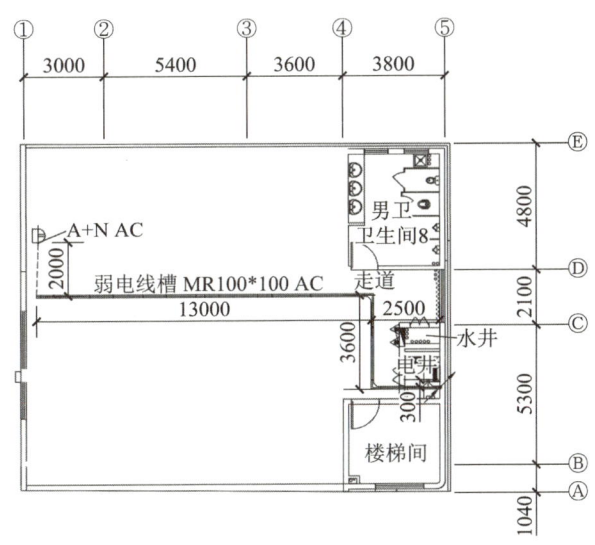

图 14-35　某幼儿园三层安全防范系统平面图

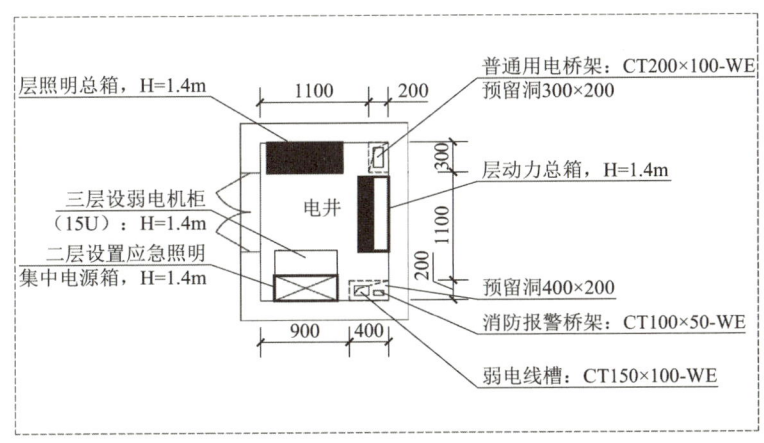

图 14-36　某幼儿园标准层配电间大样

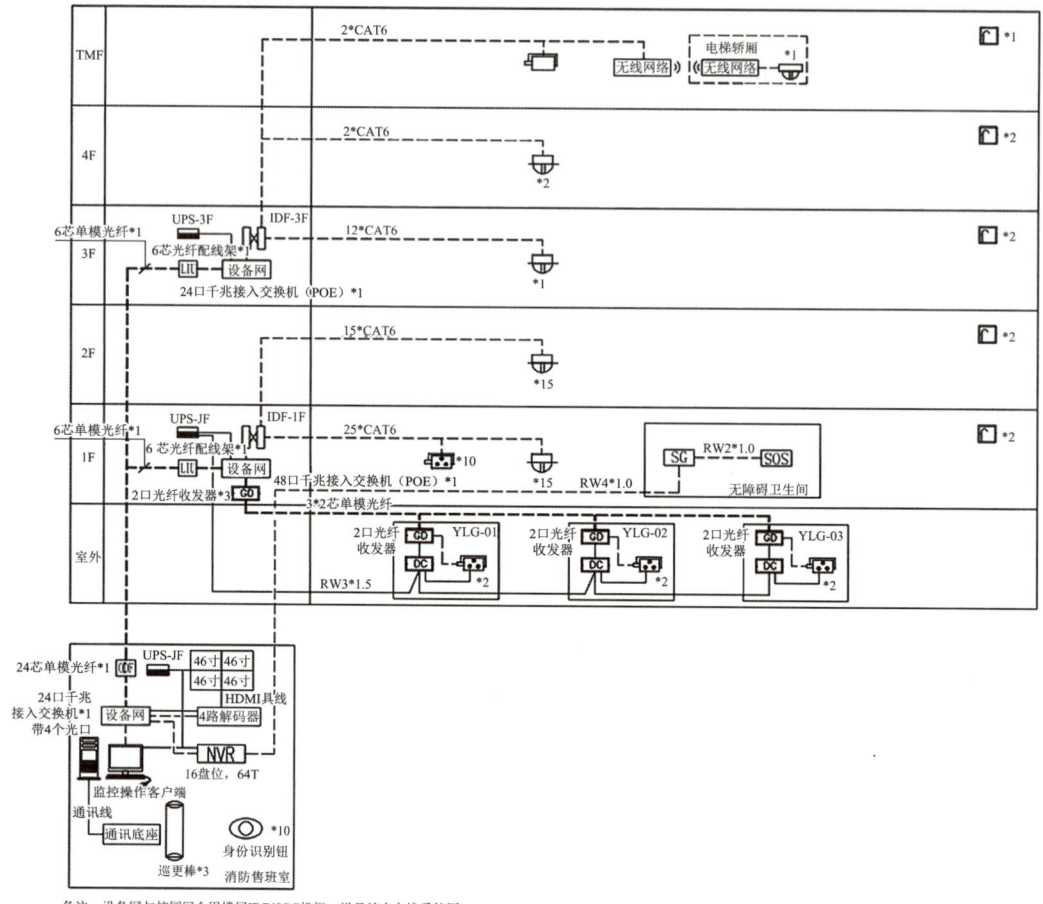

图 14-37　某幼儿园三层安全防范系统图

1）根据工程量计算规则计算清单工程量，见表 14-115。

清单工程量计算表　　　　　　　　　　　　　　　　表 14-115

序号	项目名称	计算过程	计量单位	工程量
1	六芯室内单模光纤	从消防值班室引出到三层弱电间机柜的 24 口光纤配线架：111.10	m	111.10
2	桥架内敷设六类 UTP 线缆	弱电机柜内的 24 口配线架至摄像头：垂直（3.45 − 1.4）（机柜顶距桥架距离）+ 机柜处预留 3 + 水平（0.3 + 2.5 + 3.6 + 13）= 24.45	m	24.45
3	管内敷设六类 UTP 线缆	垂直（5.5 − 3.45）（从桥架到顶板）+ 水平（2）+ 预留（0.3）= 4.35	m	4.35
4	电线管 JDG20	垂直（5.5 − 3.45）+ 水平（2）= 4.05	m	4.05
5	6 口光纤配线架	在弱电间机柜内	个	1
6	视频监控摄像头		个	1
7	接线盒		个	1

2）编制分部分项工程项目清单。分部分项工程项目清单见表 14-116。

分部分项工程项目清单计价表　　　　　　　表 14-116

工程名称：某幼儿园三层安防系统工程　　　　　　　　　　　　　　　　　　标段：

序号	项目编码	项目名称	项目特征描述	计量单位	工程数量	金额/元	
						综合单价	合价
1	030502005001	6 芯单模光缆	（1）名称、类别、规格：6 芯单模光缆 （2）敷设方式：沿桥架敷设	m	111.10		
2	030502005001	配线	（1）名称、类别、规格：UTP CAT6 （2）敷设部位：桥架内敷设	m	24.45		
3	030502005002	配线	（1）名称、类别、规格：UTP CAT6 （2）敷设部位：管内敷设	m	4.35		
4	030412001001	配管	（1）名称：配管 （2）材质：镀锌电线管 （3）规格：JDG20 （4）配置形式：暗配	m	4.05		
5	030502008001	配线架	名称：6 芯光纤配线架	个	2		
6	03050610001	监控摄像设备	（1）名称：半球彩色摄像机 （2）参数：1080P （3）安装方式：吸顶安装（天花）	台	1		
7	030412006001	接线盒	（1）名称：接线盒 （2）安装形式：明装	个	1		
8	030502017001	双绞线缆测试	名称：双绞线缆测试	链路	1		
9	030502019001	光纤测试	名称：光纤测试	链路	6		

3）已知半球彩色摄像机-1080P 的税前价是 550.00 元/台，根据《广东省通用安装工程综合定额（2018）》第五册的定额子目 C5-6-82 计算清单项"半球彩色摄像机-1080P"综合单价分析表，人工费、材料费、机械费、管理费率，利润率参照定额执行均不做调整。见表 14-117。

分部分项工程项目清单综合单价分析表　　　　　　　表 14-117

工程名称：某幼儿园三层安防系统工程　　　　　　　　　　　　　　　　　　标段：

序号	项目编码	项目名称	项目特征描述	计量单位	综合单价组成明细/元					综合单价
					人工费	材料费	施工机具使用费	管理费	利润	
1	03050610001	监控摄像设备	（1）名称：半球彩色摄像机 （2）参数：1080P （3）安装方式：吸顶安装（天花）	台	101.55	551.98	2.97	32.64	20.31	709.45

14.5.4　音频、视频系统项目清单工程量计算方法

音频、视频系统主要包括视频会议系统、公共广播系统、信息引导及发布系统等子系统。

1. 扩声系统设备安装、调试、试运行项目清单工程量计算规则与方法

1）扩声系统设备包括信号源设备、调音台、调音台周边设备、功率放大器、扬声器、电源、会议专用设备等。

2）信号源设备安装，按设计图示数量计算，以"台（只）"为计量单位。信号源设备是指传声器、录放机（磁带卡座播放机、CD 机、VCD/DVD 机）、数字播放机（MP3等）、DJ 搓盘机、跳线盘、接口箱。

3）调音台、周边设备、功率放大器、音箱、机柜、电源和会议设备安装，按设计图示数量计算，以"台"为计量单位。

调音台包括自动混音台、模拟调音台、数字调音台。

调音台周边设备包括均衡器、压限器、延时器、音频分配放大器、音频切换器、音频矩阵、效果器、分频器、滤波器、反馈抑制器、激励器、数字音频处理器、音频跳线制作安装、卡侬插座插头、大三芯插头等。

扩声系统电源包括时序电源控制器、交流稳压电源。

会议专用设备包括会议主控机、主席机、代表机表决单元、多语种译员机、译员话筒、耳机、红外发射机、红外辐射板、红外接收机、红外接收机充电器、电子通道选择器、音频媒体接口机、席位扩展单元、会议专用主控 PC 机等。

4）扩声设备级间调试，按设计图示数量计算，以"个"为计量单位。

5）扩声系统调试、扩声系统测量、扩声系统试运行，按设计图示数量计算，以"系统"为计量单位。扩声系统调试包括语言系统、多功能系统、演出系统。

2. 公共广播系统设备安装、调试、试运行项目清单工程量计算规则与方法

1）公共广播系统设备安装，按设计图示数量计算，以"台"为计量单位。

公共广播系统设备主要包括公共广播主机、分区器、监听器、强插器、线路检测器、可编程定时器、主备切换器、警报信号发生器、市话接口设备、突发公共事件接口设备、终端、寻呼台站、音控器、模块、电源时序器、调谐器、前置放大器。

2）公共广播系统调试，按设计图示数量计算，以"系统"为计量单位。

公共广播系统调试指分区试响、应备功能调试、分区电声性能测量、分区电声性能指标调试。

分区试响的工作内容包括系统调试、功能技术参数设置、试响广播分区内的每一个广播扬声器等，按照扬声器数量不同进行区分。

应备功能调试的工作内容包括对整个广播系统（紧急广播、背景广播、业务广播）的应备功能进行调试、完成测试报告等。

分区电声性能测量的工作内容包括测量公共广播系统的电声性能、完成测试报告等。

3）公共广播系统试运行，按设计图示数量计算，以"系统"为计量单位。

3. 视频系统设备安装、调试、试运行项目清单工程量计算规则与方法

1）同轴电缆布放，按设计图示尺寸计算，以"m"为计量单位，电缆附加及预留的长度按照电气设备安装工程中电缆附加及预留长度相关规定计算。同轴电缆布放形式主要有管内穿放、沿桥架敷设。

2）流媒体会议直播机、流媒体课程录播机等信号采集设备安装，按设计图示数量计算，以"台"为计量单位。

3）信号处理设备安装，按设计图示数量计算，以"台"为计量单位。

信号处理设备包括视频矩阵、VGA/DVI 矩阵、视频分配放大器、VGA 分配放大器、视频切换器、VGA 切换器、转换器、VGA 转 Video/Video 转 VGA、数字接口转换器、融合器、图像处理器、数字特技机、模拟特技机、多点控制器 MCU、会议终端等。

4）显示设备安装，按设计图示数量计算，以"台（套）"为计量单位。

显示设备包括显示器、投影仪、电子白板、卷帘屏幕、软幕、硬质银幕、金属幕、背投箱体、拼接控制器、拼接卡、拼接屏、LED 显示屏、提词器等。

5）编辑控制器、硬盘放像机录编设备安装，按设计图示数量计算，以"台"为计量单位。

6）视频系统设备调试、视频系统测量、视频系统试运行，按设计图示数量计算，以"系统"为计量单位。

视频系统设备调试的工作内容包括对视频设备信号通道数进行测试、调整和验证等。

4. 桥架、托盘、槽盒、导管安装及线缆敷设等项目清单工程量计算规则与方法

系统的桥架、托盘、槽盒、导管安装执行《电气设备安装工程》相应项目。有关传输线缆敷设项目执行综合布线相关内容。

14.5.5　其他智能化系统

智能化系统中常用的系统还包括有线电视、卫星接收系统、智能家居系统等。现行的计算规则与定额不能完全覆盖相关的内容，需要根据实际选择接近的清单子目及定额，或者根据实际情况采用补充清单及定额的方式。

◁　真题训练及解析　▷

1. 依据《计算标准》，安全防范系统中的跳线制作、安装等项目，应执行的相关项目是（　　）。【单选题】

A. 计算机及网络系统　　　　　　　B. 综合布线系统

C. 安全防范系统　　　　　　　　　D. 电气设备安装工程

【答案】B

【解析】详见《计算标准》。

2. 以下说法正确的有（　　　）。【多选题】

A. 双绞线缆、大对数电缆、光缆根据线缆对数及规格,不需要区别敷设方式或安装方式

B. 线管沿墙面垂直方向敷设时，其工程量就是楼层高度减去弱电箱安装高度

C. 跳线项目包含光纤跳线

D. 光纤盒在消耗量定额中对应的是光纤连接盘，是光纤的终端，与信息插座配合使用

E. UTPCAT5.0 25～100 表示 5 类大对数（25～100 对）铜缆

【答案】C、D、E

【解析】双绞线缆、大对数电缆、光缆根据线缆对数及规格，需要区别敷设方式或安装方式（包括线槽、穿管等），选项 A 错误。线管沿墙面垂直方向敷设时，其工程量是楼层高度减去弱电箱安装高度，再减去弱电箱自身高度，选项 B 错误。

3. 视频系统显示设备按设计图示数量计算，以"台"为单位，主要包括（　　　）。【多选题】

A. 显示器、投影仪　　　　　　　　B. 电子白板

C. 背投箱体　　　　　　　　　　　D. LED 显示屏

E. 会议终端

【答案】A、B、C、D

【解析】会议终端属于电子会议系统，选项 E 错误。

参 考 文 献

[1] 广东省建设工程造价管理总站，广东省工程造价协会. 建设工程计量与计价实务 (安装工程) [M].
     北京: 中国计划出版社, 2019.
[2] 广东省建设工程标准定额站，广东省工程造价协会. 广东省通用安装工程综合定额 (2018) [M].
     武汉: 华中科技大学出版社, 2019.